ALLE ZEIT WACH 1842

Präzisions-umformtechnik

Ergebnisse des Schwerpunktes „Präzisionsumformtechnik" der Deutschen Forschungsgemeinschaft 1981 bis 1989

Herausgegeben von K. Lange
und H. G. Dohmen im Auftrag
der Arbeitsgemeinschaft Umformtechnik

Springer-Verlag Berlin Heidelberg New York
London Paris Tokyo Hong Kong 1990

Prof. em. Dr.-Ing. Dr. h. c. K. Lange
Direktor des Instituts für Umformtechnik der Universität Stuttgart 1963 - 1988

Prof. Dr.-Ing. H.G. Dohmen
Sprecher der Fachgruppe Ingenieurwissenschaften II D 1 und Koordinator für angewandte Forschung
der Deutschen Forschungsgemeinschaft, Bonn-Bad Godesberg.

ISBN 978-3-642-95607-2 ISBN 978-3-642-95606-5 (eBook)
DOI 10.1007/978-3-642-95606-5

Softcover reprint of the hardcover 1st edition 1990

Gesamtherstellung: Copydruck GmbH, Heimsheim
2362/3020-543210

Vorwort

Der Schwerpunkt "Präzisionsumformtechnik", der im Jahre 1981 durch Senatsbeschluß von der Deutschen Forschungsgemeinschaft eingerichtet wurde, geht nach achtjähriger Förderung im Jahre 1989 zu Ende.

Drei bedeutende Entwicklungstendenzen in der industriellen Produktionstechnik, deren Verfahrensgliederung nach DIN 8580 als zweite Hauptgruppe die Umformtechnik ausweist, zeichneten sich damals ab.

- Rechnerintegrierte Informationsverarbeitung
- Flexible Automation
- Steigerung der Leistung und Verfügbarkeit von Werkzeugmaschinen und Produktionssystemen
- Höchste Genauigkeitsanforderungen an die Werkstücke, d.h. kleine Toleranzen, minimale Oberflächen-, Lage- und Formfehler

Diese weltweit verfolgten Ziele haben sich sowohl in Entwicklungsprojekten in der Industrie als auch in ingenieurwissenschaftlichen Grundlagenprogrammen der Deutschen Forschungsgemeinschaft niedergeschlagen. Neben Sonderforschungsbereichen in Aachen, Berlin, Hannover und Stuttgart sind die folgenden Schwerpunkte zu nennen:

Prozeßdatenverarbeitung in der Fertigungstechnik
Diagnosesysteme für Maschinen und Anlagen der Fertigungstechnik
Feinbearbeitungstechnik
Präzisionsumformtechnik

Das Arbeitsprogramm des Schwerpunktes "Präzisionsumformtechnik" sah neben der Vertiefung und Erweiterung metallphysikalischer, werkstoffkundlicher und plastizitätstheoretischer sowie tribologischer Grundlagen die gezielte Untersuchung und Weiterentwicklung der für die Umformtechnik bedeutsamen Systemkenngrößen i.e. Werkstück/Werkstoff–Werkzeuge– Werkzeugmaschinen unter Einsatz der heute verfügbaren modernen Hilfsmittel der Meßtechnik und Datenverarbeitung vor. Einbezogen wurden alle Umformverfahren, und zwar sowohl die Verfahren der Halbzeugfertigung wie Walzen und

Schmieden, die der Weiterverarbeitung mit Kaltmassivumformung und Gesenkschmieden bis zur Werkstückendbearbeitung und der Blechbearbeitung. Die Teilnehmer am Schwerpunkt rekrutierten sich aus Wissenschaftlern der Fertigungstechnik, und zwar hier die umformtechnischen Lehrstühle, sowie Wissenschaftlern aus dem Bereich der technischen Mechanik, hier insbesondere der Plastizitätsmechanik.

Die besonderen Vorteile der umformtechnischen Formgebungsverfahren wie günstige Werkstoffausnutzung, geringer Energieverbrauch pro Werkstück, stufenarme Fertigung, kleine Stückzeiten, Verfahrensvielfalt sowie beanspruchungsgerechte Werkstoffstruktur brauchen hier nicht erläutert zu werden. Sie lagen auch nicht unmittelbar im Zielbereich der Förderung des Programms, sondern es ging vielmehr darum, die umformtechnischen Formgebungsverfahren durch steuerungstechnische und prozeßtechnische Forschungskonzepte zu verbessern, um möglichst nachbearbeitungsfreie Werkstücke erzeugen zu können.

Die Beiträge in diesem Band werden der Praxis zeigen, ob der Schwerpunkt einen Beitrag zu dieser Zielsetzung geliefert hat.

Der Schwerpunkt wurde von den Wissenschaftlern der umformtechnischen Lehrstühle angeregt. Ein großes Verdienst an der guten Abstimmung der einzelnen Forschungsanträge, an der sorgfältigen und qualifizierten Begutachtung und schließlich Bewilligung kommt dem Koordinator des Programms, Professor Lange, zu. Ich möchte ihm auch an dieser Stelle meinen besonderen Dank aussprechen.

Bonn, im Dezember 1989 Prof.Dr.-Ing. H.G. Dohmen

INHALTSVERZEICHNIS

Seite

1. Einführung 1

2. Denkschrift der Arbeitsgemeinschaft Umformtechnik AGU vom 6.2.1980 5

3. Kurzberichte über die geförderten Projekte mit Literaturverzeichnis 19

3.1	E. Doege U. Weiss	Thermische und mechanische Formänderungen von Gesenk-Schmiedestücken und Gesenkgravuren.	21
3.2	E. Doege R. Michaelis	Präzisionsschmieden von Werkstücken aus Stahl durch Kombination von Formpressen mit Grat, gesteuertem Abkühlen und Halbwarmkalibrieren.	23
3.3	E. Doege H.J. Kühne	Einfluß des Schneidvorganges und innerer Materialspannungen auf die Maßhaltigkeit beim Scherschneiden von Elektroblechen.	25
3.4	E. Doege H. Fleischer	Wechselwirkung zwischen Werkstückeigenschaften und dem System Werkzeug/Maschine beim Knüppelscheren.	27
3.5	E. Doege J. Thalemann	Spielfreie Werkzeugführungsgestelle zur Warmmassivumformung durch temperaturabhängige Führungsverstellung.	29
3.6	F. Dohmann Th. Meier	Umformende Herstellung von Innenverzahnungen durch Kaltfließpreßverfahren.	31
3.7	F. Dohmann F. Jütte	Untersuchung von Fließpreßverfahren zur Maßkalibrierung von umformend hergestellten geradverzahnten Stirnrädern.	35
3.8	F. Dohmann M. Laufer	Herstellung gerad- und schrägverzahnter Stirnräder durch Kaltfließpreßverfahren.	39
3.9.	E. v. Finckenstein R. Köhne	Grundlagenuntersuchungen zur Verbesserung der Form- und Maßgenauigkeit beim Drücken.	41
3.10	E. v. Finckenstein K.-W. Kahl	Grundlagen zur Verbesserung der Form- und Maßgenauigkeit sowie der Oberflächengüte bei der Blechumformung mittels einer partiellen Spannungsüberlagerung.	43
3.11	E. v. Finckenstein R. Rothstein	Präzisionsbiegen dicker hochfester Bleche im V- und U-förmigen Gesenk.	45
3.12	E. v. Finckenstein J. Fait	Grundlagenuntersuchungen zur Verbesserung der Form- und Maßgenauigkeit beim Schwenkbiegen.	47
3.13	E. v. Finckenstein R. Rothstein	Präzisions-V-Biegen mit 2-teiliger, drehbarer Gesenkmatrize.	49
3.14	P. Funke J. Gebhardt H.J. Gummert	Anwendung der visioplastischen Methode zur Analyse des Umformverhaltens von Hohlzugrohren.	51
3.15	P. Funke K. Herden	Vergleich Gleitziehen-Walzziehen bei der Fertigung von Metallprofilen hoher Genauigkeit.	53
3.16	P. Funke M. Hinck	Verfahren zur Berechnung optimierter Werkzeuggeometrien für das Gleit- und Walzziehen.	55
3.17	P. Funke H.J. Gummert	Einfluß der Umformparameter auf das Verhalten der Exzentrität beim Rohrziehen.	57
3.18	M. Geiger U. Engel A. vom Ende	Verbesserung der Arbeitsgenauigkeit bei der Herstellung von Blechteilen mit U-förmigem Querschnitt durch Biegen mit elastischer Matrize.	59
3.19	W. König W. Koll H.W. Hofmann	Technologische Grenzen des Fließpressens von geradverzahnten Evolventenstirnrädern und Substitution spanender Zahnradfertigungsverfahren (Teil 1).	61
3.20	W. König W. Koll	Technologische Grenzen des Fließpressens von geradverzahnten Evolventenstirnrädern und Substitution spanender Zahnradfertigungsverfahren (Teil 2).	63
3.21	R. Kopp G. Voswinckel J. Mittendorf	Genauere Kraftabschätzung beim Strangpressen von Profilen.	65

			Seite
3.22	K. Lange E. Kling	Aufweitung von Fließpreßmatrizen mit überlagerter thermischer und mechanischer Beanspruchung.	67
3.23	K. Lange N. Kurz	Grundlagen zur Erzeugung genauer Profile an Voll- und Hohlkörpern durch Kaltwalzen.	69
3.24	K. Lange J. Gerhardt D.K. Kang	Entwicklung eines Verfahrens zur Vorhersage der Endgeometrie beim Kalt- und Halbwarmfließpressen komplexer Werkstücke.	71
3.25	K. Lange K. Hoffmann	Ermittelung der Arbeitsgenauigkeit von Fließpreßmatrizen mit nichtrotationssymmetrischen Innenformen.	73
3.26	H. Lippmann M. Holzner V. Mannl	Kontinuumsmechanische Simulation zur Klärung der Zusammenhänge zwischen Umformverhalten und Produktqualität beim Kissentiefziehen.	75
3.27	O. Mahrenholtz C. Westerling	Numerische Simulation instationärer Umformprozesse. Formgenauigkeit des Werkstückes und thermomechanische Werkzeugbeanspruchung.	77
3.28	O. Mahrenholtz J. Appeltauer N.L. Dung	Untersuchung des dreidimensionalen Freiformschmiedens mit der Finite-Element-Methode.	79
3.29	O. Mahrenholtz N.L. Dung J. Rammelkamp	Anwendung der personalcomputerorientierten Berechnungsmethode auf praktische Umformprobleme im ebenen und axialsymmetrischen Bereich.	81
3.30	O. Pawelski W. Rasp H. Teutsch	Kantenschärfung beim Kaltwalzen vom Band.	83
3.31	O. Pawelski W. Rasp F. Klasen	Einfluß des indirekten Druckes auf die Breitung beim Warmwalzen.	85
3.32	O. Pawelski W. Rasp J. Rieckmann	Entwicklung eines mathematischen Modells für die Druckverteilungen und Deformationen in einem Sechs-Walzen-Werk.	87
3.33	O. Pawelski W. Rasp Ch. Hoerster	Einfluß der Reibung auf den Werkstofffluß in Breitenrichtung beim Warmwalzen von Stahl.	89
3.34	D. Ruppin K. Müller	Untersuchungen zur Beeinflussung der Schmierverhältnisse beim geschmierten Kalt- und Halbwarmpressen.	91
3.35	E. Roeder W. Egel-Hess	Strangpressen anorganischer Glasschmelzen — Herstellung komplizierter Voll- und Hohlprofile hoher Formtreue und Maßgenauigkeit.	93
3.36	D. Schmoeckel S. Schlagau	Verbesserung der Werkstückgeometrie und Verfahrensgrenzen beim Kragenziehen durch Anwenden eines Gegenhalters.	95
3.37	D. Schmoeckel E. Walter	Ermittlung optimaler Werkzeuggeometrien für das Verzahnungswalzen präziser Werkstückgeometrien.	97
3.38	D. Schmoeckel E. Hammerschmidt	Profilierung von zylindrischen Blechteilen.	99
3.39	D. Schmoeckel H. Dorth	Auswirkungen des geschwindigkeitsbedingten Verhaltens von Maschine und Werkzeug auf die Maß- und Formgenauigkeit von Kaltfließpreßteilen.	101
3.40	D. Schmoeckel C.H. Lee	Zapfenpressen zylindrischer Teile.	103

4. Ausgewählte Berichte der beteiligten Institute 105

4.1	E. Doege U. Weiss P. Groche	Thermische und mechanische Formänderungen von Gesenkschmiedestücken und Gesenkgravuren.	107
4.2	F. Dohmann	Technologische Grenzen von Kaltfließpreßverfahren zur Herstellung gerad- und schrägverzahnter Werkstücke.	121
4.3	E. v. Finckenstein J. Fait R. Rothstein	Präzisions-Biegeumformen unter Einsatz der Prozeßsimulation.	135

			Seite
4.4	P. Funke H.J. Gummert	Visioplastische Methode zur Analyse des Stoffflusses bei Durchziehverfahren.	155
4.5	M. Geiger U. Engel A. vom Ende	Verbesserung der Arbeitsgenauigkeit bei der Herstellung von Blechteilen mit U-förmigem Querschnitt mit elastischer Matrize.	171
4.6	W. König W. Koll	Kaltfließpressen von Bauteilen mit Verzahnungen.	193
4.7	R. Kopp G. Voswinckel J. Mittendorff	Genauere Kraftabschätzung beim Strangpressen von Profilen.	215
4.8	K. Lange, D. Kang J. Gerhardt K. Hoffmann	Prozeßsimulation und Werkzeugverformung bei dreidimensionalen Umformvorgängen.	233
4.9	H. Lippmann M. Holzner V. Mannl	Kontinuumsmechanische Simulation zur Klärung der Zusammenhänge zwischen Umformverhalten und Produktqualität beim Kissentiefziehen.	257
4.10	O. Mahrenholtz J. Rammelkamp J. Appeltauer N.L. Dung	2D und 3D FE-Simulation von Umformprozessen auf Rechnern mittlerer Kapazität und auf Kleinrechnern.	271
4.11	O. Pawelski	Entwicklung von Prozeßmodellen für das Längswalzen zur Steigerung der Maß- und Formgenauigkeit.	287
4.12	D. Ruppin K. Küller	Untersuchung zur Beeinflußung der Schmierverhältnisse beim geschmierten Kalt- und Halbwarmstrangpressen.	313
4.13	E. Roeder W. Egel-Hess	Strangpressen anorganischer Glasschmelzen-Herstellung komplizierter Voll- und Hohlprofile hoher Formtreue und Maßgenauigkeit.	321
4.14	D. Schmoeckel C.H. Lee	Zapfenpressen zylindrischer Teile.	337

5. Im Rahmen des Schwerpunktes entstandene Dissertationen 355

6. Am Schwerpunkt beteiligte Institute 361

1 Einführung

von K. Lange

Unter Umformtechnik, mitunter auch "Mechanische Umformtechnik" zur Abgrenzung gegen die Elektrotechnik genannt, versteht man nach DIN 8580 (Fertigungsverfahren, Begriffe, Einteilung) eine Gruppe von Verfahren der Fertigungstechnik, durch die die gegebene Form eines festen Körpers - Werkstück - in eine andere Form unter Beibehaltung der Masse und des Stoffzusammenhanges überführt wird. Im Vergleich zu den Verfahren der für die Werkstückformgebung sehr wichtigen spanenden Verfahren, haben die Umformverfahren folgende Merkmale:

1. Die zum Umformen erforderlichen Kräfte und Spannungen sind sehr hoch; die letzteren schwanken je nach Verfahren und Werkstoff zwischen etwa 50 und 2500 N/mm^2. Da meist das ganze Werkstück oder zumindest ein beträchtlicher Teil davon umgeformt wird, werden die Kräfte sehr groß. Entsprechend sind die Maschinen schwer gebaut und kapitalintensiv.

2. Mit Rücksicht auf die hohen Kräfte werden die Werkzeuge meist sehr groß, schwer und entsprechend teuer. Die Herstellung von Umformwerkzeugen erfordert bestens eingerichtete Werkstätten mit erstklassigen Facharbeitern; die erforderlichen Genauigkeiten reichen bis in den Bereich der Feinwerktechnik und des Lehrenbaus. Bei der Werkzeugherstellung hat die Umformtechnik unmittelbare Berührung mit der Abspantechnik. Hier gelten auch die technisch-wirtschaftlichen Gesetzmäßigkeiten der Einzelstück- und Kleinserienfertigung.

3. Die hohen Kosten für Maschinen und Werkzeuge machen bestimmte Mindestmengen zur Voraussetzung einer wirtschaftlichen Fertigung. Werden diese erreicht, so kommen die Vorteile der Umformverfahren zur Geltung:

   - Hohe Werkstoffausnutzung
   - hohe Mengenleistung mit kürzesten Stückzeiten
   - hohe Maß- und Formgenauigkeit der Werkstücke innerhalb bestimmter Toleranzen
   - Günstige mechanische Werkstoffeigenschaften, besonders bei dynamischer Beanspruchung der Bauteile.

Die Voraussetzung ausreichender Mengen ist durch den zunehmenden Massenbedarf seit 1960 auch im europäischen Raum fast auf allen Gebieten erfüllt worden, wie z.B. im Bereich der Fahrzeugindustrie, Haushaltsgeräteindustrie, Maschinen- und Apparatebau, Elektroindustrie usw. Umgeformte Werkstücke finden sich sowohl in der Feinmechanik als auch im Schwermaschinen- und Großapparatebau mit Stückmassen von ≈ 1 g bis > 100 t! Seit Mitte der sechziger Jahre hat sich die Anwendung umformender Fertigungsverfahren in der industriellen Produktion und parallel dazu die Verbreiterung und Vertiefung der technisch-wissenschaftlichen Grundlagen der Umformtechnik ohne Zweifel weltweit in sich beschleunigendem Tempo fortgesetzt. Antriebskräfte sind dabei der Zwang zu wirtschaftlicherer Verwendung von Energie und Rohstoffen einerseits sowie die Nutzung der hohen Produktivität umformender Fertigungsverfahren zur Dämpfung des Kostenanstiegs in der Produktion andererseits. Eingeschlossen hierin ist das Bemühen um das Erzeugen möglichst einbaufertiger Werkstücke durch Umformen oder das Absenken nachfolgender Fertigbearbeitung zur Erzeugung umformend nicht herstellbarer Geometrieelemente, zum Erzielen besserer Maßgenauigkeiten und bestimmter Oberflächenfeinstrukturen. Ziel war und ist dabei die Entwicklung einer "Präzisionsumformtechnik". Voraussetzung hierfür ist auch die zu verzeichnende Intensivierung bei der Entwicklung neuer Werkstoffe mit gezielt gezüchteten Verarbeitungs- und Gebrauchseigenschaften sowohl für Massiv- als auch Blechumformung; hingewiesen sei hier stellvertretend auf die neuen hochfesten tiefziehfähigen Blechqualitäten. Die Technologie der Umformtechnik wurde durch zahlreiche wissenschaftliche Arbeiten in den führenden Industrieländern weiterentwickelt und in ihren Grundlagen vertieft. Erfahrung wird dadurch zunehmend durch quantitativ gesichertes Wissen ersetzt. Hierzu trägt nicht nur die weiterhin verbesserte Meßtechnik in Verbindung mit leistungsfähigeren Geräten zur Datenverarbeitung bei, sondern auch der zunehmende Einsatz des Rechners zur Prozeß–Analysis und –Simulation. Moderne Meßtechnik hat auch den breiteren Einbezug tribologischer Phänomene in Grundlagenuntersuchungen für die Umformtechnik ermöglicht. Bei den Werkzeugmaschinen der Umformtechnik zeigt sich ein zunehmender Einfluß von numerischen Steuerungen, deren Preis/Leistungsverhältnis durch Einführung der Mikroprozessor-Technik entscheidend verbessert werden konnte. Bemerkenswerte Erfolge bei der Errichtung zentral gesteuerter komplexer Fertigungsanlagen und bei der Entwicklung neuer flexibler Steuerungskonzepte und damit anpassungsfähigerer Maschinen wurden bereits erzielt. Eine zunehmende Aktivität in Richtung der Entwicklung flexibler Erziehungseinrichtungen für kleine und mittlere Stückzahlen von Werkstücken ist deutlich zu beobachten. In der Phase der Einführung in die industrielle Praxis befindet sich schließlich das rechnerunterstützte "Engineering" (CAE) mit den Teilkomponenten "rechnerunterstütztes Konstruieren (CAD)", "rechnerunterstütztes Bearbeiten (CAM)" und "rechnerunterstütztes Prüfen und Messen (CAP)" Es kann davon ausgegangen werden, daß sich diese Techniken, die sich insbesondere auch auf die Konstruktions- und Arbeitsvorbereitungsphase auswirken werden, breiten Eingang in mittlere und kleinere Betriebe finden werden im Rahmen der Entwicklung des "computer integrated manufacturing (CIM)".

Nachdem die Deutsche Forschungsgemeinschaft die Entwicklung der Umformtechnik im Rahmen des von 1957 bis 1965 laufenden Schwerpunktes "Mechanische Umformtechnik"[1] ganz erheblich angestoßen und gefördert hatte – hierzu fanden sich Wissenschaftler aus den Gebieten Plastomechanik, Physik, Werkstoffwissenschaften und Metallkunde sowie Technologie unter Leitung des Koordinators Prof. Otto Kienzle zu ergebnisreicher interdisziplinärer Zusammenarbeit – wurde nach der im Jahre 1974 erfolgten Gründung der "Arbeitsgemeinschaft Umformtechnik (AGU)" nach mehrjähriger Vorbereitung am 6.2.1980 der DFG die in Abschnitt 2 vorgestellte Denkschrift zur Begründung des Schwerpunktes "Präzisionsumformtechnik" übergeben. Der Senat der Deutschen Forschungsgemeinschaft beschloß noch im gleichen Jahr die Förderung des Programms. Am 25.6.1985 fand ein Kolloquium "Präzissionsumformtechnik" in Dortmund statt, bei dem in 18 Referaten erste Ergebnisse vorgestellt wurden. Mit dem Berichtskolloquium am 13.12.1989 in Stuttgart wird der Schwerpunkt offiziell abgeschlossen. Er hat Wissenschaftler aus den Gebieten Technologie einschließlich Werkzeugtechnik und Mechanik zu gemeinsamer Arbeit mit der Zielsetzung der Erarbeitung weiterer Erkenntnisse zur Verbesserung der Werkstück- bzw. Produktgenauigkeit zusammengeführt und die Bedeutung der werkstoffwissenschaftlichen, plastizitätstheoretischen und tribologischen Grundlagen für die Prozeßbeherrschung (Prozeßfähigkeit, Prozeßsicherheit) in der Produktion nachhaltig unterstrichen.

Die Ergebnisse zeigen die Notwendigkeit einer ganzheitlichen Betrachtung des Systems Umformtechnik im Sinne der Zielsetzung des Schwerpunktprogramms (Bild 1): Im Mittelpunkt steht der nur durch Geometrie und Kinematik beschriebene Prozeßkern mit dem Wirkpaar Werkzeug-Werkstück. Dieser steht in Wechselwirkung mit den als Satelliten angeordneten sechs Bereichen Werkstoff, Tribologie, Werkzeugtechnik, plastizitätstheoretische Grundlagen einschließlich Prozeßsimulation, z.B. mit FEM, Werkzeugmaschine (mit Umfeld) und Automatisierung. Alle Satelliten sind wiederum miteinander verknüpft; die Beziehungen zwischen ihnen bzw. mit dem Prozeßkern las-

[1]Mechanische Umformtechnik. Herausgegeben von Otto Kienzle unter Mitarbeit von H.G. Dohmen Berlin, Heidelberg, New York: Springer 1968

sen sich teils mathematisch formulieren bzw. durch Datenflußstrukturen beschreiben. Prozeßkern und Satelliten bilden erst den Produktionsprozeß, der als ein dynamisches Gebilde anzusehen ist. Der Prozeß als solcher steht wiederum im Spannungsfeld seiner Umgebung und wird angetrieben z.B. vom allgemeinen technischen Fortschritt, von den Bedingungen des Marktes und der Standorte; er zielt auf höhere Qualität, Produktivität, Flexibilität und verbesserte Wirtschaftlichkeit.

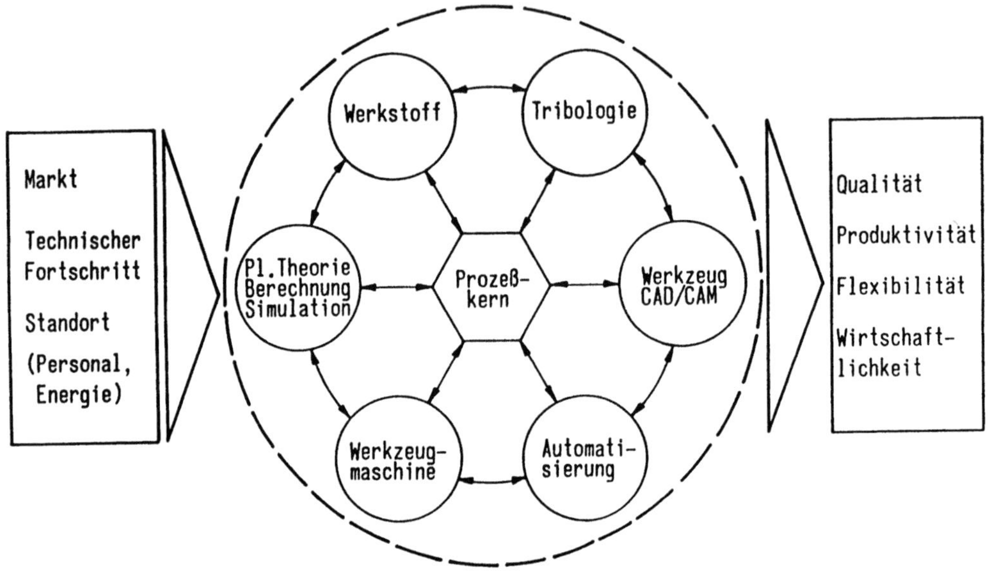

Bild 1: Modulare Struktur von Umformprozessen

Die Leiter der am Schwerpunkt beteiligten Institute und ihre wissenschaftlichen Mitarbeiter hoffen, mit ihrer Arbeit einen Beitrag zur Verbesserung der Qualität umformtechnischer Prozesse im Sinne höherer Werkstückgenauigkeit geleistet zu haben. Sie danken der Deutschen Forschungsgemeinschaft für die langjährige, nachhaltige Förderung im Rahmen des Schwerpunktes "Präzisionsumformtechnik".

2

Denkschrift der Arbeitsgemeinschaft Umformtechnik (AGU) vom 6. 2. 1980

ARBEITSGEMEINSCHAFT UMFORMTECHNIK (AGU)

DENKSCHRIFT ZUR BEGRÜNDUNG EINES DFG-SCHWERPUNKTPROGRAMMS PRÄZISIONSUMFORMTECHNIK

Die nachstehend aufgeführten Forschungsinstitute in der Bundesrepublik Deutschland

Institut für Bildsame Formgebung, RWTH Aachen,
Prof. Dr.-Ing. R. Kopp

Institut für Verformungskunde und Walzwerkwesen,
TU Clausthal, Prof. Dr.-Ing. P. Funke

Lehrstuhl für Umformtechnik, TH Darmstadt,
Prof. Dr.-Ing. D. Schmoeckel

Lehrstuhl für umformende Fertigungsverfahren,
Univ. Dortmund, Prof. Dr.-Ing. E. v. Finckenstein

Max-Planck-Institut für Eisenforschung, Düsseldorf,
Prof. Dr.-Ing. O. Pawelski

Institut für Umformtechnik und Umformmaschinen,
TU Hannover, Prof. Dr.-Ing. E. Doege

Institut für Umformtechnik, Univ. Stuttgart,
Prof. Dr.-Ing. K. Lange

schlagen hiermit der Deutschen Forschungsgemeinschaft die Errichtung eines Schwerpunktprogrammes vor, das die Verbesserung der Maßgenauigkeit und Formgenauigkeit, der Oberflächenbeschaffenheit und der mechanischen und technologischen Eigenschaften von umgeformten Werkstücken über den heute gegebenen Stand hinaus zum Ziel hat. Hierzu sind neben der Vertiefung und Erweiterung metallphysikalischer, werkstoffkundlicher, plastizitätstheoretischer und tribologischer Grundlagen die gezielte Untersuchung und Weiterentwicklung der für die Umformtechnik bedeutsamen Technologien - Werkzeuge und Werkzeugmaschinen - unter Einsatz der heute verfügbaren modernen Hilfsmittel der Meßtechnik und Datenverarbeitung erforderlich. Der 1956 beschlossene und 1966 ausgelaufene DFG-Schwerkpunkt "Mechanische Umformtechnik" hat zwar die Grundlagen der Umformtechnik in ihrer ganzen Breite erheblich gefördert; in den seither vergangenen fast 1 1/2 Jahrzehnten haben sich aber einerseits Meßtechnik und Datenverarbeitungstechnik wesentlich weiterentwickelt, andererseits wurden die Anforderungen an die Produkte der Umformtechnik hinsichtlich ihrer Qualität im weitesten Sinne erheblich gesteigert. Die nachfolgenden Ausführungen begründen den Vorschlag zur Errichtung eines neuen Schwerpunktprogramms "Präzisionsumformtechnik" näher und geben Hinweise auf zu lösende Aufgaben.

1 Die Umformtechnik in der modernen Fertigungstechnik

Mit Fertigungsverfahren werden Werkstücke und Teile von Geräten sowie diese selbst aus formlosem Stoff oder aus Halbzeug und durch Fügen von Einzelteilen erzeugt. Die Umformverfahren sind dadurch gekennzeichnet, daß mit ihnen die gegebene Form eines festen Körpers (Werkstück) in eine andere Form unter Beibehaltung der Masse und des Stoffzusammenhanges übergeführt wird. Dabei wird eine sehr gute Werkstoffausnutzung zwischen etwa 75% und 95% erzielt, die sich wegen des hohen Energieaufwandes für die Erzeugung von Metallen positiv in bezug auf Energieeinsparung auswirkt. Die meisten Umformverfahren zeichnen sich ferner durch hohe Mengenleistung in der Serienfertigung, d.h. durch große Produktivität aus.

Umformverfahren werden in den beiden Bereichen Halbzeugfertigung und Weiterverarbeitung eingesetzt. Die Halbzeugfertigung durchlaufen alle metallischen Werkstoffe, die nicht unmittelbar durch Gießen ihre endgültige Form erhalten. Hierzu zählt z.B. ein großer Teil der Walzstahlproduktion, die Produktion von Nichteisenmetall-Halbzeug auf Kupfer- und Aluminiumbasis usw. Im Jahre 1977 wurden durch die Stahlindustrie in der Bundesrepublik Deutschland 39 Mill. t Rohstahl und 25,6 Mill. t Walzstahl-Fertigerzeugnisse, davon 14,8 Mill. t Flachstahl und 10,8 Mill. t Profilstahl, erzeugt. Daran hat kaltgewalztes Fein- und Mittelblech mit engen Dickentoleranzen und hochwertiger Oberflächenbeschaffenheit einen sehr großen Anteil; allein die Automobilindustrie verbraucht gegenwärtig (1979) etwa 4 Mill. t Feinblech jährlich.

Bei der Fertigung einzelner Werkstücke in der Stufe der Weiterverarbeitung bietet die Umformtechnik eine wichtige Voraussetzung für die moderne Konstruktionsentwicklung zum Leichtbau, der sich wiederum günstig in bezug auf Energieeinsparung auswirkt. Je nach dem Grad der Annäherung an das einbaufertige Werkstück wird durch Umformen gegenüber dem eingesetzten Halbzeug eine Wertsteigerung um etwa das 2- bis 5-fache, gegebenenfalls auch mehr, erreicht.

Für den deutschen Werkzeugmaschinenbau hat die Umformtechnik eine sehr große Bedeutung erlangt. Seit über 10 Jahren entfällt wertmäßig ein Anteil von etwa einem Drittel der Jahresproduktion auf umformende Werkzeugmaschinen; gewichtsmäßig sind es etwa 50%.

2 Halbzeugfertigung

Die Halbzeugfertigung hat in Verbindung mit der Erzeugung der Metalle einen großen Einfluß auf die Eigenschaften der Endprodukte:

- Maßgenauigkeit
- Formgenauigkeit
- Oberflächengüte
- Mechanische Eigenschaften.

Die Anforderungen an diese Eigenschaften nehmen, wenn auch bei den wichtigen Verfahrensgruppen der Halbzeugfertigung Walzen, Schmieden, Strangpressen und Durchziehen in unterschiedlichem Maße, ständig zu.

2.1 Walzen

In dieser Verfahrensgruppe können heute bereits hohe qualitative Ansprüche erfüllt werden. Trotzdem stehen noch zahlreiche Probleme zur Lösung an, z. B.

- Einengung der Maßtoleranzen durch Stichplanoptimierung und verbesserte Regelung beim Walzen von Warm- und Kaltbändern

- Erzeugung enggestufter Fertig-Bandbreiten aus nur wenigen Formaten stranggegossener Brammen; dies bedingt genaue Kenntnis der Umformmöglichkeiten in Breitenrichtung

- Verbesserung der Rundheit warmgewalzter Drähte, Rohre und Rundstäbe

- Verbesserung der Wanddickenkonstanz und Rundheit bei gewalzten Rohren

- Verbesserung der Planheit kaltgewalzter Bänder und Bleche, insbesondere von Feinblechen und Feinstblechen (bis hin zum doppeltreduzierten Weißblech) für Verpackungen

- Minimierung des Stegversatzes gegenüber den Flanschen bei T- und I-Trägern

- Minimierung des Aufwandes zur Beseitigung der Ungeradheit gezogener, gewalzter und stranggepreßter Erzeugnisse mittels Walzrichten, Streckrichten oder Streckbiegerichten

- Nachwalzen kaltgewalzter Bleche, wobei die Probleme des Abprägens der Walzenrauheit auf dem Walzgut und der "Standzeit" der Walzenrauheit auftreten

- Klärung des Zusammenhanges zwischen Rauheit (im Rauheitsmaß) und Eigenschaften, z.B. Lackierfähigkeit bei Karosserieblechen

- Untersuchung des Einflusses von Schmierstoffen auf die Oberflächenbeschaffenheit

- Erfassung erzielbarer Oberflächengüten bei Kalt-, Halbwarm- und Warmumformung

- Vermeidung der Bildung unerwünschter Schichten auf gewalzten Oberflächen (Abrieb, Rückstände von Schmierstoffen, Oxydationsprodukte).

An die mechanischen Eigenschaften von Baustählen für extreme Ansprüche werden wachsende Anforderungen gestellt wie hohe Festigkeit zusammen mit besten Zähigkeitskennwerten sowie gute Schweißbarkeit ohne besondere Vor- und Nachbehandlung. Diese Anforderungen erfüllen neben metallurgischen Maßnahmen (Mikrolegierungstechnik) thermomechanische Behandlungen (gezielte Kombination von Wärmebehandlungen und Umformung). Hierzu ist u. a. die Entwicklung spezieller Walztechnologien für Grobblech und Warmband erforderlich.

Ein weiteres Problem ist die Vermeidung einer möglichen Verschlechterung der mechanischen Eigenschaften kaltumgeformter Erzeugnisse durch zu lange Einwirkungszeit von Umformwärme. Hierzu sind verbesserte Kühlmethoden zu entwickeln und die dazu erforderlichen Grundlagen zu schaffen.

2.2 Schmieden (Freiformschmieden)

Beim Freiformschmieden besteht ein großer Nachholbedarf an wissenschaftlicher Untermauerung der geometrisch und werkstoffkundlich komplizierten Umformvorgänge. Die Entwicklung numerischer Verfahren der Plastizitätstheorie einschließlich Anwendung der Finite-Elemente-Methode zur Berechnung großer plastischer Formänderungen und der dabei auftretenden Spannungen lassen die realistische Vorausberechnung von Schmiedevorgängen zumindest für einfachere Geometrien erwarten. In Verbindung mit derzeit an zwei Hochschulinstituten verfügbaren rechnergesteuerten Schmiedepressen unterschiedlicher Konstruktion ist eine Verbesserung der Schmiedetechnologie mit dem Ziel verbesserter Genauigkeit, verkürzter Schmiedezeit und optimal abgestimmter mechanischer Eigenschaften zu erwarten. Hierzu sind noch umfangreiche theoretische und experimentelle Arbeiten erforderlich, z.B. die Aufstellung geeigneter Rechenmodelle. Auch die Entwicklung thermomechanischer Verfahren des Freiformschmiedens zur Verbesserung der mechanischen Eigenschaften gehört zu diesem Aufgabenkreis.

2.3 Strangpressen

Das Strangpressen gehört zu den noch wenig wissenschaftlich untersuchten Verfahren der Halbzeugfertigung. Die Verbesserung der Produktqualität hinsichtlich Genauigkeit und Gleichmäßigkeit der mechanischen Eigenschaften über der Stranglänge bietet noch ein weites Feld für Untersuchungen, ebenso die optimale Gestaltung der Matrizen. Auch Sonderverfahren, wie das hydrostatische Strangpressen in größeren Temperaturbereichen und für ein größeres Werkstoffspektrum bedürfen noch weiterer wissenschaftlicher Behandlung.

2.4 Durchziehen

Diese Gruppe der Durchzieh-Umformverfahren konzentriert sich auf die Herstellung von Drähten, Stangen und Rohren durch Ziehen, die z.T. als Halbzeug anzusprechen sind, z.T. Fertigproduktcharakter tragen. Unabhängig von dieser Einordnung dienen ebenfalls die Kriterien Maßgenauigkeit, Formgenauigkeit, Oberflächengüte und mechanische Eigenschaften zur Beurteilung des umgeformten Gutes und des Umformverfahrens, wenn auch die einzelnen Anforderungen je nach Verwendungszweck oder gewünschter Weiterverarbeitung unterschiedliches Gewicht haben.

Die Maßgenauigkeit hängt in erster Linie von der Gleichmäßigkeit des Ausgangs-Ziehgutes und der Bearbeitungsgenauigkeit der Werkzeuge (Außen- und Innenwerkzeuge) ab. Unsicher und damit für eine weitergehende Forschung interessant sind die weniger offensichtlichen Einflüsse wie Auffederung und Eigenspannungszustand und deren Abhängigkeit von Ausgangstextur, Abstufung der Ziehfolgen, Ziehgeschwindigkeit, Verhältnis von Durchmesser- zu Wanddickenänderung, Reibungsbedingungen, speziellen Werkzeugkonturen, Führungslänge und gegebenenfalls einer Nachbehandlung wie Richten, Spannungsfreiglühen oder anderen Wärmebehandlungen.

Die Formgenauigkeit scheint bei Produkten der Durchziehverfahren auf den ersten Blick eine untergeordnete Rolle zu spielen, da bei runden Querschnitten - abgesehen von Exzentrizitäten im Falle der Rohre - die Werkzeuge weitgehend auch die Kreisförmigkeit der Ziehquerschnitte sicherstellen. Zunehmende Bedeutung erlangen jedoch die Durchziehverfahren bei nichtrunden Querschnitten, bei denen von einfachen symmetrischen Ausgangsformen ausgegangen wird. Als Beispiel sei auf das Ziehen exakter Rechteckquerschnitte hingewiesen, bei dem die Formgenauigkeit von Werkzeugkontur, Verhältnis von Dicken- zu Breitenformänderung, Reibung, Gleichmäßigkeitsgrad des Ausgangsgefüges, Textur und Ziehgeschwindigkeit abhängig sein kann. Hinzu kommen mögliche Einflüsse bei der Nachbehandlung, die sich ähnlich wie bei der Maßgenauigkeit auswirken können.

Die Oberflächengüte am Ziehgut hängt einmal vom Zustand des Ausgangswerkstoffs (Gefüge, Oberflächenzustand) ab, vornehmlich jedoch von den Werkzeug- und Ziehbedingungen, wobei hier insbesondere auf die Abstufung der Ziehfolge, das Verhältnis von Durchmesser- zu Wanddickenänderung sowie unterschiedliche Reibungsbedingungen, auch im Zusammenhang mit unterschiedlichen Schmierstoffen und Schmiersystemen hingewiesen werden soll.

Die mechanischen Eigenschaften sind - auch in Kombination mit einer nachgeschalteten Wärmebehandlung - in erster Näherung vom Betrag der Gesamtquerschnittsformänderung abhängig. Bemerkenswert, jedoch in ihrer quantitativen Auswirkung auf die Endeigenschaften unsicher, sind die Veränderungen des Gefüges, der Textur, der Ziehgeometrie, der Werkzeugkontur und -winkel, der Unterteilung der Ziehfolge, des Verhältnisses von Durchmesser- zu Wanddickenformänderung und der Ziehgeschwindigkeit sowie der Temperatur im Ziehhol. Es wird sich hierbei nicht um einsinnige Änderungen der mechanischen Grundeigenschaften handeln, sondern um komplexe Vorgänge, die gleichzeitig mit neuen metallkundlichen Methoden erfaßt werden sollten.

Schließlich gilt dieselbe Fragestellung bei der Anwendung von Walzzieheinrichtungen, die zunächst als Alternative zum Gleitziehen, d.h. bei Verwendung von starren Ziehwerkzeugen erprobt wurden, und zwar vordringlich mit dem Ziel, höhere Einzelquerschnittsformänderungen in einer Ziehfolge zu erreichen. Bei ersten Versuchen hat sich herausgestellt, daß bei ausreichend großen Querschnitten einige technologische Vorteile durch das Walzziehen erreichbar sind; der Unterschied im Umformmechanismus deutet aber auch an, daß gegenüber dem Gleitziehen veränderte Oberflächengüten und mechanische Eigenschaften zu erzielen sind. Die noch ungeklärten Zusammenhänge zwischen diesen Endeigenschaften und den Umformparametern sowie die Erfassung verschiedener Einflüsse des Walzziehens auf Maß- und Formgenauigkeit eröffnen ein weites Feld der Forschung.

3. Weiterverarbeitung

In diesem Bereich besteht ein starker Trend zur Erzeugung einbaufertiger Werkstücke mit Maßgenauigkeiten im Bereich zwischen IT 7 bis IT 10 und Oberflächenrauheiten $R_t \leq 10$ µm bei Kaltmassivumformung. Eine wichtige allgemeine Aufgabe ist die zweckmäßige Wahl der Umformtemperatur (Warm-, Halbwarm-, Kalt-Umformen), abgestimmt auf Werkstoff und geforderte Werkstückeigenschaften. Die technisch wichtige Verfahrenskombination: Umformen dicker Bleche durch Tiefziehen, Biegen, Prägen in Verbindung mit Schneid- und Fügevorgängen ist noch durch systematische wissenschaftliche Arbeiten zu verbessern.

3.1 Kaltmassivumformung

Wichtig ist die Weiterentwicklung der Grundverfahren des Fließpressens, Stauchens, Prägens usw. für legierte Stähle und komplexere Geometrien, ferner der Einsatz von Sinterrohteilen bei diesen Verfahren. Die Werkzeuge sind auf höhere Belastbarkeit und größere Lebensdauer hin zu entwickeln. Hierzu gehört die Entwicklung und Erprobung von beschichteten Werkstoffen und Sinterhartmetallen ebenso wie die Verbesserung von Berechnungsverfahren, z.B. mit der Finite-Elemente-Methode.

3.2 Gesenkschmieden

Ziel notwendiger Entwicklung ist eine weitgehende Annäherung der geschmiedeten Endform an das einbaufertige Bauteil und die festigkeitsmäßig optimale Ausnutzung des Fertigteils.

Die Verbesserung der Maßgenauigkeit hängt von besserer Herstellgenauigkeit der Werkzeuge, vom Werkzeugverschleiß, von der Einsatzmasse und der Schmiedetechnologie sowie von Längs- und Quersteifigkeit der Umformmaschinen und der Werkzeugführung ab.

Die Formgenauigkeit beinhaltet das Erzeugen von Höhlungen und auch Hinterschneidungen durch Umformen, Schmieden mit geringeren Schrägen, Bodendicken und Radien und größeren Höhen-Breitenverhältnissen an Rippen sowie das Vermeiden von Gratansatz. Wege hierzu sind Pulverschmieden, isothermes Schmieden, Schmieden im superplastischen Zustand und Formpressen ohne Grat. Die Oberflächengüte beinhaltet nicht nur die Rauheit, sondern auch die mechanischen Eigenschaften der bei Stahl meist entkohlten Randschicht. Lösungswege sind die Verwendung entkohlungsarmen Halbzeuges, entkohlungs- und zunderarmes Wärmen und Schmieden, die Verwendung von Werkzeugen mit geringer Rauheit und das Halbwarmschmieden.

Die mechanischen Eigenschaften sind auf hohe dynamische Festigkeitseigenschaften, günstiges Festigkeits-Gewichts-Verhältnis und hohe Beständigkeit gegen Spannungsrißkorrosion zu entwickeln. Wege hierzu bieten sich durch Erzeugen günstiger Eigenspannungen in der Oberfläche, z.B. durch Strahlen (in Verbindung mit Entzundern), durch Oberflächenhärten oder gezielte Lenkung des Stoffflusses an.

3.3 Umformende Fertigung von Werkstücken mit Profilformen

Werkstücke mit Profilformen sind sehr häufig vorkommende Maschinenelemente. Ihre Formenvielfalt reicht von Gewinden und Schnecken über Vielkeilwellen als Steckverzahnung bis zu den Laufverzahnungen. Während Gewinde und Schnecken heute schon in großem Umfang umformend gefertigt werden, ist die Herstellung von Steck- und Laufverzahnungen noch überwiegend den spanenden Fertigungsverfahren vorbehalten. Zur Herstellung verschiedener Profilformen sind eine Reihe von Umformverfahren entwickelt worden, die im Folgenden nur tabellarisch aufgeführt werden.

- Stirnverzahnungen außen (gerade/schräg)	Walzen Kaltfließpressen Genauschneiden
- Stirnverzahnungen innen (gerade/schräg)	Rundkneten Kaltfließpressen Genauschneiden
- Kegelverzahnungen	Schmieden Warmpressen Kaltfließpressen Taumelpressen Sinterschmieden
- Tellerverzahnungen	Schmieden Warmpressen Kaltfließpressen Taumelpressen

Die erreichbaren Fertigungsgenauigkeiten (Durchmessertoleranzen) liegen je nach Verfahren zwischen IT 7 und IT 12.

Bei der Einführung dieser Verfahren in die Massenfertigung ergeben sich folgende Probleme:

- Bestimmung und Einhaltung der Werkstückabmessungen vor der Umformung

- Starker Einfluß der Werkstoffeigenschaften des Rohteils auf die Genauigkeit des umgeformten Werkstücks

- Größerer Verzug beim Härten umgeformter Werkstücke gegenüber spanend bearbeiteten Werkstücken

- Mangelnde Kenntnis über die Bauteileigenschaften.

Der Fertigung dieser Gruppe von Werkstücken durch umformende Verfahren kommt mit Rücksicht auf Werkstoff- und Kosteneinsparung schon in naher Zukunft große Bedeutung zu. Sehr viele Einzelprobleme bei Technologie und Tribologie, Werkzeugen und Werkzeugmaschinen sind hierzu zu lösen. Gleichzeitig müssen die theoretischen Grundlagen für diese Verfahren noch erarbeitet werden.

3.4 Blechbearbeitung

Die Blechbearbeitung durch Umformen und Schneiden hat bereits einen sehr hohen technischen Stand erreicht. Von der Menge des zu Werkstücken verarbeiteten Halbzeugs her hat die Blechbearbeitung eine erheblich größere wirtschaftliche Bedeutung als die Massivumformung. Trotz weiter Anwendung sind jedoch erst wenige Verfahren der Blechbearbeitung systematisch wissenschaftlich untersucht worden, wie z.B. das Tiefziehen runder Näpfe, das Schneiden, Lochen und Feinschneiden. Aus der großen Gruppe der Biegeverfahren wurde nur das Biegen von Blechstreifen ausführlich untersucht.

Wichtig für die weitere Entwicklung der Blechbearbeitungsverfahren ist die Untersuchung der Umformbarkeit und Schneidbarkeit mit entsprechender theoretischer Untermauerung. Die Formänderungsanalyse an unregelmäßigen Ziehteilen muß für die allgemeine Anwendung weiterentwickelt werden. Wenig erforscht ist - mit Ausnahme des Biegens ebener Streifen - das Rückfederungsverhalten von Blechbiege- und Ziehteilen; hierbei spielt die Anisotropie der Werkstoffeigenschaften eine große Rolle.

Von grundsätzlicher Bedeutung sind auch tribologische Probleme, z.B. bei der Fertigung von Hohlkörpern durch Ziehverfahren wegen des grossen Verhältnisses von Oberfläche zu Volumen der Werkstücke. Bei diesen Verfahren erscheint eine Optimierung der Vorgänge durch flexible kraft-, weg- und geschwindigkeitsabhängige Pressensteuerungen möglich. Beim Drücken, Drückwalzen und bei zahlreichen Biegeverfahren zeigen sich erste Ansätze zur Anwendung numerischer Steuerungen auch mit dem Ziel einer Verbesserung der Werkstückgenauigkeit. Hierzu sind Grundlagen bei Hardware und Software neu bzw. weiterzuentwickeln. Adaptive Steuerungen sind zur Berücksichtigung der Rückfederung und der Volumenkonstanz bei zahlreichen Verfahren unabdingbar. Hierzu fehlen wissenschaftlich gesicherte Grundlagen nahezu völlig.

Die Erarbeitung wissenschaftlicher Grundlagen der Blechbearbeitung sollte auch das Verhalten von Werkstoffen mit unterschiedlicher Struktur aus den verschiedenen Werkstoffgruppen (Stähle, Nichteisenmetalle) und damit unterschiedlichem Umformverhalten umfassen. Erwähnt sei beispielhaft nur das unterschiedliche Verhalten von Stahl- und Aluminiumblechen bei gleichen Vorgängen.

4. Grundlagen

Hierzu zählen plastizitätstheoretische, werkstoffkundliche und tribologische Grundlagen. Obwohl in allen drei Bereichen gegenüber dem Stand von 1966 teils beachtliche Fortschritte zu verzeichnen sind, ist die Fortsetzung, Verbreiterung und Vertiefung dieser Arbeiten unerläßlich. Dabei erscheint es nicht möglich, über den ganzen Bereich der Umformtechnik hin anwendbare Lösungen zu erzielen; es sollte aber angestrebt werden, für Gruppen von Verfahren mit ähnlichen Geometrien, ähnlicher Werkstoffbeanspruchung und ähnlichen tribologischen Bedingungen Berechnungsverfahren z.B. für Formänderungen, Spannungen, Temperaturen, Leistungen, Kräfte mit hoher Genauigkeit zu entwickeln. Das gilt auch für tribologische Probleme, die u. a. die Schmierwirkung von Schmierstoffen und den Verschleiß von Werkzeugen beinhalten.

Bei den Verfahren zur Ermittlung wichtiger plastischer Werkstückeigenschaften wie Fließspannung, Anisotropiekennwerte zeigt sich derzeit eine Entwicklung in Richtung auf größere Umformgrade und genauere, schnellere Verfahrensdurchführung. Diese Entwicklung sollte gefördert werden, da die Entwicklung der modernen Umformtechnik mit zunehmendem Einsatz numerischer Steuerung der Vorgänge zuverlässige Daten insbesondere über Werkstoffeigenschaften und ihre Änderung während eines Vorgangs erfordert.

6.2.80
Prof.La/Wd

3

Kurzberichte über die 40 Forschungsvorhaben des Schwerpunktprogramms

Einfluß des Schneidvorganges und innerer Materialspannungen auf die Maßhaltigkeit beim Scherschneiden von Elektroblechen

Prof. Dr.-Ing. Eckart Doege, Hannover
Dipl.-Phys. H.-J.Kühne

In dem bewilligten 1. Antragsjahr wurden Untersuchungen zur Meßbarkeit der Elektrobleche durchgeführt.

Dazu erfolgte die Aufnahme von Rückstrahlintensitäten von einigen Elektroblechqualitäten, die aufgrund ihres häufigen Einsatzes für die Untersuchung interessant schienen.

Aufgrund der Grobkörnigkeit (wenige Körner pro Volumeneinheit) sind z. B. bei der Blechqualität 660-50D die Reflexionen der einzelnen Kristallite erkennbar. Eine Möglichkeit diese Phänomene zu beseitigen, besteht in der Erhöhung, der an der Beugung beteiligten Körner, durch geringe Bewegung der Probe während der Messung. Dieses ist notwendig, da das Diffraktometerverfahren nur bei einer kontinuierlichen, diffusen Rückstreuung funktioniert. Hierdurch konnte zwar eine Verbesserung erzielt werden, jedoch reichte das nicht aus, um hiermit Messungen durchführen zu können. Außerdem war die Textur ein weiterhin vorhandener Störfaktor.

Eine zweite Möglichkeit zur Erhöhung der an der Beugung beteiligten Körner besteht darin, mit einer anderen härteren Strahlung zu arbeiten. Bei ferritischem Material ist hierzu die MoKa-Strahlung geeignet. Bei Reflexion an den [732+651]-Ebenen entstehen diffuse, geschlossene Rückstrahlintensitäten und der Textureinfluß wird vernachlässigbar /1/.

Die Ursache für die geschloßenen Ringe ist die größere Flächenhäufigkeit der an der Reflexion beteiligten Atomgitterebenen. Diese beträgt für die [732+651]-Ebenen 96 gegenüber 24 bei der [211]-Ebene der Cr-Strahlung. Weiterhin liegt die Eindringtiefe der Mo-Strahlung bei vergleichbaren Rückstrahlwinkeln bei 13,2 um, die der Cr-Strahlung dagegen nur bei 4,4 um. Durch die größere Eindringtiefe wird der Textureinfluß ebenfalls auf das nötige Maß verringert /2,3/.

Literatur:

/1/ Kühne, Hans-Joachim — Demnächst erscheinende Dissertation Universität Hannover, 1990

/2/ Doege, E.
Kühne, H.-J. — Eigenspannungen und Maßhaltigkeit beim Scherschneiden von Elektroblech Technische Rundschau 81(1989)27, S. 20-23

/3/ Schmütsch, H.-H.
Kühne, H.-J. — Schneidbarkeit und Maßhaltigkeit von Elektroblechen beim Scheren, Bänder Bleche Rohre. 10(1988), S.88-98

Wechselwirkung zwischen Werkstückeigenschaften und dem System Werkzeug / Maschine beim Knüppelscheren

Prof. Dr.-Ing. Eckart Doege, Hannover
Dipl.-Ing. Horst Fleischer

Das Knüppelscheren ist ein wirtschaftliches Verfahren zum verlustfreien Formen von Halbzeug für die Massivumformung. Rohteile für das Präzisions- und Gratlosschmieden, die durch Scheren erzeugt werden, dürfen keine Scherfehler aufweisen und nur geringen Volumenschwankungen unterliegen.

Knüppelabschnitte mit einem Standwinkel von 90 ± 1° und fehlerfreien Scherflächen mit einer möglichst geringen Welligkeit zu erzeugen, ist eine Frage des Spannungszustandes in der Scherzone. Jeder Werkstoff erfordert seinen spezifischen Spannungszustand, der durch Werkstückhalterung, Werkzeuggeometrie und Schneidspalt entsprechend zu beeinflussen ist.

Die Werkstückhalterung und der sich maximal einstellende Schneidspalt u_{ges} während des Schneidvorganges, bestimmen das Scherverhalten eines Werkstoffes in Abhängigkeit von der Zugfestigkeit.

Aus den experimentellen Untersuchungen wurde ein Nomogramme in Abhängigkeit von der Werkstückhalterung entwickelt.Sie erlauben eine reproduzierbare Schneidspalteinstellung, wenn entweder die Steifigkeitskennlinie der Maschine oder eine optimierte Schneidspalteinstellung u mit Hilfe nur eines Scherversuches vorliegt. So steht jetzt für die unterschiedlichen Halbzeugabmessungen Werkstoffestigkeiten sowohl für hydraulische als auch mechanische Scheren ein für den Praktiker sinnvoll einsetzbares Werkzeug zur Verfügung.

Literatur:

Fleischer, H. — Rohteilqualität beim Scheren von Knüppelhalbzeug
Der Fakultät für Maschinenwesen der Universität Hannover vorgelegte Dissertation

Doege, E.
Fleischer, H.
Hartke, G. — Wechselwirkungen zwischen Werkstückeigenschaften und dem System Werkzeug/Maschine
DFG-Kolloquium "Präzisionsumformtechnik"
Dortmund, Juni 1985

Doege, E.
Fleischer, H. — Scherschneiden von Knüppeln - Scherfehler vermeiden
Industrie-Anzeiger 108 (1986) 93, S.18-20

Doege, E.
Hartke, G.
Fleischer, H. — Precision of Weight and Shape with Sheared Billets
Annals of the CIRP, Vol. 35/1 1986, S.189ff

Fleischer, H. — How to avoid Shearing Defects - Workpiece Properties, Tool and Machine Parameters
15. North American Manufacturing Research Conference, Bethlehem PA, USA, May 1987

Spielfreie Werkzeugführungsgestelle zur Warmmassivumformung durch temperaturabhängige Führungsverstellung

Prof. Dr.-Ing. Eckart Doege, Hannover
Dipl.-Ing. Jürgen Thalemann

Eine Voraussetzung für die Herstellung genauer Schmiedeteile ist die lagegenaue Führung von Werkzeugober- zu -unterteil. Zur Erhöhung des Genauigkeitsverhaltens des Systems Maschine/Werkzeug werden Werkzeugführungsgestelle eingesetzt, die zur Vermeidung von gegenseitiger Beeinflussung von Maschinen- und Gestellführung von der Maschine entkoppelt sein müssen. Bei querkraftarmen Umformvorgängen wird die Genauigkeit der Werkzeugführung im wesentlichen durch das Führungsspiel der Gestelle beeinflußt, das bei herkömmlichen Gestellen wegen der Systemerwärmung zwingend erforderlich ist. Die Realisierung spielarmer , bzw. spielfreier Führungsgestelle erfolgt durch die Kompensation der temperaturvariablen Systemabmessungen mittels rechnergeführter Führungsverstellung. In einem Prozeßrechner werden aus den Meßwerten von Versatz und Führungsspiel, bzw. der Verspannkraft beim Einsatz von Wälzführungen, die mit Solwerten verglichen werden Verfahrwege für die Führungsverstellung berechnet und im Pressen - OT den hydraulischen Stelleinheiten zugeführt.

Die Aufnahme der Meßdaten erfolgt während des Umformvorganges, die Verarbeitung der Daten im Anschluß an den Schmiedeprozeß, so daß die Verstellung der Führung nahezu lastfrei ohne Beeinflussung durch die Umformkraft erfolgen kann.

Auf diese Weise ist es möglich für axialsymetrische Teile das instationäre Systemverhalten durch eine ungleichmäßige Temperaturbeanspruchung auszugleichen. So können schon während der Anfahrphase Präzisionsschmiedestücke in der notwendigen Genauigkeit produziert werden.

Literatur:

Thalemann, J. Rechnergestützte Führungsverstellung an Genauigkeitsführungsgestellen in der Warmumformung
Für die Einreichung bei der Fakultät für Maschinenwesen der Universität Hannover vorgesehene Dissertation

Umformende Herstellung von Innenverzahnungen durch Kaltfließpreßverfahren

Professor Dr.-Ing. Fritz Dohmann, Paderborn
Dipl.-Ing. Thomas Meier, Paderborn

Innenverzahnungen als Elemente von längsverschieblichen Wellen-Naben-Verbindungen werden heute in großen Serien durch Fließpreßverfahren hergestellt. Hierfür werden solche Verfahren eingesetzt, durch die entweder Hohlkörper aus vollen Rohteilen erzeugt oder aber Hohlteile in ihrer Wanddicke verringert werden. Ziel des Forschungsvorhabens war es, Formgebunsmöglichkeiten und Arbeitsgenauigkeit dieser Verfahren bei ihrer Anwendung zur Herstellung innenverzahnter Werkstücke zu untersuchen, und damit einen Beitrag zum Grundlagenwissen über die umformende Verzahnungsherstellung zu erarbeiten.

Die Formgebung von Innenverzahnungen durch Napfrückwärts-, Hohlrückwärts- und Hohlvorwärtsfließpressen wurde mit der visioplastischen Methode analysiert. Die beim Napf- und Hohlrückwärtsfließpressen vorherrschenden Werkstoffbewegungen führen bei allen untersuchten Verzahnungen zu fehlerfreien Ausformungen. Durch Hohlvorwärtsfließpressen lassen sich dagegen nur in einem begrenzten Parameterbereich vollständig ausgeformte Profilformen erzeugen. Ein sehr wesentlicher Einfluß geht hier von Werkstoffbewegungen im Aufnehmerbereich aus, die von einem Stauchvorgang hervorgerufen werden.

Die auf Ergebnissen der visioplastischen Analyse basierenden Berechnungsansätze erlauben es, die Formgebungsgrenze beim Hohlvorwärtsfließpressen sowie die Umformkräfte bei allen untersuchten Verfahren abzuschätzen. Die Arbeitsgenauigkeit der Verfahren entsprach in allen Fällen den Anforderungen an Verzahnungsgenauigkeiten von längsverschieblichen Wellen-Nabenverbindungen. Die genauigkeitsbestimmenden Werkzeugbelastungen sind beim Hohlvorwärtsfließpressen niedriger als bei den Rückwärtsfließpreßverfahren; daher sind die Vorraussetzungen zur Herstellung von Verzahnungen höherer Genauigkeit bei diesem Verfahren günstiger.

Literatur:

[1] Dohmann, F. Kaltfließpreßverfahren zum Herstellen innenverzahnter Werkstücke. Maschinenmarkt, Würzburg 90, 1984, 45, S. 1102÷1105

[2] Dohmann, F. Cold extrusion of internally toothed parts. Wire World International, Vol 26, Nov./Déc. 1984, 45, S. 258÷260

[3] Dohmann, F., Traudt, O., Jütte, F., Gödde, B. Kaltfließpressen von geradverzahnten Werkstücken. In: Neuere Entwicklungen in der Massivumformung, Stuttgart 1985, Forschungsgesellschaft Umformtechnik GmbH

[4] Dohmann, F., Traudt, O., Jütte, F., Gödde, B. Kaltfließpressen von geradverzahnten Werkstücken - Teil II. Draht 37, 1986, 2, S. 69÷73

[5] Dohmann, F., Traudt, O., Jütte, F., Gödde, B. Cold impact extrusion of parts with spur gear teech - Part II. Wire 36, 1986, 7, p. 290÷293

[6] Dohmann, F., Traudt, O., Jütte, F., Gödde, B. Filage à froid de pièces à denture droite - Partie II. Le Tréfilé 36, 1987, 1, p. 39÷43

[7] Dohmann, F., Traudt, O., Jütte, F., Gödde, B. Extrusiòn en frì o de piezas con dentados rectos - Parte II. Alambre 36, 1987, 2, p. 116÷120

[8] Dohmann, F. Traudt, O. Jütte, F. Gödde, B. Estrusione a freddo di pezzi a denti diritti - Parte II. Il Filo Metallico 34, 1987, 2, p. 116÷120

[9] Dohmann, F. Gödde, B. Erfahrung und Systematik. Abschätzen der tribologischen Bedingungen beim Fließpressen von Verzahnungen unterstützt die Auswahl der Schmierstoffe Maschinenmarkt, Würzburg 93, 1987, 29, S. 22÷25

[10] Dohmann, F. Gödde, B. Richtig schmieren. Einfluß der tribologischen Bedingungen auf die Herstellgenauigkeit beim Kaltfließpressen von Verzahnungen. Maschinenmarkt, Würzburg 93, 1987, 37, S. 22÷28

[11] Dohmann, F. Meier, Th. Anwendungsgrenzen und Umformkräfte beim Hohlvorwärtsfließpressen von Innenverzahnungen. Antriebstechnik, demnächst

Untersuchung von Fließpreßverfahren zur Maßkalibrierung von umformend hergestellten geradverzahnten Stirnrädern

Prof. Dr.-Ing. Fritz Dohmann, Paderborn
Dipl.-Ing. Friedhelm Jütte, Paderborn

Die Herstellung geradverzahnter Stirnräder durch Kaltfließpreßverfahren ist in der Praxis auf solche Verzahnungen begrenzt, an die keine hohen Anforderungen hinsichtlich der Übertragungsgenauigkeit gestellt werden. Der im Forschungsvorhaben verfolgte Ansatz zur Steigerung der Verzahnungsgenauigkeit beim Fließpressen geradverzahnter Stirnräder besteht darin, die Formgebung der Verzahnung auf zwei Umformschritte aufzuteilen, wobei im ersten Schritt eine Massenvorverteilung im Verzahnungsquerschnitt -eine sogenannte Verzahnungsvorform- erzeugt, im zweiten Schritt eine Maßkalibrierung vorgenommen wird.

Zur Ermittlung einer geeigneten Verzahnungsvorform wurde die aus der Ziehtechnik bekannte elektrodynamische Analogie herangezogen. Der Werkstofffluß beim Maßkalibrieren wurde mit der visioplastischen Methode untersucht; die Untersuchungsergebnisse dienten der Optimierung der Verzahnungsvorform sowie der Aufstellung eines kinematisch zulässigen Geschwindigkeitsfeldes als Grundlage für ein Schrankenverfahren zur Errechnung der Umformkraft. Die Untersuchung elastischer Werkzeugverzerrungen mit Hilfe einer FEM-Rechnung sowie einer Abschätzung der Kontaktspannungen führten zu dem Ergebnis, daß Maß- und Formfehler der Verzahnung in erster Näherung auf die elastische Verschiebung des Verzahnungsprofiles zurückzuführen sind. Bei einer gezielten Vorverzerrung des Werkzeuges läßt sich die Verzahnungsgenauigkeit deutlich steigern: das Verfahren kann somit zum Maßkalibrieren geradverzahnter Stirnräder eingesetzt werden.

Literatur:

[1] Jütte, F.
Beitrag zum Präzisionsumformen von Stirnradverzahnungen.
Dissertation, Universität-GH-Paderborn 1985

[2] Dohmann, F.; Traudt, O.
Herstellen von Stirnrädern durch Präzisionsumformen.
Maschinenmarkt Würzburg 91, 1985, 80, S. 1565 ÷ 1568

[3] Dohmann, F.; Traudt, O.
Alternative zum Spanen.
Maschinenmarkt Würzburg 92, 1986, 3, S. 16 ÷ 20

[4] Dohmann, F.; Traudt, O.; Jütte, F.; Gödde, B.
Kaltfließpressen von geradverzahnten Werkstücken.
In: Neuere Entwicklungen in der Massivumformung, Stuttgart 1985, Forschungsgesellschaft Umformtechnik GmbH

[5] Dohmann, F.; Traudt, O.; Jütte, F.; Gödde, B.
Kaltfließpressen von geradverzahnten Werkstücken - Teil I.
Draht 36, 1985, 11, S. 524 ÷ 528

[6] Dohmann, F.; Traudt, O.; Jütte, F.; Gödde, B.
Cold impact extrusion of parts with spur gear teeth - Part I.
Wire 36, 1986, 6, p. 144÷148

[7] Dohmann, F.; Traudt, O.; Jütte, F.; Gödde, B.
Filage à froid de pièces à denture droite - Partie I.
Le Tréfilé 36, 1986, 6, p. 270÷274

[8] Dohmann, F.; Traudt, O.; Jütte, F.; Gödde, B. — Extrusiòn en frìo de piezas con dentados rectos - Parte I. Alambre 36, 1986, 6, p. 270÷274

[9] Dohmann, F.; Traudt, O.; Jütte, F.; Gödde, B. — Estrusione a freddo di pezzi a denti diritti - Parte I Il Filo Metallico 34, 1987, 1, p. 41÷45.

[10] Jütte, F. — Kalibrieren von Stirnrädern durch Fließpressen. VDI-Z Bd. 129, 1987, 2, S. 82÷89

[11] Jütte, F. — Präzisionsumformen von Stirnradverzahnungen. antriebstechnik 26, 1987, 6, S. 56÷60

[12] Jütte, F. — Stoffflußuntersuchungen beim Kalibrieren von komplexen Nebenformelementen am Beispiel von fließgepreßten Stirnradverzahnungen. Werkstattstechnik 77, 1987, S. 611÷614

[13] Jütte, F. — Berechnung der Umformkraft beim Kalibrieren von Profilen. Vereinfachter Modellsatz. Industrie-Anzeiger 98, 1987, S. 10÷12

Herstellung gerad- und schrägverzahnter Stirnräder durch Kaltfließpreßverfahren

Professor Dr.-Ing. Fritz Dohmann, Paderborn
Dipl.-Ing. Marco Laufer, Paderborn

Die umformende Fertigung von Verzahnungen ist vor allem bei Zahnradarten mit hohen Bedarfszahlen lohnend, deren Herstellung heute aufwendige Zerspanungsarbeit erfordert. Diese Merkmale treffen auf schrägverzahnte Räder im kleinen Modulbereich zu. Kenntnisse über die für diese Fertigungsaufgabe vorteilhaft einzusetzenden Fließpreßverfahren fehlen fast vollständig. Ziel des Forschungsvorhabens war es daher, eine ausgewählte Verfahrensart, durch die annähernd senkrecht zum Verzahnungsprofil gerichtete Werkstoffbewegungen hervorgerufen werden, im Hinblick auf Formgebungsmöglichkeiten, Werkzeugbelastungen und Arbeitsgenauigkeit zu untersuchen. Die für das Ausformen der Verzahnung angestrebte Werkstoffbewegung ließ sich durch eine Kombination von Verfahrensanteilen des Napfpressens und Stauchens erreichen, die je nach Abmessung des Rades in unterschiedlicher Weise überlagert werden können.

Auf der Grundlage von Stoffflußuntersuchungen wurden Berechnungsverfahren für die Umformkraft und Werkzeugbelastungen aufgestellt, deren Ergebnisse experimentell ermittelten Kräften und Belastungen in guter Näherung entsprachen. Experimentelle und theoretische Untersuchungen der die Fehlerzuwächse bestimmenden Werkzeug- und Prozeßparameter führten zu gezielten geometrischen Profilkorrekturen im Rahmen der Werkzeugherstellung; hierdurch lassen sich die Auswirkungen elastischer und thermischer Werkzeugreaktionen während des Umformens auf die Verzahnungsgenauigkeit weitgehend ausgleichen.

Literatur:

[1] Laufer, M. — Untersuchungen über das Kaltfließpressen gerad- und schrägverzahnter Stirnräder. Für die Einreichung beim Fachbereich Maschinentechnik der Universität-GH-Paderborn vorgesehene Dissertation

[2] Laufer, M. — Fließpressen gerad- und schrägverzahnter Stirnräder. Vortrag: Tagung Präzisionsumformen, Haus der Technik E.V., 29.09.1988

[3] Dohmann, F., Laufer, M. — Kaltfließpressen von Schrägverzahnungen. Teil 1: Draht 40, 1989, 5, S. 405÷409 Teil 2: Draht 40, 1989, 6, S. 484÷487

[4] Dohmann, F., Traudt, O. — Metal flow and tool stress in cold forging of gear components. In: Advanced Technology of Plasticity 1987, Vol. II, Springer-Verlag, Berlin, Heidelberg, New York, Tokyo, 1987

[5] Dohmann, F., Laufer, M., Fu, D. — Temperatur beeinflußt Genauigkeit beim Fließpressen von Verzahnungen. Maschinenmarkt, demnächst

[6] Dohmann, F., Laufer, M. — Working accuracy of toothed extrusion dies. Eingereicht bei: The Organizing Committee 3rd INTERNATIONAL CONFERENCE ON TECHNOLOGY OF PLASTICITY, Tokyo 106, Japan

Grundlagenuntersuchungen zur Verbesserung der Form- und Maßgenauigkeit beim Drücken

Prof. Dr.- Ing. Eberhard von Finckenstein, Dortmund
Dr.- Ing. Raimund Köhne

Ziel des Forschungsvorhabens war eine Verbesserung der Form- und Maßgenauigkeit bei der Fertigung von rotationssymmetrischen Werkstücken aus sog. Feinblechen. Daher wurden unter Einsatz einer NC-Drückmaschine zahlreiche sogen. Zwischenstufenformen bei Vorgabe unterschiedlicher Verfahrensparameter sowie Stadienplan-Vorgaben untersucht. Diese Untersuchungen erfolgten mit Hilfe von Formänderungsanalysen sowie Messungen der Umformkraft-Verläufe.

Anhand der rechnergestützt ermittelten Verläufe der drei Umformgrade in Umfangs- und Blechdickenrichtung und entlang der Werkstückabwicklung sowie der Rückfederungs-Beträge wurden optimale Umformstufen-Geometrien ausgewählt und mit diesen neue Stadienpläne erstellt. Eine sich daraus ergebende Systematisierung führte zu entsprechenden Standardgeometrien für die einzelnen Umformstufen als auch für deren Randbereiche. Damit wurden für das kontinuierliche Drücken in Abhängigkeit der Werkstoffkenngrößen und der Werkstückgeometrie entsprechende NC-Drückprogramme und Maschinenparameter bestimmt.

Weiterhin zeigten eingehende Untersuchungen von Umformkraft-Verläufen typische Korrelationen zu bestimmten Form- und Maßgenauigkeiten von Drückteilen. Damit wurden Voraussetzungen zur Ermittlung bestimmter Kenngrößen für ein AC-Drücken mit einer Kraftmeßvorrichtung als Sensor erarbeitet.

Literatur:

Köhne, R.:
Rechnergestützte Ermittlung und Verarbeitung von Umformparametern für das Fertigungsverfahren Drücken.
Dr.-Ing. Dissertation; Universität Dortmund 1984; Fortschritt-Ber. VDI-Z. Reihe 2, Nr. 77

Finckenstein, E.v.:
Drücken - Beitrag zum Handbuch der Fertigungstechnik.
Band 2, Umformen; Carl Hanser Verlag

Finckenstein, E.v.; Köhne, R.:
Untersuchungen über das Drücken unter Einsatz einer numerisch gesteuerten Drückmaschine.
DFB-Vortragsveranstaltung und Mitgliederversammlung; Düsseldorf, 13./14.5.1982.

Finckenstein, E.v.; Köhne, R.:
Programmierung numerisch gesteuerter Drückmaschinen.
Blech Rohre Profile 31 (1984) 12, S. 556 - 563

Finckenstein, E.v.; Köhne, R.:
Grundlagenuntersuchungen zur Verbesserung der Form- und Maßgenauigkeiten beim Drücken.
DFG - Kolloquium "Präzisionsumformtechnik"; Dortmund, 25.6.85

Finckenstein, E.v.; Köhne, R.:
Zur Technologie des NC-Drückens.
Wt - Zeitschrift für die industrielle Fertigung; 71 (1981) S. 231-235

Finckenstein, E.v.; Köhne, R.:
Programmierung numerisch gesteuerter Drückmaschinen.
Seminar "Neuere Entwicklungen in der Blechbearbeitung", Stuttgart, 19./20. Juni 1984

Köhne, R.:
Rechnereinsatz bei der Fertigung von Drückteilen.
Vortrag, 3. Umformtechnisches Kolloquium der TH Karl-Marx-Stadt; 11./12. Sept. 1985

Köhne, R.:
AC-Drücken mit Mehr-Prozessor-Steuerung.
Ind.-Anz. 50 (1985) 107, S. 19 - 20

Köhne, R.:
Einsatz eines Kraftsensors zur Stadienplanoptimierung beim Drücken.
Ind.-Anz. 105 (1983) 88, S. 58 - 59

Köhne, R.:
Ermittlung von Verfahrensgrenzen beim Drücken.
HGF-Bericht, Ind.-Anz. 104 (1982) 102/103, S. 29 - 30

Grundlagen zur Verbesserung der Form- und Maßgenauigkeit sowie der Oberflächengüte bei Blechumformung mittels einer partiellen Spannungsüberlagerung

Prof. Dr.- Ing. Eberhard von Finckenstein, Dortmund
Dr.- Ing. Klaus-Werner Kahl

Ziel des Forschungsvorhabens war eine Verbesserung der Form- und Maßgenauigkeit sowie der Oberflächenbeschaffenheit bei der Blechumformung insbesondere sog. hochfester Feinbleche durch spezielle Biegeverfahren. Bei diesen Umformverfahren wird der Spannungszustand in der Umformzone durch partielle Überlagerung von Spannungen gezielt beeinflußt, wie folgende Modellvorstellung zeigt.

Verformt man ein Werkstück so, daß die Beanspruchungsrichtungen in Teilbereichen entgegengesetzt sind und die Rückfederungen in diesen Bereichen betragsmäßig gleich groß sind, dann heben sich die elastischen Anteile gegenseitig auf und die Gesamtrückfederung wird zu Null. Übertragen auf das Biegen von Blechen gilt es zu erreichen, daß die Rückfederungsanteile von den Schenkeln her entgegen den Rückfederungsanteilen im Biegebogen wirken und betragsmäßig genau so groß sind.

Diese Modellvorstellung wurde zunächst für das Gesenkbiegen von Feinblechen mit Hilfe von Formänderungsanalysen bestätigt. Dabei erfolgte die Bestimmung der Umformgradverteilungen auf der äußeren Randfaser der Bleche. Mit Hilfe dieser Untersuchungen konnten durch Optimierung der Umformparameter die Winkelabbildungen beim Gesenkbiegen wesentlich verbessert werden.

Weiterhin wurde der 3achsige Spannungszustand in den Biegeteilen unter Berücksichtigung der realen Werkstoff-Fließkurven berechnet und eine mathematische Beziehung zur Bestimmung der Gesenkweite aufgestellt, mit der sich ein Winkelabbildefehler von Null erzielen läßt. Außerdem wurde eine Gleichung entwickelt, mit der sich die spezifische Maximalkraft zur Erzielung dieses Winkelabbildefehlers errechnen läßt. Diese Abhängigkeiten wurden "praxisfreundlich" in Form von Nomogrammen dargestellt.

Im Rahmen einer weiterführenden Forschungsarbeit gilt es zu überprüfen, inwieweit sich die für Feinbleche gewonnenen Ergebnisse auf dicke hochfeste Bleche übertragen lassen.

Literatur:

Kahl, K.-W.:
Untersuchungen zur Verbesserung der Form- und Maßgenauigkeit beim Biegen von Blechen.
Dr.-Ing. Dissertation, Universität Dortmund 1985, Fortschritt-Ber. VDI-Z Reihe 2, Nr. 114

Schiefenbusch, J.:
Untersuchungen zur Verbesserung des Umformverhaltens von Blechen beim Biegen.
Dr.-Ing. Dissertation, Universität Dortmund 1983; Fortschritt-Ber. VDI-Z. Reihe 2, Nr. 60

Finckenstein, E.v.; Kahl K.-W.; Ludowig, G.; Zicke, G.:
Bedeutung von Werkstoffkennwerten für eine NC-Blechumformung.
Vortrag-DVM-Tag, Dortmund 1981

Finckenstein, E.v.; Kahl, K.-W.:
Vergrößerung der Flexibilität beim Biegen von Blechen mit unterschiedlichen Rückfederungseigenschaften.
Vortrag auf der VDI/DFB-Tagung "Wirtschaftliche Fertigung kleiner Losgrößen in Blechbearbeitungsbetrieben"; Stuttgart, 31.5.1983 und Düsseldorf, 28.10.1983

Finckenstein, E.v.; Kahl, K.-W.:
Grundlagenuntersuchungen zur Verbesserung der Form- und Maßgenauigkeit bei der Blechumformung mittels einer partiellen Spannungsüberlagerung.
DFG -Kolloquium "Präzisionsumformtechnik"; Dortmund, 25.6.85

Kahl, K.-W.:
Berechnung der Rückfederung für das NC-Gesenkbiegen.
HGF - Bericht; Ind.-Anz. 106 (1984) 85, S. 44-45

Kahl, K.-W.:
Bestimmung der Zuschnittlänge von Biegeteilen.
HGF - Bericht; Ind.-Anz. 106 (1984) 94, S. 20-21

Kahl, K.-W.:
Vorausbestimmung des Biegewinkels.
Ind.-Anz. 104 (1982) 4, S. 81 - 85

Kahl, K.-W.; Schiefenbusch, J.:
Beitrag zur Bestimmung von Formänderungen bei der Blechumformung.
Bänder Bleche Rohre 23 (1982) 4, S. 81 - 85

Kahl, K.-W.:
Partielle Spannungsüberlagerung zur Verbesserung der Formgenauigkeit.
Ind.-Anz. 105 (1983) 82, S. 29 - 30

Kahl, K.-W.; Schiefenbusch, J.:
Möglichkeiten zur Verbesserung der Form- und Maßgenauigkeit bei der Umformung hochfester kaltgewalzter Feinbleche.
Seminar "Neuere Entwicklungen in der Blechbearbeitung"; Stuttgart, 15./16. Juni 1982

Präzisionsbiegen dicker, hochfester Bleche im v- und u- förmigen Gesenk

Prof. Dr.-Ing. Eberhard v. Finckenstein, Dortmund
Reinhold Rothstein

Die wesentliche Zielsetzung dieses Forschungsvorhabens bestand in der Verbesserung der Form- und Maßgenauigkeit beim Biegen im v- und u- förmigen Gesenk. Hierbei sollte insbesondere der Blechdickenbereich von s_0 > 3mm untersucht werden.

Im Rahmen von visioplastischen Grundlagenuntersuchungen wurde der Stofffluß beim Biegen von Dickblechen analysiert und die Biegespannungen berechnet. Das zur Unterstützung dieser Arbeiten entwickelte Programmpaket ist dabei in der Lage, sämtliche Bearbeitungsstufen von der Meßdatenerfassung bis zur Berechnung der Biegespannungen zu durchlaufen.

Anhand von experimentellen Untersuchungen wurde nachgewiesen, daß sich das von Kahl entwickelte Verfahren zur Kompensation der Rückfederung beim Prägen auch auf Dickbleche übertragen läßt. Das Verfahrensprinzip besteht darin, daß sich durch eine gezielte Wahl der Werkzeuggeometrie unterschiedlich gerichtete Rückfederungsanteile im Werkstück gegeneinander aufheben. Eine Korrektur der Werkzeuggeometrie zur Kompensation der Rückfederung kann dann entfallen. Darüberhinaus wurde dieses Verfahrensprinzip erweitert und auf das U-Biegen ohne Gegenhalter übertragen.

Für das U-Biegen mit Gegenhalter wurde eine vergleichsweise praxisfreundliche Verfahrensvariante entwickelt, die ein Überbiegen um den Betrag der Rückfederung ermöglicht. Zur theoretischen Analyse dieses Biegeverfahrens, der Dimensionierung der Werkzeuge und der Berechnung der CNC-Steuerdaten wurde das Simulationsprogramm DIBESI erstellt. Es ist in der Lage den Biegevorgang in Abhängigkeit von der jeweiligen Werkzeuggeometrie, den Werkstoffkennwerten und der Gegenhalterkraft nachzubilden. Dabei wird ein realplastisches Werkstoffverhalten und ein dreidimensionaler Spannungszustand berücksichtigt. Zu den wichtigsten Ergebnissen der Simulationsrechnung zählen die Berechnung der Biegelinie, des Biegewinkels als Funktion des Stempelweges sowie des erforderlichen Kraftbedarfs.

Literatur:

Fait, J.; Rothstein,R.:
Beitrag zur Prozeßsimulation des Schwenk- und des U-Biegens.
Industrie-Anzeiger 109 (1987) 10, S. 45 - 46

Finckenstein, E.v.; Fait, J; Kleiner, M.; Rothstein, R.:
Die Prozeßsimulation beim Biegeumformen als Voraussetzung für eine rechnerintegrierte Fertigung.
VDI-Berichte 694 (1988), S. 179 - 194

Finckenstein, E.v.; Fait, J.; Rothstein, R.:
Modellbildung und Simulation des U-Gesenk und des Schwenkbiegens.
Annals of the CIRP Vol. 37/1/1988 S. 281 - 284

Rothstein, R.:
Rechnergestützte visioplastische Untersuchungen beim Biegen von Blechen.
Industrie-Anzeiger 108 (1986) 103/104, S. 30 - 31

Rothstein, R.:
Analyse des zweistufigen U-Biegens mit Gegenhalter durch Prozeßsimulation.
Industrie-Anzeiger 109 (1987) 42, S. 34 - 35

Grundlagenuntersuchungen zur Verbesserung der Form- und Maßgenauigkeit beim Schwenkbiegen

Prof. Dr.- Ing. Eberhard von Finckenstein, Dortmund
Dipl.- Ing. Jürgen Fait

Im Rahmen von Grundlagenuntersuchungen zur Verbesserung der Form- und Maßgenauigkeit beim Schwenkbiegen wurde das Zusammenwirken der Komponenten Blechwerkstoff, Werkzeuge und Werkzeugmaschinen unter Einsatz der heute verfügbaren Meß- und Rechentechniken untersucht.

Es erfolgte zunächst eine Analyse der für das Schwenkbiegen typischen elastischen Werkzeug- und Maschinen-Verformungen (z.B. Verschiebungen und Verdrehungen insbesondere der gesamten Oberwange, Biegeverformungen der Ober-, Unter- und Schwenkwange). Diese elastischen Verformungen konnten experimentell durch verschiedene Maschinenbelastungen (Blechstreifenlänge und -dicke sowie Blechstreifenlage in der Maschine) realisiert und durch kontinuierliche Messungen bestimmter Maschinenverformungen erfaßt werden. Die Auswirkungen dieser elastischen Verformungen wurden durch Messungen der Biegewinkel sowie Biegelinienverläufe der blechförmigen Werkstücke in verschiedenen Profilschnitten ermittelt.Zur Verbesserung der Form- und Maßgenauigkeit beim Schwenkbiegen wurden dann konstruktive Lösungen sowie Vorschläge zur Änderung des praxisüblichen Biegeverlaufs erarbeitet, rechnerisch quantifiziert und experimentell überprüft.

Anhand der gemessenen Verformungen und Kräfte erfolgte dann die Nachbildung des Schwenkbiegevorganges anhand einer Prozeßsimulation. Hierbei ist das Rechnerprogramm FOPSIM in der Lage, die Auffederung z.B. der Oberwange rechnerisch nachzubilden. Besondere Berücksichtigung erfährt in diesem Zusammenhang die Ermittlung der Kontaktverhältnisse zwischen den Werkzeugen und dem Werkstück zum einen mit Hilfe der Prozeßsimulation und zum anderen durch experimentelle Analysen der Flächenlastverteilungen mittels Druckmeßfolien. Die Prozeßsimulation ermöglicht außerdem die Berechnung

- der Biegelinie
- der Maschineneinstelldaten
- der Maschinenbelastung.

Literatur:

Fait, J.; Rothstein,R.:
Beitrag zur Prozeßsimulation des Schwenk- und des U-Biegens.
Industrie-Anzeiger 109 (1987) 10, S. 45 - 46

Fait, J.:
Erhöhung der Flexibilität des Schwenkbiegeverfahrens. Industrie-Anzeiger 111 (1989) 48, S. 48 - 49

Fait, J.:
Prozeßsimulation beim Biegeumformen.
Vortrag anläßlich des Treffens der Projektpartner des Teilabkommens "Flexible Automatisierung". Hannover, 12.6.89

Fait, J.:
Entwicklung eines Technologieprozessors für das Schwenkbiegen.
Industrie-Anzeiger 110 (1988) 89, S. 36 - 39

Fait, J.:
Grundlagenuntersuchung zur Ermittlung von Kenngrößen für das CNC-Schwenkbiegen.
Industrie-Anzeiger 109 (1987) 42, S. 36 - 37

Finckenstein, E.v.; Fait, J; Kleiner, M.; Rothstein, R.:
Die Prozeßsimulation beim Biegeumformen als Voraussetzung für eine rechnerintegrierte Fertigung.
VDI-Berichte 694 (1988), S. 179 - 194

Finckenstein, E.v.; Fait, J.; Rothstein, R.:
Modellbildung und Simulation des U-Gesenk und des Schwenkbiegens.
Annals of the CIRP Vol. 37/1/1988 S. 281 - 284

Präzisions V-Biegen mit zweiteiliger, drehbarer Gesenkmatrize

Prof. Dr.-Ing. Eberhard v. Finckenstein, Dortmund
Reinhold Rothstein

Die Zielsetzung dieses Forschungsvorhabens bestand in der Verbesserung der Form- und Maßgenauigkeit beim V-Biegen unter Einsatz von Sonderwerkzeugen. Das Gesenk wird bei diesem Biegeverfahren durch zwei drehbar gelagerte Matrizenelemente gebildet, an die sich die Blechschenkel tangential anlegen. Damit läßt sich der Biegewinkel über die Drehung dieser Matrizenelemente online erfassen, so daß eine Verbesserung der Winkelabbildung erzielt wird. Ferner eignet sich dieses Biegeverfahren aufgrund der niedrigen Flächenpressungen zwischen Werkstück und Gesenk für die Verarbeitung empfindlicher, oberflächenveredelter Feinbleche.

Im Rahmen dieses einjährigen Forschungsvorhabens wurde zunächst eine umfassende experimentelle Analyse durchgeführt. Ein Schwerpunkt dieser Arbeiten bestand in der Untersuchung der Kontaktverhältnisse zwischen Werkstück und Werkzeug. Ferner wurde die Reibung innerhalb der Werkzeuglagerung mit Hilfe einer speziell hierfür entwickelten Vorrichtung analysiert und quantifiziert.

Aufbauend auf diesen experimentellen Untersuchungen und den Erkenntnissen aus der Simulation des U-Biegens wurde ein erstes Simulationsprogramm (DIBESI II) entwickelt. Insbesondere bei der Ermittlung der Kontaktverhältnisse mußte neben geometrischen Gesichtspunkten das Kräfte- und Momentengleichgewicht innerhalb des Werkzeuges berücksichtigt werden. Die Untersuchungen haben gezeigt, daß die Lage der Kontaktflächen und damit die wirksame Gesenkweite von der Reibung zwischen Werkstück und Werkzeug sowie der Reibung innerhalb des Werkzeugs beeinflußt wird. Wesentliche Berechnungsergebnisse dieser Simulationsrechnung sind die Biegelinie, die Rückfederung und der Kraft-Weg-Verlauf. Darüberhinaus ist dieses Programm in der Lage, auch den Entlastungsvorgang nachzubilden. Als weiteres Ergebnis ergibt sich dann die Abhängigkeit zwischen Rückfederung und Entlastung. Damit besteht neben einer direkten Berechnung der Rückfederung auch die Möglichkeit, die Rückfederung halb experimentell - halb analytisch durch Teilentlasten des Bleches zu ermitteln.

Literatur:

Finckenstein, E.v.; Rothstein, R.:
Gesenkbiegen von Blechen mit automatischer Rückfederungskorrektur.
Industrie-Anzeiger 110 (1988) 24, S. 19 - 20

Finckenstein, E.v.; Fait, J; Kleiner, M.; Rothstein, R.:
Die Prozeßsimulation beim Biegeumformen als Voraussetzung für eine rechnerintegrierte Fertigung.
VDI-Berichte 694 (1988), S. 179 - 194

Anwendung der visioplastischen Methode zur Analyse des Umformverhaltens von Hohlzugrohren

Professor Dr.-Ing. Paul Funke, Clausthal-Zellerfeld
Dr.-Ing. Jürgen Gebhardt, Dipl.-Ing. Hermann-J. Gummert

Das Rohr-Hohlziehen als Kaltumformverfahren zur Herstellung maßgenauer Rohre mit guter Oberflächenqualität ist in der Praxis weit verbreitet. Bei diesem Ziehen ohne Innenwerkzeug kommt es in Abhängigkeit von den wirkenden Spannungskombinationen und dem Fließverhalten des Rohrwerkstoffes sowohl zu Rohrwanddicken-Zunahmen wie auch zu Abnahmen. Dieser im Sinne der Präzisionsumformtechnik unbefriedigende Zustand ist hinsichtlich der ablaufenden plastomechanischen Vorgänge weitgehend ungeklärt. Ziel der Arbeit war es daher, zur Klärung dieses Umformverhaltens beizutragen und dem Praktiker so die Abschätzung der sich einstellenden Endgeometrie des gezogene Rohres zu ermöglichen.

Es wurden daher mit der visioplastischen Methode Werkstoffflußuntersuchungen durchgeführt und auf numerischem Wege die Werkstoffgeschwindigkeit, die Formänderungsgeschwindigkeiten, die Formänderungen und die Spannnungen berechnet. Zu diesem Zweck wurden Rechenprogramme erstellt, die auf möglichst direktem Wege die Ableitung der gesuchten Größen aus den Meßwerten erlauben. Über das Geschwindigkeitsfeld konnten stationäre Biegebereiche nachgewiesen und deren Wirkung auf Wanddickenänderung und Verfestigung verfolgt werden. Dabei konnte gezeigt werden, daß im untersuchten Bereich die durch Biegung hervorgerufene Erhöhung der Verfestigung, unabhängig vom Umformgrad und auch vom Werkstoff, für alle Hohlzugrohre etwa gleich ist.

Mit Hilfe des visioplastisch berechneten Spannungszustandes und des ermittelten Geschwindigkeitsfeldes wurde eine modellhafte Erklärung für die Entstehung der Wanddickenänderung im Hohlzug gegeben. Darauf aufbauend kann der Einfluß von Umformparametern auf die Wanddickenformänderung abgeschätzt werden.

Literatur:

Funke, P — Ziehen von Drähten, Stangen und Rohren. Symposium der DGM 1987, DGM-Informationsgesellschaft Verlag, 1988.

Vergleich Gleitziehen-Walzziehen bei der Fertigung von Metallprofilen hoher Genauigkeit

Professor Dr.-Ing. Paul Funke, Clausthal-Zellerfeld
Dr.-Ing. Karl Herden

Für die Herstellung von Metallprofilen, bevorzugt im Bereich kleiner Flächengewichte müssen hohe Maß- und Formgenauigkeiten erreicht werden, bei denen die Durchziehverfahren im Wettbewerb zu abtragenden Fertigungsverfahren stehen. Die Alternative Gleit-/Walzziehen kann bei höher verfestigenden oder schwer umformbaren Werkstoffen eine Bevorzugung des Walzziehens wegen der günstigeren Reibung mit sich bringen. Durch die Steifigkeit des geschlossenen Gleitziehwerkzeuges wird hiermit eine höhere Maßgenauigkeit erreichbar sein. Die Frage nach dem charakteristischen Stofffluß kann jedoch auch von fertigungstechnischer Bedeutung sein, wenn es darum geht, aus einem billigen Ausgangsquerschnitt (z.B. Runddraht) Profile mit rechteckigen Formelementen herzustellen. Die systematischen Versuche haben gezeigt, daß beim Walzziehen die Ausbildung scharfer Ecken für das Profil mit einem geringeren Gesamtumformgrad zu erreichen ist als beim Gleitziehen. Außerdem ergab sich bei gleichem Gesamtumformgrad beim Walzziehen eine geringere Verfestigung. Das deutet darauf hin, daß im Werkstofffluß ein Unterschied vorliegen muß. Schließlich ist zu berücksichtigen, daß die möglichen Einzel-Umformgrade in einer Ziehfolge beim Walzziehen höher vorgegeben werden können als beim Gleitziehen. Alle diese in einer Ziehfolge günstigen Voraussetzungen zur Minimierung des Ziehaufwandes, zum Erreichen der Formgenauigkeit bei rechteckigen Formelementen und ausreichende Reserve im Umforvermögen werden letztlich geschmälert durch die Notwendigkeit, die größtmögliche Maßgenauigkeit durch einen Präzisions-Gleitzug zu erreichen. Dieser Verfahrensvergleich hat die Notwendigkeit gebracht, sich ergänzend mit Stoffflußuntersuchungen und einer Optimierung der Kaliberfolgen zu beschäftigen.

Literatur:

Herden, K. Vergleichende Untersuchungen zum Gleit- und Walzziehen von Rechteckprofilen. IWU-Bericht 8, DGM-Informationsgesellschaft-Verlag, Oberursel 1986.

Herden, K. Vergleich Gleitziehen-Walzziehen bei der Fertigung von Metallprofilen hoher Genauigkeit. Dr.-Ing. Dissertation, TU Clausthal 1986.

Verfahren zur Berechnung optimierter Werkzeuggeometrien für das Gleit- und Walzziehen

Professor Dr.-Ing. Paul Funke, Clausthal-Zellerfeld
Dipl.-Phys. Maren Hinck

Ein grundsätzliches Problem für die Profilherstellung durch Gleit- und Walzziehen stellt die Werkzeuggestaltung dar. Um von einem Vor- zu einem Endprofil zu gelangen, müssen für die Ausbildung des Werkzeuges die einzelnen Querschnittsflächen senkrecht zur Ziehachse - die Zwischenformen -, die Länge der Umformzone, die Geometrie vor und nach der Umformzone mit den jeweiligen Übergängen bekannt sein. Auf der Grundlage der Funktionentheorie wurde die "Methode der konformen Abbildung" für die Berechnung der Zwischenformen herangezogen. Das Prinzip der konformen Abbildung besteht in der Bestimmung einer Funktion, die eine Beziehung zwischen den Profilquerschnitten herstellt. Die Lösung der dabei auftretenden Integralgleichungen kann nur auf numerischem Wege erfolgen. Dabei wird das zweidimensionale Problem mit dem Verfahren von Theodorsen-Garrick auf ein eindimensionales zurückgeführt. Ein konzentrischer Kreisring wird mittels einer konformen Abbildungsfunktion auf ein Ringgebiet transformiert, das den Konturen des Vor- und Endprofils entspricht. Die Ränderzuordnungsfunktionen und der Radius des konzentrischen Innenkreises werden iterativ bestimmt. Durch diese Abbildungsfunktion können konzentrischen Kreisen innerhalb des Kreisringes äquivalente geschlossene Linien im Ringgebiet zugeordnet werden. Damit steht eine Vielzahl von Zwischenformen zur Verfügung, wobei aber deren Anordnung bzw. kann durch die konforme Abbildungsfunktion nicht angegeben werden kann.

Literatur:

Hinck,M. Verfahren zur Berechnung optimierter Werkzeuggeometrien für das Gleit- und Walzziehen. Für die Einreichung als Dissertation bei der Fakultät für Bergbau, Hüttenwesen und Maschinenwesen der TU Clausthal vorgesehen.

Einfluß der Umformparameter auf das Verhalten der Exzentrizität beim Rohrziehen

Professor Dr.-Ing. Paul Funke, Clausthal-Zellerfeld
Dipl.-Ing. Hermann-J. Gummert

Bei der Herstellung von Luppen für die Produktion von Rohren durch Kaltumformung nach dem Gleitziehprinzip treten neben anderen Fehlern auch Ungleichmäßigkeiten im Verlauf der Wanddicke in Umfangsrichtung auf. Ziel dieser Untersuchung war es, den Einfluß der Umformparameter auf das Verhalten der Exzentrizität beim Kaltziehen von NE-Metallrohren zuermitteln.Für die Versuche wurden AL-Rohre mit Exzentrizitäten zwischen 5 und 7% eingesetzt. Diese Rohre wurden mit unterschiedlichen Formänderungen, Düsenwinkeln, Übergangsradien und Düsenlagerung im Hohlzugverfahren zu Steckern umgeformt. Der Einfluß eines Innenwerkzeuges wurde durch unterschiedliche Q-Werte berücksichtigt. Aus der Deformation eines eingeritzten Oberflächenrasters und der Änderung der Wanddicke über den Rohrumfang konnten Aussagen über den Verlauf der mittleren Hauptformänderungen und der Exzentrizitätsänderung gewonnen werden. Eine wesentliche Beeinflussung des Wanddickenausgleiches war nur bei unterschiedlichen Düsenwinkeln und Vorrohrführungen festzustellen. Die drehbare Düsenlagerung ergab keine reproduzierbaren Verbesserungen. Nach dem vorgestellten Modell erfolgt der Wanddickenausgleich durch einen vom Umfangswinkel abhängigen, tangentialen Stauchvorgang im Einbiegebereich der Umformzone, der zu einem "Aufdicken" der Wand an der dünnsten Stelle führt. Bei den Umformparametern, deren Einfluß sich erst im hinteren Bereich der Umformzone bemerkbar macht, konnte kein Einfluß auf die Exzentrizität festgestellt werden.

Literatur:

Gummert, H.J. Einfluß der Umformparameter auf das Verhalten der Exzentrizität beim Rohrziehen. Für die Einreichung als Dissertation bei der Fakultät für Bergbau, Hüttenwesen und Maschinenwesen der TU Clausthal vorgesehen.

Verbesserung der Arbeitsgenauigkeit bei der Herstellung von Blechteilen mit U-förmigem Querschnitt durch Biegen mit elastischer Matrize

Professor Dr.-Ing. M. Geiger
Dr.-Ing. U. Engel
Dipl.-Ing. A. vom Ende
Lehrstuhl für Fertigungstechnologie, Universität Erlangen-Nbg.

Die Blechumformung mit elastischen Werkzeugen findet durch seine Vorteile zunehmende Anwendung in der flexiblen Fertigung und bei der Verarbeitung von Blechen mit polierten und empfindlichen Oberflächen. Für die Arbeitsgenauigkeit beim Biegeumformen mit elastischen Werkzeugen liegen für das V-Biegen Ergebnisse aus Grundlagenuntersuchungen vor, nicht jedoch für das Biegen komplizierterer Profile. Ziel des Forschungsprojektes war eine Untersuchung des Zusammenwirkens von Prozeß, Werkzeug und Werkstück im Umformsystem "U-Biegen mit elastischer Matrize". Im Mittelpunkt stand der Einfluß der Prozeß-, Werkstück- und Werkzeugparameter auf die Arbeitsgenauigkeit.

Experimentelle Untersuchungen auf einer hydraulischen Tiefziehschlagpresse zeigten, daß das Biegen mit elastischer Matrize ein Verfahren der Präzisionsumformung ist, wenn die verfahrensbedingten Besonderheiten, vor allem die Eigenschaften der als Matrizen verwendeten Polyurethan-Elastomere, beachtet werden. Die Arbeitsgenauigkeit wird hauptsächlich von Stempelgeometrie, Umformweg, Blechwerkstoff und Blechdicke bestimmt wird, während die Matrizengestaltung wesentlich den Kraft- und Umformwegbedarf und die Wirtschaftlichkeit beeinflußt.

Der Prozeß wurde mit Hilfe eines kommerziellen Finite-Elemente-Programms modelliert. Die Ergebnisse der Prozeßsimulation sind Informationen über Spannungs- und Dehnungsfelder und über die Kontaktzonen, die experimentell kaum zugänglich sind. Die Prozeßsimulation trägt damit zu einem besseren Verständnis des Prozesses und zu einer optimalen Prozeßauslegung bei.

Literatur:

v.Ende,A.; Engel,U.; Geiger,M.:

Herstellung von Blechteilen mit U-förmigem Querschnitt durch Biegen mit elastischer Matrize. In: Blech Rohre Profile 36 (1989), Nr.8. in englischer Übersetzung erschienen unter dem Titel: Manufacture of Sheet Metal Parts with U-Shaped Cross Section by Bending with a plieable Die. In: Sheet Metal Tubes Sectios 8 (1989), Nr.1.

v.Ende,A.: Verbesserung der Arbeitsgenauigkeit beim Biegeumformen mit elastischer Matrize. Ind.-Anz. 11 (1989), Nr. 85.

Technologische Grenzen des Fließpressens von Evolventenstirnrädern und Substitution spanender Zahnradfertigungsverfahren (Teil I)

Prof. Dr. Ing. Dr. h.c. W. König, Aachen
Dipl.-Ing. Wolfgang Koll
Dipl.-Ing. Heinz W. Hofmann

Im Rahmen der Forschungsarbeiten wurde die Technologie des Fließpressens von geradverzahnten Evolventenstirnrädern untersucht. Fragen der Werkzeugoptimierung wurde ebenso betrachtet, wie die Einflüsse von Schmierstoff und Werkzeugdehnungen auf die erreichbare Fertigungsqualität.

Mit dem Hohl-Vorwärtsfließpressen im Paket lassen sich geradverzahnte Zahnräder mit dem Modul m = 2,5 mm nach Schleifen der Bohrung in Vorverzahnungsqualität herstellen. Für Zahnräder mit dem Modul m = 3,5 mm lassen sich Verzahnungsqualitäten von 11 angeben. Qualitätsbestimmendes Kriterium ist demnach die Geometrie. Neben dieser sind durch Optimierung der Schmierung, der angepaßten Matrizenvorspannung und der Matrizenlänge gegenüber der schlechtesten Messung jeweils 3 Qualitätsstufen als Verbesserung erreichbar. Durch Variation von Werkstückstoff, Pressenzustellung und Passung zwischen Innenformdorn und Werkstückinnendurchmesser ist die nutzbare Verzahnungslänge zu vergrößern.

Ein Modellansatz auf der Basis des Schrankenverfahrens kann unter Berücksichtigung von Algorithmen aus der elementaren Theorie und einfachen Stoffbeschreibung die theoretische Bestimmung von Umformkraft, elastischer Werkzeugdeformation und daraus resultierend das erreichbare Arbeitsergebnis berechnet werden. Die auftretenden Reibungsparameter sind bei dem Rechenmodell jedoch nur als Konstanten berücksichtigt, so daß der Vergleich von Versuch und Theorie Fehler in der Größenordnung von + 15% bezogen auf die jeweiligen Meßwerte aufweist.

Literatur

König, W. Hofmann, H.-W. Steffens, K.	Fließpressen von Werkstücken mit komplexer Geometrie, Industrie-Anzeiger Nr. 14 v. 17.02.1984/106. Jg.
König, W. Hofmann, H.-W. Steffens, K.	Fließpressen von Laufverzahnungen, Vortragsband zum VDI-Seminar: "Fließpressen, Technologie mit Zukunft" am 29.02.1984, Düsseldorf
König, W. Hofmann, H.-W. Steffens, K.	Schmierstoffe beim Fließpressen von Werkstücken mit komplexer Geometrie, Industrie-Anzeiger, 106 (1984) 14
König, W. Steffens, K. Hofmann, H.-W.	Gear Production by Cold Forming Anuals of the CIRP vol. 31/1/ 1985, S. 481-483
König, W. Hofmann, H.-W.	Simulationsrechnung beim Fließ-pressen, Industrie-Anzeiger, Nr. 32 v. 22.04.1986/108. Jg.
König, W.	Zahnräder durch Fließpressen fertigen, Industrie-Anzeiger 107 (1985) 26, S. 14
Hofmann, H.-W.	Vorverzahnungen durch Fließpressen Vortragsband zum VDI-Seminar: "Herstellen von Zahnrädern und verzahnten Werkstücken" vom 05.02.1987

Technologische Grenzen des Fließpressens von Evolventenstirnrädern und Substitution spanender Zahnradfertigungsverfahren (Teil II)

Prof. Dr.-Ing. Dr. h.c. W. König, Aachen
Dipl.-Ing. Wolfgang Koll

In vielen Bereichen der Kaltmassivumformung konnten durch den Einsatz hartstoffbeschichteter Werkzeuge erhebliche Fortschritte in Richtung Near-Net-Shape-Technologien erzielt werden. Diese Untersuchungen haben gezeigt, daß beim Kaltfließpressen schrägverzahnter Zahnräder die auf Biegung belasteten Zähne der Matrize so hoch beansprucht werden, daß schon kleine Material- oder Oberflächenfehler zum Ausfall der Matrize führen. Eine gezielte Steuerung des Werkstoffflusses durch eine angepaßte Einlaufform kann zur Entlastung der Zähne führen. Dabei wirkt sich ein schwacher Schulteröffnungswinkel reduzierend auf die Spannungen aus, führt aber zu einem starken Einzug am Anfang der gepreßten Zahnräder. Die Qualität der fließgepreßten Zahnräder liegt bezüglich des Profilfehlers etwa 1-2 Qualitätsstufen schlechter als die der gefrästen, wobei durch Vorkorrigieren des formgebenden Werkzeugs und Optimierung der gesamten Werkzeugkonstruktion eine Qualitätssteigerung in Bezug auf die Flankenlinienfehler sicherlich möglich ist. Aufgrund der fehlenden Bezugsfläche muß die Fertigungsfolge von Grund auf neu überdacht werden, wobei aber auch die nachfolgenden Feinbearbeitungsverfahren auf die Gegebenheiten des Kaltfließpressens abzustimmen sind. Hauptaugenmerk wird sich dabei auf die Aufnahme des Werkstücks richten. So könnte dies aber auch bedeuten, daß die bis jetzt frei tolerierten Größen am Zahnrad für die Fertigung an Bedeutung gewinnen.

Durch die Integration mehrerer Funktionselemente und der Bezugsgröße -hier die Zentrierbohrungen- in den Umformprozeß kann nicht nur eine relativ gute Verzahnungsqualität erreicht, sondern auch Fertigungs- und Montageschritte reduziert werden.

Literatur

Koll, W.	Kaltfließpressen von Bauteilen mit Verzahnungen Dissertation (für die Einreichung bei der Fakultät für Maschinenwesen der Rheinisch-Westfälischen Technischen Hochschule Aachen vorgesehen)
König, W. Koll, W.	Kaltfließpressen von Getriebewellen Nr. 41 vom 24.05.1988/110 Jg. S. 18-23
König, W. Koll, W.	Herstellen von schrägverzahnten Zahnrädern durch Hohl-Vorwärtsfließpressen (erscheint demnächst)

Genauere Kraftabschätzung beim Strangpressen von Profilen

Prof. Dr.-Ing. Reiner Kopp, Aachen
Dr.-Ing. Dipl.-Wirtsch.-Ing. Gunther Voswinckel, Mönchengladbach
Dipl.-Ing. Jens Mittendorff, Aachen

Beim Strangpressen sind die Strangpreßwerkzeuge, insbesondere die Matrizen, starken mechanischen und thermischen Belastungen ausgesetzt. Für das Profilstrangpressen existieren bisher kaum Möglichkeiten, die Belastungen auf die Strangpreßwerkzeuge verläßlich vorausbestimmen zu können.

Es wurde ein Weg aufgezeigt, wie anhand von physikalischen und empirischen Elementen die profilabhängige Preßkraft ermittelt werden kann. Dabei wurde auf die Preßkraft Bezug genommen, die sich für das Verpressen eines flächengleichen Rundquerschnittes ergibt. Diese Preßkraft wurde in einem Vorversuch ermittelt. Es wurden auch Möglichkeiten untersucht, die Preßkraft eines Rundquerschnittes auf rechnerischem Wege zu erhalten. Dabei konnte gezeigt werden, daß ausführliche Berechnungen nach der elementaren Theorie hohe Voraussagegenauigkeiten für die Preßkräfte ergaben. Aufbauend auf der Preßkraft für Rundquerschnitte wird der Profileinfluß durch eine geometrische Kenngröße (Scherfläche in der Umformzone) berücksichtigt, wobei keine weiteren empirischen Korrekturfaktoren zur Bestimmung der Profilpreßkraft benötigt werden.

Da die Berechnung der Scherfläche in der Umformzone als Profilkenngröße mitunter zu Problemen für den mathematisch nicht versierten Benutzer führen kann, wurde eine weitere Berechnungsmethode zur Ermittlung von Profilpreßkräften nach einem Baukastenprinzip aufgestellt. Weiterhin wurde der Einfluß der Profilexzentrizität auf die Preßkraft untersucht. Die Modellannahmen, die den jeweiligen Kenngrößen zugrunde liegen, wurden anhand von dreidimensionalen Stoffflußuntersuchungen überprüft.

In weiteren Versuchen wurden einige wesentliche Prozeßeinflüsse wie Preßtemperatur, Preßstempelgeschwindigkeit und Reibfläche im Preßkanal getrennt untersucht.

Abschließend wird ein Programmsystem beschrieben, das die Ergebnisse dieser Untersuchungen zusammenfaßt. Auf der Basis einer Tischrechnerkonfiguration wird hiermit dem Benutzer ein Hilfsmittel an die Hand gegeben, Profilpreßkräfte bei unterschiedlichen Preßbedingungen im Dialog vorausberechnen zu können.

Literatur:

Voswinckel, G.:
Beitrag zum Einfluß der Profilform auf die Strangpreßkraft
Dissertation RWTH Aachen
DGM-Informationsgesellschaft 1986

Kopp, R. und Voswinckel, G.:
"Theorie des Strangpressens" - Literaturübersicht
Metall 1982, H. 11, S. 1189/1192

Kopp, R., Lang, G., Haber, G. und Voswinckel, G.:
"Effect of section shape on extrusion load: extrusion of round and flat sections"
Metals Technology, September 1983, Vol. 10, S. 368/370

Kopp, R. und Voswinckel, G.:
Zum Einflüß der Profilform auf die Stranpreßkraft
Aluminium 60 (1984), 8, S. 590/594

Kopp, R. und Voswinckel, G.:
Effect of the profile shape of the extrusion force
Aluminium 60 (1984), 8, S. 517/520

Voswinckel, G. und Kopp, R.:
Theorie des Strangpressens (Literaturübersicht)
Metall 39 (1985) 4, S. 327/331

Kopp, R. und Voswinckel, G.:
Untersuchungen zur genaueren Ermittlung der Preßkräfte beim Profilstrangpressen
Abschlußbericht zum DFG-Forschungsvorhaben Ko 579/23, Aachen 1987

Aufweitung von Fließpreßmatrizen mit überlagerter thermischer und mechanischer Beanspruchung

Prof. Dr.-Ing. Dr. h.c. Kurt Lange, Stuttgart
Dr.-Ing. Ewald Kling

Beim Kaltfließpressen wird das die Werkstückgeometrie bestimmende Werkzeug, die Matrize, durch die Umformkräfte belastet und elastisch verformt. Die Werkstückgenauigkeit - Maße und Form - wird von der Werkzeugherstellungsgenauigkeit und den vorgangsbedingten Verformungen bestimmt. Diese werden auch durch die im Werkstück entstehende, zum Teil an das Werkstück abgeleitete Umformwärme und die Erwärmung in der Kontaktzone infolge Reibung beeinflußt. Ziel dieser Untersuchung war die Vorausberechnung der Verformung bei armierten Matrizen mit zylindrisch durchgehender sowie abgesetzter Bohrung (Schultermatrizen) und damit der Vorverzerrung der Geometrie bei der Werkzeugherstellung. Dazu mußten die Randbedingungen sehr genau praxisbezogen festgelegt werden.
Zur Lösung der Aufgabe wurde die Finite-Elemente-Methode (Programm SMART) herangezogen. Elastizitätsmodul, Wärmeleitfähigkeit und Wärmeübergangszahl üben nur einen vernachlässigbaren Einfluß auf die Bohrungsaufweitung aus. Diese hängt linear vom Innendruck ab, wobei die Lage der Belastung (Druckraum) einen gewissen Einfluß hat. Die Aufteilung des Schrumpfverbandes hat keinen Einfluß auf die innendruck- und temperaturbedingte Aufweitung der Bohrung, ebenso bei gegebenen Matrizenabmessungen die Vorspannung bzw. das Schrumpfmaß. Dagegen bestimmt das Verhältnis Außen-/Innendurchmesser die radiale Steifigkeit und damit die Bohrungsaufweitung; diese wird auch durch die relative Höhe des Druckraumes wegen der bei gegebenem Innendruck höheren Kräfte beeinflußt.
Bei der betrachteten stationären Temperaturverteilung in der Matrize ergibt sich eine lineare Abhängigkeit zwischen Aufweitung und Temperatur. Wegen der Wärmeabgabe an die Umgebung weisen große Schrumpfverbände (Matrizeneinsatz und Armierung) eine geringere temperaturbedingte Bohrungsaufweitung auf als kleine. Bei größeren Vorgangsbelastungen verschiebt sich das Temperaturniveau allgemein zu höheren Werten mit entsprechender Bohrungsaufweitung. Bei dem gegebenen linear-elastischen Werkstoffverhalten (Bohrungswandtemperatur zwischen 20° und 270°) sind die Einzelverschiebungen infolge Innendruck und Temperatureinfluß superponierbar. Hieraus werden die gewünschten Maßvorverzerrungen abgeleitet. Der temperaturbedingte Spannungsverlauf ist tendenziell gleich dem in einer radial vorgespannten Matrize. Dadurch ergibt sich bei abnehmender Temperatur von der Bohrung zum Außenrand indirekt eine Haftmaßvergrößerung bzw. eine höhere Werkzeugbelastbarkeit.

Literatur:

Kling, E.:
Aufweitung von Fließpressmatrizen mit überlagerter thermischer und mechanischer Beanspruchung. Dr.-Ing. Dissertation. Universität Stuttgart. Berichte aus dem Institut für Umformtechnik der Universität Stuttgart Nr.81. Berlin usw.: Springer 1985.

Kling, E.:
Aufweitung von Fließpreßmatrizen mit Schulter unter thermo-mechanischer Belastung. Ind.-Anz. 107 (1985) 20, S.21-22. HGF-Kurzbericht Nr. 85/19. Essen: Girardet 1985.

Kling, E.:
Aufweitung von Fließpreßmatrizen mit zylindrischer Bohrung und thermischer und mechanischer Beanspruchung.
Ind.-Anz. 107 (1985) 33, S.25-26. HGF-Kurzbericht Nr. 85/33. Essen: Girardet 1985.

Grundlagen zur Erzeugung genauer Profile an Voll- und Hohlkörpern durch Kaltwalzen

Prof. Dr.-Ing. Dr. h.c. Kurt Lange, Stuttgart
Dr.-Ing. Norbert Kurz

In der industriellen Fertigung werden die Vorteile des Kaltwalzverfahrens für Verzahnungsprofile noch nicht voll ausgeschöpft: Für ein Verfahren, das Grob-Profilwalzen, mit dem sich Mitnahme- und auch Laufverzahnungen an Voll- und Hohlkörpern erzeugen lassen, wurden daher grundlegende experimentelle und theoretische Untersuchungen durchgeführt.

Mit visioplastischen Betrachtungen und der Finite-Elemente-Methode wurde der das Verfahren kennzeichnende, überwiegend radiale Werkstofffluß mit auf oberflächennahe Werkstückbereiche beschränkten Formänderungen, die im Zahnfluß und an den Flanken höhere Werte erreichen, bestätigt. Die Gleitlinienmethode wurde für ein Simulationsmodell zur Kraftberechnung benutzt. Gegenüber anderen Profilwalzverfahren sind die radialen Kräfte wegen der kleinen Kontaktzone Werkzeug-Werkstück nur gering. Axiale Kräfte treten in erster Linie nur beim kontinuierlichen Teilverfahren, das wegen höherer Produktivität überwiegend zur Anwendung kommt, auf.
Parameteruntersuchungen zur Verzahnungsqualität an voll- und dickwandigen Hohlkörpern aus AlCuMg, C45G, C45V, GGG-40 und GGG-60 ergeben eine geringe Abhängigkeit der Profilabweichungen von Vorschub, Gleichlauf, Gegenlauf und dem Werkstückstoff im Vergleich zu den Flankenlinienabweichungen. Dagegen wirken sich Werkstückvorbearbeitungsdurchmesser und Schwenkwinkel der Walzspindelachsen (beim kontinuierlichen Teilverfahren) stark auf die Profilgenauigkeit aus. Genaue Einhaltung der Einstellwerte bzw. Toleranzen ergibt Verzahnungsqualitäten von 7 bis 8 nach DIN 3962; das entspricht weitgehend der Qualität der Profilwalzen und belegt die gute Abbildegenauigkeit des Grob-Profilwalzens. Eine verbesserte Werkzeugqualität läßt demnach eine bessere Verzahnungsqualität erwarten. Bei den Flankenlinienabweichungen zeigt sich ein starker Einfluß des Vorschubes, des Vorbehandlungszustandes der Werkstücke und der Betriebsart Walzen im Stoßen bzw. Ziehen; die letztere ergibt wesentlich bessere Ergebnisse. Bei Hohlkörpern muß eine Wanddicke von $\geq$ 4m eingehalten werden, da sonst die Flankenlinienabweichung groß wird. Walzen im Ziehen wird daher empfohlen.
Die Ergebnisse stellen insgesamt Unterlagen für die sichere Anwendung des Grob-Profilwalzens und die Weiterentwicklung der dafür benötigten Spezialmaschinen zur Verfügung.

Literatur

Kurz, N.:
Grundlagen für das Kaltwalzen von Voll- und Hohlkörpern nach dem Grob-Verfahren. Dr.-Ing. Dissertation. Universität Stuttgart. Berichte aus dem Institut für Umformtechnik der Universität Stuttgart Nr.95. Berlin usw.: Springer 1987.

Kurz, N.; Glöckl, H.:
Grundlagen zur Erzeugung genauer Profile an Voll- und Hohlkörpern durch Kaltwalzen. wt-Z. ind. fertig. 73 (1983) 9, S.581-584.

Kurz, N.:
Theoretische Betrachtungen zum Grob-Profilwalzen.
Ind.-Anz. 105 (1983) 98, S.23-24. HGF-Kurzbericht Nr.83/81. Essen: Girardet 1983.

Kurz, N.:
Umformkräfte beim Grob-Profilwalzen.
Ind.-Anz. 107 (1985) 4, S.17-18. HGF-Kurzbericht Nr.85/3. Essen: Girardet 1985.

Kurz, N.:
Theoretical and experimental investigations of the "Grob" cold shaperolling process. Proc. 25th Int. Mech. Tool Design + Res. Conf. (MTDR), Birmingham / UK 1985, S.551-559.

Kurz, N.:
Herstellen von Verzahnungsprofilen nach dem Grob-Verfahren. Tagungsbd. "Herstellen von Zahnrädern und verzahnten Werkstücken", S. 1-20. Düsseldorf: VDI-Verlag 1986.

Entwicklung eines Verfahrens zur Vorhersage der Werkstückendgeometrie bei Verfahren der Kalt- und Halbwarmmassivumformung komplexer Werkstücke

Prof.em.Dr.-Ing.Dr.h.c. Kurt Lange
Dr.-Ing. Jürgen Gerhardt
Dipl.-Ing. Dae-Kern Kang

Institut für Umformtechnik, Universität Stuttgart

Ziel des Forschungsvorhabens war die Erarbeitung eines auf der Finite-Elemente-Methode aufbauenden numerischen Verfahrens zur Vorhersage des Werkstoffflusses und der Werkstückendgeometrie bei der Kalt- und Halbwarmmassivumformung komplexer Werkstücke. Anhand dieses Verfahrens können die einzelnen Verfahrensparameter eines Umformvorgangs bereits in der Entwicklungsphase optimiert werden und eine fundierte Aussage über die Genauigkeit der herzustellenden Teile gemacht werden.

Dazu wurden zunächst theoretische Konzepte zur Berechnung des Werkstoffflusses und des Temperaturfeldes beim Massivumformen komplexer (nicht rotationssymmetrischer) Werkstücke unter Berücksichtigung verschiedener Randbedingungen und des Einflusses der Temperatur auf den Umformvorgang erstellt. Das Verfahren zur Vorhersage der Endform der Massivumformteile wurde unter Anwendung der Methode der Finiten Elemente realisiert. Hierzu wurde ein am Institut für Umformtechnik, Universität Stuttgart bereits vorhandenes FEM-Programmsystem zur Berechnung von ebenen und axialsymmetrischen Problemen der Kaltmassivumformung dahingehend ergänzt, daß eine Berechnung allgemeiner dreidimensionaler Vorgänge mit dem Temperatureffekt möglich wird.

Das entwickelte Finite-Elemente-Rechenprogramm P3D basiert auf dem starr-plastischen Stoffgesetz. Die Inkompressibilität als Nebenbedingung wird durch die Lagrange- Parameter-Methode oder die Penalty-Methode berücksichtigt. Die Berechnung instationärer Temperaturverteilung ist dabei mit der Stoffflußberechnung inkrementell gekoppelt. Zur Verkürzung der Rechenzeit ist das Programm weitgehend vektorisiert und zum weiteren Ausbau modularisiert. Das Programmsystem P3D ist zur Simulation des Stoffflusses und des Temperaturfeldes für Kalt- und Halbwarmmassivumformung geeignet.

Literatur

/1/ Gerhardt, J.:
Numerische Simulation dreidimensionaler Umformvorgänge mit Einbezug des Temperaturverhaltens. Berichte aus dem Institut für Umformtechnik der Universität Stuttgart, Nr.101. Berlin/New York/London /Paris/Tokyo/Hongkong, Springer 1989

/2/ Gerhardt, J. :
Entwicklung eines Verfahrens zur Vorhersage der alt- und Werkstückendgeometrie in der Kalt- und Halbwarmmassivumformung. Ind. Anz. 42 (1988), S.34-35

/3/ Gerhardt, J.; Lange, K. :
Dreidimensionale gekoppelte mechanische und thermische Simulation in der Kalt- und Warmmassivumformung. Steel Research, Heft 10 (1989), S.451 ff.

Ermittlung der Arbeitsgenauigkeit von Fließpreßmatrizen mit nichtrotationssymmetrischen Innenformen

Prof.em.Dr.-Ing. Dr. h.c. Kurt Lange
Dipl.-Math. Karsten Hoffmann

Institut für Umformtechnik, Universität Stuttgart

In der Kaltmassivumformung sind Fließpreßmatrizen hohen Spannungen ausgesetzt, durch welche diese sich elastisch aufweiten. Die Werkstückgenauigkeit wird wesentlich durch diese Verformung beeinflußt. Die Kenntnis der elastischen Matrizenaufweitung in Abhängigkeit von verschiedenen Verfahrensparametern ist deshalb für die Optimierung der Arbeitsgenauigkeit von Fließpreßmatrizen von grundlegender Bedeutung. In der Arbeit wurde das Aufweitungsverhalten und der Spannungszustand von Fließpreßmatrizen mit abgesetzter Schulter und nicht-rotationssymmetrischer Durchbruchsform bestimmt. Als numerisches Untersuchungsverfahren wurde dazu die Boundary-Element-Methode (BEM) verwendet.

Den Hauptteil der Arbeit bildet das systematische Erfassen des Aufweitungsverhaltens von Voll-Vorwärts -Fließpreßmatrizen mit quadratischem bzw. rechteckigem Durchbruch bei Variation zahlreicher Auslegungsparameter. Durch den vorgangsbedingten Innendruck wird der Fließbund als formgebende Öffnung ballig aufgeweitet. Geringere Aufweitungen ergeben sich für abnehmende Belastungshöhe, größere Außendurchmesser, kleinere Schulteröffnungswinkel sowie größere Fließbundhöhen. Bei rechteckiger Durchbruchsform tritt eine deutlich größere Aufweitung in der Mitte der längeren Rechteckseite auf. In einem weiteren Teil der Arbeit wird die Beanspruchung der Matrizen mit quadratischem bzw. rechteckigem Durchbruch unter dem Einfluß von Vorspannung und Innendruck dargestellt und der Einfluß der übergangsradien auf das lokale Spannungsmaximum bestimmt. Ein abschließendes Beispiel zeigt das Aufweitungsverhalten einer Matrize zum Fließpressen von Verzahnungen bei genauerer Betrachtung der Form des entstehenden Zahnprofils. Die in der Untersuchung gewonnenen Erfahrungen zeigen, daß mit der Boundary-Element-Methode ein wirtschaftliches und zuverlässiges Verfahren zur Untersuchung des elastischen Verhaltens von dreidimensionalen Strukturen unter Last zur Verfügung steht.

Literatur

/1/ Hoffmann,K. :
Aufweitungsverhalten von Fließpreßmatrizen mit nichtrotationssymmetrischer Innenform - Berechnungen mit der Boundary-Element-Methode. Im Dezember 1989 zur Promotion bei der Fakultät 6 der Universität Stuttgart eingereicht.

/2/ Hoffmann,K. ; Vu,T.C. :
Werkzeugberechnung von Matrizen und Stempeln nicht einfacher Geometrie mit Hilfe numerischer Methoden. Seminar : "Neuere Entwicklungen in der Massivumformung". Stuttgart, 2./3. Juni 1987.

/3/ Hoffmann,K. :
Aufweitung von Fließpreßmatrizen mit quadratischem Durchbruch. Industrieanzeiger 110 (1988) 39, S.30/31 . WGP-Kurzbericht 88/39. Essen : Girardet 1988.

/4/ Hoffmann,K. :
Berechnung der Verformung und Beanspruchung von Fließpreßmatrizen mit nicht rotationssymmetrischer Innenform. Tagung : "Präzisionsumformen". Haus der Technik, Essen, 29.9.1988.

/5/ Hoffmann,K. :
Anwendung der BEM in der Forschung - Genauigkeit, Konvergenz, Optimierung. Lehrgang "Boundary Elemente - eine sinnvolle Ergänzung zu Finiten Elementen". Techni sche Akademie Esslingen, 12.10.1988 und 11.10.1989.

/6/ Hoffmann,K. ; Lange,K. :
Computation of the Elastic Expansion and Stresses in Cold Forging Dies with Non-Axisymmetric Inner Shape . Proceedings of the NAMRC XVII (1989): S. 71-78.

/7/ Bulander,R. ; Hoffmann,K. ; Roll,K. :
Berechnung elastischer Verformungen von Umformwerkzeugen mit Hilfe numerischer Methoden. Seminar : "Neuere Entwicklungen in der Massivumformung". Stuttgart, 6./7. Juni 1989.

Kontinuumsmechanische Simulationen zur Klärung der Zusammenhänge zwischen Umformverhalten und Produktqualität beim Kissentiefziehen

Prof. Dr.rer.nat. Dr. mont.h.c. Horst Lippmann, München
Dr.-Ing. Michael Holzner
Dr.-Ing. Volker Mannl

Die Blechumformung durch Kissentiefziehen stellt ein Sonderverfahren dar, mit dem Vorteile z.B. bei der Wanddickenverteilung erzielbar sind. Ein wesentliches Merkmal ist, daß bei der Formgebung nicht nur das Blech, sondern auch das hartgummiartige Kissen-Werkzeug große Deformationen erfährt. Um den Einfluß der der leicht zu ändernden Kisseneigenschaften und anderer Verfahrensgrößen auf die erreichten Ziehresultate verständlich zu machen und vorab simulieren zu können, wurden für den rotationssymmetrischen Fall die Methoden der Elasto- und Plastomechanik in Verbindung mit Methoden der Werkstoffprüfung zur Ermittlung der benötigten Materialkennwerte eingesetzt. Sie liefern die für die Interpretation wichtigen inneren Spannungen und Deformationen. Wegen des Umfangs der Aufgabe mußten numerische Lösungsprozeduren, z.B. die FE-Methode benutzt werden. Die Anwendbarkeit der Methode wurde durch Vergleiche mit Versuchen bestätigt.

Besonderer Wert wurde auf die Genauigkeit bei der Simulation möglicher Faltenbildung und Blecheinschnürung gelegt, da beides die Ziehteilgüte besonders beeinträchtigt. Dazu erwies sich eine genaue Beschreibung der Verfestigung des Blechs und des gummielastischen Verhaltens des Kissens als wesentlich. Untersucht wurden an ausgesuchten Beispielen Einflüsse der Geometrie, der Materialeigenschaften und der Wirkung bzw. Steuerung von Niederhaltern auf die Ziehteilgüte.

Grenzen sind dem eingeschlagenen Weg durch den Rechenaufwand für umfangreiche Parameterstudien gesetzt, jedoch können Testsimulationen schon ausreichende Hinweise auf kritische Verformungen und zur Verbesserung der Ziehteilgüte geeignete Maßnahmen liefern.

Literatur:

1. Holzner, M.: Kontinuumsmechanische Studien zum Kissentiefziehen. Diss. TU München 1987

2. Holzner, M.; Mannl, V.: Mechanics of drawing with rubber pads. In: Lange, K. (ed.) Advanced technology of plasticity. Proc. 2nd Int. Conf. on Plasticity Stuttgart, Aug. 24 - 28, 1987. Berlin: Springer 1987, 1151-1157

3. Mannl, V.; Holzner, M.: Tiefziehen rotationssymmetrischer Teile mit elastischem Kissen. Bänder Bleche Rohre 29 (1988) H. 11, 21-24

4. Mannl, V.; Holzner, M.: Berechnen der Möglichkeiten und Grenzen des Tiefziehens mit elastischen Kissen. Bänder Bleche Rohre 30 (1989) H. 3, 23-26

Numerische Simulation instationärer Umformprozesse. Formgenauigkeit des Werkstückes und thermomechanische Werkzeugbeanspruchung

Prof. Dr.-Ing. O. Mahrenholtz, TU Hamburg-Harburg
Dr.-Ing. C. Westerling

Es wird das Zusammenspiel der plastischen Werkzeugdeformation, der Wärmeentstehungs- und Temperaturausgleichsvorgänge und der elastischen Werkzeugverformung numerisch simuliert, um die transienten Vorgänge der thermischen und mechanischen Werkzeugbelastung zu erfassen. Die starr-plastische Werkstückdeformation wird mit dem bekannten Programm FARM auf Grund der Methode der finiten Elemente bestimmt, die instationäre Temperaturfeldederermittlung hingegen mit der Methode der finiten Differenzen, vom mechanischen Prozeß entkoppelt durchgeführt. Die Koppelung an den mechanischen Prozeß erfolgt für das Werkstück über die Berechnung der Temperaturerhöhung und über die neuzuberechnende Fließspannung, für das Werkzeug über das Hookesche Gesetz. Das Verfahren der finiten Differenzen zeichnet sich durch minimale Anzahl der Rechenoperationen und durch geringe Speicherplatzbelegung aus. Die Änderung der thermischen und mechanischen Randbedingungen erfordert die Lösung eines besonderen Kontaktproblems. Das entwickelte Berechnungsverfahren wurde auf den nichtisothermen Zylinderstauchprozeß und auf das axialsymmetrische Flanschschmieden im Hohl- und Vollgesenk mit gutem Erfolg angewendet.

Literatur:

Westerling, C.	Numerische Simulation instationärer Umformprozesse - Formgenauigkeit des Werkstückes und thermomechanische Werkzeugbeanspruchung. Fortschrittbericht VDI, Reihe 2, Nr.118, 1986.
Dung, N.L. Mahrenholtz, O Westerling, C.	Finite-Element Modelling of precise forming processes. Technical Paper No. 8305-008,ASM Metals Congress, Philadelphia, USA, 10, 1983.
Westerling, C. Mahrenholtz, O. Klie, W. Dung, N.L.	Finite element approach for large plastic deformation at elevated temperatures. In: Proc. of ASME-WAM 1984; Symposium on Constitutive Equations:Micro,Macro and Computional Aspects, New-Orleans, USA, Dezember 1984.
Westerling, C.	Zur wirtschaftlichen Analyse des thermomechanischen Verhaltens von metsllischen Werkstoffen während der Umformung. In:Proc. 10th International Finite Element Congress, Baden-Baden, November 1984.
Westerling, C. Dung, N.L. Mahrenholtz, O.	A coupled analysis of plastic deformation and heat transfer. In: Proc. Int. MTDR Conference, Birmingham, April 1985.
Westerling, C. Mahrenholtz, O. Dung, N.L.	Thermomechanical analysis of metal forming processes through the combined approach FEM/FDM. In: Simulation of Metal Forming Processes by the Finite Element Method (SIMOP-I), Workshop Stuttgart 1985, Bericht aus dem Institut für Umformtechnik Nr. 85. Berlin:Springer 1986.

Untersuchung des dreidimensionalen Freiformschmiedens mit der Finite-Element-Methode

Prof. Dr.-Ing. O. Mahrenholtz, Technische Universität Hamburg-Harburg
Dr.-Ing. J. Appeltauer
Dr.-Ing. N.L. Dung

Das zur Behandlung ebener Umformprozesse bewährte Programm FARM (Finite-Element Analysis of Rigid-Plastic Metal-Forming) wurde zur Untersuchung dreidimensionaler Freiformschmiedevorgänge (Stauchen, Recken, Breiten) erweitert. Dabei blieben geringer Speicherplatzbedarf und kurze Rechenzeit unverzichtbare Merkmale der Effizienz. Die Vernachlässigung der Drehungen im starr-plastischen Verhalten führte zu einfachen inkrementellen Gleichungen im Kontrollvolumen; die geschwindigkeitsabhängigen Reibkräfte an Teilen der Oberfläche lassen hingegen nur ein "Pseudo"-Randwertproblem zu. Um die Nebenbedingung der Inkompressibilität numerisch erfüllen zu können, geht man auf ein Variationsproblem über, wobei der Ansatz nach Galerkin den geschwindigkeitsabhängigen Reibkräften nicht gerecht werden kann. Deshalb wird in einem stationären Markovschen Funktional das Reibglied konsequent variiert. Die Inkompressibilität wird dann über eine Straffunktion erzwungen, für welche ein konsistenterer Ansatz gefunden wurde. Bei der numerischen Integration des wichtigen Gleitgliedes konnten die acht erforderlichen Stützpunkte nach Gauß durch sechs Stützpunkte nach Irons ersetzt werden. Dank einer sorgfältigen Abstimmung der Genauigkeitsschranken, konnte die iterative Lösung des Gleichungssystems mit schrittweiser Näherung durchgeführt werden. Das konsequent variierte Markovsche Funktional ermöglicht die Iteration mit homogenem Stauchen zu beginnen. Das erstellte Programm wurde mit Erfolg auf Freiformschmiedeprozesse, einschließlich Rißbildung, angewendet.

Literatur:

Appeltauer, J.; Dung, N.L.; Mahrenholtz, O.: Untersuchung des dreidimensionalen Freiformschmiedens mit der Finite-Element-Methode. Zwischenberichte zum Forschungsvorhaben Ma 358/40-1 ... 3. Arbeitsbereich Meerestechnik II-Strukturmechanik, TUHH, April 1987, Mai 1988, Mai 1989.

Appeltauer, J.; Mahrenholtz, O.: Zur Struktur von dreidimensionalen Verfahren in der Plastomechanik. GAMM-Tagung, Wien, April 1988. ZAMM 69(1989)4, T237-T239.

Appeltauer, J.; Mahrenholtz, O.: Numerische Simulation bei dreidimensionaler plastischer Umformung. In: O.T. Bruhns: Große plastische Formänderungen, Bad Honnef, 1988, Mitteilungen aus dem Inst. f. Mech. Ruhr-Univ., Bochum, Januar 1989, 30-32.

Appeltauer, J.; Dung, N.L.; Mahrenholtz, O.: Numerische Untersuchung der Rißbildung infolge plastischen Fließens. GAMM-Tagung, Karlsruhe, 1989. Erscheint demnächst (ZAMM).

Appeltauer, J.; Dung, N.L.; Mahrenholtz, O.: Numerische Untersuchung der Rißbildung bei dreidimensionaler Verformung. Workshop: Numerische Methoden der Plastomechanik. Neustadt a. Rbge. Erscheint demnächst.

Appeltauer, J.; Dung, N.L.; Mahrenholtz, O.: Some theoretical and numerical aspects of large deformations in three-dimensional metal forming. Proceedings of the 3rd International Conference on Numerical Methods in Industrial Forming Processes (NUMIFORM), Fort Collins, Colorado, Juni 1989, A.A. Balkema, Rotterdam, Brokfield 1989: 523-527.

Appeltauer, J.; Mahrenholtz, O.: Abschlußbericht mit Anhang zum DFG-Forschungsvorhaben Ma 358/40-1 ... 3. In Vorbereitung.

Anwendung der personalcomputer-orientierten Berechnungsmethode auf praktische Umformprobleme im ebenen und axialsymmetrischen Bereich

Prof. Dr.-Ing. O. Mahrenholtz, Technische-Universität Hamburg-Harburg

Dr.-Ing. N.L. Dung

Dipl.-Ing. J. Rammelkamp

Der unmittelbare Einsatz der FE-Simulation in der Industrie wird durch die enorme Entwicklung der Personalcomputer im letzten Jahrzehnt außerordentlich begünstigt. Somit war die Anpassung des bewährten Programmsystems FARM für die FE-Simulation von ebenen und axialsymmetrischen Umformvorgängen an die Arbeitsweise von Personalcomputern ein Gebot der Stunde. Im Rahmen dieser Umgestaltung spielen Rechenzeit und Speicherplatzverwaltung eine große Rolle, die ihrerseits von den Lösungsalgorithmen und von der Methode der Datenverwaltung abhängen. Deshalb wurden entscheidende Programm-Merkmale wie Stoffmodell, Elementtypen, Auflösung des nichtlinearen Gleichungssystems, Behandlung des instationären Umformvorgagnes, Rezoning neu überdacht, und durch effektive Pre- und Postprozessoren der manuelle Aufwand auf ein Minimum reduziert.

Literatur:

Dung, N.L.: FARM
- Version für den Personalcomputer ATARI ST mit Postprozessor, 1986/87.
- Version für den Personalcomputer IBM, 1988.
Arbeitsbereich Meerestechnik II-Strukturmechanik, TUHH.

Dung, N.L.: The use of personal computer for FE simulation of forging processes. Proc. 11th CANCAM, Edmonton, Canada, 1987, D40-D41.

Dung, N.L.: Identification of defect locations in metal forming using a personal-computer-oriented finite element method. Proc. of Euromech Colloquium No. 233, Sophia Antipolis, France, 1988, 245-252.

Dung, N.L.: Ein Beitrag zur Untersuchung der Rißentstehung in der Kaltmassivumformung metallischer Werkstoffe. VDI Fortschr.-Ber. Reihe 2 Nr. 175, 1989.

Dung, N.L.: Computational method for plastic flow problems. Invited Lecture at the ICOMIDC-Symposium on Mathematics of Computation, Ho-Chi-Minh-Stadt, Vietnam, 1988.

Mahrenholtz, O; Dung, N.L.: Numerische Lösungen und Finite-Elemente-Methode für Ziehverfahren. Tagungsheft vom DGM-Symposium "Ziehen von Drähten, Stangen and Rehren", Bad Nauheim, 1987, 47-60.

Rammelkamp, J.: Benutzerhandbuch für den Preprozessor DATIN. Arbeitsbereich Meerestechnik II-Strukturmechanik, TUHH, 1989.

Rammelkamp, J.; Dung, N.L.; Mahrenholtz, O.: Anwendung der personalcomputer-orientierten Berechnungsmethode auf praktische Umformprobleme. Abschlußbericht zum DFG-Forschungsvorhaben Ma 358/42-1, Arbeitsbereich Meerestechnik II-Strukturmechanik, TUHH, 1989.

Kantenanschärfung beim Kaltwalzen von Band

Professor Dr.-Ing. Oskar Pawelski, Düsseldorf
Dr.-Ing. Wolfgang Rasp
Dr. rer. nat. Holger Teutsch

Zur Untersuchung der Profilausbildung beim Kaltwalzen unter besonderer Berücksichtigung des kantennahen Bereichs wurde ein mathematisches Modell entwickelt. Durch die Kombination eines analytischen Ansatzes in Walzrichtung mit einem numerischen Ansatz in Breitenrichtung können bei kurzer Rechenzeit alle relevanten Geometrie- und Werkstoffparameter in das Modell einbezogen werden. Der Ansatz berücksichtigt die Wechselwirkung von elastischer Verformung des Walzensystems und plastischer Verformung des Bandes. Das aus dem Modell entwickelte Computerprogramm ist in der Lage, Stichfolgen auf Duo- oder Quartogerüsten zu simulieren. Zielgrößen der Rechnung sind das Dickenprofil des auslaufenden Bandes und der örtliche Umformgrad, der Rückschlüsse auf die Planlage erlaubt.

Literatur:

Teutsch, H.: Ein mathematisches Modell mit numerischem und analytischem Ansatz zur Berechnung der Profilform beim Kaltwalzen von Band. Dr.-rer.-nat.-Diss. RWTH Aachen 1984.

Pawelski, O., W. Rasp und H. Teutsch: A Combined Analytical and Numerical Model for Calculating Load and Thickness Profile in Width Direction of a Cold-rolled Strip. Proc. 1st ICTP, Tokyo 1984, S. 1146-50.

Pawelski, O., und H. Teutsch: A Mathematical Model for Computing the Distribution of Loads and Thickness in the Width Direction of a Strip Rolled in Four-high Cold-rolling Mills. Eng. Fract. Mech. 21 (1985) 4, S. 853-59.

Pawelski, O., W. Rasp und H. Teutsch: A Mathematical Model with a Combined Analytical and Numerical Approach for Predicting the Thickness Profile of Cold-rolled Strip. Steel Res. 56 (1985) 6, S. 327-31.

Einfluß des indirekten Drucks auf die Breitung beim Warmwalzen

Professor Dr.-Ing. Oskar Pawelski, Düsseldorf
Dr.-Ing. Wolfgang Rasp
Dr.-Ing. Frithjof Klasen

Beim Walzen in Kalibern sind Teile der Walzbahn zur Walzenachse geneigt. In diesen Bereichen wird der Druck in eine vertikale (direkte) und eine horizontale (indirekte) Komponente zerlegt. Ziel der Untersuchung war der Einfluß des Verhältnisses von indirektem zu direktem Druck auf die Breitung. Dazu wurden Versuche an einem Laborwalzwerk und Berechnungen nach der Methode der oberen Schranke für die Umformleistung durchgeführt. Neben der Probengeometrie und der Höhenabnahme wurde der Walzbahnneigungswinkel als wesentliche Einflußgröße auf das Breitungsverhältnis bestätigt. Die Walztemperatur und die Walzgeschwindigkeit haben dagegen nur untergeordnete Bedeutung für den Stofffluß. Basierend auf den Versuchsdaten wird eine Breitungsformel angegeben, die für Walzbahnneigungswinkel bis 60 $^{\circ}$ anwendbar ist und als Sonderfall auch das Flachwalzen beinhaltet.

Literatur:

Klasen, F.: Werkstofffluß beim Warmwalzen von Stahl auf geneigter Walzbahn. Dr.-Ing.-Diss. RWTH Aachen 1984.

Pawelski, O., W. Rasp und F. Klasen: Einfluß des indirekten Drucks auf die Breitung beim Warmwalzen. Stahl u. Eisen 104 (1984) 12, S. 161-66.

Pawelski, O., W. Rasp und F. Klasen: Werkstofffluß beim Warmwalzen von Stahl auf geneigter Walzbahn. Düsseldorf: 2. Intern. Walzwerkskongreß 1984.

Pawelski, O., W. Rasp und F. Klasen: Breitung beim Warmwalzen auf geneigter Bahn. Steel Res. 59 (1988) 2, S. 60-67.

Entwicklung eines mathematischen Modells für die Druckverteilungen und Deformationen in einem Sechs-Walzen-Walzwerk

Professor Dr.-Ing. Oskar Pawelski, Düsseldorf
Dr.-Ing. Wolfgang Rasp
Dr.-Ing. Jens Rieckmann

Für das mechanische Verhalten von Sechs-Walzen-Walzwerken wurde ein mathematisches Modell entwickelt, das sämtliche elastischen und plastischen Formänderungen in ihrem Zusammenwirken beschreibt. Der Einfluß der Zwischenwalzenverschiebung und der Walzenbiegung auf die Walzdruckverteilung und das Bandprofil wurde berechnet. Angestrebt wird ein konstanter Umformgrad über der Bandbreite. Andernfalls ergeben sich unterschiedlich große Längen der einzelnen Bandfasern. Diese $\delta L/L$-Verteilungen beschreiben die Auswirkungen der einzelnen Stellmechanismen auf die Planheit des auslaufenden Bandes. Zur Veranschaulichung der Auswirkungen der Walzparameter auf die Maß- und Formgenauigkeit des gewalzten Bandes wurde ein Planheits-Kennfeld vorgeschlagen. Es konnte gezeigt werden, daß in Verbindung mit der CVC-Technik im Vier-Walzen-Walzwerk qualitativ vergleichbare Stellmechanismen zur Verfügung stehen.

Literatur:

Rieckmann, J.: Berechnung von Bandprofil und Planheit beim Kaltwalzen auf Sechs-Walzen-Walzwerken. Dr.-Ing.-Diss. RWTH Aachen 1988. In: Umformtechnische Schriften, Bd. 21. Düsseldorf: Verlag Stahleisen 1989.

Pawelski, O., W. Rasp und J. Rieckmann: Der Durchgriff von über die Bandbreite variablen Walzparametern auf das Bandprofil und die Planheit beim Kaltwalzen. In: Galla, H., und J. Jung (Hrsg.): Walzen von Flachprodukten. Bad Nauheim: DGM 1987, S. 27-38.

Pawelski, O., W. Rasp und J. Rieckmann: A Mathematical Model for Predicting the Influence of Elastic and Plastic Deformations on Strip Profile in Six-high Cold Rolling. Proc. Intern. Steel Rolling Conf., Deauville 1987, S. E.3.1-6.

Pawelski, O., W. Rasp und J. Rieckmann: Application of a Mathematical Model for the Cold Rolling Process on Six-high Mills. In: J. L. Chenot, E. Onate: Modelling of Metal Forming Processes. Proc. EUROMECH No. 233 Sephia Antipolis, Frankreich. Dordrecht, Boston, London: Kluwer Academic Publ. 1988, S. 305-12.

Pawelski, O., W. Rasp und J. Rieckmann: Berechnung der elastischen und plastischen Formänderungen in Kaltwalzgerüsten. Stahl u. Eisen 109 (1989) 20, S. 967-75.

Einfluß der Reibung auf den Werkstofffluß in Breitenrichtung beim Warmwalzen von Stahl

Professor Dr.-Ing. Oskar Pawelski, Düsseldorf
Dr.-Ing. Wolfgang Rasp
Dipl.-Ing. Christoph Hoerster

Bei nahezu allen Umformverfahren spielt die Reibung zwischen Werkzeug und Werkstück eine entscheidende Rolle. Sie beeinflußt den Werkstofffluß, den Kraft- und Arbeitsbedarf, den Werkzeugverschleiß und schließlich die Qualität des Fertigerzeugnisses. Mit wachsender Verfügbarkeit über numerische Rechenmethoden, mit denen heute Umformprozesse mathematisch umfassend simuliert werden können, sind vertiefte Kenntnisse über die Reibung beim Umformen dringlicher geworden. Es wurde der Zusammenhang zwischen der Breitung beim Warmwalzen und der Reibung untersucht. Zur Bestimmung von Reibungsfaktoren wurde der Warm-Ringstauchversuch herangezogen, bei dem die Veränderung des Innendurchmessers der Ringprobe ein empfindliches Maß für die Reibung darstellt. Zur Kalibrierung dieses Versuches wurde die Methode der finiten Elemente (FEM) herangezogen. Näher untersucht wurden die Einflüsse von Werkstoff, Umformgrad, Umformgeschwindigkeit, Temperatur und Schmierstoff. Die Ergebnisse wurden herangezogen, um die Breitungsmessungen an Flachproben an einem Versuchswalzwerk zu interpretieren. Während sich unterschiedliche Stähle kaum auf die Breitung auswirkten, wurde sie durch Schmierung deutlich herabgesetzt. Die Zunahme der Breitung mit der Reibung wächst mit der Höhenabnahme des Walzguts. Dieser Effekt macht sich allerdings erst bei mehr als 20% Abnahme bemerkbar. Auch die Walzversuche wurden durch die Methode der oberen Schranke für die Umformleistung theoretisch untermauert.

Literatur:

Hoerster, C.: Bedeutung der Reibung für die Breitung beim Warmwalzen von Stahl. Dr.-Ing.-Diss., eingereicht bei der RWTH Aachen, 1989. In: Umformtechnische Schriften. Düsseldorf: Verlag Stahleisen, demnächst.

Pawelski, O., und C. Hoerster: Numerische und experimentelle Analyse des Ringstauchversuchs zur Bestimmung von Kennzahlen für die Reibung bei plastischer Umformung. Workshop "Numerische Methoden der Plastomechanik". Neustadt a. Rbg. 1989.

Pawelski, O., W. Rasp und C. Hoerster: The Ring Compression Test as Simulation Test for the Investigation of Friction in Hot Metal Forming. Steel Res. 60 (1989) 9, S. 395-402.

Pawelski, O., W. Rasp und C. Hoerster: Influence of Friction and Lubrication on Material Flow in Hot Strip Rolling and Ring Compression. To be published in Proc. 3rd ICTP, Kyoto 1990.

Untersuchung zur Beeinflussung der Schmierverhältnisse beim geschmierten Kalt- und Halbwarmpressen

Professor Dr.-Ing. Dietrich Ruppin, Berlin
Dr.-Ing. Klaus Müller, Berlin

Ausgehend von Grundüberlegungen zur Ausbildung vollhydraulischer Schmierfilme beim hydrostatischen Strangpressen von IYENGAR und RICE wurden experimentelle Untersuchungen zur Stabilisierung der Schmierungsbedingungen durch Druck- und Entlastungsbypässe durchgeführt. Als Preßverfahren wurde das hydrostatische Strangpressen gewählt, bei dem der Schmierstoff-Film unter definierten Druckbedingungen verbleibt.

Wird die Schmierung durch Druckbypässe im Einlaufkonus der Matrize verbessert, so sind stabile Schmierungsverhältnisse durch eine Mengenbegrenzung der zusätzlich zugeführten Schmierstoffe eher zu erhalten, als durch die Lage der Druckbypässe im Einlaufkonus. Bei Mengenbegrenzung des Schmierstoffes wird diese Lage weitgehend unkritisch und kann u.a. auch nach konstruktiven Gesichtspunkten gewählt werden. Als günstig erwies sich für den Matrizeneinlaufkonus eine Schmierstoffverteilung in ringförmigen "Schmierbändern", bei der noch hinreichend große Kontaktklächen zwischen Werkstoff und Werkzeuge stehenbleiben. Als günstig für Strangqualität und Stabilität des Verformungsvorganges wurde eine Kontaktflächengröße von etwa 15 % des Einlaufkonus' der Matrize gefunden.

Bezüglich der Werkzeuggeometrie erwies sich die Konusringmatrize im Hinblick auf Preßergebnis und Handhabungsfähigkeit als das günstigste Gestaltungsprinzip.

Doppelmatrizen mit Entlastungsbypässen sind geeignet, strangschädigende Überschmierungen abzubauen, wenn sich die Doppelmatrizen im Durchmesser wenigstens um 15 - 20 % unterscheiden. Die Führungslänge der Vormatrize kann dabei klein gehalten werden gegenüber der der Hauptmatrize.

Die Untersuchung schließt mit einem Ausblick auf Einsatzmöglichkeiten von Bypass-Werkzeugen bei halbgedichtetem Kalt- oder Halbwarmstrangpressen.

Literatur:

Ruppin, D.; Müller, K.: Vergleichende Untersuchung des Hydrafilmpressens und des indirekten Strangpressens mit hydrostatischen Schmierverhältnissen. Aluminium 55 (1979) 11, 711 - 715.

Ruppin, D.; Müller, K.: Kaltstrangpressen von Aluminiumwerkstoffen mit Druckschmierung (I), (II), (III). Aluminium 56 (1980) 4, 263 - 268, 56 (1980) 5, 329 - 331, 56 (1980) 6, 403 - 406.

K. Müller, D. Ruppin : Neuere Aspekte des geschmierten Kalt-Strangpressens, Z. Metall, 42 (1988) 10, S. 995 - 1002

K. Müller, D. Ruppin : Some Aspects in Cold Hydrostatic Extrusion. Proceedings of the Fourth Cairo University MDP-Conference, Cairo, December 1988

Strangpressen anorganischer Glasschmelzen - Herstellung komplizierter Voll- und Hohlprofile hoher Formtreue und Maßgenauigkeit

Professor Dr.-Ing. Erwin Roeder, Universität Kaiserslautern
Dr.-Ing. Wolfgang Egel-Hess, BASF AG, Ludwigshafen

Die Methode des Strangpressens erlaubt die Herstellung von Halbzeugen mit komplizierten Voll- und Hohlquerschnitten. Von entscheidender Bedeutung für die Formtreue und Maßgenauigkeit der extrudierten Produkte ist dabei das beim Austritt aus der Matrize auftretende Düsenschwellphänomen, dessen Ausprägung von der Reibung zwischen strömender Glasschmelze und Matrizenkanalwand abhängt.

Es wurde daher der Einfluß der gewählten Glassorte, der Matrizenkanalgeometrie sowie des Matrizenwerkstoffs auf das Düsenschwellphänomen sowohl bei kreisförmigen als auch bei nichtkreisförmigen Profilen experimentell untersucht. Matrizenwerkstoffe, bei denen vollkommene Wandhaftung zwischen Matrizenkanal und Glasschmelze vorliegt, bewirken oberhalb einer bestimmten Kanallänge unabhängig von der Matrizenkanalgeometrie und der Glassorte eine Strangaufweitung von etwa 28%. Demgegenüber ergeben Matrizenwerkstoffe mit verschwindend geringer Wandreibung Stränge mit exakten Querschnitten, d. h. mit vernachlässigbaren Strangaufweitungen. Dazwischen liegen Matrizenwerkstoffe, die ein reibungsbehaftetes Gleitverhalten an der Matrizenkanalwand bewirken und je nach Versuchsbedingung zu einer Strangaufweitung zwischen 6 und 28% führen.

Im zweidimensionalen Fall des unendlich ausgedehnten Spaltes konnte das Düsenschwellphänomen mit Hilfe der Methode der finiten Elemente sehr genau beschrieben werden. Die berechneten Werte stehen in guter Übereinstimmung mit den experimentell ermittelten Werten.

Literatur:

1. EGEL-HESS, W.: Experimentelle und theoretische Untersuchungen des Düsenschwellphänomens beim Austritt anorganischer Glasschmelzen aus nichtkreisförmigen Matrizenprofilen während des Strangpressens. Diss. Univ. Kaiserslautern 1985

2. ROEDER, E.; EGEL-HESS, W.: Das Düsenschwellphänomen beim Austritt einer wandhaftenden anorganischen Glasschmelze aus Strangpreßwerkzeugen mit nichtkreisförmigem Öffnungsquerschnitt. Rheol. Acta 25 (1986) 4, S. 365-371

3. ROEDER, E.; EGEL-HESS, W.: Extrusion of complicated inner Profiles of glass. Glastech. Ber. 60 (1987) 5, S. 177-181

4. EGEL-HESS, W.; ROEDER, E.: Extrusion of glass melts - Influence of wall friction effects on the die swell phenomenon. Glastech. Ber. 62 (1989) 8, S. 279-284

Verbesserung der Werkstückgeometrie und Verfahrensgrenzen beim Kragenziehen durch Anwenden eines Gegenhalters

Prof. Dr.-Ing. Dieter Schmoeckel, Darmstadt
Dipl.-Ing. Siegmar Schlagau

Das Kragenziehen als Zugdruckumformverfahren wird in der industriellen Fertigung in unterschiedlichen Verfahrensvarianten eingesetzt. Einschränkend auf den Einsatz dieses Verfahrens wirkten sich besonders die erreichbaren Aufweitverhältnisse aus.

Ziel dieser Untersuchungen war es daher, durch Überlagern einer Druckspannung in der Umformzone größere Grenzaufweitverhältnisse beim Kragenziehen zu erreichen, um so höhere Kragen herstellen zu können.

Einer eingehenden Betrachtung der Parameter, welche die Verfahrensgrenzen bei diesem Umformvorgang maßgeblich beeinflussen, schloß sich eine Analyse der beim Kragenziehen vorliegenden Spannungs- und Formänderungszustände an. Diese Analyse machte die überragende Bedeutung des Vorlochrandes im Hinblick auf die erreichbaren Grenzformänderungen deutlich.

Mit Hilfe der Kenntnisse über die Abhängigkeit des Umformvermögens vom vorliegenden Spannungszustand wurden Möglichkeiten erarbeitet, das Fließen in der Umformzone bereits bei einer kleineren tangentialen Zugspannung einzuleiten, so daß der zur Rißbildung führende kritische Wert der Tangentialspannung erst bei einem größeren Aufweitverhältnis auftritt.

Durch experimentelle Untersuchungen an Feinblechen aus Al99,5w, RSt 1405 und X5 CrNi18 9 gelang es nachzuweisen, daß sich die theoretischen Überlagerungen auch in die Praxis umsetzen lassen. Dabei wurde die beim konventionellen Kragenziehen übliche Werkzeuganordnung lediglich um jeweils ein weiteres starres Werkzeug, einen axialen bzw. radialen Gegenhalter erweitert, welche eine zusätzliche Druckspannung in axialer bzw. radialer Richtung erzeugen. Mit den beiden neuen Verfahrensvarianten wurden in den Versuchen zum Teil erhebliche größere Grenzaufweitverhältnisse (bis zu 100 %) als beim ebenfalls untersuchten konventionellen Kragenziehen erreicht, so daß höhere Kragen hergestellt werden konnten.

Literatur

/1/ Schlagau, S.: Verfahrensverbesserung beim Kragenziehen durch Überlagern von Druckspannungen. Dr.-Ing. Dissertation, TH Darmstadt, 1988

/2/ DIN 8584, Blatt 5: Fertigungsverfahren Zugdruckumformen. Kragenziehen, Begriff. Beuth-Vertrieb GmbH, Berlin und Köln, April 1971

/3/ Schmoeckel, D.; Schlagau, S.: Verfahrensgrenzen beim Kragenziehen durch Drucküberlagerung. Blechbearbeitung '84, VDI-Berichte Nr. 522, S. 81-103, VDI-Verlag, Düsseldorf, 1984

/4/ Schmoeckel, D.: Kragenziehen. In: Spur, G.; Stöferle, Th.: Handbuch der Fertigungstechnik, Band 2/3 Umformen und Zerteilen. Carl Hanser Verlag, München, Wien, 1985

/5/ Schlagau, S.: Kragenziehen mit Druckspannungsüberlagerung. HGF-Bericht 84/84, Industrie-Anzeiger 106 (1984) 102, S. 28-29

/6/ Schlagau, S.: Kragenziehen mit Gegenhalter verringert die Rißgefahr. Bänder Bleche Rohre 27 (1986) 1/2, S. 9-12

/7/ Schlagau, S.: Eine neue Variante des Kragenziehens. Tagungsband zum 2. Umformtechnischen Kolloquium Darmstadt, S. 5.3-1 bis 5.3-10, Darmstadt, Institut für Umformtechnik, 1985

/8/ Schlagau, S.,: Einfluß überlagerter Druckspannungen auf die Verfahrensgrenzen beim Kragenziehen von Aluminium. Aluminium 62 (1986) 11, S. 826-829

Ermittlung optimaler Werkzeuggeometrien für das Verzahnungswalzen präziser Werkstückgeometrien

Prof. Dr.-Ing. Dieter Schmoeckel, Darmstadt
Dr.-Ing. Eckehard Walter

Aus Kostengründen sucht die Industrie in zunehmendem Maße umformende Fertigungsverfahren zur Herstellung verzahnter Werkstücke einzusetzen. Das Werkstückspektrum reicht von geraden Steck- und Kerbverzahnungen bis hin zu schrägen Laufverzahnungen. Seit Jahren werden unterschiedliche Walzverfahren in der Massenproduktion zur Herstellung von Werkstücken mit gewindeförmigen Oberflächen eingesetzt. Der naheliegende Schluß, vorhandene Gewindewalzmaschinen auch für die Herstellung präziser Verzahnungen einzusetzen, erbrachte bis heute keinen durchschlagenden Erfolg. Werkstücke, die auf herkömmlichen Gewindewalzmaschinen mit modifizierten Werkzeuggeometrien verzahnt wurden, weisen nach der Umformung nicht die entsprechende Verzahnungsqualität auf. Der Grund dafür ist, daß die vorgegebene Maschinenkinematik (Bewegungsablauf Werkstück - Werkzeug) für das Verzahnungswalzen vorschreibt, die nicht auf empirischem Wege ermittelt werden kann.
Für den jeweiligen Bedarfsfall kommen unterschiedliche Umformmaschinen zum Einsatz, so z. B. Maschinen mit Flachbackenwerkzeugen, mit außenverzahnten Rundwerkzeugen und Maschinen mit innenverzahnten Werkzeugen.
Für alle genannten Verfahren gilt, daß die Qualität der Werkstücke wesentlich von den letzten Umformschritten der gesamten Umformung bahängt. Eine fehlende oder zu ungenaue Berücksichtigung der exakten Werkzeug-Werkstück-Kinematik, d. h. des Ein- und Auskämmens des Werkzeugs, bewirkt für die Auslegung der Werkzeuggeometrie eine erhebliche Qualitätsminderung der Verzahnung.
Die bisherige Bemessung der Werkzeuge hat sich an er Geometrie der Zahnradlücke (Werkstück) orientiert. Korrekturen an diesem Profil, speziell die Berücksichtigung der Ein- und Auskämmverhältnisse gegen Ende der Umformung, wurden auf empirischem

Wege ermittelt.
Das Ziel des gesamten Forschungsprojektes war die Entwicklung von Walzwerkzeuggeometrien, die erlauben, genauere Werkstückgeometrien bei verzahnten Werkstücken durch einen Walzvorgang zu erreichen. Ausgehend von einem berechneten Vorarbeitsdurchmesser und einer vorgegebenen Verzahnungsgeometrie sollten Rechenverfahren entwickelt werden, die erlauben, bei unterschiedlichen Maschinenkinematiken die dazu notwendige korrekte Werkzeuggeometrie zu berechnen.

Profilierung von zylindrischen Blechteilen

Prof. Dr.-Ing. Dieter Schmoeckel, Darmstadt
Dr.-Ing. Ernst Hammerschmidt

Die umformende Herstellung von rotationssymmetrischen Blechteilen mit axial verlaufender Profilierung hat unter den Aspekten der Gewichtseinsparung und Energieersparnis durch Substitution von Massivteilen durch Blechteile und von spanender Formgebung durch Umformen zunehmend an Bedeutung gewonnen.
Als Bauteile dieser Art sind beispielsweise vor allem Kupplungslamellenträger, Hohlwellen und Zahnriemenscheiben als Elemente zur Drehmomentenübertragung zu nennen.
Die Fertigung solcher Bauteile wird zur Zeit entweder durch Tiefziehen mit formstarren Werkzeugen oder durch Längswalzen nach dem "Grob"-Verfahren durchgeführt. Die Vorteile beider Verfahren, beim Tiefziehen die kurze Fertigungszeit sowie beim Längswalzen die hohe Profil- und Oberflächenqualität sollten in einem neuartigen Verfahren zusammengefaßt werden.
Es handelt sich hierbei um ein kombiniertes Zieh- und Walzverfahren. Dieses Verfahren unterscheidet sich dadurch, daß die Ziehkante durch einzelne Walzen ersetzt wird, die die axial verlaufenden Verzahnungsrillen unter Verwendung eines Formstempels in das Blech einwalzen.
Innerhalb der Untersuchungen wurden Verfahrensvarianten der Profilierung der Verzahnung auf der Zarge zylindrischer Blechnäpfe untersucht. Die angesprochenen Verfahrensvarianten beinhalteten Modellversuche sowie Realversuche des Profiltiefziehens mit formstarren Werkzeugen, Tiefziehen mit anschließender Profilierung in einem Segmentwalzenwerkzeug sowie eine Kombination beider Verfahren. Die Vergleichskriterien der angegebenen Verfahrensvarianten umfaßten die resultierende Geometrie der profilierenden Näpfe (repräsentiert durch die Wanddickenverteilung am Umfang, Zylindrizität bzw. Konizität der Näpfe und die Ausbildung des Profils) und den notwendigen Kraft- und Arbeitsbedarf für die Umformung.
Das Ergebnis der Umformung wird geprägt durch eine Vielzahl

von Einflußfaktoren, wie dem Herstellungsverfahren hinsichtlich der Aufteilung und Folge der gesamten Umformung in mehreren Stufen, dem Einsatz von Bearbeitungsstufen zur Verbesserung der Rohteilgeometrie und Rohteileigenschaften, der Werkzeuggeometrie, der Rohteilgeometrie und dessen Eigenschaften und den Herstellungsparametern. Aus der Auflistung der wesentlichsten Einflußfaktoren wird die Komplexität des untersuchten Umformproblems deutlich.
Die Optimierung der verschiedenen Verfahrensvarianten hinsichtlich der Verfahrensgrenzen und der resultierenden Verzahnungsgeometrie mußte die Vielfalt der möglichen Einflußfaktoren und deren Auswirkungen berücksichtigen. Die Optimierung dieser verschiedenen Verfahrensvarianten in Bezug auf ein spezielles Bauteil muß neben den verfahrensspezifischen Einflußfaktoren auch die wirtschaftlichen Gesichtspunkte entsprechend den vorgegebenen Anforderungen berücksichtigen.

Literatur

Walter, E.: Profiltiefziehen verzahnter Blechteile. Industrie-Anzeiger 90 (1986) 108, HGF-Kurzbericht 86/113

Auswirkung des geschwindigkeitsbedingten Verhaltens von Maschine und Werkzeug auf die Maß- und Formgenauigkeit von Kaltfließpreßteilen

Prof. Dr.-Ing. Dieter Schmoeckel, Darmstadt
Dipl.-Ing. Harald Dorth

Die Entwicklung des Kaltfließpressens von Stahl ist in den letzten Jahren durch das Bemühen um höhere Fertigungsgenauigkeiten bestimmt gewesen. Qualitätssteigerungen (Maß-, Form- und Lagegenauigkeiten) der Werkstücke sind notwendig, um ein Minimum an spanender Nachbearbeitung zu erreichen. Die Präzisionsumformung gewinnt so auch im Rahmen der Fließpreßtechnik zunehmend an Bedeutung.

Die Fertigungsgenauigkeit von Kaltfließpreßteilen wird durch die Wechselwirkung einer Vielzahl von Einflußgrößen bestimmt.

In dieser Arbeit wird als Haupteinflußgröße auf die Genauigkeit von Kaltfließpreßnäpfen das geschwindigkeitsbedingte Verhalten des Umformsystems betrachtet.

In noch laufenden Versuchen werden unter Produktionsbedingungen bei Variation der Stempelauftreffgeschwindigkeit verschiedene Maschinengrößen (Stößelkippung, Stößelverlagerung, Gestellauffederung, Umformkraft) erfaßt.

Korrelierend dazu steht die Erfassung von Napfgenauigkeitskenngrößen (Rundlauf und Bodendicke), die in Beziehung zu den Maschinengrößen gesetzt werden.

Mit den so gewonnenen Erkenntnissen sollen geschwindigkeitsbedingte Schwachstellen im Umformsystem erkannt und Möglichkeiten der Verbesserungen untersucht werden.

Zum Abschluß der Untersuchung sollen dann aus den berechneten Verlagerungen dynamische Genauigkeitskenngrößen für mechanische Pressen hergeleitet werden.

Zapfenpressen zylindrischer Teile

Prof. Dr.-Ing. Dieter Schmoeckel, Darmstadt
Dipl.-Ing. Chung-Ho Lee

Dieses Verfahren stellt eine Kombination des Stauchens mit dem Vorwärts- bzw. Rückwärtsfließpressen dar. Ausgehend von zylindrischen Stangenabschnitten wurden flanschförmige Bauteile mit senkrecht hierzu angeordneten Zapfen durch Kaltumformung hergestellt. Dabei wurden die Einflußgrößen untersucht, die die Genauigkeit dieses Bauteils bestimmen.
Im Rahmen der experimentellen Untersuchungen waren dies die Rohteilgeometrie, der Werkstoff, die tribologischen Randbedingungen und mögliche werkzeugbedingte Fließbehinderungen. Diese Parameter haben einen Einfluß auf den Materialfluß, die Verfestigung und damit die Formgenauigkeit des Bauteils.
Im theoretischen Teil der Untersuchungen wurde zur Bestimmung des Materialflusses, der Spannungsverteilung im Werkstück und der elastischen Deformation des Werkzeugs eine Hybridmethode angewendet, die auf der Kombination der Vickers-Härtemessung am Bauteil mit der FEM-Berechnung beruht. Die Basis für diese Methode ist die Feststellung, daß für kaltverfestigte Werkstoffe ein eindeutiger Zusammenhang zwischen der Vickers-Härte und der Fließspannung besteht. Diese Methode liefert in Verbindung mit dem Preßversuch eine sehr genaue Aussage über die örtliche Werkzeugbeanspruchung. Aus dem Ergebnis lassen sich Maßnahmen zur Verringerung der Beanspruchungen am Werkzeug ableiten.

Literatur:

Lee. C.-H.: Halbnumerische Bestimmung von Spannungszuständen bei der Kaltmassivumformung. WGP-Bericht 117/88, Industrie-Anzeiger 103/104 (1988), S. 30/31.

4

Ausgewählte Berichte der beteiligten Institute

Thermische und mechanische Formänderungen von Gesenkschmiedestücken und Gesenkgravuren

Doege, E., Weiss, U., Groche, P.

Bedeutende Klassen von Produkten lassen sich durch Präzisionsschmieden wirtschaftlich herstellen. Als Instrument zur Auslegung der benötigten Werkzeuge und Planung dieser Prozesse wird in der vorgestellten Arbeit die Methode der Finiten-Elemente herangezogen. Experimentell nur unzureichend zu ermittelnde Parameterwerte liefert die Anwendung eines Identifikationsverfahrens. Mit diesem Verfahren bestimmte zutreffende Parameterverteilungen und Prozessplanungsrichtlinien werden vorgestellt.

1. Einleitung

Durch Präzisionsschmieden können bedeutende Klassen von Maschinenelementen mit einbaufertigen Funktionsflächen produziert werden. Besonders vorteilhaft ist das Verfahren für Bauteile mit hoher Stückzahl und hohen Beanspruchungen einzusetzen. Große Bedeutung für den Einsatz des Präzisionsschmiedens kommt der Prozeßplanung und der Werkzeugauslegung zu. Hier bietet der Einsatz der CAE-Technik die Möglichkeit, während der Planungs- und Entwicklungsphase nur unzureichend bekannte Einflüsse durch das in Bild 1 gezeigte Vorgehen effektiv zu erfassen:

Geometrien von Werkstücken und Werkzeugen werden mit einem CAD-System aufgrund von Abschätzungen festgelegt und anschließend mit FEM-Berechnungen korrigiert. Mit diesen Daten lassen sich Werkzeuge oder Werkzeugelektroden herstellen. Nach dem Schmieden werden die Istmaße der hergestellten Werkstücke mit NC-Meßtechnik aufgenommen und ein Vergleich zwischen Soll- und Istgrößen durchgeführt. Liegen die Schmiedeteilabmessungen außerhalb der zulässigen Toleranz, wiederholt man die Auslegung mit verbesserten Ausgangsdaten. Schwerpunkt der folgenden Ausführungen ist die FEM-Berechnung der Werkzeugvorkorrekturen.

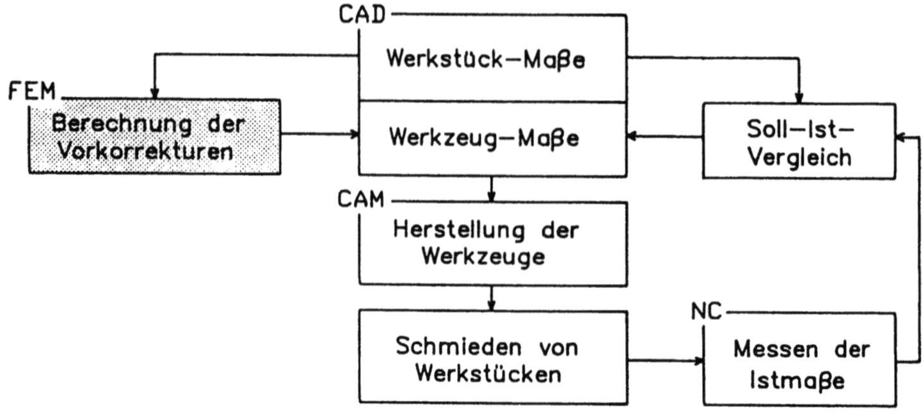

Bild 1: CAE - Ablaufplan

Für die Planung des gesamten Schmiedeprozesses gehen wir von der in Bild 2 gezeigten Aufteilung in Phasen aus. Die Phase 'Umformen' läßt sich in Stauchen und Formfüllen gliedern. Während des Formfüllens tritt der für die Werkzeugauslegung wichtige starke Kraftanstieg auf.

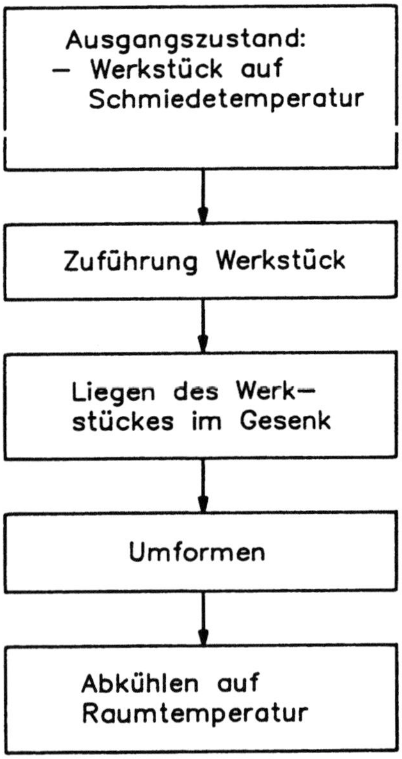

Bild 2: Prozeßphasen

Die erarbeitete Vorgehensweise ist exemplarisch an den in <u>Bild 3</u> gezeigten Vor- und Fertigteilformen erprobt worden.

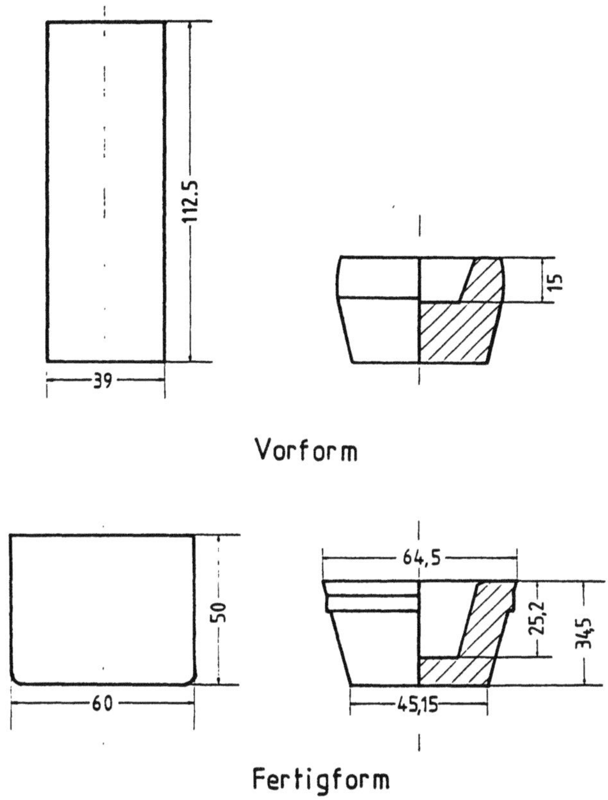

Bild 3: Geometrie der Schmiedeproben

2. Experimentelle Untersuchungen

Die experimentellen Untersuchungen während des Vorhabens konzentrierten sich auf die in Bild 3 gezeigten Probengeometrien. Vorformen wurden aus den Stählen 1.1191 (CK 45) und 1.4305 (X12 CrNi S 18 8) gedreht bzw. geschmiedet. Zugehörige Gesenke sind aus dem Warmarbeitsstahl 1.2365 (X32 Cr Mo V 3 3) hergestellt worden. In Bild 4 ist das Werkzeug für die kegelige Hohlform abgebildet. Die Zylinderformen wurden auf einer 10 MN-Kupplungs-Spindelpresse, die Kegelformen auf einer 3 MN-Kurbelpresse geschmiedet.

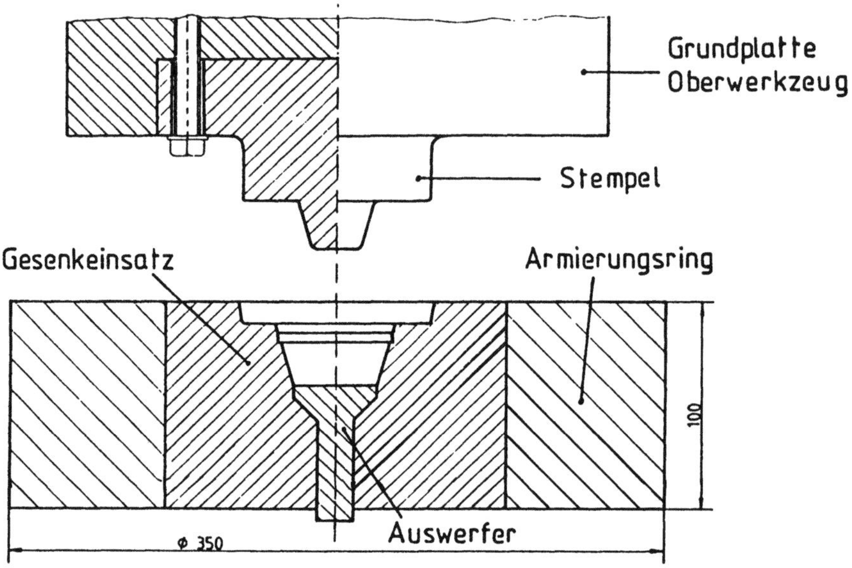

Bild 4: Versuchswerkzeug für die kegelige Hohlform

Zu Versuchsbeginn sind die Gravuren aufgeheizt und die Schmiedeteilrohlinge in einem Röhrenofen 20 Minuten unter Schutzgas erwärmt worden. Nach Entfernen der Gravurbeheizung und Auftragen des Schmiermittels wurden die Proben aus der Mitte des Röhrenofens vor die Öffnung gezogen und manuell in das Gesenk eingelegt. Im Anschluß an die Umformung kühlten die geschmiedeten Proben einzeln unter Schutzgas ab.

Umformkräfte, Temperaturen, Zeiten der einzelnen Phasen sowie die geometrischen Abmessungen der Proben sind mit großer Genauigkeit gemessen worden.

3. FEM - Simulationen

Zur Abbildung der Schmiedeprozesse in numerischen Simulationen müssen stationäre und instationäre Temperaturverteilungen sowie thermische und mechanische Formänderungen während der oben aufgeführten Phasen berechnet werden. Dazu wurden die FEM-Programmpakete FAN und ABAQUS auf einer CYBER 76 und einer VAX 11/750 genutzt. Beide Programmpakete enthalten Zwischenschichtelemente zur Modellierung von lokal und zeitlich unterschiedlichen Wärmeübergangs- und Reibungszuständen im Leistungsumfang. Materialparameter werden als stetige Funktionen der Temperatur berücksichtigt.

Ausgangszustand für die Berechnungen des Schmiedeprozesses sind eine konstante Temperatur im Werkstück und eine Temperaturverteilung im Werkzeug, die sich aus Messungen im stationären Zustand ergibt.

Während der Zuführung der Werkstückvorform vom Ofen zum Gesenk treten Wärmeströme aufgrund von Konvektion und Strahlung aus dem Werkstück aus. Sie werden mit instationären Temeraturberechnungen ermittelt.

Auch in der zweiten Phase sind instationäre Temperaturberechnungen notwendig. Die Vorform liegt im Gesenk. Werkzeug und Werkstück tauschen Wärme über die Kontaktfläche aus. Die Vorform gibt gleichzeitig an den freien Oberflächen Wärme durch Strahlung und Konvektion ab.

Während des Stauchens treten an den Kontaktflächen zwischen Werkzeug und Werkstück wesentlich höhere Drücke als in der vorangegangenen Phase auf. Daher gelten größere Wärmeübergangskoeffizienten für die instationären Temperaturberechnungen. Die thermisch-mechanische Kopplung durch die Umwandlung plastischer Arbeit in Wärme hat wesentlichen Einfluß auf die Ergebnisqualität und muß daher sorgfältig erfaßt werden.

Entscheidend für die Endgeometrie des Schmiedeteils ist die Phase der Gravurfüllung. Hier treten die höchsten Kräfte und stärksten thermischen Beanspruchungen auf. Die Kontaktspannungen zwischen Schmiedestück und Werkzeug bewirken eine Aufweitung des Werkzeuges um das Mehrfache der angestrebten Toleranzbreite von IT8. Diese Aufweitung bildet sich auf das Schmiedeteil ab und hat daher großen Einfluß auf dessen Genauigkeit. FEM-Strukturen für die thermischen und mechanischen Rechnungen sind in <u>Bild 5</u> abgebildet.

Während des steilen Kraftanstieges am Ende der Umformung wird ein Teil der Stößelgeschwindigkeit durch das Auffedern der Presse kompensiert. Die wahre Werkzeugrelativgeschwindigkeit im Zustand der höchsten Belastung ist also geringer als z.B. diejenige, die der Drehwinkelgeschwindigkeit einer Exzenterwelle entspricht. In Anbetracht der Geschwindigkeitsabhängigkeit der Festigkeit von Stahl muß daher das Auffederungsverhalten der Maschine bei der Materialflußanalyse berücksichtigt werden.

Ein weiterer wichtiger Punkt ist die Reibung in der Gravur. Im Laufe dieser Untersuchungen wurde deutlich, daß die Verteilung der Reibschubspannungen einen starken Einfluß auf die Kontaktnormalspannungen hat. Bisher liegen jedoch keine genauen Kenntnisse über Reibungszustände und deren Veränderungen bei Umformprozessen vor.

Insbesondere aus dem letztgenannten Grund ist die Vorausberechnung eines Präzisionsschmiedeprozesses mit der geforderten Genauigkeit derzeit noch nicht möglich. Zur Überwindung dieses kritischen Punktes der Prozeßparameterbestimmung ist daher das in Abschnitt 4 dargestellte Identifikationsverfahren eingesetzt worden.

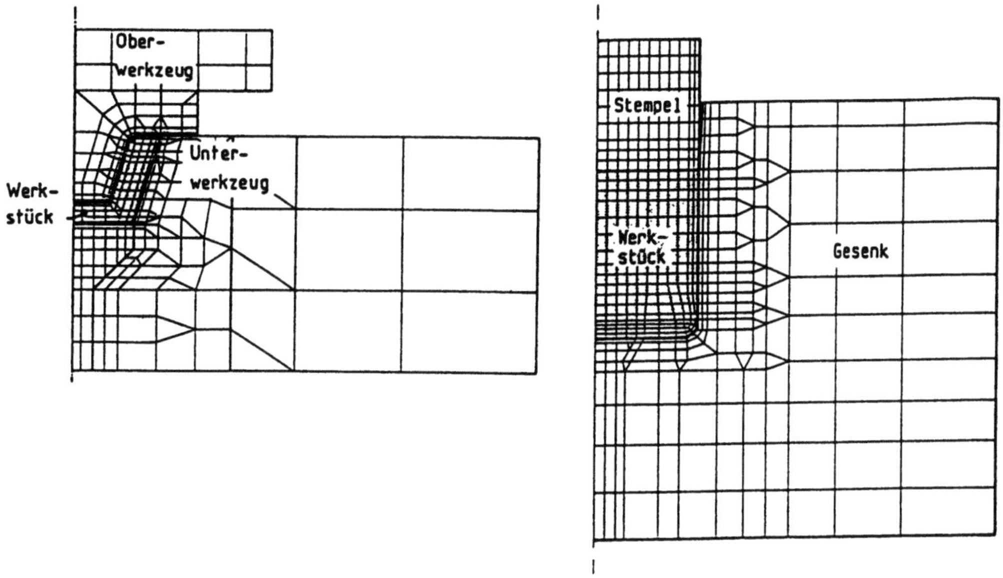

Bild 5: Finite - Elemente -Strukturen

4. Parameteridentifikation

Wie oben ausgeführt, ist die Kenntnis der Parameter in dem mathematischen Modell der kritische Punkt für die numerische Simulation von Schmiedeprozessen mit der hier angestrebten Genauigkeit. Während des Umformprozesses lassen sich bedeutsame Parameter, z.B. Reibungs- und Wärmeübergangskennzahlen, nicht bestimmen. Die gewöhnlich vorgenommene Übertragung von Kennwerten aus einfachen Modellversuchen, wie Ringstauchversuchen, wird den Ansprüchen an Simulationen von Präzisionsschmiedeprozessen nicht gerecht. Denn über die zeitlich und örtlich schwankenden Verhältnisse liefern diese Versuche keine Informationen.

Um zutreffende Werte für die benötigten Parameter zu bestimmen ist im Rahmen dieses Vorhabens ein Verfahren angewandt worden, das im folgenden numerische Identifikation genannt wird. Voraussetzung für die numerische Identifikation sind genau gemessene Größen und numerische Simulationen. Von besonderer Bedeutung sind experimentell bestimmte lokale Größen. Für die hier beschriebenen Untersuchungen erwiesen sich die Konturverläufe am Ende des Umformprozesses als besonders wertvoll, weil sie sehr genau erfaßt werden können und sehr empfindlich auf Parameterschwankungen reagieren.

Der Identifikationsprozeß basiert auf folgenden Annahmen:

1. Die Modelle, auf denen die numerischen Simulationen aufbauen, sind in der Lage, die experimentell beobachteten Phänomene hinreichend genau wiederzugeben.

2. Experimentell ermittelte Werte sind korrekt. Das entspricht der Annahme, daß die verwendeten Meßvorrichtungen hinlänglich genauer sind als die erlaubten Fertigungstoleranzen.

Unter diesen Voraussetzungen können wir den Identifikationsprozeß als einen in Bild 6 gezeigten Regelkreis auffassen. Der reale Prozeß ist in einem mathematischen Prozeßmodell abgebildet. Prozeß und mathematische Abbildung erhalten dieselben Eingangsgrößen. Während und nach dem Prozeß lassen sich einige Größen messen. Diese werden mit den entsprechenden Größen aus der numerischen Simulation verglichen. Zusätzlich liefert die

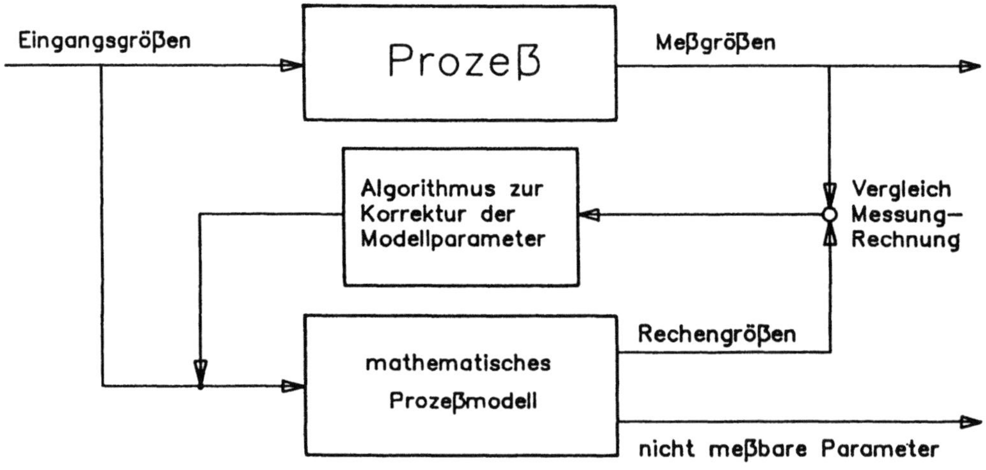

Bild 6: Prinzip der numerischen Identifikation

numerische Simulation Aussagen über nicht meßbare Parameter. Wie oben bereits ausgeführt, sind bei Simulationen mit aus Modellversuchen gewonnenen Parameterwerten Abweichungen zwischen Meß- und Rechengrößen zu erwarten. Daher benötigen wir einen Algorithmus zur Korrektur der Modellparameter. Dieser Algorithmus basiert auf der Beobachtung, daß Veränderungen von einzelnen Parametern charakteristischen Einfluß auf lokale Größen, insbesondere die Kontur der Fertigform, haben. In unserem Fall der rotationssymmetrischen Schmiedeteilgeometrien dienen die Änderungen der Radien R über der Höhe x als Charakteristikum. Diese Einflüsse lassen sich als Sensitivitätsfunktionen darstellen. Die Sensitivitätsfunktion eines Parameters stellt die dimensionslose Abweichung des Radius je Veränderung des betreffenden Parameters dar. Die Veränderungen der Liegezeiten im Gesenk t_l z.B. ergeben in der Umgebung der zutreffenden Lösung die in Bild 7 gezeigten Sensitivitätsfunktionen. Mathematisch stellen diese Kurvenverläufe die Funktion

$$S_{t_l}(x) = 1000 * \frac{t_l}{R(x)} * \frac{\partial R}{\partial a_n} * \frac{\partial a_n}{\partial t_l}$$

dar. Dabei wird über alle Prozeßparameter a_n addiert. Die Sensitivitätsfunktionen sind also über die Liegezeit t_l durch

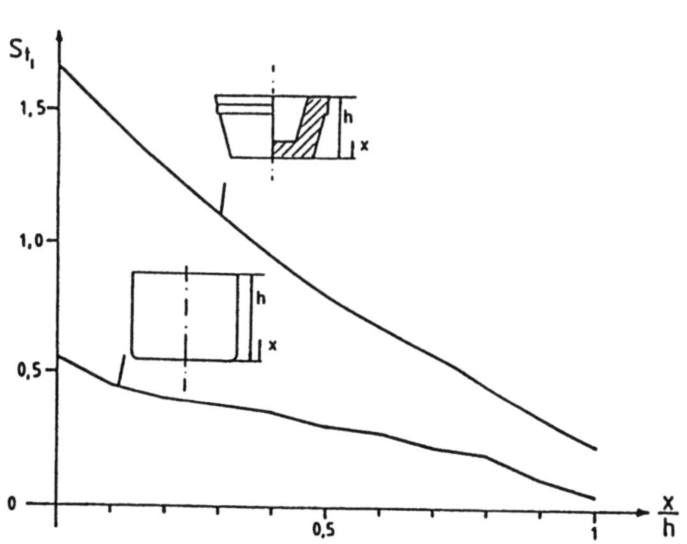

Bild 7: Einfluß der Liegezeit t_l

Größen wie Temperaturen, Fließspannungen, elastische Konstanten, Wärmekapazitäten oder Wärmeleitfähigkeiten beeinflußt.

Für den Identifikationsprozeß interpretiert man die Sensitivitätsfunktionen in folgender Weise: Zeigen die Differenzen zwischen experimentell und numerisch ermittelten äußeren Radien einen ähnlichen Verlauf wie Bild 7, ist die Liegezeit in der numerischen Simulation zu lang.

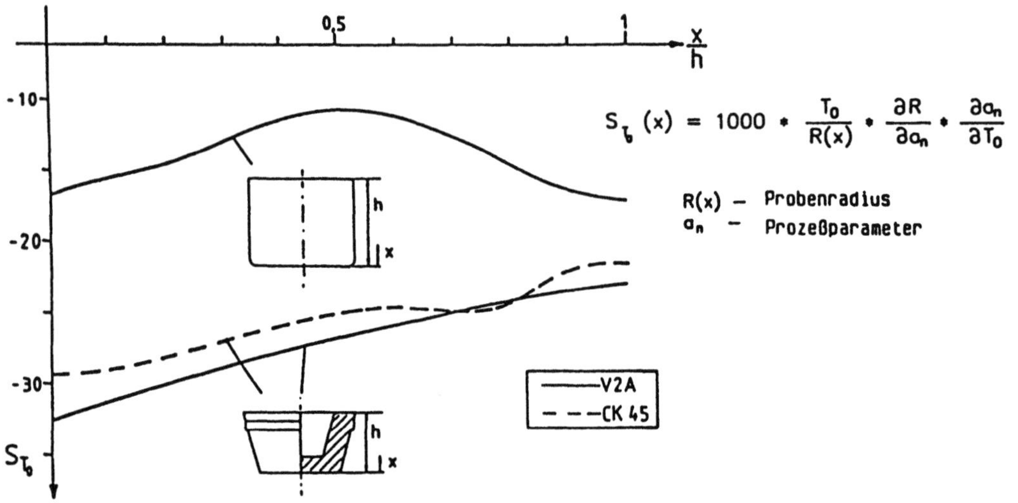

Bild 8: Einfluß der Werkstückanfangstemperatur T_0

Die in Bild 8 gezeigten Sensitivitätsfunktionen S_{T0} für die anfängliche Werkstücktemperatur unterscheiden sich von der zuvor diskutierten wesentlich in Betrag und Verlauf. Charakteristische Verläufe der Sensitivitätsfunktionen zusammen mit Plausibilitätsbedingungen erlauben eine fast eindeutige Zuodnung von Abweichungen zwischen numerisch und experimentell ermittelten Ergebnissen und bestimmten oder zumindest eng umgrenzten Gruppen von Parametern. Plausibilitätsbedingungen grenzen erlaubte von unzulässigen Parameterbereichen ab. Auch Kenntnisse physikalischer Zusammenhänge liefern Plausibilitätsbedingungen. Mit dieser Vorgehensweise ist die Möglichkeit geschaffen, die Werte selektierter Parameter, oder - gruppen gezielt zu korrigieren und letztendlich zu bestimmen.

Zweifelsohne kann man nicht erwarten, daß jeder identifizierte Parameterwert physikalisch richtig ist. Vielmehr ist die Kompensation von physikalischen Unkorrektheiten der Grund für die Gültigkeit des ermittelten Parametersatzes nur in dessen unmittelbarer Umgebung. Dennoch wird der Identifikationsprozeß auch die Bestimmung physikalisch korrekter Parametersätze erlauben. Unterschiedliche Schmiedeprozesse zeigen Gemeinsamkeiten in Material-, Geometrie- oder Prozeßgrößen, die auch von den identifizierten Größen wiedergegeben werden müssen. Daher ist es möglich durch eine größere Anzahl von mathematischen Schmiedeprozeßnachbildungen eine gesicherte Prozeßparameterdatenbasis aufzubauen. Die Datenbasis ist dann hervorragend geeignet mikromechanische Analysen zu verifizieren.

5. Ergebnisse

Mit Hilfe des zuvor beschriebenen Identifikationsprozesses lassen sich Parameter von Schmiedeprozessen ermitteln. Damit ist die wesentliche Voraussetzung für die numerische Simulation von Präzisionsschmiedeprozessen gegeben.

Als ein Ergebnis der Identifikation zeigt Bild 9 die Verteilung des Reibfaktors m während des Formfüllens des kegeligen Schmiedeteils. Diese Verteilung ist die einzige, die unter Beachtung der Plausibilitätsbedingungen für die restlichen Parameter zu-

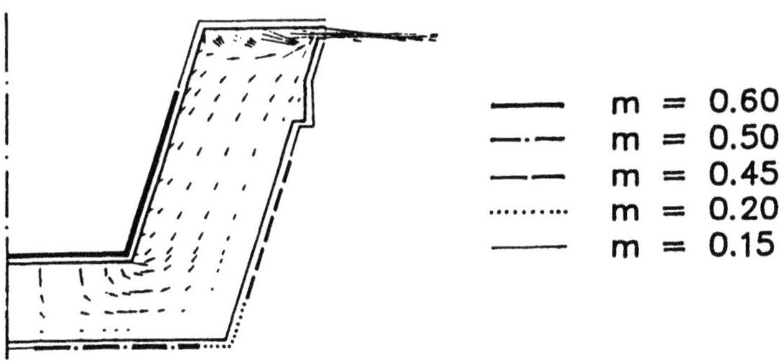

Bild 9: Reibungszustand beim Formfüllen (Identifikation)

treffende Simulationsergebnisse lieferte. Das ist ein weiterer Beleg für die dringende Notwendigkeit der zutreffenden Berücksichtigung lokal und zeitlich veränderter Reibkennwerte in numerischen Simulationen.

Neben zutreffenden Parameterwerten liefert der Identifikationsprozeß mit den Beträgen der Sensitivitätsfunktionen auch die Angaben wie weit jeder Prozeßparameter von dem Sollwert abweichen darf, ohne die vorgeschriebene Toleranz des Produktes zu überschreiten. Die Bilder 10a und 10b zeigen die erlaubten Ab-

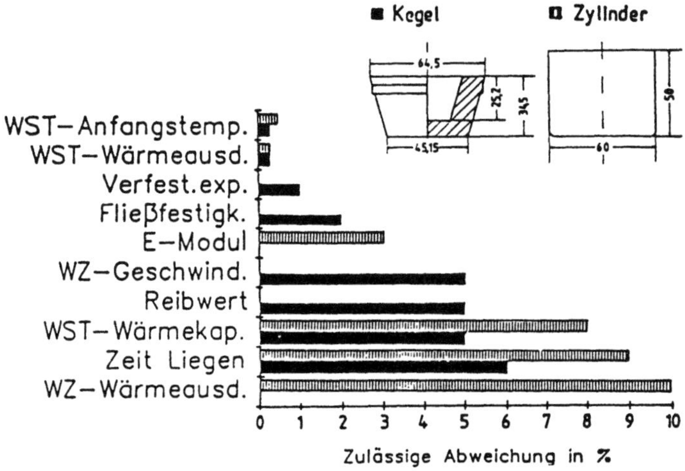

Bild 10a: Ergebnis der Parametervariation I

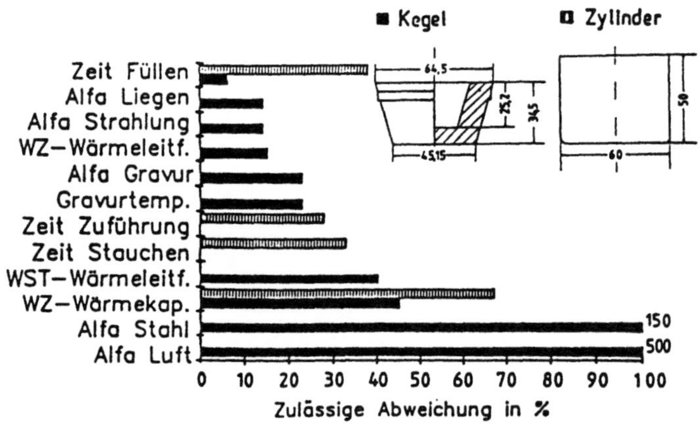

Bild 10b: Ergebnis der Parametervariation II

weichungen der einzelnen Parameter unter der Voraussetzung, daß die Schwankung eines Parameters maximal 10 % des erlaubten Toleranzbandes von IT8 ausmacht. Daraus lassen sich unmittelbar die kritischen Größen für Prozeßführung und Qualitätssicherung ablesen. Deutlich sind die wesentlich höheren Anforderungen an die Prozeßführung bei der Kegelform im Vergleich zur einfachen Zylinderprobe zu erkennen.

Zusammenfassung

Im Rahmen der hier vorgestellten Arbeiten sind Präzisionsschmiedeprozesse realitätsnah numerisch simuliert worden. Der kritische Punkt der Prozeßparameterbestimmung ist durch den Einsatz eines Identifikationsverfahrens überwunden worden. Auf der Grundlage experimenteller Untersuchungen und numerischer Sensitivitätsanalysen konnten auch nicht meßbare Prozeßparameter eindeutig identifiziert werden. Dadurch stellen FEM-Simulationen im Rahmen des CAE nicht nur ein leistungsfähiges Instrument zur Werkzeugauslegung, sondern auch zur Prozeßplanung dar.

Literatur

/1/ Weiss, U. — Numerische Simulation von Präzisionsschmiedeprozessen mit der Finite-Elemente-Methode Diss. Univ. Hannover (1987)

/2/ Hartke, G., Adams, B., Weiss, U. — Konzeption eines Werkzeugsystems zum Präzisionsschmieden. 12. Umformtechnisches Kolloquium Hannover 18./19.März (1987), HFF-Bericht Nr. 10

/3/ Löwen, J. — Ein Beitrag zur Bestimmung des Reibungszustandes beim Gesenk-Schmieden. Diss. TU Hannover (1971)

/4/ Herbertz, R., Cho, M.L. — Reibungsmechanismen in der Grenzfläche Werkstück/Werkzeug bei Umformverfahren und daraus resultierende Probleme für theoretische Berechnungen. Arch. Eisenhüttenwes. 54, Nr.12 (1983), S.499-502

/5/ Erlmann, K. — Ein Beitrag zur numerischen Berechnung der Umformung metallischer Werkstoffe. Diss. Univ. Hannover (1980)

/6/ Groche, P., Weiss, U. — Numerical Identification of Forging Parameters J.L. Chenot and E. Onate (eds.) Modelling of Metal Forming Processes, 237-244, (1988)

/7/ Doege, E., Michaelis, R., Hartke, G. — Präzisionsechmieden von Bauteilen aus Stahl durch Kombination von Formpressen mit Grat, gesteuertem Abkühlen und Halbwarmkalibrieren. DFG-Kolloquium "Präzisionsumfomtechnik", Dortmund, Juni (1985)

/8/ Natke, H.G. — Identifikation mechanischer Systeme Teil 1 - 3, Automobil-Industrie 2/89 - 4/89

Technologische Grenzen von Kaltfließpreßverfahren zur Herstellung gerad- und schrägverzahnter Werkstücke

Prof. Dr.-Ing. F. Dohmann
Universität - GH - Paderborn
Warburger Straße 100
D - 4790 Paderborn

Gerad- und Schrägverzahnungen lassen sich durch unterschiedliche Fließpreßverfahren erzeugen. Die verfahrensspezifischen Werkstoffbewegungen beeinflussen die Formgebungsmöglichkeiten der Verfahren für Verzahnungen ebenso wie die Verzahnungsgenauigkeit. Der vorliegende Beitrag zeigt an ausgewählten Ergebnisbeispielen technologische Grenzen auf, die für eine Praxisanwendung der Verfahren von Bedeutung sind.

1. Einführung

Verzahnte Werkstücke sind klassische Maschinenelemente des Fahrzeug- und Maschinenbaus. Die Ubertragung von Momenten und Drehzahlen erfordert - über die gesamte Anwendungsbreite betrachtet - Getriebe mit Verzahnungsteilen unterschiedlicher Geometrie, Größe und Genauigkeit; zu deren Herstellung unterschiedliche Fertigungstechnologien eingesetzt werden (Bild 1). Durch Kaltfließpressen werden heute Hohlteile mit geradverzahnter Innenoberfläche, geradverzahnte Stirnräder und Kegelzahnräder industriell hergestellt.

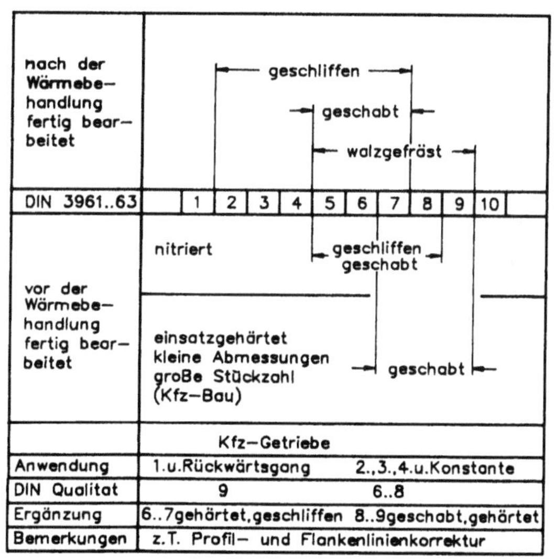

Bild 1: Herstellverfahren von Stirnrädern

Verzahnungen lassen sich durch unterschiedliche Verfahrensarten des Kaltfließpressens herstellen. Die Verzahnung ist stets als Nebenform zu einer rotationsymmetri-

schen Hauptform - dem Radkörper - koaxial zur Symmetrieebene dieser Hauptform, an deren Innen - oder Außenoberfläche angeordnet. Die Auswahl eines geeigneten Verfahrens zur Herstellung von Verzahnungen wird häufig aus Überlegungen zur zweckmäßigen Herstellung der Hauptform abgeleitet. Bei Einsatz eines verzahnten Werkzeugteils am Ort der zu erzeugenden Verzahnung, wird dieses mit in die Umformzone des ausgewählten Fließpreßverfahrens einbezogen und durch verfahrensspezifische Werkstoffbewegungen, die auch Ausformung und Genauigkeit der herzustellenden Verzahnung beeinflussen, mit Werkstoff ausgefüllt.
Radkörper- und Verzahnungsgeometrie können daher nicht losgelöst voneinander gesehen werden, wenn Verzahnungen mit hohen Qualitätsansprüchen durch Kaltfließpressen hergestellt werden sollen. In drei durch das Schwerpunktprogramm geförderten Forschungsvorhaben wurden Kaltfließpreßverfahren zur Herstellung von Innenverzahnungen sowie gerad- und schrägverzahnten Stirnrädern untersucht; die Ergebnisse zeigen beispielhaft, daß hierbei sowohl Grenzen hinsichtlich der Formgebung der Verzahnung als auch ihrer Genauigkeit bestehen, die für eine Praxisanwondung von Bedeutung sind.

2. Innenverzahnungen

Innenverzahnungen als Elemente längsverschieblicher Wellen-Naben-Verbindungen werden heute in großen Serien durch Fließpreßverfahren hergestellt. Hierfür werden solche Verfahren eingesetzt (Bild 2), durch die entweder

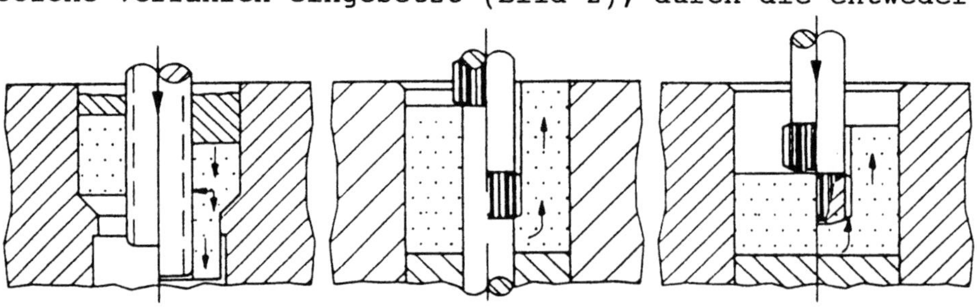

Bild 2: Fließpreßverfahren zur Herstellung von Innenverzahnungen

Hohlkörper aus vollen Rohteilen erzeugt (Napfrückwärtsfließpressen), oder aber Hohlteile in ihrer Wanddicke verringert werden (z.B. Hohlvorwärtsfließpressen) [1]. Diese Verfahren rufen stark voneinander abweichende Werkstoffbewegungen im Bereich der zu erzeugenden Verzahnung hervor. Wesentliches Ziel dieses Vorhabens war die Gegenüberstellung der Formgebungsvorgänge und der Verzahnungsgenauigkeiten bei unterschiedlichen Profilformen.

Visioplastische Untersuchungen der Verfahren Napf- und Hohlrückwärtsfließpressen zeigen, daß die Werkstoffbewegungen in Höhe des maß- und formbestimmenden Verzahnungsquerschnittes am Stempel senkrecht zum Profilquerschnitt gerichtet sind, sodaß sich bei allen Profilformen fehlerfreie Ausformungen ergeben [2]. Durch Hohlvorwärtsfließpressen (Bild 3) lassen sich dagegen nur in einem begrenzten Parameterbereich vollständig ausgeformte Verzahnungen herstellen ; bei diesem Verfahren wird der Werkstoff bereits im Aufnehmerbereich in die Verzahnung hinein verdrängt. Diese Werkstoffbewegung ist etwa in Höhe des Matrizeneinlaufs abgeschlossen. Sie wird von

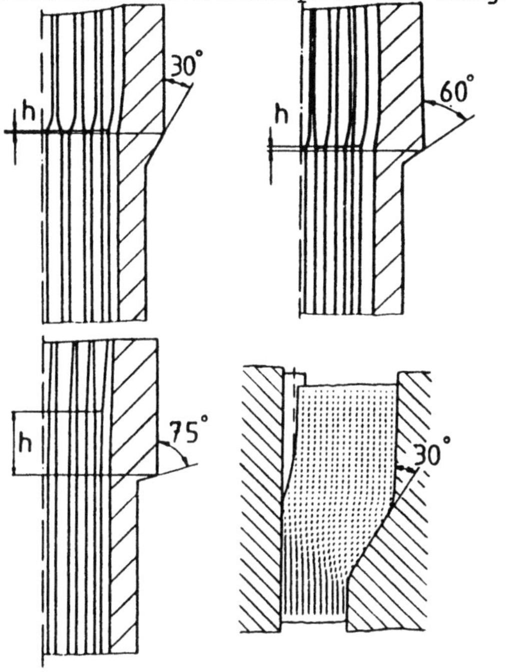

a) experimentelle Ergebnisse

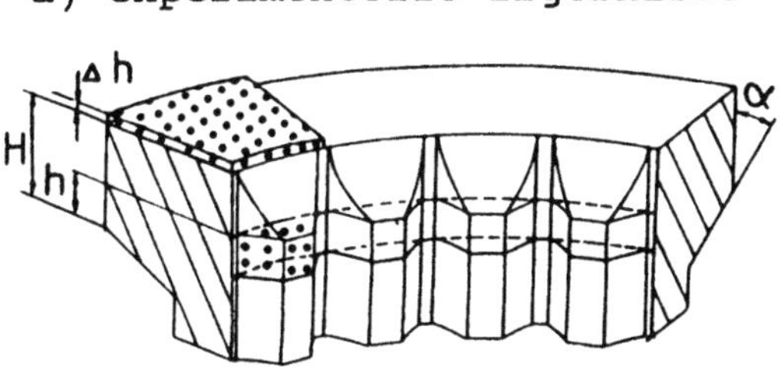

b) Stoffflußmodell für Rechenansatz

Bild 3: Profilausformung im Aufnehmerbereich beim Hohlvorwärtsfließpressen

einem Stauchvorgang im Aufnehmerbereich hervorgerufen, der sehr wesentlich vom Umformgrad und vom Matrizenöffnungswinkel abhängt. Die hieraus resultierenden Anwendungsgrenzen des Verfahrens lassen sich mit Hilfe einer elementaren Rechnung abschätzen [3]. Für die Belange der Praxis läßt sich die Anwendungsgrenze hiermit hinreichend genau vorhersagen (Bild 4). Der Stauchvorgang beeinflußt auch den Verlauf der Innenstempelkraft über dem Umformweg (Bild 5). Die am verzahnten Innendorn wirkende Axialkraft steigt zunächst in den Druckbereich an, bis das Maximum der Umformkraft erreicht ist; erst gegen Vorgangsende nimmt das Innenwerkzeug Zugkräfte auf.

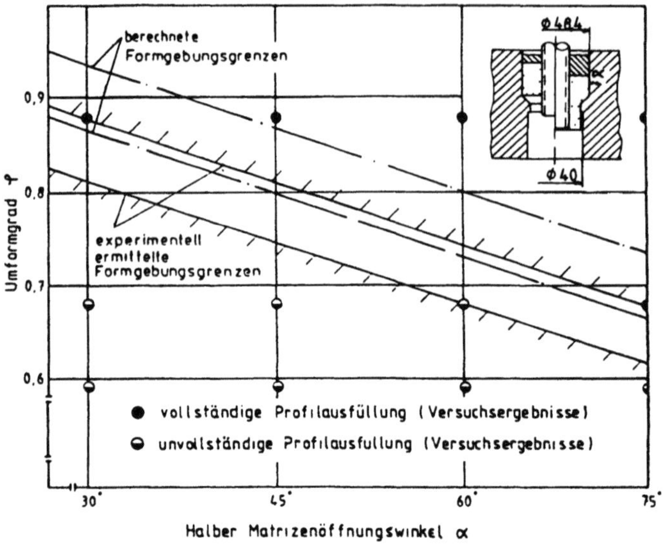

Bild 4: Formgebungsgrenzen für Innenverzahnungen beim Hohlvorwärtsfließpressen

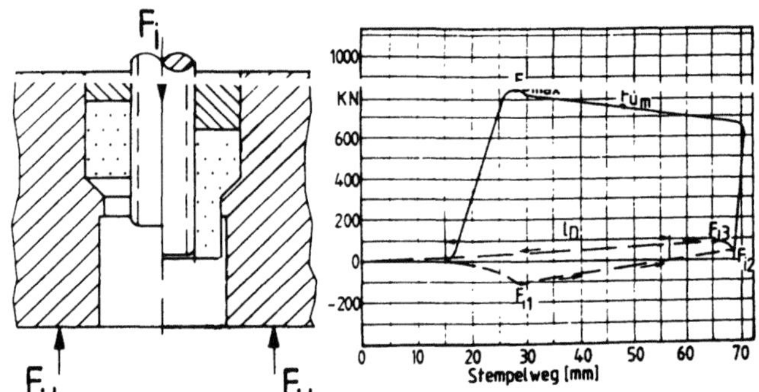

Bild 5: Dornkraft beim Hohlvorwärtsfließpressen von Innenverzahnungen

Die Anwendungsgrenze für das Napfrückwärtsfließpressen von Innenverzahnungen ist analog zur Verfahrensanwendung mit unverzahntem Stempel durch das Verhältnis von Profillänge zu Profilkopfkreisdurchmesser $\frac{l_i}{d_a} \approx 2{,}5$ ge-

kennzeichnet. Durch Hohlrückwärtsfließpressen lassen sich längere Verzahnungen herstellen; ihre maximale Länge ist durch den Einbauraum und den Hub der zur Verfügung stehenden Umformmaschine begrenzt.
Mit zunehmendem Umformweg werden die tribologischen Beanspruchungen der Rückwärtspreßverfahren deutlich ungünstiger [4,5]. Hieraus kann sich in der Praxis eine Begrenzung der erzeugbaren Profillänge ergeben.
Die Verzahnungsgenauigkeit wird bestimmt durch Werkzeugherstellgenauigkeit, Verschleiß sowie die elastisch- und thermisch-bedingten Formänderungen des Werkzeuges unter Last und des Werkstückes nach Entnahme aus dem Werkzeug. Der größte Einfluß geht von den elastischen Werkzeugreaktionen aus, die sich bei verzahnten Werkzeugen nicht vollständig durch eine geometrische Vorverzerrung ausgleichen lassen. Die Größe der Verzahnungsfehler hängt außer von den Schwankungen der Prozeßparameter, stark von der Höhe der Belastungen ab, durch die das werkzeugseitige Verzahnungsprofil während des Umformvorganges verzerrt wird. Diese Belastungen liegen bei den Verfahren Napf- und Hohlrückwärtsfließpressen höher als beim Hohlvorwärtsfließpressen, sodaß dieses Verfahren günstigere Voraussetzungen zur Einhaltung engerer Toleranzen aufweist als die Rückwärtsfließpreßverfahren [2].

3. Gerad- und schrägverzahnte Stirnräder

3.1 Verfahrensbeschreibung

Umformende Verzahnungsverfahren lassen sich vor allem für solche Zahnradarten vorteilhaft einsetzen, deren Herstellung durch hohe Bedarfszahlen und aufwendige Zerspanungsarbeit gekennzeichnet ist. Diese Merkmale treffen auf schrägverzahnte Stirnräder im kleinen Modulbereich zu. Zwar ist das Hohlvorwärtsfließpressen schrägverzahnter Räder seit Jahren bekannt [6], doch liegen Grundlagenkenntnisse über Formgebungsmöglichkeiten und erreichbare Verzahnungsgenauigkeiten kaum vor.

Im vorliegenden Forschungsprojekt wurde ein neuer Ansatz mit dem Ziel verfolgt, die Ausformung sowohl von Gerad- als auch die von Schrägverzahnungen durch weitgehend senkrecht zum Verzahnungsprofil gerichtete Werkstoffbewegungen zu erreichen. Dieser Ansatz führte auf die Kombination der Verfahrensanteile Napfpressen und Stauchen, die je nach den Abmessungen des Rades in unterschiedlicher Weise kombiniert werden können. Charakteristisch für den Vorgangsablauf ist die Formgebung der Verzahnung in zwei Phasen. Zunächst staucht der Napfstempel den Werkstoff zwischen Stirnseite und Matrizen - boden, wodurch eine in erster Näherung radial gerichtete Werkstoffbewegung in die werkzeugseitige Verzahnung hinein ausgelöst wird. Die Ausformung (Bild 6) der Verzahnung beginnt in Querschnitten, deren Höhe über dem Matrizenboden sich aus der Druckfortpflanzung im Werkstoff unter der Napfstempelstirnfläche ergibt [7]. Mit zunehmender Höhe über dem Matrizenboden wird die Profilausfüllung geringer. Um diese zu verbessern, wird das Werkstück in der zweiten Vorgangsphase durch einen im Oberwerkzeug integrierten Ringstempel gestaucht. Dieser Vorgang führt zu einer guten Ausformung der Verzahnung.

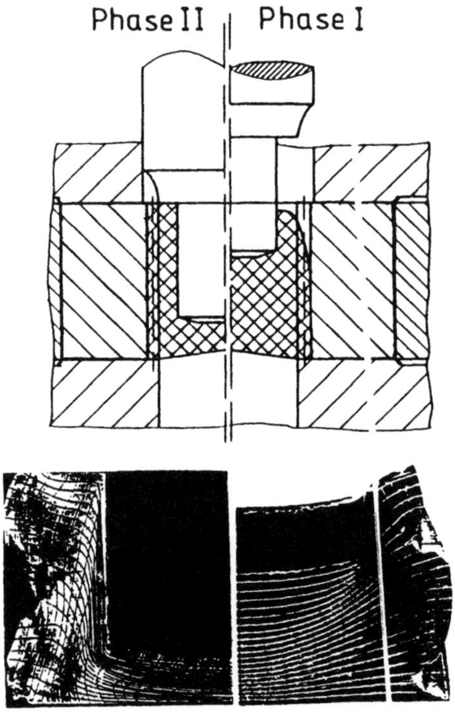

Bild 6: Verfahrenschema Napf-formstauchen

Die durch Napf- und Ringstempel hervorgerufenen Werkstoffverdrängungen müssen auf das Volumen der zu erzeugenden Verzahnung abgestimmt sein. Daher können Napfstempeldurchmesser, Napftiefe und Stauchweg des Ringstempels nicht unabhängig voneinander gewählt werden; je nach Radkörper- und Verzahnungsabmessungen ergeben sich hierdurch unterschiedlich große Anteile der Werkstoff - verdrängung durch Napfpressen und Stauchen. Anwendungsgrenzen für eine beispielhaft ausgewählte Radabmessung zeigt Bild 7 [8].

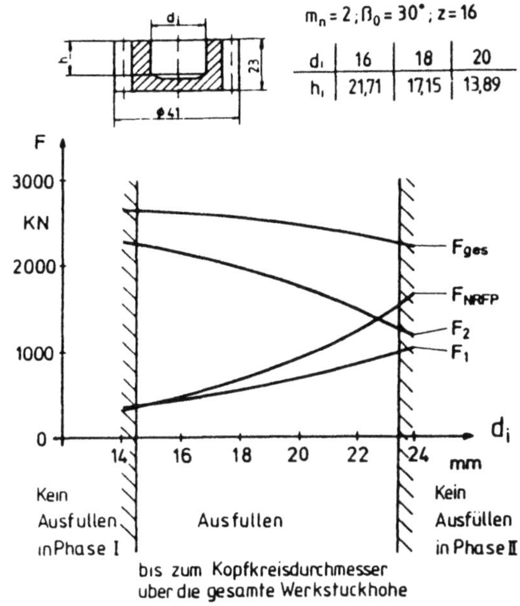

Bild 7: Anwendungsgrenzen des Napfformstauchens

3.2 Verzahnungsgenauigkeit

Maßnahmen zur weitgehenden Begrenzung von Verzahnungsfehlern ergeben sich aus verfahrenspezifischen Gesetzmäßigkeiten der Fehlerzuwächse, die sich auf die Haupteinflußgrößen Werkzeugherstellgenauigkeit, Schwankung von Prozeßparametern und Verschleiß zurückführen lassen (Bild 8).

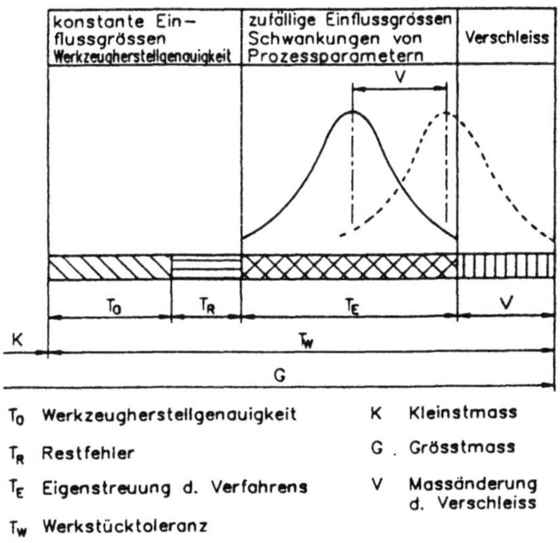

Bild 8: Toleranzbestimmende Einflußgrößen

Gerad- und schrägverzahnte Matrizen können mit den heute einsetzbaren Herstellverfahren unter wirtschaftlichen Randbedingungen günstigstenfalls mit einer Verzahnungsgenauigkeit hergestellt werden, die in Qualitätsklasse 4÷5 nach DIN 3962 liegt. Für die Begrenzung von Verzahnungsfehlern kommt es entscheidend darauf an, die elastisch- und thermisch-bedingten Formänderungen möglichst weitgehend durch eine geometrische Werkzeug korrektur auszugleichen. Der weit überwiegende Einfluß geht von den elastischen Reaktionen der Matrizengrundform auf den mittleren radialen Matrizeninnendruck aus (Bild 9). Dieser läßt sich aus einem elementaren Ansatz ermitteln, er wurde im Rahmen der Untersuchungen dar-

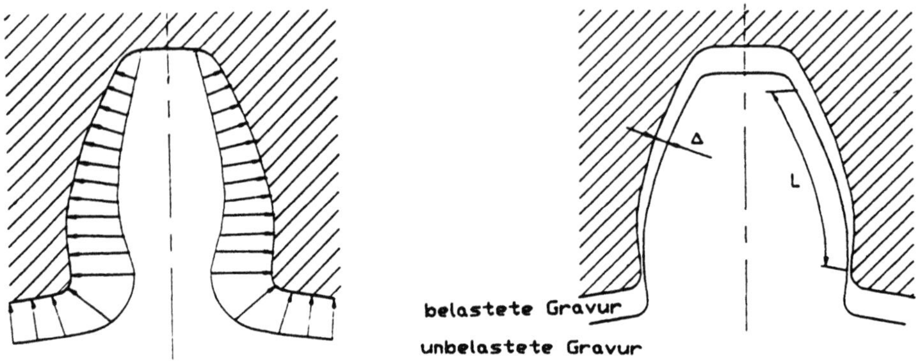

Bild 9: Belastung und Verzerrung des Werkzeugprofils

über hinaus meßtechnisch überprüft [7]. Im Vergleich hierzu sind die elastischen Formänderungen der einzelnen Verzahnungselemente klein.

Zum Ausgleichen der Belastungsmittelwerte wurden zunächst solche Maßnahmen angewendet, die sich bei der Werkzeugherstellung mit vergleichsweise niedrigem Aufwand durchführen lassen:

- eine Verschiebung des Verzahnungsprofils in Richtung auf die Mitte der Matrize,
- eine Veränderung des Eingriffswinkels.

Beide Maßnahmen lassen sich bereits bei der Erzeugung der werkzeugseitigen Verzahnung berücksichtigen. Sie sind in Zusammenhang mit dem Armiervorgang zu sehen, der aus Festigkeitsgründen zwingend erforderlich ist. Die durch den Armiervorgang hervorgerufenen elastischen Formänderungen führen zu einer radialen Profilverschiebung, sowie zu einer Veränderung des Profilwinkels im Kopfbereich der erzeugten Verzahnung, die sich günstig auf deren Genauigkeit auswirkt [9]. Der durch diese Maßnahmen nicht ausgleichbare Restfehler ist der Werkzeugherstellgenauigkeit hinzuzurechnen, die damit eine Toleranzspanne etwa entsprechend Qualitätsklassen 5÷6 nach DIN 3962 umfaßt. Beim Umformen verändern sich die einzelnen Verzahnungsfehler in unterschiedlicher Weise; besonders empfindlich reagiert die Profil-Winkelabweichung $f_{H\alpha}$ (Bild 10). Unter Laborbedingungen hergestellte Verzahnungen zeigten Einzelfehler, die in die Qualitätsklassen 7÷8 einzuordnen sind. Berücksichtigt man in einer Serienfertigung übliche Schwankungen der Fließspannung und des Reibbeiwertes, so steht erst in Qualitätsklasse 9 ein geringer Anteil der Toleranzspanne zur Aufnahme von Verschleißbeträgen zur Verfügung.

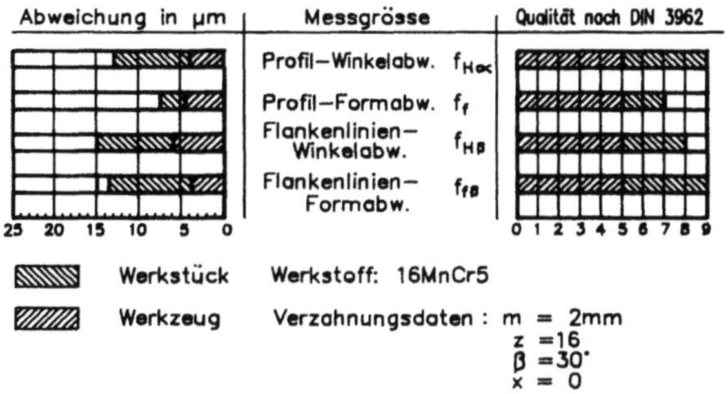

Bild 10: Zuwächse von Verzahnungsfehlern

4. Kalibrierverfahren

Die Formgebung von Geradverzahnungen durch Fließpressen in einem Umformschritt ist mit einer für Laufverzahnungen nicht ausreichenden Verzahnungsgenauigkeit verbunden. Der im Forschungsvorhaben verfolgte Ansatz zur Steigerung der Verzahnungsgenauigkeit besteht darin, die Formgebung einer durch Fließpressen herzustellenden Geradverzahnung auf zwei Umformschritte aufzuteilen, wobei im ersten eine Massenvorverteilung im Verzahnungsquerschnitt - eine sogenannte Verzahnungsvorform - erzeugt, im zweiten Schritt eine Maßkalibrierung (Bild 11) vorgenommen wird. Diese

Bild 11: Werkzeugschema zum Maßkalibrieren

Aufgabenstellung wurde an einem Reduzierverfahren mit einem Werkzeugaufbau untersucht, wie er dem Werkzeugschema zum Hohlvorwärtsfließpressen entspricht. Den Untersuchungen lag ein geradverzahntes Stirnrad mit 48,4 mm Außendurchmesser, eine Modulgröße von 2 mm, einer Zähnezahl von 22 und einem Eingriffswinkel von 20^0 zugrunde. Der Querschnittsgeometrie der Verzahnungsvorform und der Größe der bezogenen Querschnittsänderung sind durch das Auftreten von Preßfehlern enge Grenzen gezogen (Bild 12). Eine fehlerfreie Kalibrierung ergibt sich bei einer Querschnittsgeometrie der Vorverzahnung, deren Auslegung von einer sinngemäßen Anwendung der in der Ziehtechnik gebräuchlichen Kalibriertheorie ausgeht (Bild 13); im vorliegenden Fall wurde das Verfahren der elektrodynamischen Analogie benutzt. Die Zugrundelegung der Kalibriertheorie bei der Auslegung des Vorverzahnungsquerschnittes ergibt eine Kalibrierung mit sehr kleinen bezogenen Querschnittsänderungen - im vorliegenden Fall ist $\varphi = 0{,}12$ - die im Vergleich zur Formgebung der Verzahnung in einem Umformschritt zu deutlich niedrigeren Werkzeugbelastungen und Verzahnungsfehlerzuwächsen infolge elastischer und thermischer Einflüsse führt. Für die Untersuchungen wurde eine Matrize mit einer Verzahnung eingesetzt, deren Genauigkeit

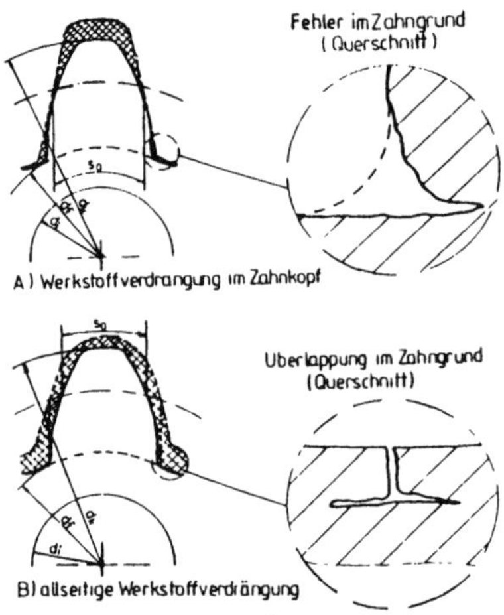

Bild 12: Preßfehler bei unterschiedlichen Aufmaßverteilungen

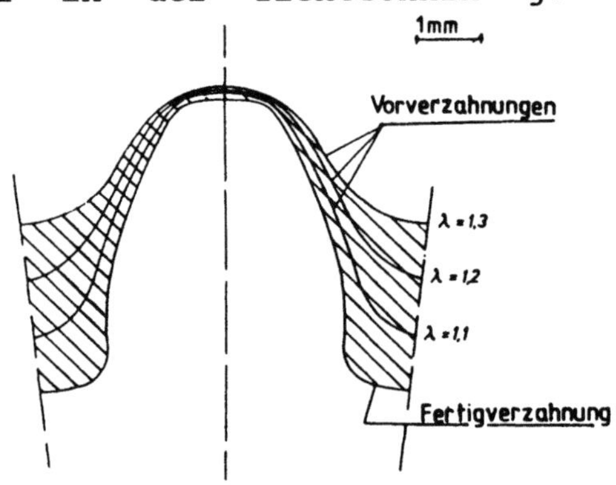

Bild 13: Aufmaßverteilung nach der elektrodynamischen Analogie

in Qualitätsklasse 5 nach DIN 3962 einzuordnen ist. Fehlerzuwächse, die beim Kalibrieren in einer Matrize mit nicht vorverzerrtem Verzahnungsprofil erhalten wurden sind je nach Verzahnungsfehlerart unterschiedlich groß; auf die Qualitätsklassen bezogen zeigen die Profil - Winkelabweichung $f_{H\alpha}$ und die Flankenlinien-Formabweichung $f_{f\beta}$ die größten Zuwächse (Bild 14). Die mit Hilfe einer FEM-Rechnung theoretisch ermittelten Fehlerzuwächse liegen bei einer zielgerichteten Vorverzerrung des Verzahnungsprofils in Qualitätsklasse 7. Damit läßt sich das Kalibrierverfahren zur Steigerung der Verzahnungsgenauigkeit von kaltfließgepreßten geradverzahnten Stirnrädern einsetzen [10].

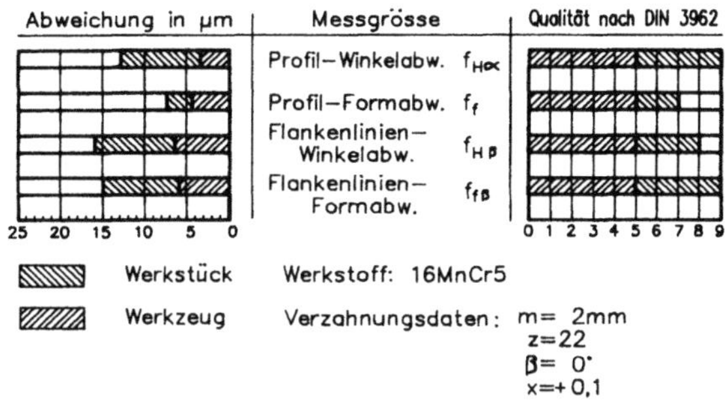

Bild 14: Zuwächse von Verzahnungsfehlern

5. Zusammenfassung

Die Herstellung von Verzahnungen durch Kaltfließpreßverfahren kann in den meisten Fällen nicht losgelöst von der Werkstückhauptform, an der sich die Auswahl einer geeigneten Verfahrensart orientiert, gesehen werden. Beim Kaltfließpressen verzahnter Werkstücke wird das formgebende verzahnte Werkzeugteil in die Umformzone einbezogen und durch verfahrensspezifische Stoffflußbewegungen mit Werkstoff ausgefüllt. Hierbei ergeben sich technologische Grenzen, die sowohl die Formgebungsmöglichkeiten des Verfahrens für Verzahnungen, als auch die erreichbare Verzahnungsgenauigkeit betreffen. In den vorgestellten Forschungsprojekten wurden technologische Grenzen beim Kaltfließpressen von geraden Innenverzahnungen sowie gerad- und schrägverzahnten Stirnrädern beispielhaft aufgezeigt.

SCHRIFTTUM:

[1] Dohmann, F. Kaltfließpreßverfahren zum Herstellen innenverzahnter Werkstücke. Maschinenmarkt,Würzburg 90, 1984, 45, S. 1102÷1105

[2] Dohmann, F., Traudt, O., Jütte, F., Gödde, B. Kaltfließpressen von geradverzahnten Werkstücken. In: Neuere Entwicklungen in der Massivumformung, Stuttgart 1985, Forschungsgesellschaft Umformtechnik mbH

[3] Dohmann, F., Meier, Th. Anwendungsgrenzen und Umformkräfte beim Hohlvorwärtsfließpressen von Innenverzahnungen. Antriebstechnik, demnächst

[4] Dohmann, F., Gödde, B. Erfahrung und Systematik. Abschätzen der tribologischen Bedingungen beim Fließpressen von Verzahnungen unterstützt die Auswahl der Schmierstoffe. Maschinenmarkt, Würzburg 93, 1987, 29, S. 22÷25

[5] Dohmann, F., Gödde, B. Richtig schmieren. Einfluß der tribologischen Bedingungen auf die Herstellgenauigkeit beim Kaltfließpressen von Verzahnungen. Maschinenmarkt, Würzburg 93, 1987, 37, S. 22÷28

[6] Samanta, S.K. Helical gear: A novel method of manufacturing it. Proceedings of 4th NAMRC, Battele's Columbus Laboratories, May 1976

[7] Dohmann, F.; Laufer, M. — Kaltfließpressen von Schrägverzahnungen.
Teil 1: Draht 40, 1989, 5, S. 405÷409
Teil 2: Draht 40, 1989, 6, S. 484÷487

[8] Dohmann, F.; Traudt, O. — Metal flow and tool stress in cold forging of gear components.
In: Advanced Technology of Plasticity 1987, Vol. II, Springer-Verlag, Berlin, Heidelberg, New York, Tokyo, 1987

[9] Laufer, M. — Untersuchungen über das Kaltfließpressen gerad- und schrägverzahnter Stirnräder.
Für die Einreichung beim Fachbereich Maschinentechnik der Universität-GH-Paderborn 1990 vorgesehene Dissertation

[10] Jütte, F. — Beitrag zum Präzisionsumformen von Stirnradverzahnungen.
Dissertation, 1985,
Universität-GH-Paderborn

Präzisions-Biegeumformen unter Einsatz der Prozeßsimulation

Prof. Dr.- Ing. E. v. Finckenstein, Dipl.- Ing. J. Fait, R. Rothstein
Universität Dortmund

Zur Verbesserung der Form- und Maßgenauigkeit beim Biegen von Blechen wurden Prozeßsimulationen für

- das Gesenkbiegen im U- und V-förmigen Gesenk sowie mit drehenden Gesenkmatrizen und
- das Schwenkbiegen unter Berücksichtigung von elastischen Maschinenauffederungen

entwickelt. Bei Kenntnis der technologischen Zusammenhänge lassen sich die Einflußgrößen auf die Biegeumformung aufzeigen, Maschineneinstelldaten ermitteln und die Belastung von Werkzeug und Maschine quantifizieren. Die wesentliche Zielsetzung besteht in der Erhöhung der Präzision der Biegeteile. In den Programmen DIBESI für die o.g. Gesenkbiegeverfahren sowie FOPSIM für das Schwenkbiegen werden die Biegevorgänge in diskrete Umformschritte unterteilt, die Belastungskonfiguration ermittelt und der Krümmungsverlauf der Biegekontur unter Berücksichtigung der realen Werkstoff-Fließkurven bestimmt. Die theoretischen Berechnungen wurden durch begleitende experimentelle Untersuchungen laufend überprüft und optimiert.

1. Einleitung

Sinkende Losgrößen, hervorgerufen durch eine große Typenvielfalt und hohe Innovationsgeschwindigkeiten, bei gleichzeitig steigenden Anforderungen an die Form- und Maßgenauigkeit erfordern eine genaue Kenntnis der technologischen Zusammenhänge beim Präzsisions-Biegeumformen. Diese lassen sich durch Prozeßsimulation erfassen. Im Bereich der Biegeumformung wurden bereits halbanalytische Berechnungsverfahren sowie die FE-Methode erfolgreich eingesetzt /1-7/. Im Hinblick auf die relativ preisgünstige Hardware und die anwenderfreundliche Software wurde im Rahmen des Forschungsschwerpunktes "Präzisionsumformtechnik" die halbanalytische Vorgehensweise zur Prozeßsimulation von CNC-Gesenkbiege- und Schwenkbiegeverfahren herangezogen. Ziele dieser Prozeßsimulationen sind:

- die Berechnung des Stoffflusses sowie des Spannungs- und Formänderungszustandes während und nach der Umformung
- die Ermittlung des Kraft- und Arbeitsbedarfes, der Belastung von Werkzeug und Maschine sowie der erzielbaren Form- und Maßgenauigkeit und
- die Berechnung der CNC-Steuerdaten für numerisch gesteuerte Umformmaschinen, die die Einflüsse von Umformverfahren, Werkstückwerkstoff, Werkzeugen und Maschinen berücksichtigen.

2. Beschreibung der Prozeßsimulation am Beispiel des Dreipunktbiegens

Der Berechnungsweg für Prozeßsimulationen der verschiedenen Biegeumformverfahren wird zunächst am Beispiel des Dreipunktbiegens (**Bild 1**) aufgezeigt.

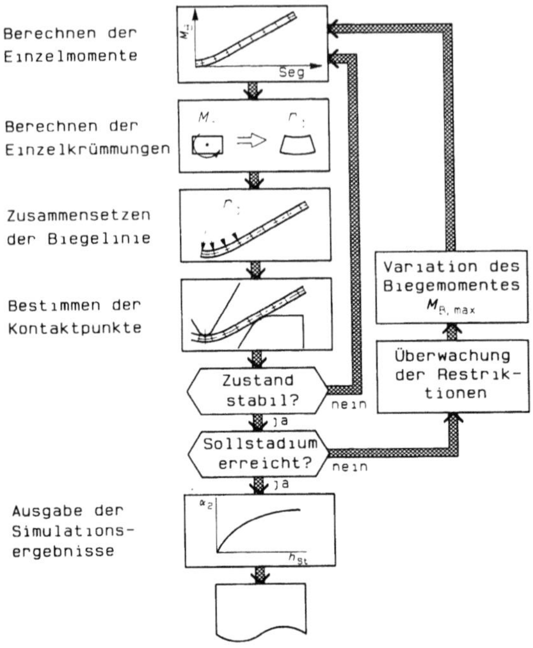

Bild 1 Prinzipieller Aufbau des Simulationsprogramms DIBESI

Die Biegelinie wird dabei approximiert

- durch die Unterteilung des instationären Biegevorganges in diskrete Umformschritte und
- durch Aufteilung des Bleches in eine Vielzahl gleich langer Segmente.

Ausgehend vom maximalen Biegemoment (hier in der Mittenachse des Biegestempels) wird jedem Segment das entsprechende "äußere" Biegemoment zugeordnet.

Zur Bestimmung der Radien für jedes Segment werden dann die Gleichgewichtsbedingungen formuliert. Dies bedeutet, daß das durch die Biegekraft entstehende äußere Biegemoment mit dem aufgrund der Biegespannung entstehenden inneren Biegemoment im Gleichgewicht stehen muß. Unter Berücksichtigung eines drei-dimensionalen Spannungszustandes und des real-plastischen Werkstoffverhaltens erhält man eine Beziehung, die als Ergebnis eine Relation zwischen Biegemoment und Krümmung der Segmente darstellt. Die infinitesimal kleinen gebogenen Blechsegmente werden durch numerische Addition zu einer Biegelinie "zusammengesetzt".

Um die Kontinuität des Biegeprozesses zu gewährleisten, werden nach jedem Berechnungsablauf -je nach Biegeverfahren- verfahrensspezifische Restriktionen überprüft. Die Forderung der Einhaltung einer bestimmten Biegewinkeländerung von Umformschritt zu Umformschritt oder die Forderung der Einhaltung einer bestimmten zulässigen Lageänderung des Kontaktpunktes zwischen Biegewerkzeug und Werkstück sind Beispiele für solche verfahrensspezifischen Restriktionen, die ständige Variationen der Lastannahmen erfordern. Bei Nichteinhaltung der Restriktionen muß der betreffende Rechenschritt unter geänderten Lastannahmen wiederholt werden.

Ist das gewünschte Biegestadium erreicht, d.h. entspricht der Biegewinkel nach Entlastung den Sollvorgaben, erfolgt der Abbruch der Simulation. Im anderen Fall wird der neue Berührpunkt aus der zuletzt berechneten Biegelinienkonfiguration bestimmt und die Fortsetzung der Iteration unter einer weiteren Variation des maximalen Biegemomentes durchgeführt.

Diese Prozeßsimulation erfolgt mit Hilfe einer anwenderfreundlichen Bildschirmgrafik. Neben den einleitend genannten Zielsetzungen ist weiterhin eine rechnergestützte Auslegung der Biegewerkzeuge zu erwähnen. Eine gezielte Auslegung der Werkzeuggeometrie aus der Anschauung heraus ist insbesondere bei komlexeren Biegeverfahren, wie dem zweistufigen U-Biegen mit Gegenhalter, nicht mehr möglich.

3. Verfahrensentwicklung und Simulation des zweistufigen U-Biegens mit Gegenhalter

Im Bereich des U-Biegens mit Gegenhalter ist die Kompensation der Rückfederung häufig mit einem hohen technischen Aufwand verbunden /8,9/. Die VDI Richtlinien (VDI 3389) zeigen hierzu unterschiedliche und vergleichsweise aufwendige Konstruktionen zur Kompensation der Rückfederung. Bei den meisten der dort vorgeschlagenen Lösungen wird die Werkstückform durch die Werkzeugkonstruktion fest vorgegeben, so daß eine flexible Korrektur des Biegewinkels und der Bauteilbreite nicht möglich ist. Daher können Form- und Maßabweichungen, die durch Anisotropie und Chargenschwankungen hervorgerufen werden, in der Regel nur durch Werkzeugkorrekturen ausgeglichen werden. Deshalb gewinnen Fertigungsverfahren mit einer "kinematischen Gestalterzeugung" zunehmend an Bedeutung. Hierzu wurde eine flexible und vergleichsweise einfache Verfahrensvariante entwickelt **/10,11/**. **Bild 2** verdeutlicht das zweistufige U-Biegen mit Gegenhalter in vier unterschiedlichen Biegestadien.

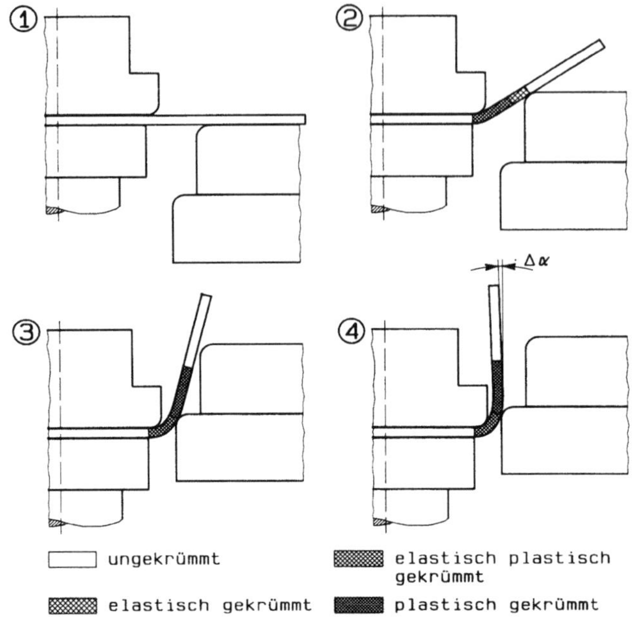

Bild 2 : Stadienplan zum zweistufigen U-Biegen mit Gegenhalter

Das U-Profil wird in zwei Werkzeugstufen gefertigt. Während das Blech in die erste Gesenkstufe hineingebogen wird (2. Teilbild), bildet sich aufgrund der großen Spaltbreite der ersten Umformstufe eine ausgeprägte elastisch-plastische Umformzone aus. Beim Auftreffen auf die zweite Umformstufe (3.Teilbild) wird diese elastisch-plastische Zone im Bereich außerhalb der ersten Umformstufe entlastet und im Bereich innerhalb dieser Stufe weiter gebogen. Da die entlasteten Segmente bereits plastisch gekrümmt sind, ermöglicht die zweite Umformstufe ein Überbiegen um den Betrag der Rückfederung (4.Teilbild), d.h. eine gezielte Kompensation der Rückfederung. Der Gegenhalter verhindert ein Durchbiegen des Steges. Durch eine stufenlose Verstellung der Spaltgeometrie werden Form- und Maßabweichungen korrigiert.

Zur Auslegung der Werkzeuggeometrie sowie zur Berechnung der CNC-Steuerdaten wurde in Anlehnung an das bereits dargestellte Prozeßmodell für das Dreipunktbiegen ein Rechenmodell zur Simulation des oben dargestellten U-Biegeverfahrens entwickelt, **Bild 3**.

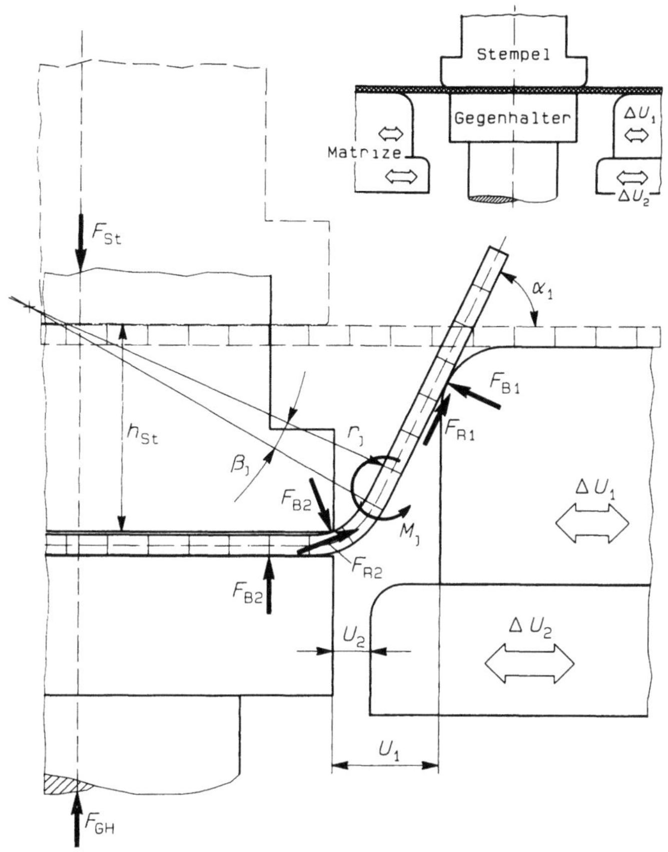

Bild 3 : Rechenmodell zur Prozeßsimulation beim U-Biegen

Während zunächst noch von einer idealen Einspannung ausgegangen wurde, ermöglicht das hier dargestellte Rechenmodell die Beschreibung des Biegevorganges in Abhängigkeit von der Gegenhalterkraft. Ihren Einfluß auf den Krümmungsverlauf verdeutlicht **Bild 4**. Mit abnehmender Gegenhalterkraft vergrößert sich der plastifizierte Bereich innerhalb der Einspannung. Neben den Krümmungen liefert die Prozeßsimulation unter anderem den Kraft-Weg-Verlauf sowie Biegewinkel α_2 als Funktion des Stempelweges, **Bild 5**. Im Bereich von Biegewinkeln bis 60°ergeben sich qualitativ identische Kurvenverläufe wie beim V-Biegen. Mit zunehmender Hebelarmverlängerung fällt der Kraft-Weg-Verlauf ab. Der Biegewinkel nähert sich in diesem Kurvenabschnitt asymptotisch einem Wert, der kleiner als 90° ist. Im Bereich der zweiten Umformstufe, gekennzeichnet durch einen sprunghaften Anstieg der Stempelkraft, wird das Blech überbogen und die Rückfederung kompensiert.

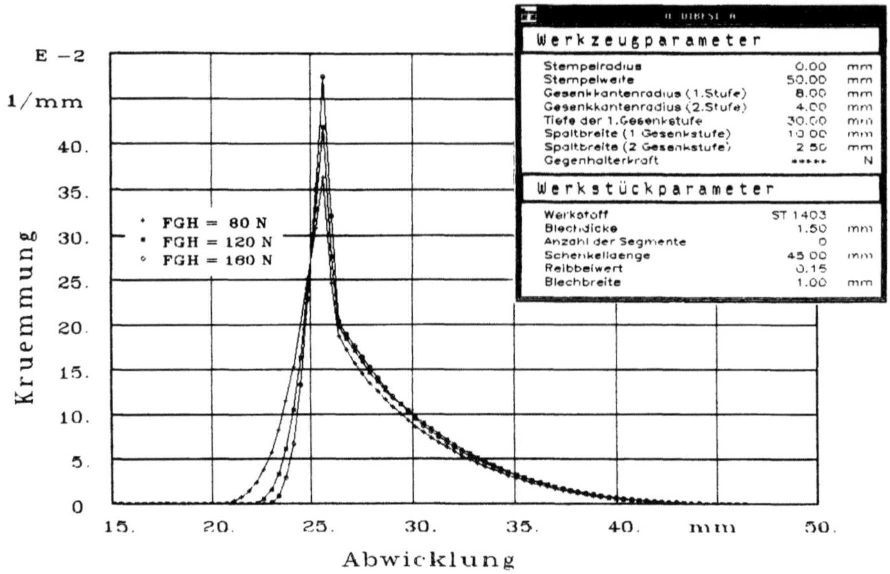

Bild 4 : Einfluß der Gegenhalterkraft auf den Krümmungsverlauf beim U-Biegen

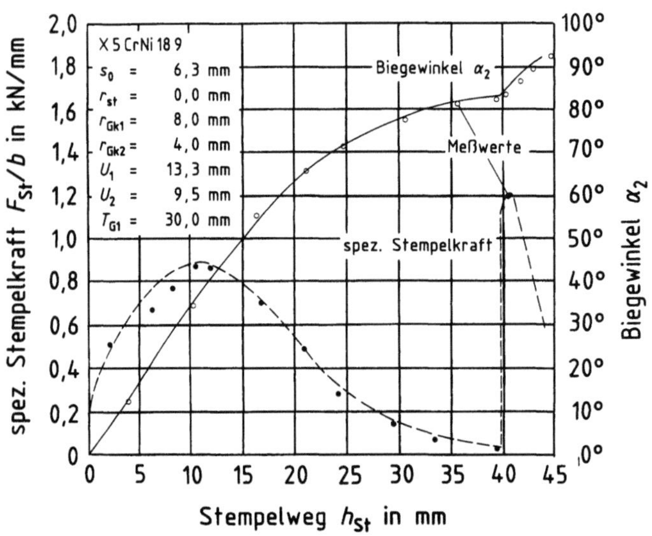

Bild 5 : Abhängigkeit des Biegewinkels α_2 und der spezifischen Stempelkraft (ohne Berücksichtigung der Gegenhalterkraft) vom Stempelweg beim zweistufigen U-Biegen mit Gegenhalter

Eine fehlerhafte Abstimmung zwischen Werkzeuggeometrie und Blechwerkstoff führt dazu, daß ein Biegewinkel von $\alpha_2 = 90°$ nicht erreicht werden kann. Hier besteht die Möglichkeit, die Werkzeuggeometrie durch Prozeßsimulation zu optimieren.

4. V-Biegen mit drehbaren Gesenkelementen

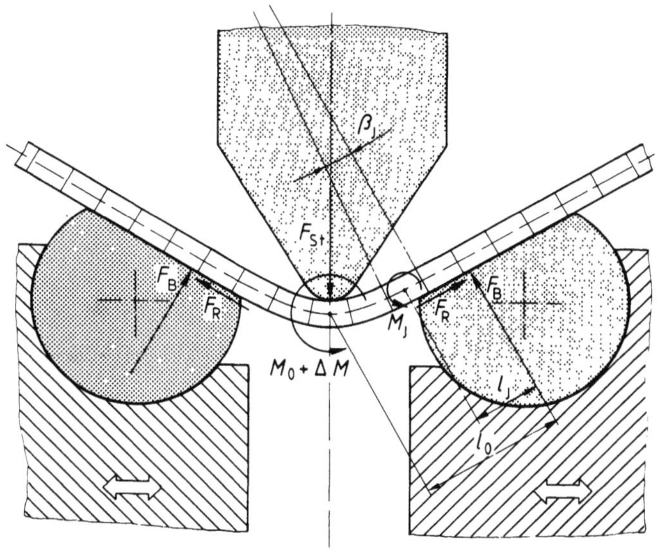

Bild 6 : Rechenmodell zur Prozeßsimulation des Präzisions-V-Biegens mit zweiteiliger drehbarer und variabler Gesenkweite

Im Hinblick auf die beim Gesenkbiegen sogenannter Coil-Coating-Bleche erwünschten geringeren Flächenpressungen und im Hinblick auf die Erhöhung der Präzision beim Gesenkbiegen interessiert weiterhin das in **Bild 6** skizzierte Biegeverfahren **/12/**.

Die Berechnungen und Untersuchungen der Kontaktverhältnisse mittels Druckmeßfolien zeigen, daß die Kraftübertragung zwischen den Planflächen der drehbaren Gesenkelemente und dem Blech durch eine Flächenberührung erfolgt, während beim herkömmlichen V-Biegen eine Linienberührung vorliegt, **Bild 7**. Die daraus resultierenden niedrigen Pressungen zwischen Blech und Werkzeug erweisen sich für das Biegen von Blechen mit einer empfindlichen Oberfläche als besonders vorteilhaft, **Bild 8**. Während beim herkömmlichen Gesenkbiegen -insbesondere bei geringen Gesenkweiten- deutliche Änderungen der Oberflächenrauheiten entstehen, lassen sich beim Biegen mit drehenden Gesenkelementen "Kratzspuren" weitgehend vermeiden.

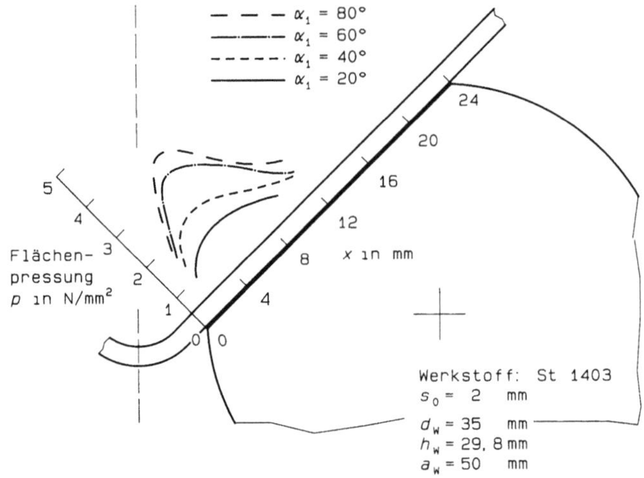

Bild 7 : Pressungsverteilung zwischen Unterwerkzeug und Blech beim Biegen mit drehenden Gesenkelementen

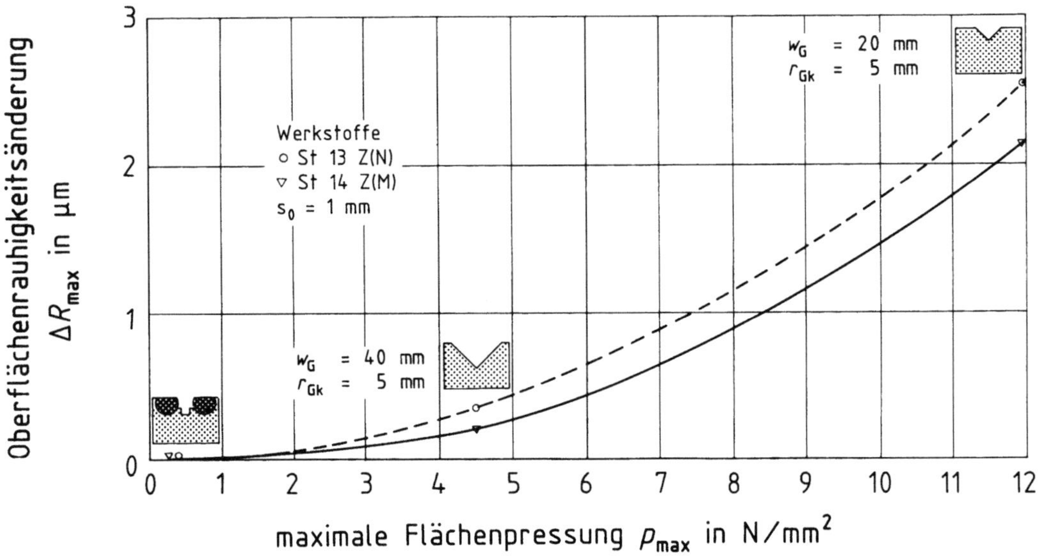

Bild 8 : Abnahme der Oberflächenrauheit bei Einsatz unterschiedlicher Gesenkbiegeverfahren

Darüberhinaus wird die Drehung der Werkzeugelemente zur Messung des Biegewinkels und damit zur Prozeßüberwachung eingesetzt. Innerhalb umfangreicher Untersuchungen konnte ein Abheben der Biegeschenkel von den Gesenkflanken ausgeschlossen werden, so daß sich dieses Meßverfahren durch eine hohe Genauigkeit auszeichnet.

Neben den experimentellen Arbeiten wurde aufbauend auf den Prozeßsimulationen FOPSIM und DIBESI ein erstes Simulationsprogramm für das Biegen mit drehenden Gesenkelementen entwickelt, **Bild 6**. Das Programm ist dabei nicht nur in der Lage, den Biegevorgang zu beschreiben, sondern auch den Entlastungsvorgang zu berechnen.

Bei den bisherigen Simulationsprogrammen werden die Kontaktpunkte zwischen Werkzeug und Werkstück nach rein geometrischen Gesichtspunkten festgelegt. Im Gegensatz dazu muß beim Biegen mit drehenden Gesenkelementen die Lage der "rechnerischen Biegekraft F_B" (vgl. Bild 6) in Abhängigkeit von der Reibung berechnet werden. Sie ergibt sich aus dem Kräftegleichgewicht zwischen Werkzeug und Werkstück. Diese hier berechnete Biegekraft stellt die Resultierende der in Bild 7 dargestellten Pressungsverteilung dar.

Während des Simulationsablaufes werden einzelne Biegeschritte in vorgewählten Abständen grafisch dargestellt, **Bild 9**. Nach abgeschlossener Berechnung können die verschiedenen Simulationsergebnisse optional abgefragt und grafisch dargestellt werden.

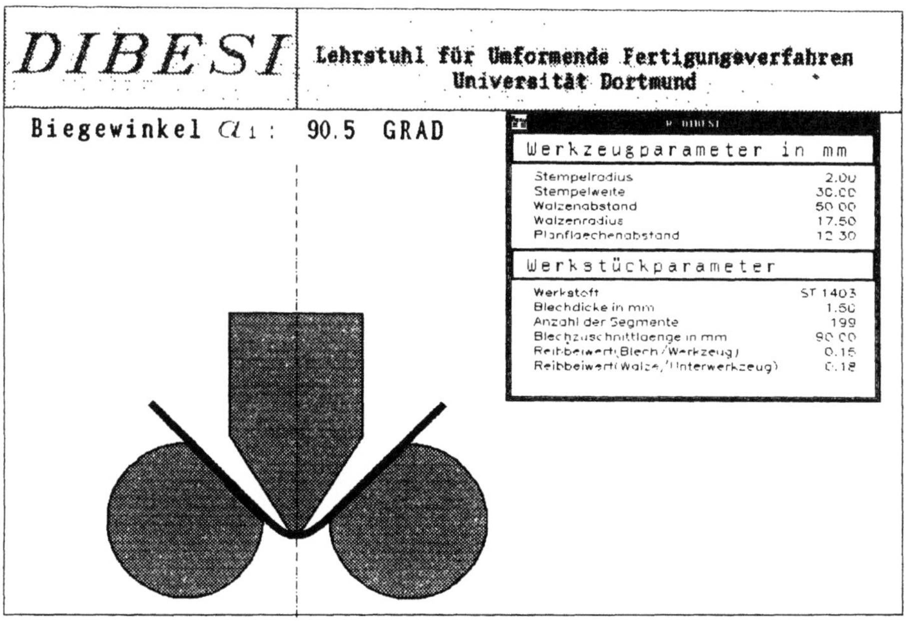

Bild 9 : Grafik zum Biegen mit drehbaren Gesenkelementen

Bild 10 zeigt hierzu exemplarisch den Kraft-Weg-Verlauf für ein Blech aus St1403 mit einer Blechdicke von 1,5 mm

1. für den Biegevorgang und
2. für den Entlastungsvorgang.

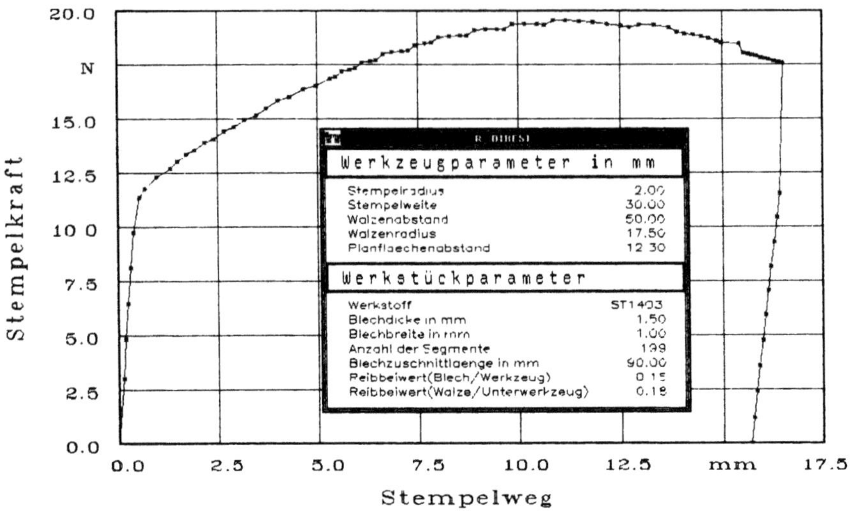

Bild 10 : Berechneter Kraft-Weg-Verlauf beim Biegen mit drehbaren Gesenkelementen

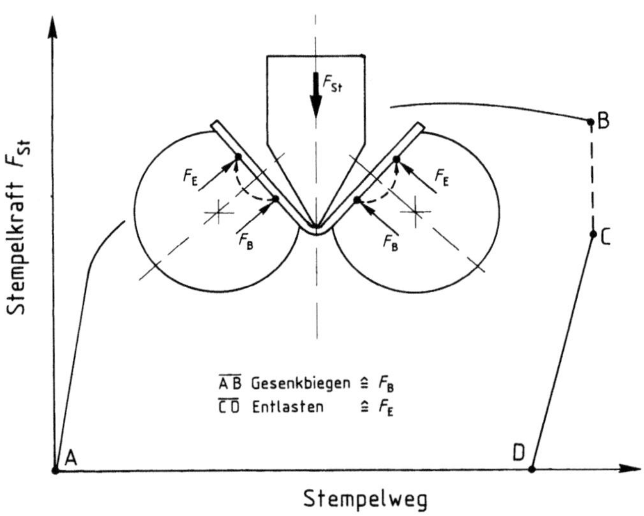

Bild 11 : Stempelkraftverlauf beim Biegen mit drehbaren Gesenkmatrizen

Zur Interpretation des Kurvenverlaufs verdeutlicht **Bild 11** die Wanderung des Kontaktpunktes bei dem Übergang vom Biegen zum Entlasten. Am Ende des Biegevorgangs wirken an den drehbaren Gesenkelementen die Kraftkomponenten F_B. Zu Beginn des Entlastungsvorgangs wandern diese Kraftkomponenten in die skizzierte Position oberhalb der Drehpunkte, so daß die Kraft-Weg-Kurve hier einen vertikalen Verlauf aufweist. Während dieser Entlastungsphase ist keine Stempelwegänderung und keine Auffederung des Bleches zu erkennen. Erst danach bewirken die Reaktionskräfte der Komponenten F_E ein Rückstellmoment für die Matrizen-Elemente und einen etwa linearen Verlauf der Werkstückauffederung. Die Berechnung dieser Kraft-Angriffspunkte erfolgt unter Berücksichtigung

- der Reibung zwischen Blech- und Matrizenfläche und
- der Lagerreibung an Matrizen-Elementen.

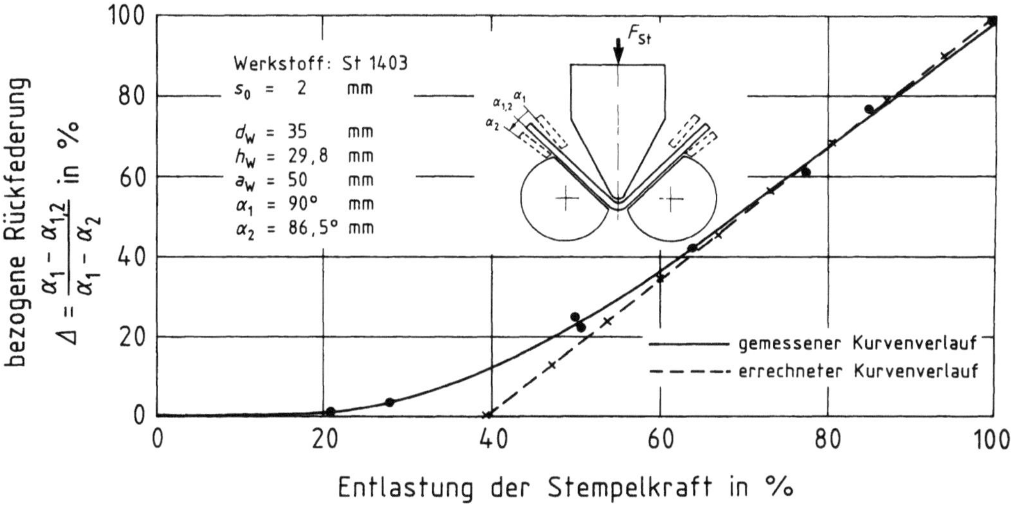

Bild 12 : Abhängigkeit der Rückfederung von der Entlastung beim Biegen mit drehbaren Gesenkmatrizen

Für die Rückfederung - aufgetragen über der Entlastung - ergibt sich dann der in **Bild 12** dargestellte Verlauf. Bis zu einer Entlastung von ca. 35% federt das Blech nicht zurück. Dies entspricht dem in **Bild 11** dargestellten Kurvenabschnittes von B nach C. Im Anschluß daran ergibt sich eine lineare Abhängigkeit zwischen Rückfederung und Entlastung. Darüberhinaus ist DIBESI in der Lage, die Rückfederung als Funktion des Biegewinkels α_1 zu berechnen, **Bild 13**.

Damit ergeben sich zwei verschiedene Vorgehensweisen zur Fertigung eines bestimmten Biegewinkels:

1. - Berechnen der Abhängigkeit zwischen Rückfederung und Entlastung (**Bild 12**)
   - Messen der Rückfederung über eine Teilentlastung
   - Berechnen der Gesamtrückfederung und
   - Überbiegen um den Betrag der Rückfederung
2. - Berechnen der Rückfederung als Funktion von α_1 (**Bild 13**) und
   - Überbiegen um den Betrag der Rückfederung

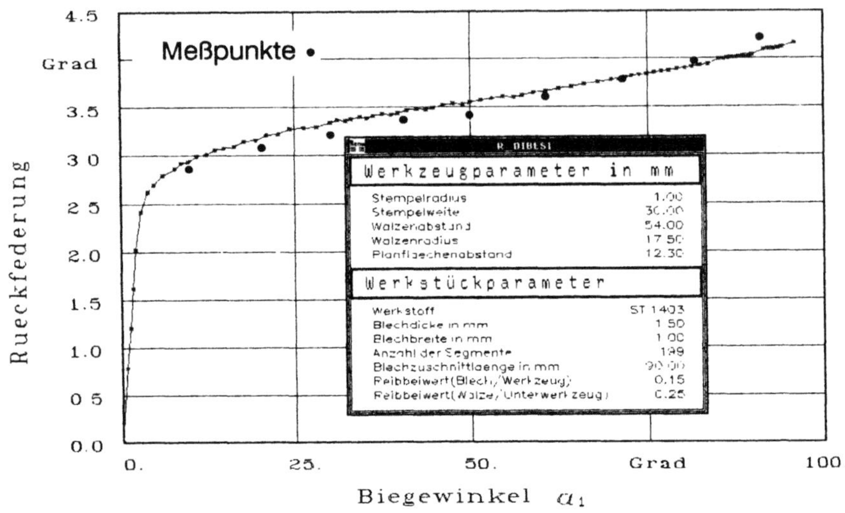

Bild 13 : Abhängigkeit der Rückfederung vom Biegewinkel α_1 beim Biegen mit drehbaren Gesenkelementen

Im Rahmen weiterer experimenteller Untersuchungen wird zu prüfen sein, welches der beiden Verfahren die besseren Ergebnisse liefert.

Rechenmodelle zur Prozeßsimulation sind weiterhin für das CNC-Schwenkbiegeverfahren von Interesse.

5. Prozeßsimulation des Schwenkbiegeverfahrens

5.1 Ermittlung der elastischen Maschinenverformungen

Für CNC-Schwenkbiegemaschinen werden heute die in **Bild 14** skizzierten numerisch gesteuerten Achsen vorgesehen:

- Oberwangenanstellung X
- Anschlagposition Y
- Schwenkwinkel α_S und
- Schwenkwangenanstellung h.

Bild 14 : Integriertes Meßdatenerfassungs- und -verarbeitungssystem an einer Schwenkbiegemaschine

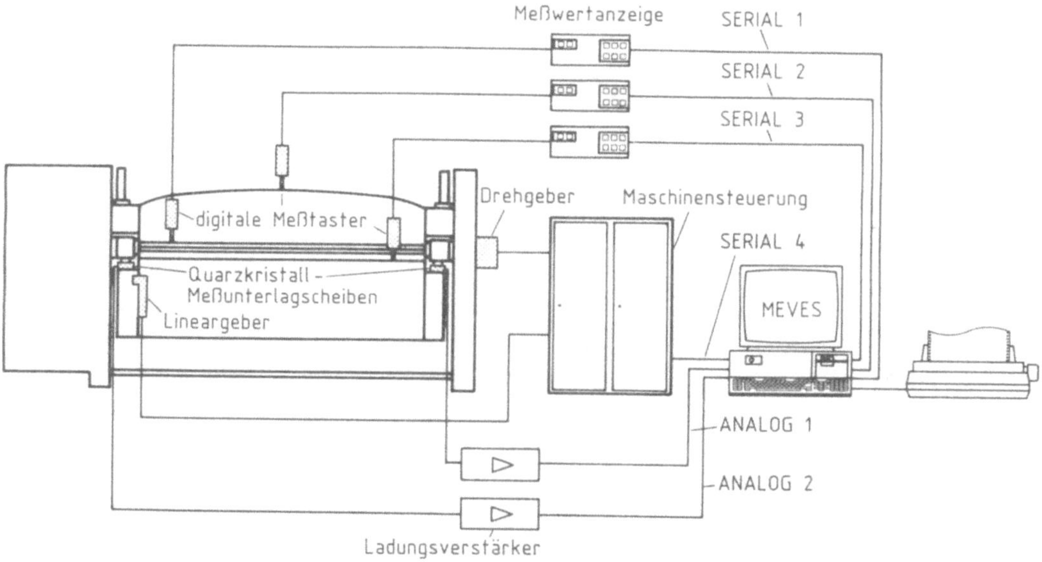

Bild 15 : Schematischer Aufbau des Meßdatenerfassungs- und -verarbeitungssystems MEVES zur Ermittlung und Auswertung signifikanter Kenngrößen einer Schwenkbiegemaschine

Zusätzlich zu den einleitend genannten Zielsetzungen besteht hier die Aufgabe, mit Hilfe der CNC-Steuerung den relativ großen Einfluß der elastischen Maschinenverformung zu korrigieren **/10/**. Diesen bisher wenig beachteten Einflußfaktor gilt es zunächst experimentell zu ermitteln. **Bild 15** zeigt den Aufbau eines Meßdatenerfassungs- und -verarbeitungssystems zur Ermittlung der elastischen Maschinenverformung an Schwenkbiegemaschinen. Als Meßmittel sind hier skizziert

- Weggeber an der Ober- und Unterwange sowie
- Kraft-, Weg- und Drehgeber im Antriebsbereich der Schwenkwange.

Mit Hilfe der durch die Kraft- und Wegsensoren unter realen Umformbedingungen ermittelten Daten werden Federkennlinien rechnerisch ermittelt und durch Geradenstücke approximiert **/15/**. Diese Federzahlen werden als Daten-File im Rechner abgelegt und in das Simulationsprogramm integriert.

5.2 Berechnungsmodell für das Schwenkbiegen

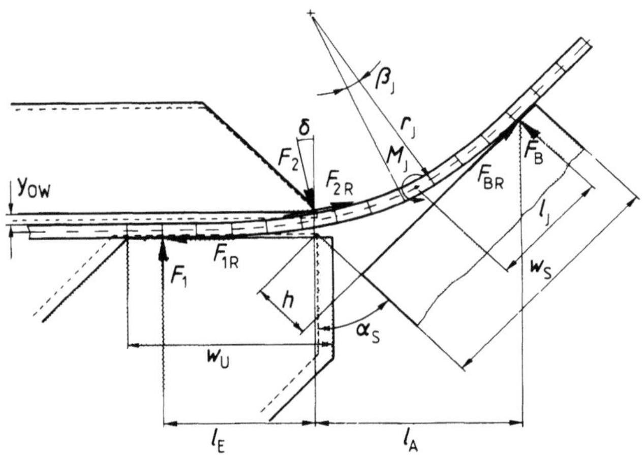

Bild 16 : Rechenmodell zur Prozeßsimulation beim Schwenkbiegen unter Berücksichtigung von elastischen Maschinenverformungen

Die o.g. elastischen Maschinenverformungen werden nun -wie in **Bild 16** dargestellt- berücksichtigt. Besondere Berücksichtigung erfährt außerdem die Ermittlung der Kontaktverhältnisse zwischen den Werkzeugen und dem Werkstück, da sich der Kraftangriffspunkt an der Unterwange und der Berührpunkt an der Schwenkwange während des Schwenkbiegevorganges verändert **/13/**.

Dieser Effekt beeinflußt maßgeblich die Genauigkeit der Prozeßsimulation (**Bild 17**). Zu Beginn des Schwenkbiegevorganges stellt sich ein relativ großer "Hebelarm" (Abstand des Berührpunktes an der Schwenkwange bis zur Stelle des Kontaktpunktes zwischen Oberwange und Blech) ein. Im Verlauf des Biegevorganges verlagert sich der Berührpunkt zwischen Schwenkwange und Blech zur Drehachse der Schwenkwange. Durch die geometrische Konstellation kann sich -je nach Größe der Schwenkwangenverstellung- ein Biegewinkel des Bleches unter Last einstellen, der größer als der Schwenkwinkel ist. Dies führt bei größeren Schwenkwinkeln zu einem zunehmenden Abheben der Blechschenkel von der Biegewangenschiene. Gleichzeitig nimmt die in den Bildskizzen rechts unten dargestellte Auffederung zwischen Unter- und Oberwange zu.

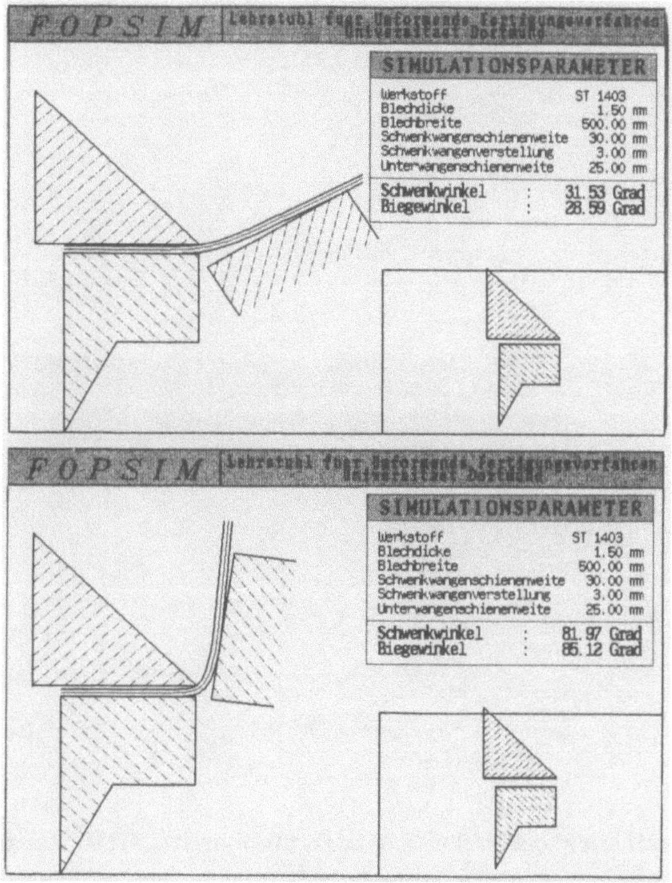

Bild 17 : Grafik der Prozeßsimulation zum Schwenkbiegen für zwei ausgewählte Biegestadien

Die in **Bild 18** dargestellte Rechnergrafik zeigt die Abhängigkeit der berechneten Biegekraft vom Schwenkwinkel und weiterhin eine Möglichkeit zur Beeinflussung der o.g. Auffederung. Bis zu einem Schwenkwinkel von etwa 40° ist die Biegekraft relativ klein. Der nun auftretende Anstieg der Biegekraft wird durch die o.g. "Hebelarm-Verkürzung" bzw. Berührpunktwanderung an der Schwenkwange maßgeblich beeinflußt **/14/**. Es können daher durch eine gezielte Anstellbewegung in Richtung der h-Achse

- die Kinematik des Schwenkbiegevorganges und
- die daraus resultierenden Maschinen-Auffederungen

beeinflußt werden.

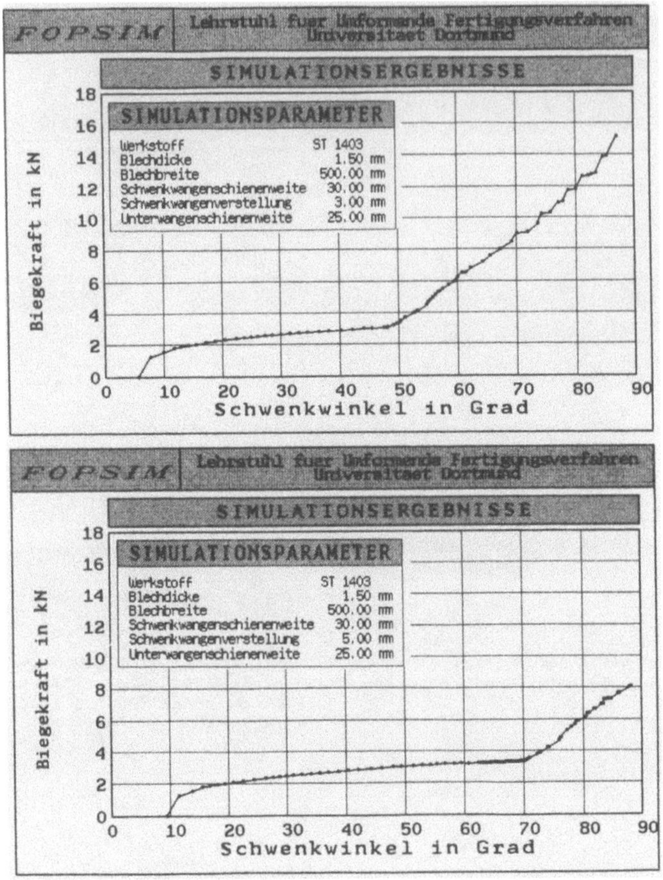

Bild 18 : Grafik der durch Prozeßsimulation ermittelten Abhängigkeit der Biegekraft vom Schwenkwinkel

5.3 Entwicklung eines Sensors zur Ermittlung des Biegewinkels

Für die Ermittlung eines korrekten NC-Datensatzes zur Präzisionsumformung von Blechen benötigen die oben beschriebenen Simulationsprogramme möglichst genaue Angaben über das elastisch-plastische Werkstück-Werkstoff-Verhalten sowie Angaben über das elastische Verformungsverhalten der verwendeten Werkzeuge und Werkzeugmaschinen. Die Ermittlung dieser Parameter ist z. Zt. noch mit einem für die Praxis relativ hohen Versuchsaufwand verbunden. Dazu muß z.B. die Fließkurve des jeweils betrachteten Werkstoffes für jede Blechcharge unter Berücksichtigung der ebenen Anisotropie z.B. durch Flachzugversuche ermittelt werden.

Bei einer neueren Methode werden über eine maßgeschneiderte Sensorik die Maschinendatenachsen optimiert. Es wurde ein Sensorsystem entwickelt, mit dessen Hilfe sich die Biegewinkel α_1 unter Last und α_2 nach Entlastung während des Schwenkbiegevorganges mit einem geringen Meßfehler von etwa 15 Winkelminuten experimentell ermitteln lassen.

Im allgemeinen gilt für diese Winkel: $\alpha_S \neq \alpha_1 \neq \alpha_2$. Die Größe der Biegewinkel α_1 und α_2 hängt hierbei neben Werkstoff-, Werkzeug- und Maschineneinflüssen auch von den Maschineneinstellparametern (insbesondere von der Schwenkwangenverstellung h) ab.

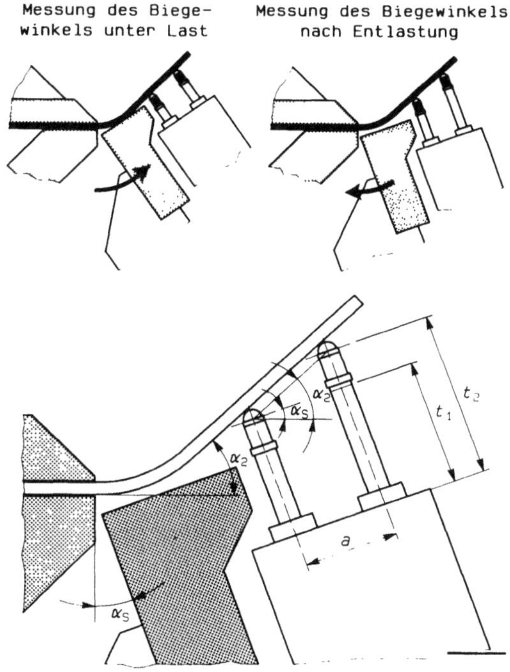

Bild 19 : Meßprinzip zur Ermittlung des Biegewinkels α_1 unter Last und α_2 nach Entlastung beim Schwenkbiegen

Aufbauend auf den oben beschriebenen Erkenntnissen (Abheben des Blechschenkels von der Schwenkwange, vgl. Bild 17) erschien ein Messen des Biegewinkels nur am geraden, freien Blechschenkel sinnvoll. **Bild 19** zeigt das Meßprinzip. Hierzu werden zunächst mittels zweier Wegsensoren die Abstände t_1 und t_2 des überstehenden freien Schenkels des Blechwerkstückes zu einer gemeinsamen Bezugslinie gemessen. Bei Kenntnis des mit Hilfe eines Drehgebers meßbaren Schwenkwinkels α_S und der gemessenen Abstände t_1 und t_2 lassen sich dann die Biegewinkel α_1 unter Last und α_2 nach Entlastung rechnerisch ermitteln.

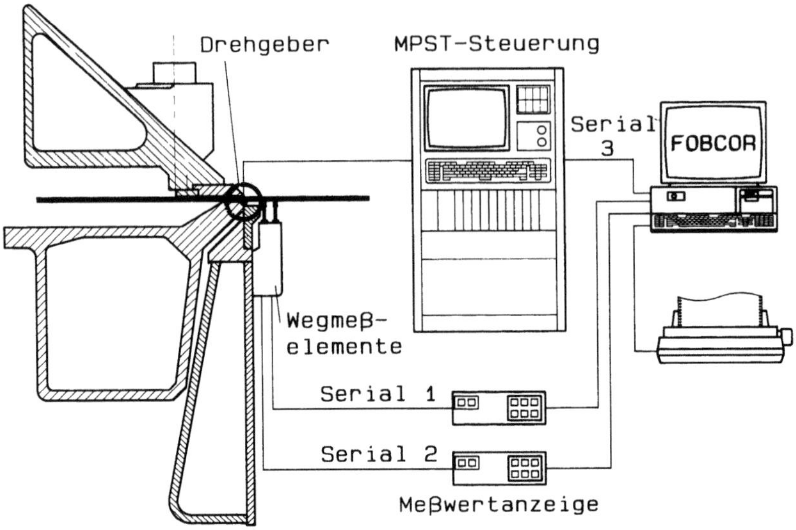

Bild 20 : Schematische Darstellung des Meßsystems zur Ermittlung der Biegewinkel an einer Schwenkbiegemaschine

In **Bild 20** ist das Meßsystem zur Ermittlung der Biegewinkel schematisch skizziert. Es besteht im einzelnen aus einem Drehgeber zur Erfassung des Schwenkwinkels α_S sowie aus zwei digitalen Weggebern mit zwei Meßwertanzeigegeräten, die über serielle Schnittstellen mit einem Auswerterechner verbunden sind. Dieser Rechner übernimmt neben der Meßwertauswertung auch die Kommunikation mit der MPST-Steuerung der Schwenkbiegemaschine.

Im Rahmen dieser Entwicklung besteht das Ziel, eine möglichst kompakte (Abstand a klein) sowie praxisfreundliche (Preis-Leistungsverhältnis und robuste Bauweise) Meßdatenerfassung und -verarbeitung unter Berücksichtigung der Meßunsicherheiten für die o.g. Abstände t_1 und t_2 zu entwickeln.

6. Zusammenfassung und Ausblick

Anhand der Präzisions-Biegeumformung von Blechen lassen sich Ziele und Methoden der Prozeßsimulation am Beispiel der Biegeumformverfahren Gesenkbiegen und Schwenkbiegen als für eine rechnerintegrierte Fertigung notwendiges Bindeglied zwischen CAD, CAP und CAM darstellen.

Der Einsatz von Simulationsverfahren, die in der Regel sehr rechenintensiv sind, wird begünstigt durch immer leistungsfähigere und kostengünstigere Rechnerhardware. Dabei darf allerdings nicht vergessen werden, daß im Gegensatz dazu Kosten der Entwicklung von komplexer Software, wie sie für die Simulation von Umformverfahren benötigt wird, und die Kosten für die Qualifizierung und Einarbeitung geeigneter Mitarbeiter nicht sinken, sondern steigen.

Dennoch wird es zukünftig mehr und mehr betriebswirtschaftlich sinnvoll sein, derartige Simulationssysteme unter Nutzung hochentwickelter Sensorik und Steuerungstechnik in Hard- und Software mit Regelungs- und Diagnosesystemen zu koppeln, um damit der Forderung einer automatisierten Fertigung nach

- weniger Prozeßsteuerung,
- mehr Prozeßregelung und
- einer größeren Verfügbarkeit

der Maschinen und Anlagen zu entsprechen.

Literatur

/1/ **Ludowig, G.**: Rechnerintegriertes Fertigungssystem für das Walzrunden von Blechen. Dr.-Ing. Diss., Universität Dortmund 1985

/2/ **Nicklas, G.**: Das Biegen von Blechen an Hand einer Biegung in V-Gesenken. Fortschritt-Berichte der VDI-Z, Reihe 2, Nr. 33 (1976)

/3/ **Reissner, J.**: Bedeutung der Simulation für Konstruktion und Fertigung in der Blechbearbeitung. VDI-Bericht 614, 1986

/4/ **Oh, S.I.; Kobayaschi, S.**: Finite Element Analysis of Plane-Strain Sheet Bending. Int. J. Mech. Sci 22 (1980) 9, S. 583-594

/5/ **Preckel,U.**: Eigenspannungen. Rechnergestützte Bestimmung in Umformteilen. Dr.-Ing. Dissertation, Universität Dortmund, 1988

/6/ **Schilling,R.**: Anwendung der Finite-Elemente-Methode zur Verbesserung der Form- und Maßgenauigkeit beim Gesenkbiegen. Industrie-Anzeiger 110 (1988) 47/48, S. 28-29

/7/ **Geiger, M; vom Ende, A.; Engel, U.**: Einflüsse auf die Arbeitsgenauigkeit beim Biegeumformen mit elastischer Matrize. Verein Deutscher Eisenhüttenleute; Anlage zur Niederschrift über die Sitzung des AK 'Grundlagen der Umformtechnik' vom 14.4.89

/8/ **VDI 3389 Bl.2**: Biegeumformen, Abbiegewerkzeuge für U- und winkelförmige Biegeteile. VDI - Verlag 1975

/9/ **Nagai, Y.; Makinouchi, A.**: Finite Element Simulation of Bending-Restriking Process of Steel Sheets. Advanced Technology of Plasticity 1987, Vol I; Springer Verlag Berlin Heidelberg New York London Paris Tokyo 1987

/10/ **Fait,J.; Rothstein,R.**: Beitrag zur Prozeßsimulation des Schwenk- und des U-Biegens. Industrie-Anzeiger 109 (1987) 10, S. 45-46

/11/ **Rothstein,R.**: Analyse des zweistufigen U-Biegens mit Gegenhalter durch Prozeßsimulation. Industrie-Anzeiger 109 (1987) 42, S. 34-35

/12/ **Finckenstein,E.v.; Rothstein,R.**: Gesenkbiegen von Blechen mit automatischer Rückfederungskorrektur. Industrie-Anzeiger 110 (1988) 24, S. 19-20

/13/ **Fait,J.**: Grundlagenuntersuchung zur Ermittlung von Kenngrößen für das CNC-Schwenkbiegen. Industrie-Anzeiger 109 (1987) 42, S. 36-37

/14/ **Finckenstein,E.v.; Fait,J.; Rothstein,R.**: Modellbildung und Simulation des U-Gesenk und des Schwenkbiegens. Annals of the CIRP Vol. 37/1/1988 S. 281-284

/15/ **Fait,J.**: Entwicklung eines Technologieprozessors für das Schwenkbiegen unter Berücksichtigung von elastischen Maschinenverformungen. Industrie-Anzeiger 110 (1988) 89, S. 36-39

/16/ **Finckenstein,E.v.; Kleiner,M.**: Simulation of the Bending Process. 4th Biennial International Machine Tool Technology Conference Chicago, Illinois, September 7 - 14, 1988

Visioplastische Methode zur Analyse des Stoffflusses bei Durchziehverfahren

Paul Funke und Hermann-J. Gummert
Institut für Werkstoffumformung der
Technischen Universität Clausthal
3392 Clausthal-Zellerfeld - BRD

Die Studie des Werkstoffflusses mit der visioplastischen Methode insbesondere bei stationären Umformverfahren liefert Hinweise über die Verteilung der Stoffflußgeschwindigkeit, des örtlichen Umformgrades und der Spannungen in der Umformzone, wobei experimentell auch die reale Form der Umformzone bestimmt werden kann.
Dieser theoretisch-experimentelle Weg kann auch unter Berücksichtigung der Fehlermöglichkeiten in den Kontaktzonen mit den jeweiligen Werkzeugen bei der Auswahl von Umformparametern für ein und dasselbe Umformverfahren eine Optimierung unterstützen und bei der Auswahl alternativer Umformverfahren für ein und dasselbe Endprodukt hilfreich sein.
Die Beschäftigung mit einem experimentellen Verfahren, das den Werkstofffluß in Abhängigkeit von den wählbaren Parametern des jeweiligen Umformverfahrens bestimmbar macht, setzt eine Vorgehensweise voraus, die folgende Entscheidungspunkte beinhalten sollte

- Definition der Voraussetzungen und Überprüfung, daß diese durch die jeweilige experimentelle Technik eingehalten werden können
- Vorgehensweise bei der Auswertung der verzerrten Raster
- Überprüfung, daß die mathematischen Glättungsverfahren nicht die realen Auswirkungen von Umformparametern verfälschen.

Bei einer Reihe von stationären Umformvorgängen sind die Voraussetzungen mit der visioplastischen Methode ausreichend zu erfüllen. Im Schrifttum finden sich verschiedene Ergebnisse für Kaltumformverfahren wie Flach- und Profilwalzen /1,2,3,4/, Gleitziehen von Voll- und Hohlquerschnitten /5,6/ sowie Strangpressen /7,8,9/. Eine neuere Arbeit stellt die Entwicklung und Bewertung der Visioplasticity beim Warmwalzen von Flachquerschnitten /10/ dar.
Der Aufwand bei instationären Umformverfahren ist unter Einhaltung der wichtigsten Voraussetzungen ungleich größer, so daß bisher nur einige Ergebnisse vorliegen.

Die Möglichkeit, mit der visioplastischen Methode auch Umformkräfte und Reaktionskräfte zur Belastung der Werkzeuge bestimmen zu können, wird dort genutzt, wo auf anderem Weg, nämlich mit der Elementaren Theorie, mit analytischen und numerischen Ansätzen Unsicherheiten in der Vorgabe der realen Umformzone, der Wirkung von Randbedingungen und Ungleichmäßigkeiten in Temperaturfeldern und in den Ausgangseigenschaften des Umformgutes deutliche Unsicherheiten zu erwarten sind. Aus diesem Grunde haben sich unsere eigenen Bemühungen zunächst bei der Kaltumformung auf die verschiedenen Rohrziehverfahren konzentriert.

Der verfahrenstechnischen Unterscheidung (Rohrhohlzug/Stopfenzug)ist eine weitere Differenzierung entsprechend der vorliegenden geometrischen Vorrohreigenschaften voranzustellen, um den daraus resultierenden unterschiedlichen Formänderungs- und Spannungszuständen:

- rotationssymmetrischer Zustand (zentrisches Rohr)
- allgemeiner Zustand (exzentrisches Rohr)

Rechnung zutragen.

Grundsätzlich besteht der experimentelle Teil einer visioplastischen Untersuchung in der Aufbringung eines geeigneten Meßrasters auf bestimmte, ausgewählte Flächen einer Probe. Die gewählte Rasterfläche sollte den gesamten Deformationszustand in charakteristischer Weise widerspiegeln. Die anschließende Umformung des präparierten Körpers wird schlagartig unterbrochen und damit das Umformgeschehen "eingefroren".

Zur weiteren Auswertung müssen nun in der gesamten Umformzone mittels eines Meßmikroskopes die Koordinaten der Meßrasterpunkte bestimmt werden. Bei der sich anschließenden numerischen Verarbeitung der Meßwerte werden zunächst die Werkstoffgeschwindigkeiten in der Umformzone ermittelt, mit deren Hilfe sich dann die weiteren plastomechanischen Auswertungen und Berechnungen durchführen lassen.

Diese Vorgehensweise wurde am Institut für Werkstoffumformung zunächst auf die Werkstoffflußuntersuchungen an zentrischen NE-Metallrohren angewandt. Die hieraus gewonnenen Erkenntnisse ermöglichten - bei zusätzlicher Erfassung der Rohrwanddicke - die Untersuchung der Formänderungsvorgänge bei der Umformung von exzentrischen Rohren.

Werkstofffluß-Untersuchungen an zentrischen Rohren /5,6/

Die Umformung eines zentrischen Rohres mit einem rotationssymmetrischen Werkzeug bewirkt Formänderungen, die unabhängig vom Umfangswinkel sind. Für die Werkstoffflußunterschung wird daher als Rasterfläche eine Schnittfläche in axialer Richtung gewählt, die die Rohrlängsachse enthält.
Das Probenrohr wird in Längsrichtung exakt halbiert und das Raster auf die Schnittfläche aufgebracht. Durch den Sägeschnitt gibt es eine verlorene Hälfte, so daß das Probenrohr aus exakten Hälften zweier verschiedener Rohre zusammengesetzt werden muß. Die Schnittflächen werden geglättet und poliert und das Raster (Quadratraster mit einer Kantenlänge von 1 mm, Strichstärke 0,05, Teilungsgenauigkeit ± 0,015 mm) auf fotochemischem Wege aufgebracht. Die präparierten Hälften werden nun zusammengesetzt und zu einem Stecker gezogen. In Bild 1 ist die Schnittfläche eines Steckers mit Raster dargestellt.

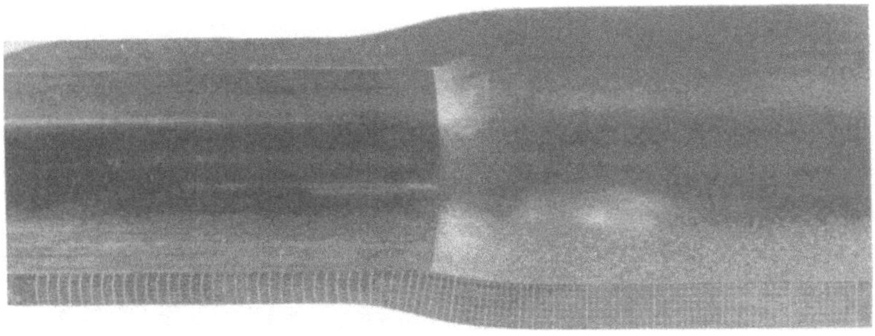

Bild 1: Rohrstecker mit Raster

Zur Durchführung der Auswertung war die Entwicklung eines Rechnerprogrammes erforderlich, das zur Approximation der am

Meßmikroskop aufgenommenen Daten dient. Durch die Auftragung jeweils nur einer Punktkoordinate gegen die Zeit führt es zu einem Meßfehlerausgleich und gleichzeitig durch Bildung der ersten und zweiten Ableitungen der Kurven zur Bestimmung der Komponenten der Geschwindigkeit und Beschleunigung. Aus diesen Werten kann bereits ohne weitere Approximation der komplette Formänderungszustand, der Tensor der Formänderungsgeschwindigkeit und der Deviatorspannungszustand ermittelt werden.

Die Approximation wird mittels Spline-Funktionen durchgeführt. Da die Kurvenfunktionen bis zur zweiten Ableitung differenziert werden, wurden aus Gründen der Stetigkeit der Ableitungsfunktionen Polynome fünften Grades zur Approximation eingesetzt.

InBild 2 ist der Rechengang von der Meßwerterfassung bis zur Berechnung der Ergebnisfelder schematisch dargestellt.

Die für ein Hohlzugrohr ermittelten Bahngeschwindigkeiten sind in Bild 3 dargestellt. Der Geschwindigkeitsverlauf zeigt die für Biegevorgänge typische bahnlinienweise Auffächerung.

Im Einbiegebereich, vor dem ersten Kontakt mit der Ziehdüse, bewegt sich der Werkstoff auf der Rohraußenoberfläche schneller und im Rohrinneren entsprechend langsamer als die mittlere Geschwindigkeit, die jeweils der neutralen Faser zuzuordnen ist.

Da sich aus dem Logarithmus des Verhältnisses der Momentangeschwindigkeit zur Einlaufgeschwindigkeit die Axialformänderung berechnen läßt, besteht hier die direkte Verbindung zum Formänderungszustand.In Bild 4 sind die drei Hauptformänderungen eines Hohlzugrohres dargestellt.

Aus der Volumenkonstanz ergibt sich, daß bei einem regelmäßigen Verlauf der Tangentialformänderung, wie dies die Ergebnisdarstellungen aufzeigen, sämtliche Unregelmäßigkeiten der Axialformänderung mit umgekehrtem Vorzeichen auf die Dickenformänderung durchschlagen. Besonders auffallend ist dies am Beginn der Umformzone, wenn die Werte in Umfangsrichtung noch klein sind, sowie am Ende der Umformzone,wenn

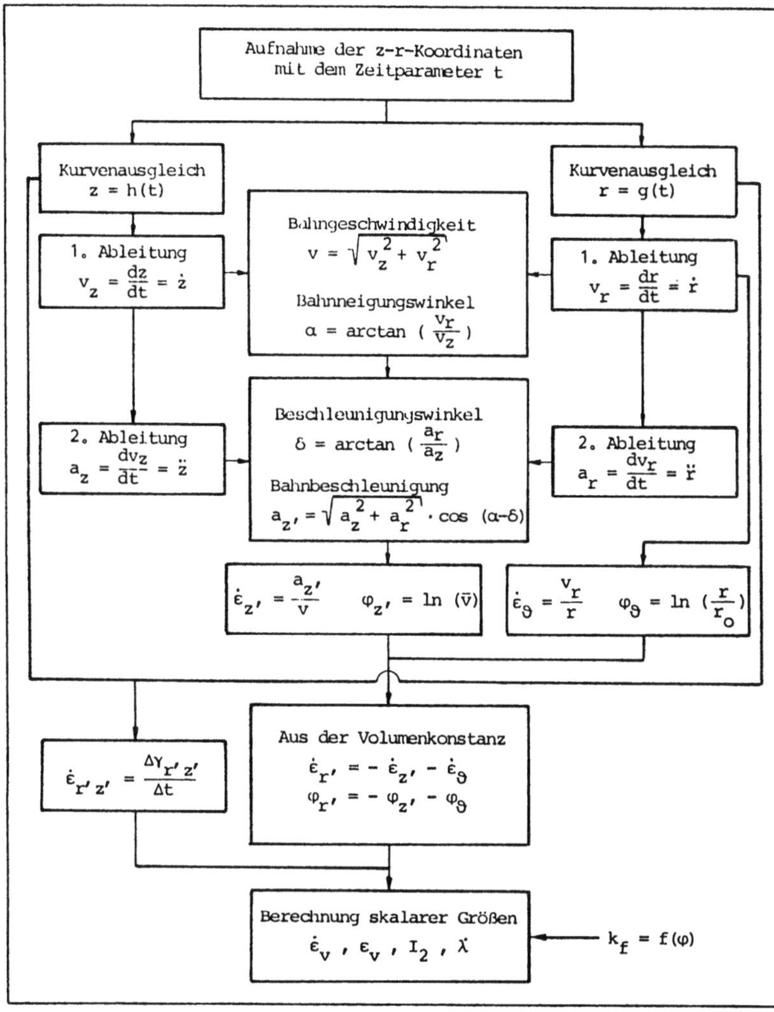

Bild 2: Schematische Darstellung des Rechenganges von der Meßwerterfassung bis zur Berechnung der Ergebnisfelder

in Umfangsrichtung bereits die konstanten Endwerte erreicht sind. Wie die Bildreihen 4 und 5 zeigen, gilt diese Betrachtung analog ebenso für die Dehungsgeschwindigkeiten. Der gesamte Formänderungs- und Verzerrungszustand ist damit direkt an das Geschwindigkeitsverhalten und insbesondere auch an die Ausbildung der stationären Biegebereiche des Umformverfahrens gebunden.

Die zur Vollständigkeit noch fehlenden Felder der Vergleichs-FÄG, der Vergleichsformänderung und der Schiebungsgeschwindigkeit sind in den Bildern 6 dargestellt. Deutlich ist zu erkennen, daß die Vergleichs-FÄG geprägt wird von der Axial-FÄG.

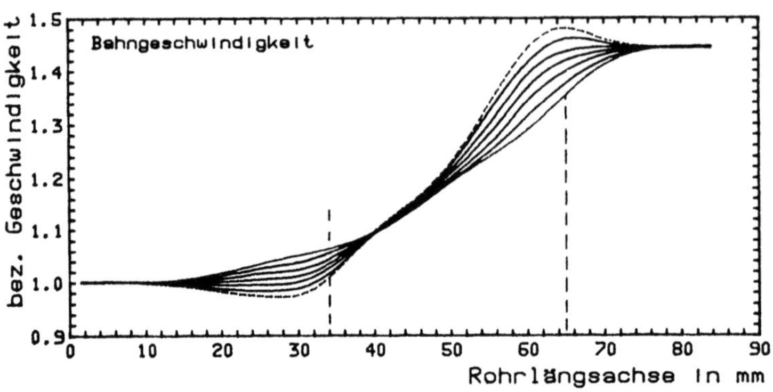

Bild 3: Bahngeschwindigkeit beim Hohlzug

Dies verdeutlicht wiederum, daß die Kinematik des Rohrziehvorganges auch bei den skalaren Größen die Tendenz der Verläufe bestimmen wird.
Die Vergleichsformänderung ist wichtig zur Beurteilung der Verfestigung. Treten bei einem Umformvorgang Formänderungen mit innerhalb der Umformzone wechselnden Vorzeichen auf, wie es beim Rohrziehen der Fall ist, so muß zur Ermittlung der Vergleichsformänderung der Weg über die Vergleichs-FÄG genommen werden.
Die Schiebungsgeschwindigkeit erfährt jeweils nur beim Auflaufen des Rohresauf die Ziehdüse undimÜbergang vom Düsenkonus zum zylindrischen Auslauf eine deutliche Änderung. Die Spitzenwerte liegen dabei in der Rohrwandmitte. Innen und außen bleiben die Änderungen geringer.

Die Ergebnisse der Spannungsberechnung sind in Bild 7 dargestellt.

Bis zum Auflaufpunkt des Rohres auf den Düsenkonus beträgt

die Radialspannung für alle Bahnen etwa Null. Dabei ergibt sich dieser Wert auf der Innenfläche durch die ausgenutzte Randbedingung zwangsläufig, während er für die ebenfalls lastfreie Außenfläche aus der Rechnung resultiert. Die Extremwerte des Feldes findet man auf der Außenbahn und zwar in Form von Druckspitzen im Auflaufbereich des Rohres auf die Ziehdüse und ein zweites Mal zu Beginn des Übergangs vom Düsenkonus in den zylindrischen Auslauf des Ziehwerkzeuges.

Die Radialspannung steht senkrecht auf der Rohroberfläche. Sie stellt daher im Bereich der Kontaktzone ZiehwerkzeugRohr die Druckspannung zwischen beiden dar. Der Druckspannungsverlauf ist mit den experimentellen und berechneten Ergebnissen von O. Armstroff/11/ vergleichbar und stimmt qualitativ überein.

Bei der Betrachtung der Tangentialspannungen fällt auf, daß sie im Einlauf und Auslaufbiegebereich jeweils auf der Außenseite positive Werte annehmen. Zur Anwendung der visioplastischen Methode mußte jedoch gefordert werden, daß senkrecht auf der Trennfläche des Rohres nur Druckspannungen auftreten, da Zugspannungen bedingt durch den Schnitt nicht übertragen werden können. An diesen Stellen entstehen daher Fehler, die verschiedene Ursachen haben können.

Trotz Einschränkungen kann man aber davon ausgehen, daß der ermittelte Spannungszustand die Verhältnisse tendenziell richtig beschreibt. Bei den Verläufen von Axial-, Tangential- und mittlerer Normalspannung findet man die Einflüsse der Biegebereiche deutlich wieder. Beim Feld der Axialspannungen kann angenommen werden, daß die Biegespannungen der Ziehspannung, als gedachter, mittlerer Spannung, überlagert sind. Das mittlere Spannungsniveau steigt dabei von einem Wert Null im Einlaufbiegebereich bis auf eine der Ziehkraft entsprechende Ziehspannung im Auslauf an.

Das ideale zentrische Rohr entspricht in seiner Geometrie

der Idealform des rotationssymmetrischen Hohlzylinders mit einer gemeinsamen Achse für die Außen- und Innenkontur. Ein exzentrisches Rohr weist dagegen zwei getrennte Achsen auf, die parallel zueinander verlaufen. Die Konturen stellen, bezogen auf ihre Achsen ebenfalls Kreiszylinder dar.

Während bei einem zentrischen Rohr aufgrund der vollständigen Rotationssymmmetrie der Werkstofffluß in allen Schnittebenen die die Rohrachse enthalten und längs dieser verlaufen gleich sind, stellt sich beim Übergang von zentrischen zum exzentrischen Rohr ein vom Umfangswinkel abhängiger Spannungs- und Formänderungszustand ein. Ein Vergleich mit den Ergebnissen der visioplastischen Untersuchungen an zentrischen Rohren ist nur eingeschränkt möglich, die Ergebnisse würden zwar den Werkstofffluß über die Wanddicke beschreiben, wären aber nur in der vom Umfangwinkel festgelegten Schnittebene gültig. Während der Verlauf der Formänderungen ähnlich sein muß, ergeben sich im Betrag (in Abhängigkeit vom Umfangswinkel) Abweichungen, die umso größer sind je größer die Ungleichwandigkeit ist. Daher ist es notwendig, das Raster über den gesamten Rohrumfang auszudehnen. Aus den Verzerrungen eines Oberflächenrasters kann -zumindest für den endverformten Bereich- eine eindeutige Aussage zu den Formänderungen an der Rohroberfläche gemacht werden. Um letztlich eine Aussage über den Verlauf der mittleren Formänderungen zu ermöglichen, wird neben den Koordinaten des verformten Rasters die Wandstärke in Abhängigkeit vom Umfangswinkel ermittelt.

Die Versuche /12/ wurden mit speziell hergestellten Aluminiumrohren durchgeführt, deren Exentrizität im Bereich von 5 bis 7 % lag. Im Gegensatz zu Untersuchungen an zentrischen Rohren lagen bei diesen Versuchen die Raster im Kontaktbereich Rohr/Außenwerkzeug und waren damit extremen Beanspruchungen ausgesetzt. Die präparierten Proberohre wurden zu Steckern umgeformt und anschließend die verformten Raster und die Wanddicken ausgemessen. Da bei der anschließenden

numerischen Auswertung der Ausgangszustand mit dem Endzustand verglichen wird, konnten die Formänderungen eines Rasterelementes unmittelbar berechnet werden.
In Bild 8 und 9 sind die typischen Verläufe der Formänderungen (berechnet aus 5 Rasterringen) dargestellt.

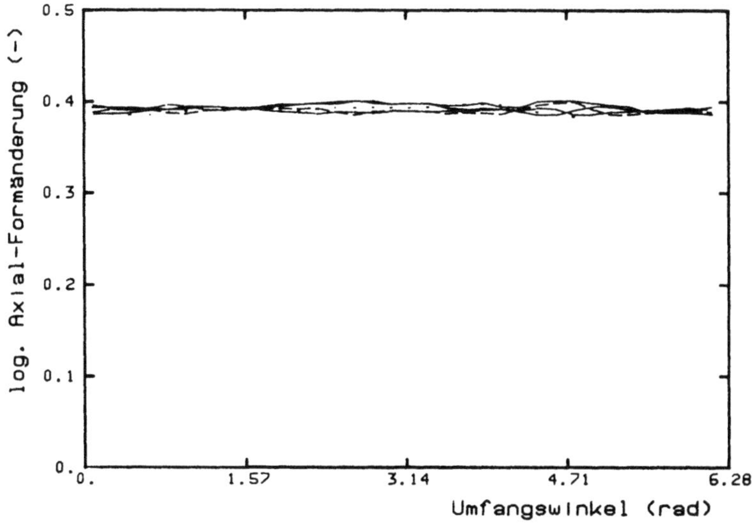

Bild 8: Verlauf der Axialformänderung über dem Umfang

Bild 10 zeigt die Ergebnisse der Wanddickenmessung und daraus resultierden Exzentrizitätsverläufe des Vor und Fertigrohres. Aus den Meßwerten der Rasterverformung und der Wanddicke können letztlich die mittleren Formänderungsverläufe ermittelt werden. In Bild 11 sind die Ergebnisse über den Umfangswinkel aufgetragen. Von den berücksichtigten Umformparametern führt nur der Düsenwinkel und die Vorrohrführung zu einer wesentlichen Beeinflussung des Wanddickenausgleiches. Eine drehbare Ziehdüsenlagerung ergab bei den vorliegenden Exentrizitätswerten keine reproduzierbaren Verbesserungen der Ungleichwandigkeit. Der Wanddickenausgleich erfolgt durch einen vom Umfangswinkel abhängigen tangentialen

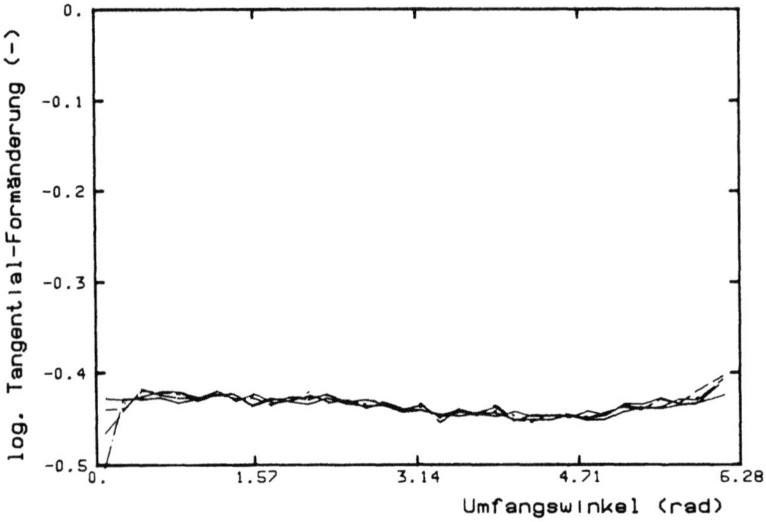

Bild 9: Verlauf der Tangentialformänderung über dem Umfang

Stauchvorgang, der zu einem Aufdicken der Wand an der dünnsten Stelle führt. Aufgrund des vorliegenden Spannungszustandes in der Umformzone erfolgt dieser Stauchvorgang im Anfangsbereich (Einbiegebereich) der Umformzone. Umformparameter, deren Einfluß sich erst im hinteren Teil der Umformzone (Ausbiegebereich) bemerkbar macht, haben keinen Einfluß auf den Wanddickenausgleich.

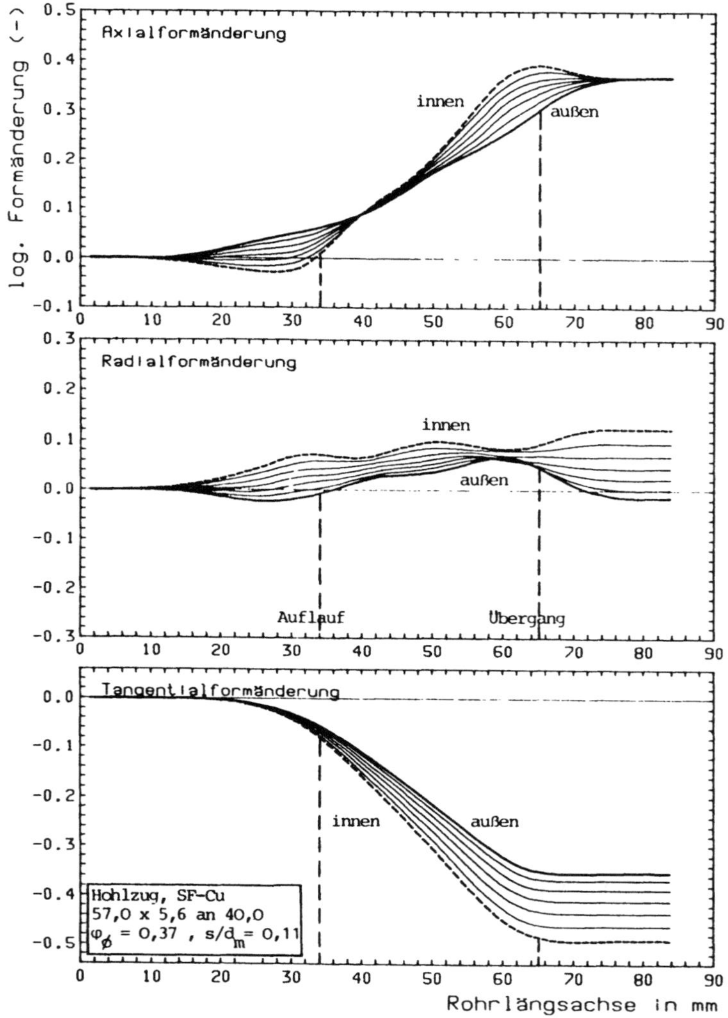

Bild 4: Formänderungen des Hohlzugrohres

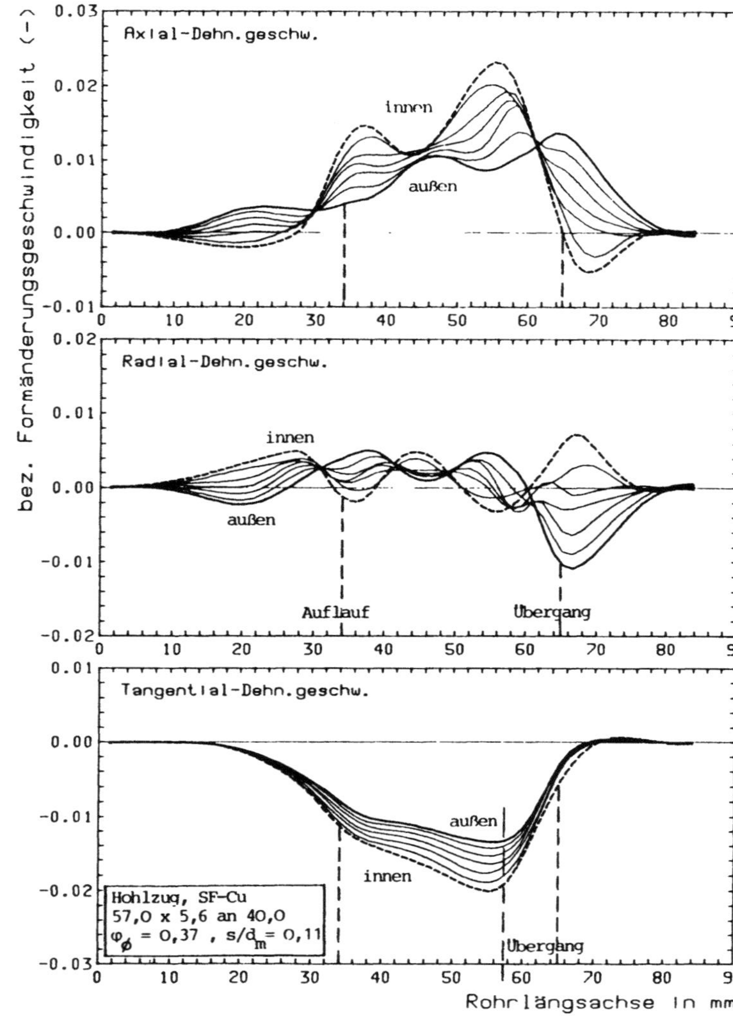

Bild 5: Formänderungsgeschwindigkeiten

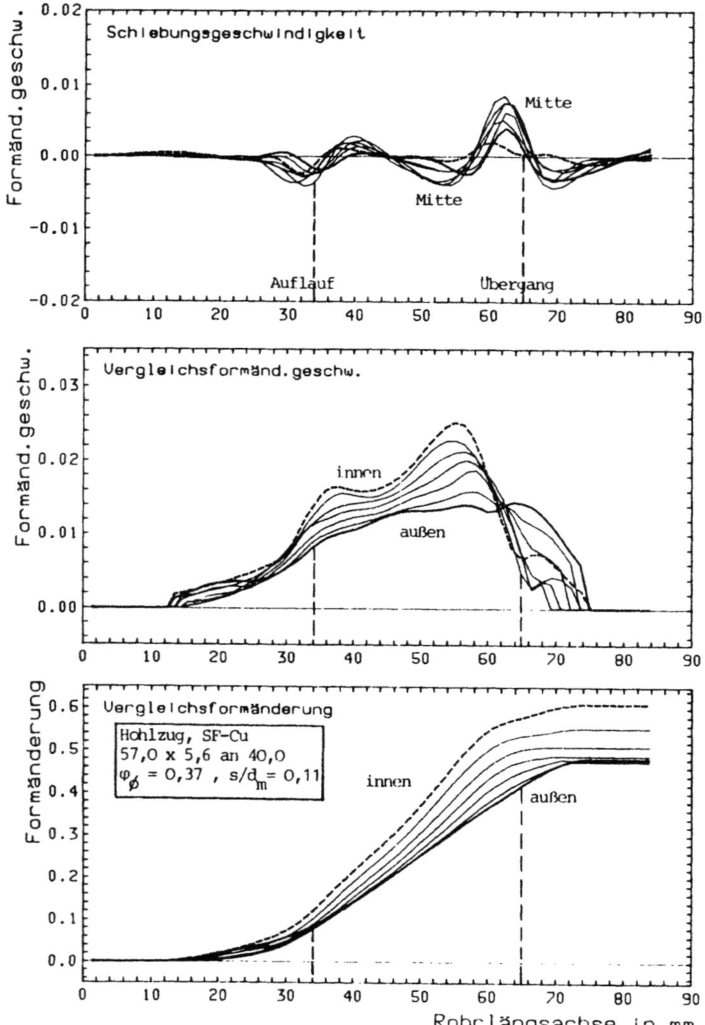

Bild 6: Vergleichsformänderungsgeschwindigkeit
Vergleichsformänderung beim Hohlzug

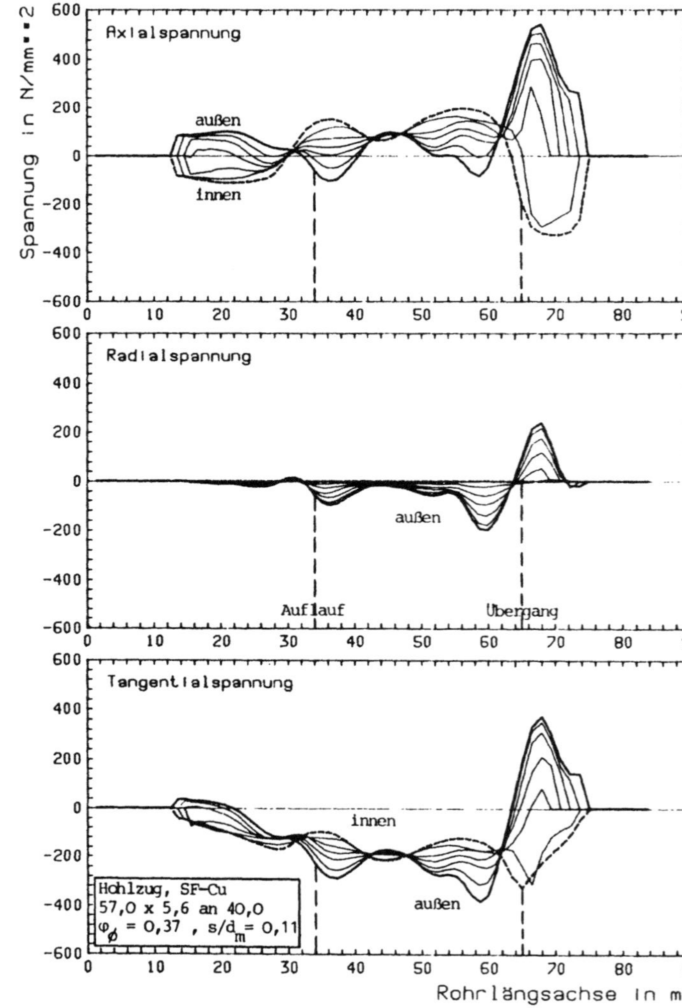

Bild 7: Spannungsfelder beim Rohrhohlzug

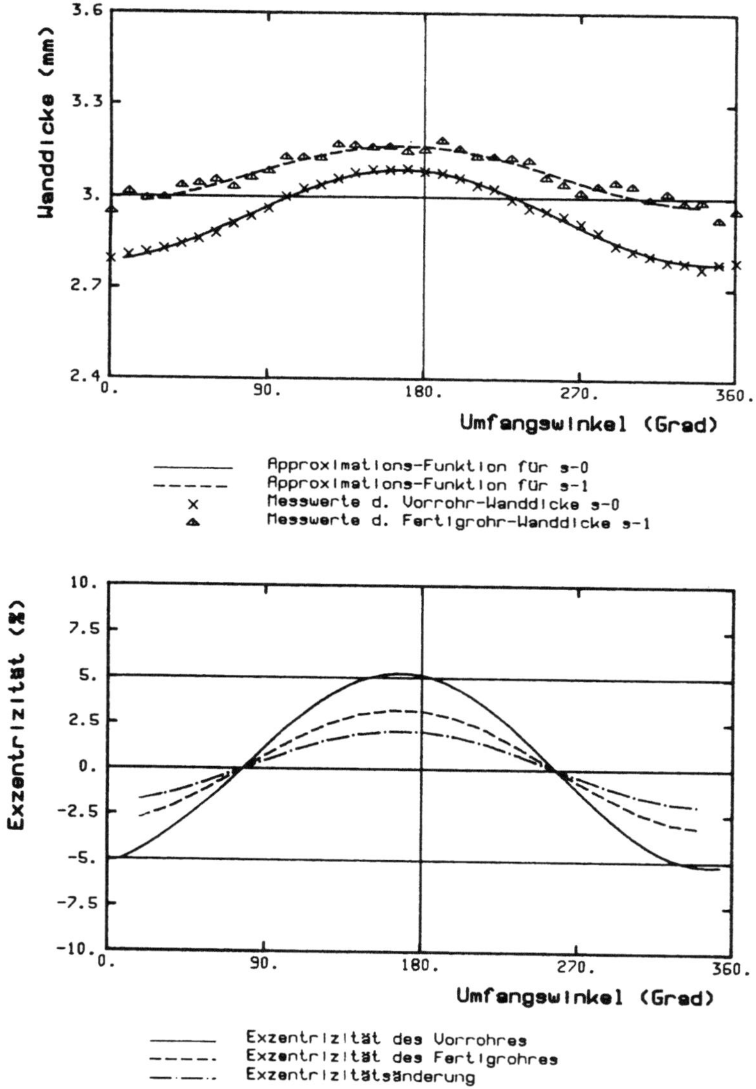

Bild 10: Verlauf der Wanddicke und Exzentrizität über dem Rohrumfang

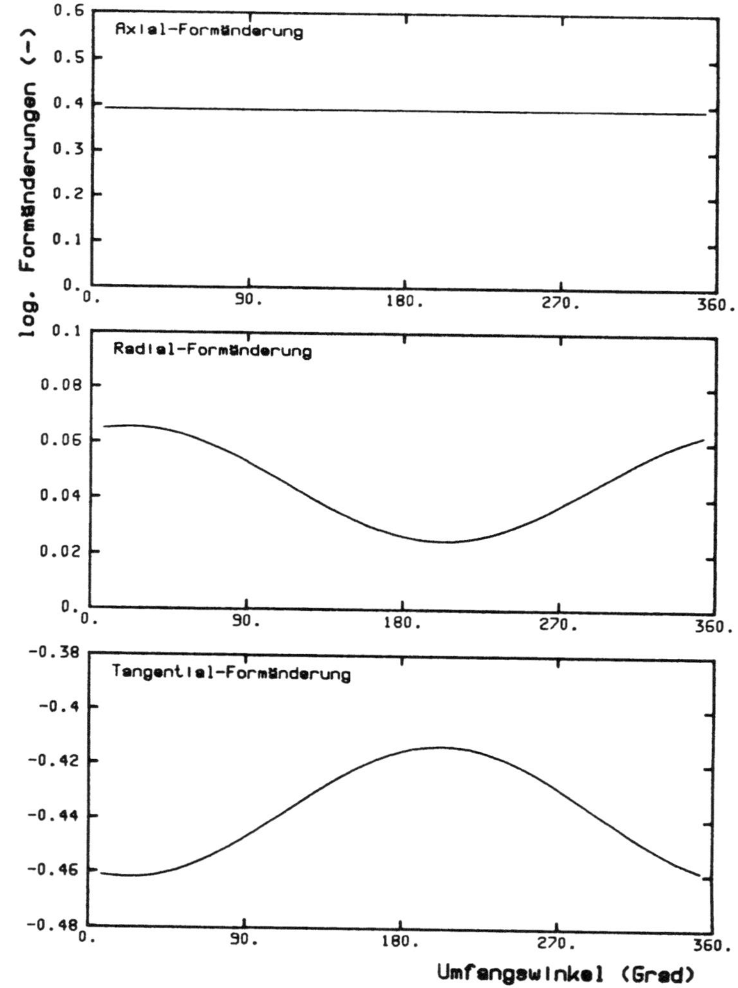

Bild 11: Verlauf der mittleren Formänderungen

Literaturverzeichnis

/1/ Herbertz, R; Kallabis, H.-P.;Kopp,R.; Mauk, P.J.; Osterburg, H.
Description of an experimental theoretical method to determine the metal flow during steady state forming processes
Steel Research 56 (1985) 11, S. 565-574

/2/ Osterburg, H.
Ein Beitrag zur Ermittlung lokaler Prozeßparameter beim Walzen in Streckkalibern mit Hilfe der dreidimensionalen visioplastischen Methode.
Dissertation, RWTH Aachen 1986

/3/ Hatta, N.; Kokado, J.I.
Analysis of stress in block during rolling by visioplasticity method
Memoires Faculty of Engineering, Kyoto University 41 (1979) 4, S. 374-391

/4/ Thomson, P.F.; Brown, J.H.
A study of deformation during cold rolling using visioplasticity
Int. Journal Mechanical Sciences 24 (1982) 9, S. 559-576

/5/ Gebhardt, J.
Werkstoffflußuntersuchungen beim Ziehen von Rohren mit und ohne Innenwerkzeug
Dissertation TU Clausthal, 1984

/6/ Funke, P.; Gebhardt, J.; Gummert, H.-J.
Anwendung der visioplastischen Methode zur Analyse des Umformverhaltens von Hohlzugrohren
Bericht zum Forschungsvorhaben DFG 48/31

/7/ Shabaik, A.H.; Thomson, E.G.
A theoretical method for the analysis of metal working problems
Journal Engineering Industry 90 (1968) 5, S. 343-352

/8/ Farmer, L.E.; Oxley, P.L.B.
A computer-aided method for calculating the distributions of strain-rate and strain from an experimental flow field
Journal Strain Analysis 11 (1976) 1, S. 26-31

/9/ Farmer, L.E.; Conning, S.W.
Numerical smoothing of flow patterns
Int. Journal Mechanical Sciences 21 (1979), S. 577-597

/10/ Krengel, R.;
Untersuchung des Warmwalzprozesses mit der visioplastischen Methode
Dissertation TU Clausthal, 1988

/11/ Pawelski, O.; Armstroff, O.
Überprüfung der Theorie der Druckverteilung beim Rohr- und Stabziehen
Arch. Eisenhüttenwesen 38 (1967) 12, S. 899-904

/12/ Funke, P.; Gummert, H.-J.
Einfluß der Umformparameter auf das Verhalten der Exzentrizität beim Rohrziehen
Bericht zum Forschungsvorhaben DFG 48/45

Verbesserung der Arbeitsgenauigkeit bei der Herstellung von Blechteilen mit U-förmigem Querschnitt mit elastischer Matrize

M. Geiger, U. Engel und A. vom Ende
Lehrstuhl für Fertigungstechnologie
Universität Erlangen-Nürnberg

Die Blechumformung mit elastischen Werkzeugen findet durch ihre Vorteile in der flexiblen Fertigung und bei der Verarbeitung höherwertiger Bleche zunehmend Anwendung. Für das U-Biegen mit elastischer Matrize wurde der Einfluß der Prozeß-, Werkstück- und Werkzeugparameter auf die Arbeitsgenauigkeit untersucht. Diese wird, wie experimentelle Versuche und eine Prozeßsimulation mit Hilfe der Finite-Elemente-Methode zeigen, von Stempelgeometrie, Umformweg und den Werkstückeigenschaften bestimmt. Die Gestaltung der Matrize beeinflußt die Arbeitsgenauigkeit in geringerem Maße, ist für Prozeßauslegung und Werkzeugkosten jedoch von großer Bedeutung.

1 Einleitung und Zielsetzung

Blechumformverfahren mit elastischen Werkzeugen werden seit vielen Jahren erfolgreich zum Biegen, Ziehen und Ausbauchen eingesetzt. Das Verfahrensprinzip besteht darin, daß ein formgebendes Werkzeug, als Stempel oder Patrize bezeichnet, die Platine in ein gummielastisches Kissen, das als Matrize dient, hineinpreßt. Das Matrizenmaterial wird durch die sich ausbildende Druckverteilung seitlich verdrängt, und die Stempelgeometrie wird auf das Werkstück übertragen. Die Vorteile der Anwendung elastischer Werkzeuge liegen in geringen Werkzeug- und Rüstkosten, großer Flexibilität in der herstellbaren Teilegeometrie und der Schonung der Blechoberfläche. Diese Vorteile kommen in besonderem Maße in der Luft- und Raumfahrtindustrie und in der flexiblen Kleinserienfertigung, z.B. für Scheinwerferreflektoren und Fassadenverkleidungen, zum Tragen /1,2/. Bild 1 zeigt den Arbeitsraum einer hydraulischen Gummikissenpresse, die bei einem Flugzeughersteller in ein flexibles, automatisiertes Fertigungssystem integriert ist. Das Teilespektrum besteht hier vorwiegend aus flachen Ziehteilen und Biegeteilen mit geraden und gekrümmten Biegeachsen.

Bild 1: Arbeitsraum einer hydraulischen Gummikissenpresse (Quelle: SPS)

Das Forschungsprojekt hat für das Biegeumformen mit elastischer Matrize das Zusammenwirken von Prozeß, Werkzeug und Werkstück untersucht (Bild 2). Für das V-Biegen mit elastischer Matrize stehen seit längerem Ergebnisse aus Grundlagenuntersuchungen zur Verfügung /3-7/, jedoch nicht für das Biegen komplizierterer Querschnitte. Daher wurde als Werkstückgeometrie ein U-förmiger Querschnitt mit geraden Biegeachsen gewählt, der einen Schritt vom einfachen V-Biegen in Richtung der in der Praxis wichtigen komplexen Profile geht, dabei aber noch eine relativ einfache Grundform aufweist. Durch experimentelle Biegeversuche wurde der Einfluß der Verfahrens-, der Werkstück- und der Werkzeugparameter auf die Arbeitsgenauigkeit ermittelt. Eine Prozeßsimulation mit Hilfe der Finite-Elemente-Methode, die die Ergebnisse der Arbeiten zur Simulation des Gummikissentiefziehens berücksichtigt /8/, sollte das Verständnis für den Prozeß vertiefen und die Analyse der Versuchsergebnisse unterstützen. Ziel des Projekts war, durch die Ergebnisse der Untersuchungen aufzuzeigen, wie eine möglichst hohe Arbeitsgenauigkeit, bei gleichzeitig wirtschaftlichem Einsatz in der Fertigung, erreicht werden kann.

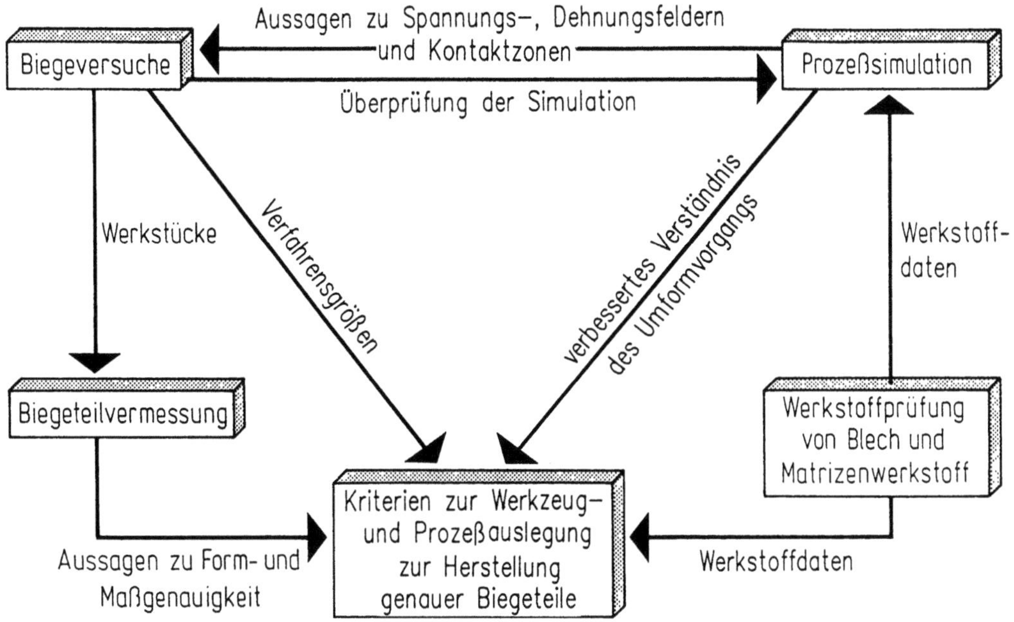

Bild 2: Überblick über das Forschungsprojekt

Im folgenden werden einige wesentliche Gesichtspunkte und Ergebnisse aus den Arbeiten des Gesamtprojekts vorgestellt.

2 Versuchsplan und Versuchsdurchführung

Für die experimentellen Untersuchungen wurde ein Versuchsstand konzipiert und aufgebaut. Es wurde ein Versuchswerkzeug zum Einsatz in einer hydraulischen Tiefziehschlagpresse LASCO TSP100 mit 1000kN Preßkraft konstruiert (Bild 3). Es trägt im Oberwerkzeug den formgebenden Stempel und im Unterwerkzeug einen Stahlkoffer, der die Matrize aufnimmt. Die Dimensionierung der Matrize kann in weiten Grenzen variiert werden, um auch in der Literatur angegebene Empfehlungen für die Werkzeuggestaltung überprüfen zu können /3,4,9-11/. Während des Versuchs werden in kontinuierlichen Meßzyklen Stempelkraft und Stempelweg gemessen; die Meßsignale werden mit einem Vielstellenmeßgerät verstärkt. Mit einem im Rahmen des Projekts entwickelten Rechnerprogramm werden die Meßzyklen gestartet, die Meßwerte in den Meßplatzrechner übertragen und die Auswertungen durchgeführt.

Bild 3: Versuchswerkzeug

Die Geometrie des Versuchswerkstücks besteht aus einem symmetrischen U-Profil mit zwei 90^0-Biegungen um gerade Biegeachsen, das aus einer Platine der Länge 150mm und der Breite 90mm gefertigt wurde. Es wurden nicht hinterschnittene Stempel mit einer Länge von 158mm, einer Breite von 30mm und Radien von 2mm verwendet. Für ergänzende Untersuchungen wurden die Radien variiert.

Die Versuchswerkstoffe, jeweils in den Blechdicken s_0 = 0,5; 1,0 und 2,0mm, vertreten drei für die Blechumformung wichtige Werkstoffgruppen:

- unlegierter Tiefziehstahl St1203 (s_0 = 0,5mm) bzw. St1403 (s_0 = 1mm und 2mm) nach DIN 1623,
- austenitischer Stahl X5 CrNi 18 10 nach DIN 17441 und
- Aluminium-Magnesium-Legierung AlMg3 nach DIN 1745.

Als Matrizenwerkstoffe kamen Polyurethan-Elastomere der Härten 80, 90 und 95 Shore A zum Einsatz. Diese Elastomere werden handelsüblich für die Blechbearbeitung mit elastischen Werkzeugen angeboten. Die Matrizenform wurde variiert: Es wurden Vollkissen verschiedener Höhe, Kissen mit Entlastungshohlräumen und aus mehreren Härten geschichtete Kissen betrachtet. Die Vollkissen waren teilweise mit Viertelrundstäben unterlegt, um

dem nahezu inkompressiblen Elastomer während des Prozesses Raum zum Ausweichen zu geben. Die Matrizenbreite blieb mit 80mm und die Matrizenlänge mit 160mm konstant.
Matrizenform und Eigenschaften des Matrizenwerkstoffs wirken sich auf den Prozeß in vielfacher Hinsicht aus. Es treten Setz-, Reib- und Verschleißerscheinungen auf, die die Kräfte, in geringerem Maße auch die Wege, beeinflussen und die Standzeit der Matrize begrenzen. Der Einfluß dieser Größen auf Arbeitsgenauigkeit und Standzeit ist für den Anwender von hohem Interesse und bisher noch nicht systematisch untersucht worden. Die vorliegende Darstellung konzentriert sich auf den Biegewinkel α_2 nach Entlastung als Maß für die Arbeitsgenauigkeit. α_2 ist hier ein Mittelwert aus sechs Winkelmessungen zwischen Steg und Schenkel an beiden Einzelbiegungen (Bild 4). Weitere Kriterien zur Beurteilung der Arbeitsgenauigkeit bildeten Form- und Maßfehler des Werkstücks, Randverformungen und die Rauhtiefe im Bereich der Umformzone.

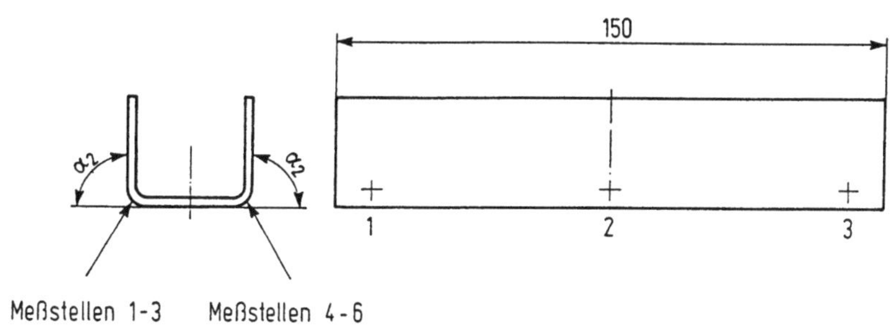

Mittlerer Biegewinkel nach der Entlastung $\alpha_2 = \frac{1}{6}\sum_{i=1}^{6} \alpha_{2i}$

Bild 4: Meßstellenplan zur Ermittlung des Biegewinkels α_2

3 Versuchsergebnisse

Für die Versuchswerkstoffe und die untersuchten Matrizenformen wurden Biegewinkel-Stempelweg-Diagramme erstellt. Die Kurven zeigen für die jeweilige Werżeuganordnung und Blechsorte typische Verläufe und machen wesentliche Aussagen über die Arbeitsgenauigkeit bezüglich des erreichbaren Biegewinkels. Bild 5 stellt die Biegewinkel-Stempelweg-Abhängigkeit für eine 80 Shore A harte Matrize dar, die mit Viertelrundstäben unterlegt ist. Bei kleinen Stempelwegen, bei denen die Werkstückschenkel noch nicht an den Stempelflanken anliegen, steigt der Biegewinkel α_2 steil mit dem Stempelweg an. Nach einem bestimmten Stempelweg, an dem die Werkstückschenkel den Stempel berühren, steigt der Winkel mit zunehmendem Weg nur noch gering an. Dieser leichte Anstieg ist bedingt durch eine bessere Formanpassung des Werkstücks an das Werkzeug mit zunehmendem Druck auf die Blechoberfläche und ist so dem Nachdrücken beim Prägebiegen verwandt. Der Nachdrückeffekt läßt sich jedoch nicht so gezielt zur Verbesserung der Arbeitsgenauigkeit nutzen wie beim Prägebiegen im Gesenk und ist durch die maximale elastische Dehnungsfähigkeit der Matrizenwerkstoffe begrenzt.

Nach Anlegen der Werkstückschenkel an die Stempelflanken ist der Winkel α_2 durch die elastische Rückfederung bei der Entlastung bedingt. Dabei federn dicke Bleche, durch das geringere Verhältnis elastischer zu plastischer Dehnung, weniger zurück als dünne. Die Rückfederung nimmt zu mit steigender Fließspannung des Werkstoffs (X5 CrNi 18 10 im Vergleich zu St1203 und St1403) und mit abnehmendem Elastizitätsmodul (AlMg3 im Vergleich zu St1203 und St1403).

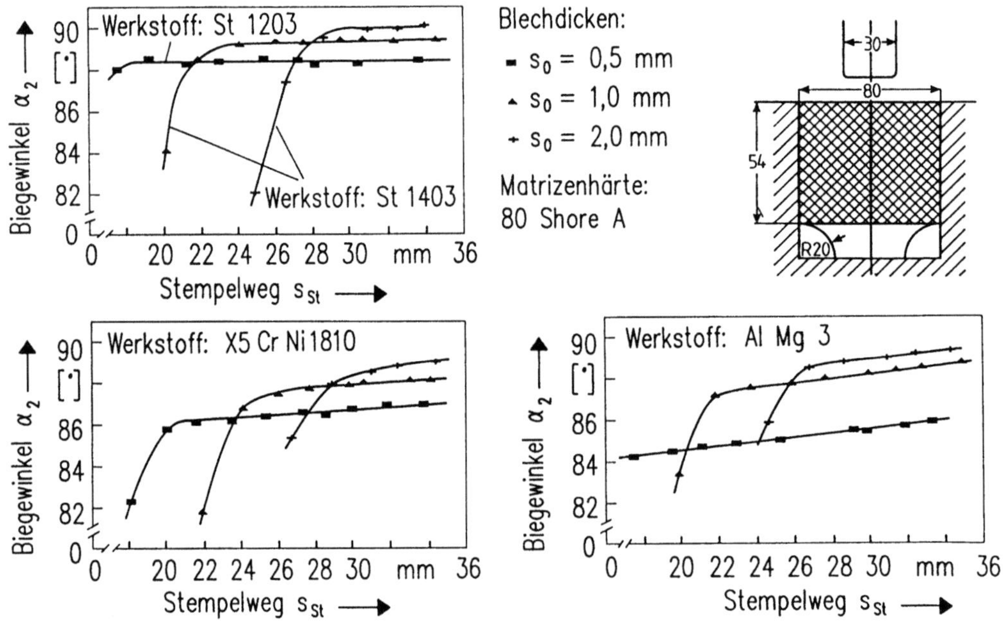

Bild 5: Biegewinkel-Stempelweg-Verlauf: Einfluß von Blechdicke und Blechwerkstoff

Der Stempelweg bis zum Anlegen der Schenkel an den Stempel steigt mit dem erforderlichen Biegemoment und stellt einen Mindest-Umformweg dar. Er muß für jede Werkzeugkonfiguration und jede Blechsorte experimentell ermittelt werden. Dickere Bleche benötigen ein größeres Biegemoment und damit einen größeren Umformweg als dünnere Bleche.
Die in Bild 5 betrachtete Matrize ist für Tiefziehstahl geeignet, für austenitische Bleche und die Leichtmetallegierung hingegen nicht optimal gestaltet: Der Biegewinkel steigt in der Nachdrückphase noch stark an. Die Verwendung höherer Matrizen, die ein größeres Biegemoment aufbringen können, führt zu einer Verbesserung der Arbeitsgenauigkeit, die nur noch unwesentlich vom Stempelweg und hauptsächlich von der elastischen Rückfederung des Werkstücks bestimmt ist.

Geschichtete Kissen, die aus einer weichen Grundmatrix der Härte 80 Shore A, einer mittleren Schicht mit 90 Shore A und einer harten Deckschicht mit 95 Shore A bestehen, erwiesen sich als geeignet, den Verschleiß durch Rißbildung zu vermindern und

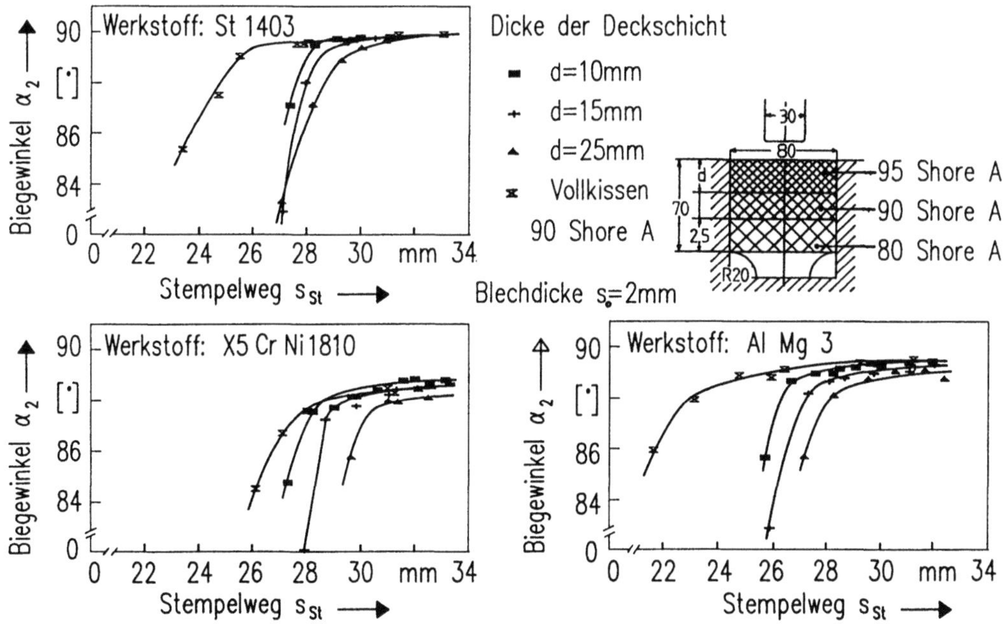

Bild 6: Biegewinkel-Stempelweg-Verlauf: Vergleich geschichteter Matrizen mit Vollkissen

die Standzeit zu erhöhen. Mit diesen Matrizen konnte die gleiche Arbeitsgenauigkeit erreicht werden wie mit ungeschichteten Vollkissen (Bild 6). Die zur Umformung notwendigen Stempelwege bei geschichteten Kissen steigen mit der Dicke der Deckschicht und liegen höher als bei dem zum Vergleich dargestellten, ungeschichteten Vollkissen mit 90 Shore A.

Um den Einfluß der Kissengestaltung auf die erreichbare Arbeitsgenauigkeit zu ermitteln, wurden Matrizengeometrie und -härte variiert. Um das zur plastischen Biegung erforderliche Biegemoment im Blech zu erzeugen, sind eine Mindesthöhe der Matrize und ein minimaler Stempelweg erforderlich. In Bild 7 ist der Stempelweg, der zur Erzielung eines bestimmten Winkels α_2 benötigt wird, über die Matrizenhöhe aufgetragen. Der Winkel α_2 ist hier ein Wert, der bei allen dargestellten Kissenhöhen und -härten erreicht wird und durch den Nachdrückeffekt nicht mehr wesentlich zu verbessern ist. Die Kissen waren, mit Ausnahme des 90mm hohen Kissens, mit Viertelrundstäben unterlegt. Bei den Unterlegungen mit 20mm Höhe ist kein Einfluß der

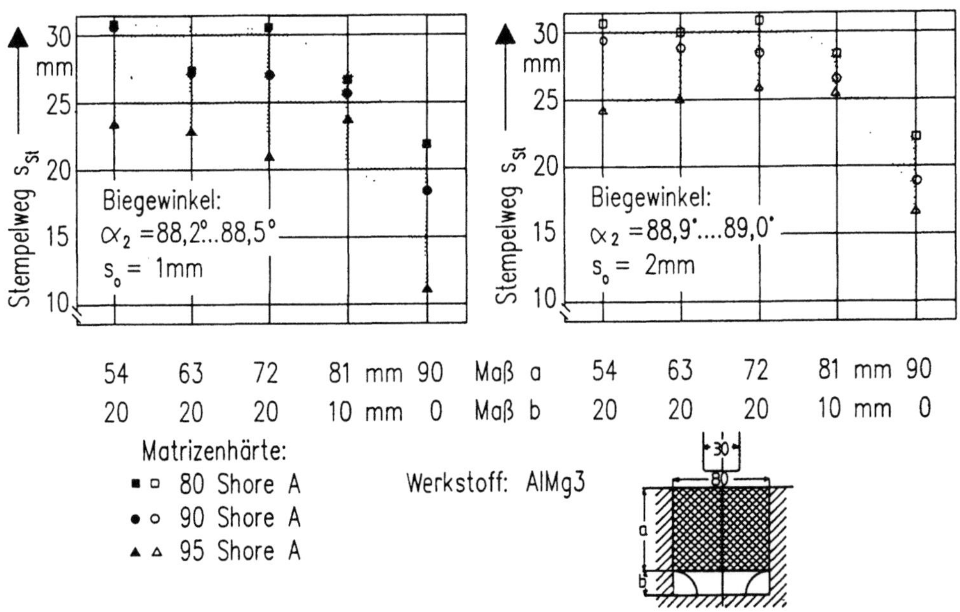

Bild 7: Stempelweg zur Erzielung eines bestimmten Biegewinkels α_2 als Funktion der Matrizenhöhe

Kissenhöhe auf den Stempelweg zu erkennen, bei 10mm Höhe und bei dem nicht unterlegten Kissen werden die erforderlichen Wege geringer. Gleichzeitig nehmen jedoch die aufzuwendenden Kräfte und der Verschleiß zu. Für den in Bild 7 dargestellten Werkstoff AlMg3 gilt zudem, daß härtere Kissen kleinere Umformwege zulassen.

Bei allen Versuchen wurden die Kraft-Weg-Verläufe aufgenommen. Bild 8 zeigt Stempelkraft-Stempelweg-Verläufe für die Biegung von Werkstücken aus 2mm dickem Stahlblech St1403 mit nicht unterlegtem Vollkissen. Der Kraftbedarf steigt mit der Kissenhärte stark an. Der größte Teil der aufzuwendenden Prozeßarbeit, bis über 90%, muß zur elastischen Matrizenverformung aufgewendet werden, nur der Rest steht als Umformarbeit für das Werkstück zur Verfügung. Dieser hohe Kraftbedarf und der damit verbundene geringe Prozeßwirkungsgrad sind für das Umformen mit elastischen Werkzeugen charakteristisch und bei der Prozeßauslegung zu berücksichtigen.

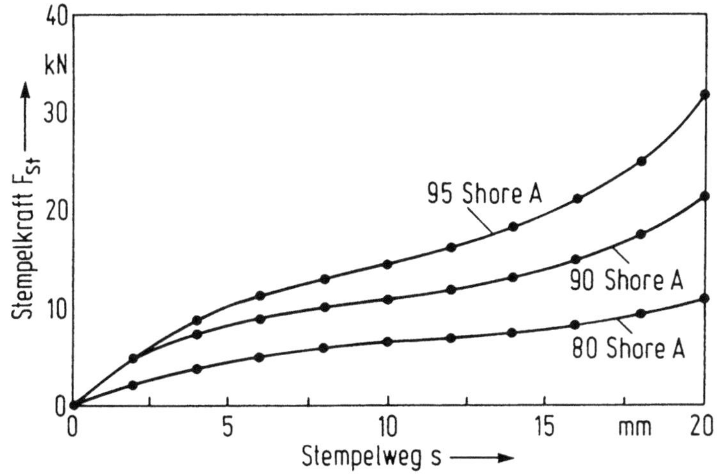

Werkstoff: St 1403
Blechdicke: $s_0 = 2$ mm
Matrizengröße: $b \cdot h \cdot l = 80 \times 90 \times 160$ mm^3
Matrizenhärten: 80, 90, 95 Shore A

<u>**Bild 8:**</u> **Stempelkraft-Stempelweg-Verläufe in Abhängigkeit von der Matrizenhärte**

Stempelkraft-Stempelweg-Diagramme sind zur Abschätzung des Kraft- und Arbeitsbedarfs und zur Werkzeuggestaltung sinnvoll. Für eine kraftgesteuerte Prozeßregelung im Rahmen einer Präzisionsumformung sind sie jedoch nicht geeignet, da der Kraft-Weg-Verlauf von weiteren Parametern beeinflußt wird.
Zwei der wichtigsten sind der Verformungsrest und das Setzverhalten. Als Verformungsrest wird der sehr kleine plastische Anteil bei der Matrizenverformung bezeichnet, der die Geometrie der Matrize mit zunehmender Hubzahl ändert. Bei Überlagerung einer statischen Last mit einer Wechsellast zeigen Elastomere bei gleicher Verformung einen Kraftabfall mit der Hubzahl, der als Setzen bezeichnet wird. Der Kraftabfall ist am größten bei den ersten Lastspielen und nähert sich asymptotisch einem Endwert /12/.
Es sollte die Frage geklärt werden, ob das Setzverhalten die Arbeitsgenauigkeit beeinflußt. Dazu wurden Matrizen mit bis zu 500 Hüben belastet, einer Zahl, die die üblichen Losgrößen in der Kleinserienfertigung abdeckt (Bild 9). Obwohl die Stempelkraft bei einem konstanten Weg fast linear mit der Hubzahl

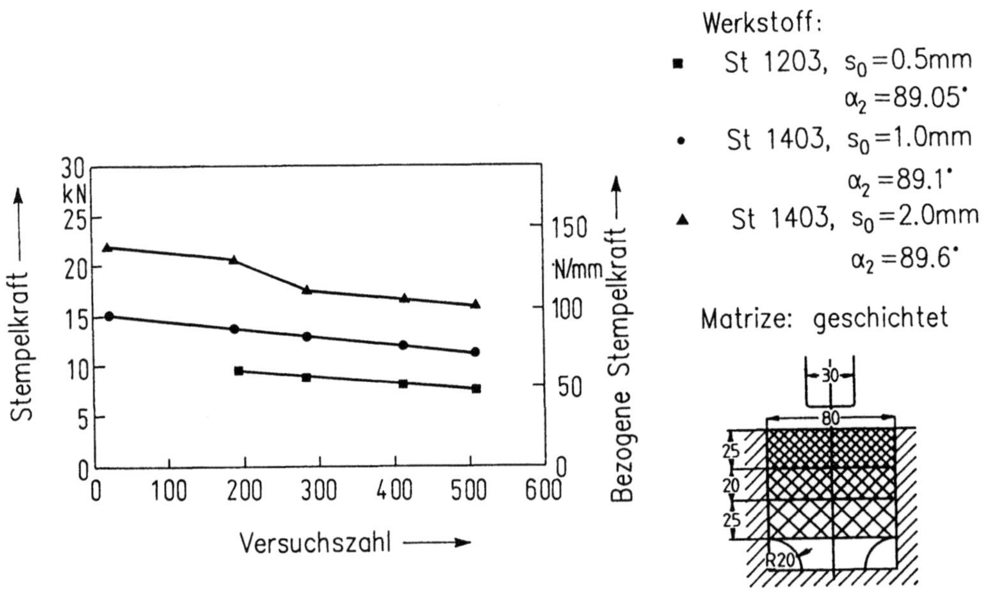

Bild 9: Einfluß des Setzverhaltens der Matrize auf den Kraftbedarf

abnimmt, verschlechtert sich die Arbeitsgenauigkeit nicht. Die Änderung des Kraft-Weg-Verlaufs durch das Setzverhalten braucht hinsichtlich der Erzielung einer gleichbleibenden Arbeitsgenauigkeit damit nicht berücksichtigt zu werden.

Die Umformung von Blechen mit polierten und hochglänzenden Oberflächen ist eine wichtige Anwendung des Biegens mit elastischer Matrize. Hier stellt die Änderung der Rauheit in der Umformzone ein Kriterium zur Beurteilung der Arbeitsgenauigkeit dar. Daher wurde die gemittelte Rauhtiefe R_Z nach DIN 4768 in der Umformzone gemessen. Die Aufrauhung, wie sie bei der Umformung an freien Oberflächen auftritt, ist auch beim Biegen mit elastischer Matrize zu beobachten. Am Beispiel des austenitischen Stahls X5 CrNi 18 10 ist in Bild 10 die Rauhtiefe R_Z für den Steg, den Schenkel sowie über die Abwicklung der Außenfaser des gebogenen Werkstücks aufgetragen. Der R_Z-Wert steigt mit der Dehnung der Außenfaser, d.h. mit der Blechdicke, an. Die Aufrauhung zeigt sich in ähnlicher Form auch für die anderen Versuchswerkstoffe.

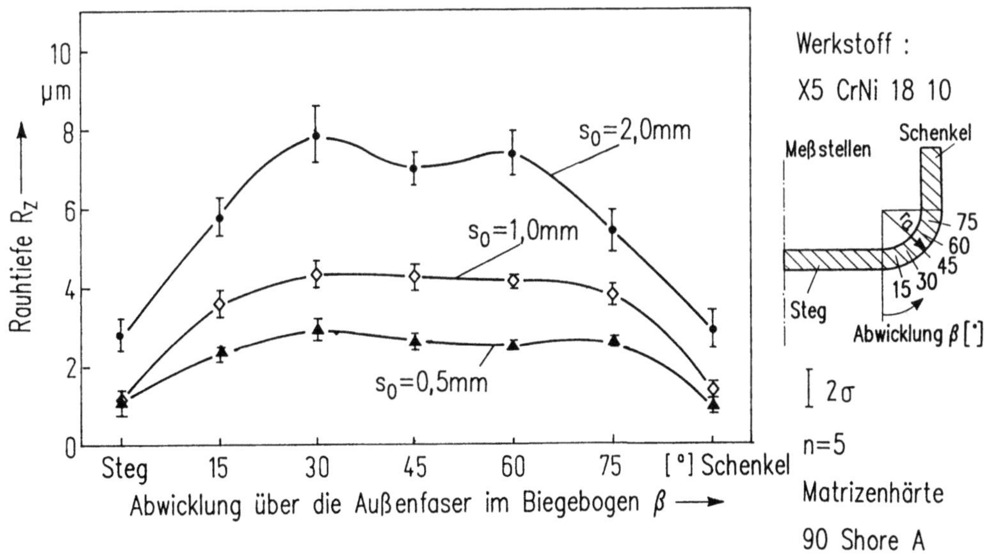

Bild 10: Aufrauhung der Blechoberfläche in der Umformzone

4 Prozeßsimulation

Die Prozeßsimulation mit der Finite-Elemente-Methode ist heute ein leistungsfähiges Werkzeug, um Umformprozesse zu beschreiben und ein Verständnis für Stofffluß, Spannungs- und Kontaktzustände während des Prozesses zu gewinnen. Diese Informationen sind experimentell oft schwer zugänglich. Im Rahmen des Projekts wurde das Biegen mit elastischer Matrize erstmalig simuliert. Die im Versuch auftretenden wesentlichen Erscheinungen konnten dabei in der Modellrechnung abgebildet werden. Da die Simulation begleitend zu den praktischen Versuchen durchzuführen war, wurde ein kommerzielles Finite-Elemente-Programm eingesetzt. Es zeigte sich in einer Marktstudie /13/, daß nur wenige Programme die Anforderungen zur Simulation des Prozesses erfüllen:

1. finite (endliche) Verschiebungen und Rotationen,
2. Plastizität,
3. Elastizität mit finiten Dehnungen,
4. Kontakt einer deformierbaren Struktur mit einer starren Fläche,
5. Kontakt zweier deformierbarer Strukturen mit beliebigen Relativverschiebungen.

Das Programm ABAQUS Version 4-7 erfüllt diese Forderungen und wurde auf einer Apollo Domain Workstation DN 3000, später Apollo Domain DN 10000, installiert. Der Modellierung liegen die in /14/ ausführlicher diskutierten Annahmen zugrunde:

1. Es liegt ebener Verzerrungszustand (EVZ) vor.
2. Der Prozeß ist achsensymmetrisch, sodaß nur eine Hälfte des Problems diskretisiert werden muß.
3. Stempel und Werkzeugwände sind starr.
4. Im Blech liegt v. Misessche Plastizität mit isotroper Verfestigung vor.
5. Die Matrize verhält sich als Mooney-Rivlin-Material mit einem zusätzlichen Parameter zur Beschreibung der Kompressibilität.
6. Die Reibung in allen Kontaktflächen folgt dem Coulombschen Reibgesetz.

Zur Bestimmung der Materialdaten der Blechwerkstoffe wurde der Flachzugversuch nach DIN 50114 durchgeführt. Dazu wurde eine

Versuchseinrichtung entwickelt, die in /15/ vorgeschlagen wurde und auf einer Dehnungsmessung mit Dehnmeßstreifen basiert.

Gummiartige Materialien wie Polyurethan-Elastomere sind großen Deformationen unterworfen und werden als sogenannte hyperelastische Materialien behandelt. Hyperelastische Materialien sind definiert als ideal elastische Materialien, deren Spannungs-Dehnungs-Zusammenhang auf einem Energie-Potential pro Volumeneinheit beruht. ABAQUS stellt für dieses Energie-Potential W einen Polynomansatz der Form

$$W = \sum_{i+j=1}^{N} C_{ij} \, (\bar{I}_1-3)^i \, (\bar{I}_2-3)^j + \sum_{i=1}^{N} (1/D_i) \, (J-1-R)^{2i} \qquad (1)$$

zur Verfügung. Die Konstanten C_{ij} beschreiben das elastische, die Konstanten D_i das kompressible Verhalten. R(T) definiert die Temperaturabhängigkeit. $\bar{I}_1$ und $\bar{I}_2$ sind die ersten zwei Invarianten des Tensors

$$\bar{\underline{B}} = \bar{\underline{F}} \cdot \bar{\underline{F}}^T. \qquad (2)$$

Hierbei ist $\bar{\underline{F}}$ der deviatorische Teil des Deformationsgradienten $\underline{F}$

$$\bar{\underline{F}} = J^{-1/3} \, \underline{F}. \qquad (3)$$

J ist die Volumenänderung. Da der Prozeß bei Raumtemperatur stattfindet, wird der Temperatureinfluß R(T) vernachlässigt. Das Dehnungsenergie-Potential wird als linear angenommen (N=1), sodaß Gl. (1) sich zu

$$W = C_{10}(\bar{I}_1-3) + C_{01}(\bar{I}_2-3) + (1/D)(J-1)^2 \qquad (4)$$

vereinfacht. Dies ist das klassische Mooney-Rivlin-Gesetz, das um einen Term für die Volumenänderung erweitert ist. Die Spannungs-Dehnungs-Beziehung ist dann

$$\underline{\sigma} = 2/J \, (\partial W/\partial \bar{I}_1) \, \bar{\underline{B}} - 2/J \, (\partial W/\partial \bar{I}_2) \bar{\underline{B}} \cdot \bar{\underline{B}} + (\partial W/\partial J) \, \underline{I} \qquad (5)$$

Für C_{10} und C_{01} wurden typische Werte für ein Mooney-Rivlin-Material nach /16/ gewählt. Zur Ermittlung der Material-

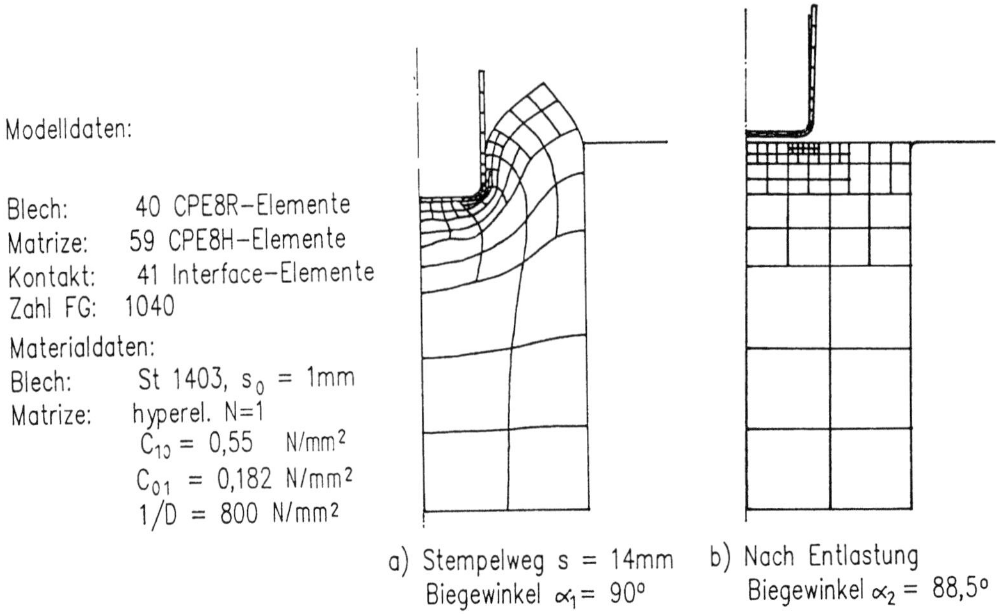

Bild 11: Finite-Elemente-Modell der Simulation

konstanten D wurde in Anlehnung an /8/ ein Stauchversuch mit einachsiger Formänderung entwickelt /17/. Der Reibwert in den Kontaktflächen zwischen Stempel und Blech sowie zwischen Blech und Matrize beträgt μ = 0,2.

Bild 11 zeigt eines der gerechneten Finite-Elemente-Modelle mit 1040 Freiheitsgraden. Die Maße entsprechen den experimentellen Versuchen mit 80mm breiten und 90mm hohen Vollkissen. Das Blech wurde mit 8-Knoten-Elemente mit reduzierter Integration, die Matrize mit 8-Knoten-Hybrid-Elementen mit voller Integration diskretisiert. Die Kontaktabfrage geschieht durch 41 Kontaktelemente. Die Rechnung simuliert das Biegen eines 1mm dickem Blechs aus St1403. Der Stempelweg von 14mm erforderte 381 Inkremente für die Belastung und 109 Inkremente für die Entlastung.

Die Kontaktdruckverteilung zwischen Stempel und Blech sowie zwischen Blech und Matrize ändert sich während des Prozesses (Bild 12). Bild 12a zeigt die Lage der Spannungsausgabepunkte: Die Punkte 1 bis 5 liegen in der Kontaktzone zwischen Stempel und Blech, die Punkte 6 bis 10 in der Kontaktzone zwischen

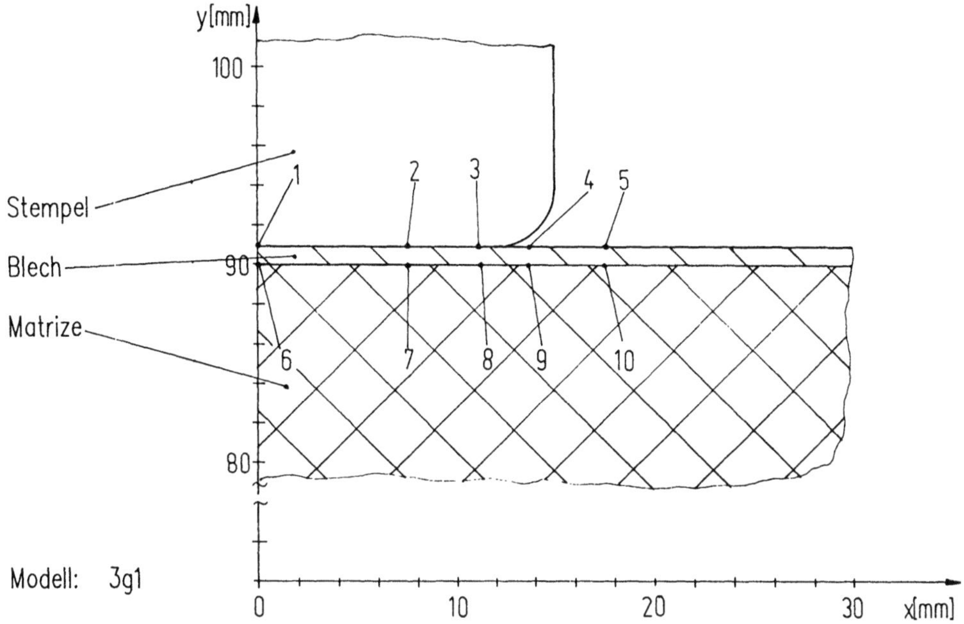

Bild 12a: Kontaktdruckverlauf über den Stempelweg: Lage der Spannungsausgabepunkte

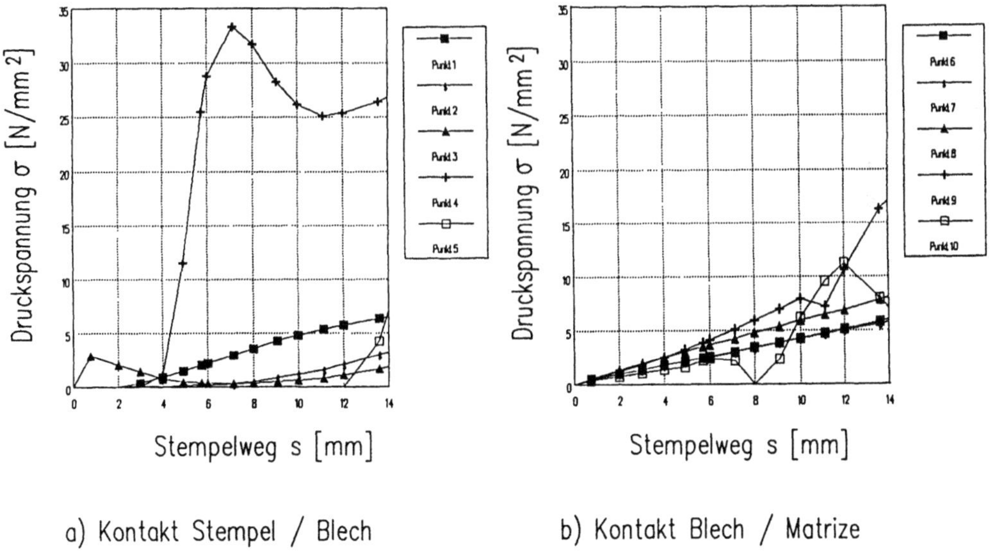

Bild 12b: Kontaktdruckverlauf über den Stempelweg

Blech und Matrize. Der Kraftfluß vom Stempel in das Blech erfolgt hauptsächlich über die Stempelkante (Punkte 3,4 in Bild 12b), während erst bei ca. 4mm Stempelweg die Stempelunterseite in Kontakt tritt (Punkte 1 und 2). Das Blech gleicht durch seine Steifigkeit die Spitzen des Kontaktdrucks weitgehend aus, so daß auf seiner Unterseite der Druck kontinuierlicher ansteigt (Punkte 6 bis 10). Da sich die Kontaktfläche zwischen Blech und Matrize beim Eindringen des Stempels ständig vergrößert, kommt es an einigen Stellen zu einem zeitweiligen Druckabfall (z.B. Punkt 10 bei 8mm und ca. 12mm Weg).

Einen Vergleich des Stempelkraft-Stempelweg-Verlaufs dieser Rechnung und entsprechender Versuche mit einer 90 Shore A harten Matrize zeigt Bild 13a. Der verzögerte Kraftanstieg im experimentellen Kraft-Weg-Verlauf resultiert aus dem Verformungsrest des Kissens. Bild 13b stellt die Biegewinkel-Stempelweg-Verläufe gegenüber. Der Anlegepunkt der Blechschenkel an den Stempel liegt im Experiment bei ca. 12,5mm, in der Rechnung bei etwas unter 14mm.

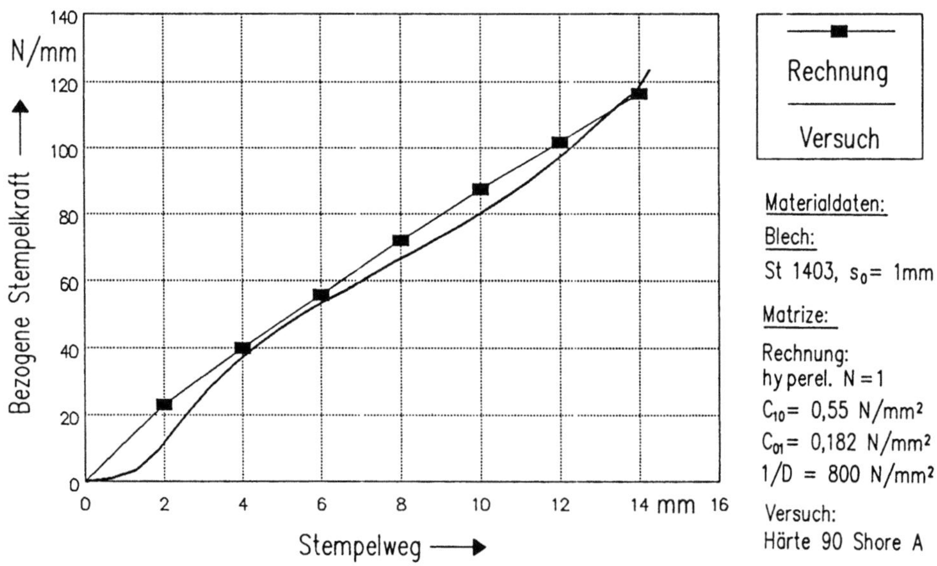

Bild 13a: Vergleich des Stempelkraft-Stempelweg-Verlaufs aus Versuch und Simulation

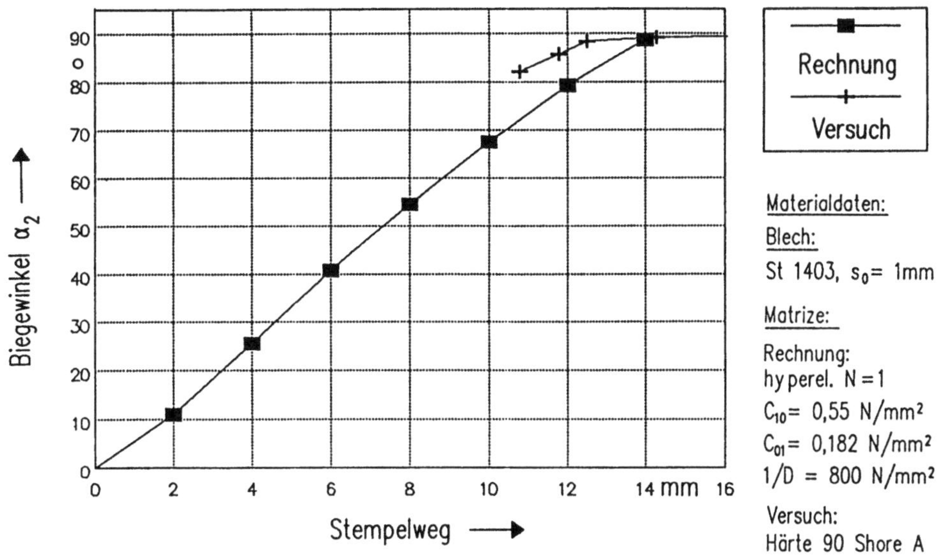

Bild 13b: Vergleich des Biegewinkel-Stempelweg-Verlaufs aus Versuch und Simulation

Die Genauigkeit einer Prozeßsimulation ist heute durch die zur Verfügung stehenden Materialgesetze, Materialdaten und die unzureichende Kenntnis der Randbedingungen begrenzt. So berücksichtigt das Materialgesetz des Matrizenwerkstoffs z.B. nicht die Zeiteffekte. Auch ein nichtlineares Reibgesetz, das für den Kontakt Metall/Gummi erforderlich wäre /8/, ist in ABAQUS noch nicht verfügbar. Unter Berücksichtigung dieser Einschränkungen ist die Übereinstimmung mit dem Versuch als gut zu bewerten.

5 Zusammenfassung und Ausblick

Das Forschungsprojekt hat das komplexe System des Biegenumformens mit elastischen Werkzeugen untersucht. Es wurde der Einfluß der wesentlichen Prozeß-, Werkstück- und Werkzeugparameter auf die Arbeitsgenauigkeit betrachtet. Das Biegen mit elastischer Matrize ist ein Verfahren für die Präzisionsumformung, wenn die speziellen Eigenschaften der als Matrizenwerkstoffe verwendeten Polyurethan-Elastomere bei der Prozeßauslegung berücksichtigt werden.

Die Ergebnisse der experimentellen Untersuchungen lassen sich wie folgt zusammenfassen:

1. Der erreichbare Biegewinkel α_2 nach Entlastung als Maß für die Arbeitsgenauigkeit wird bei vorgegebener Teilegeometrie und geeigneter Matrizenauslegung weitgehend durch Werkstoff und Blechdicke bestimmt - und in wesentlich geringerem Maße von Matrizenhärte und Matrizenform.
2. Eine geeignete Matrizenform erfordert eine Mindesthöhe, um das erforderliche Biegemoment bereitstellen zu können.
3. Der Biegewinkel α_2 wird durch den Stempelweg bestimmt. Für jede Kombination aus Werkstück und Matrizenkonfiguration gibt es, wiederum bei günstiger Werkzeuggestaltung, einen minimalen Stempelweg, bei dem sich die Werkstückschenkel an die Stempelflanken anlegen. Dieser minimale Stempelweg ist experimentell zu ermitteln. Bei größeren Stempelwegen läßt sich der Biegewinkel α_2 in geringem Maße durch die Ausnutzung eines Nachdrückeffekts steigern. Dieser ist durch die maximale zulässige Dehnung des Matrizenwerkstoffs begrenzt.
4. Zum Erreichen einer hohen Arbeitsgenauigkeit ist eine wegabhängige Prozeßsteuerung anzuwenden und ein Stempelweg vorzugeben, der über dem minimalen Stempelweg liegt.
5. Bei der Werkzeuggestaltung ist zu beachten, daß eine größere Matrizenhärte größere Kräfte und geringeren Verschleiß zur Folge hat. Die Schaffung von Hohlräumen durch Unterlegungen und die Verwendung geschichteter Kissen senken ebenfalls den Verschleiß und beeinflussen die Arbeitsgenauigkeit nicht.

Der Prozeß wurde mit Hilfe des Finite-Elemente-Programms ABAQUS simuliert. Der Biegevorgang konnte mit allen wesentlichen Erscheinungen qualitativ beschrieben werden. Die Prozeßsimulation erlaubt die Ausgabe von Verschiebungen, Spannungen, Dehnungen und Kontaktzuständen zu jedem Zeitpunkt des Prozesses und trägt so zur Analyse der Versuchsergebnisse bei. Gezielte quantitative Aussagen zur Arbeitsgenauigkeit sind beim gegenwärtigen Stand der Simulationstechnik noch nicht möglich. Die Genauigkeit der Prozeßsimulation wird in Zukunft durch die

Bereitstellung besserer Materialgesetze, effizienterer numerischer Algorithmen und genauerer Randbedingungen gesteigert werden können.
Die Prozeßsimulation stellt bereits jetzt ein wertvolles Werkzeug zur Ergänzung der experimentellen Untersuchungen dar. So kann durch eine Modellrechnung vor einem Versuch abgeschätzt werden, ob eine bestimmte Werkzeugauslegung das zur Biegung eines vorgegebenen Werkstücks benötigte Moment aufbringen kann, ohne das Verformungsvermögen der Matrize zu überschreiten.

Das Biegen mit elastischer Matrize wird bis auf weiteres ein Verfahren bleiben, das die Erfahrung des Anwenders erfordert. Aufgrund der besonderen Eigenschaften der Matrizenwerkstoffe ist eine Automatisierung des Prozesses aufwendiger als beim konventionellen Gesenkbiegen, insbesondere dann, wenn hohe Anforderungen an die Präzision gestellt werden. Die Verwendung hinterschnittener Stempel, verbunden mit einer on-line-Messung des Biegewinkels unter Last und dessen Rückführung in die numerische Steuerung der Biegemaschine könnte zu einer weiteren Steigerung der Arbeitsgenauigkeit führen.

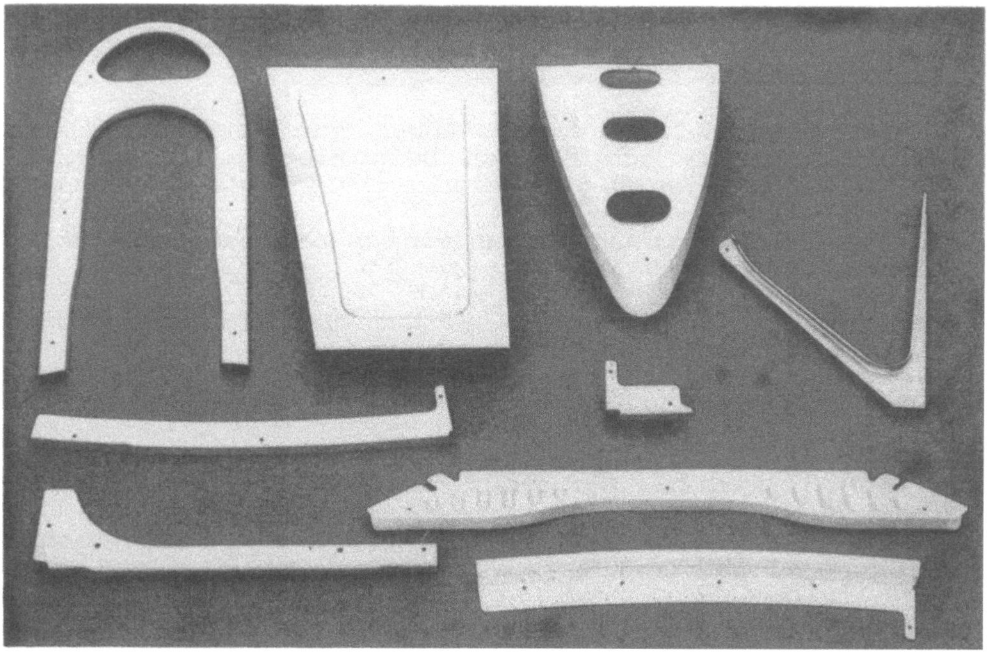

Bild 14: Mit elastischen Werkzeugen umgeformte Blechwerkstücke für die Luft- und Raumfahrtindustrie (Quelle: MBB)

Die Arbeiten des Projekts sollen in einer Fortsetzung auf konkav und konvex gekrümmte Werkstücke, bei denen die Biegeumformung mit Stauch- und Ziehanteilen kombiniert ist, erweitert werden. Solche Teile sind vor allem in der Luft- und Raumfahrtindustrie von großer Bedeutung (Bild 14).

6 Literatur

/1/ vom Ende, A.; Engel, U.; Geiger, M.: Herstellung von Blechteilen mit U-förmigem Querscnitt durch Biegen mit elastischer Matrize. In: Blech Rohre Profile 36 (1989), Nr.8

/2/ Kliment, J.L.; de Kruijk, H.: Das Gummiumformverfahren, seine heutige Anwendung und weitere Entwicklung im Flugzeugbau. In: Blech Rohre Profile 29 (1982) Nr.2-3

/3/ Wilhelm, H.: Biegen von Blech mit elastischen Werkzeugen. In: Ind.Anz. 94 (1972), Nr.38

/4/ Wilhelm, H.: Umformen von Blech mit elastischen Werkzeugen. In: DFBO-Mitteilungen 22 (1971), Nr.12

/5/ Küppers, W.; Schmitz, K.: Versuche zum Umformen nichtrostender Feinbleche mit elastischen Werkzeugen. In: Bänder Bleche Rohre 12 (1971), Nr.9

/6/ Blümel, K.; Wabersich, E.: Biegen kunststoffbeschichteter und aluminierter Feinbleche mit elastischen Werkzeugen. In: Blech Rohre Profile 19 (1972), Nr.10

/7/ Schiefenbusch, J.: Untersuchungen zur Verbesserung des Umformverhaltens von Blechen beim Biegen. Fortschr.Ber. VDI-Z, Reihe 2, Nr.60. Düsseldorf : VDI-Verlag, 1983

/8/ Holzner, M.: Kontinuumsmechanische Studien zum Kissentiefziehen. TU München. Diss., 1987

/9/ Schmitt, H.: Elastomere im Werkzeugbau. In: Blech Rohre Profile 30 (1983), Nr.2-4

/10/ VDI-Richtlinie 3398: Biegeumformen. Bl.4: Elastische Kissen. Düsseldorf : VDI-Verlag, 1977

/11/ FIBRO, Haßmersheim: Normalien-Katalog. - Firmenschrift

/12/ Göbel, E.F.: Gummifedern : Berechnung und Gestaltung. Berlin : Springer, 1969

/13/ Arbeitsbericht zum Fortsetzungsantrag der DFG-Sachbeihilfe Ge 530/2-1. Erlangen, Lehrstuhl für Fertigungstechnologie, 1987

/14/ vom Ende, A.: Simulation des Biegens mit elastischer Matrize mit dem Finite-Elemente-Programm ABAQUS. In: 3. Workshop "Numerische Methoden in der Plastomechanik" (Neustadt a.R. 29.-31.5.1989). - Tagungsband

/15/ Brox, H.: Rechnergestützte Ermittlung von Werkstoffkenngrößen zur Beschreibung des Umformverhaltens oberflächenveredelter Feinbleche. Fortschr.Ber. VDI-Z, Reihe 2, Nr.162. Düsseldorf : VDI-Verlag, 1988

/16/ Hibbit, Karlsson & Sorensen, Providence, Rh.I.: ABAQUS Example Problems Manual, Version 4-7, 1988

/17/ Arbeitsbericht zum Fortsetzungsantrag der DFG-Sachbeihilfe Ge 530/2-2. Erlangen, Lehrstuhl für Fertigungstechnologie, 1988

Kaltfließpressen von Bauteilen mit Verzahnungen

Prof. Dr.-Ing. Dr. h.c. W. König
Dipl.-Ing. W. Koll

Anhand eines geeigneten Modellwerkstoffs wird die Einlaufform zum Fließpressen von schrägverzahnten (ß = 23°) Zahnrädern bestimmt, um damit die Biegebelastung der Matrizenzähne zu vermindern. Die Verzahnungsfehler sind über eine Versuchsserie von 5000 gepreßten Zahnrädern dargestellt, wobei aber auch die fehlerbestimmenden Parameter herausgestellt werden. Mittels eines überbetrieblichen Kostenmodells wird eine Wertung der spanenden und umformenden Vorverzahnungsherstellung vorgenommen. Bei der Integration von mehreren Funktionselementen mit der Laufverzahnung in den Umformprozess können gute Ergebnisse erzielt werden.

Einleitung und Zielsetzung

Zukünftig werden Fertigungstechnologien nicht nur nach ihrer Produktivität sondern auch zunehmend nach ihrem Umgang mit Energie, Resourcen und ihrer Umweltverträglichkeit (z. B. Kühlschmierstoffentsorgung) bewertet. Die umformenden Fertigungsverfahren bieten hier vielfach Alternativen, die es gilt, gerade im Hinblick auf die Near-Net-Shape-Technologien zu erforschen. Einen großen Fortschritt brachte die Beschichtungstechnik mit Hartstoffschichten, deren Potential heute sicherlich noch nicht ausgeschöpft ist.

Das Kaltfließpressen bietet aufgrund seiner hohen Automatisierbarkeit, seiner guten Ausbringung und seiner relativ leichten Werkstückhandhabung eine gute Rentabilität vor allen Dingen dann, wenn eine Vorbearbeitungsqualität erreicht wird, so daß nur noch ein Nachbearbeitungsschritt erforderlich ist oder in einer Aufspannung fertig bearbeitet werden kann. Einen Hauptkostenfaktor stellen die formgebunden Werkzeugelemente dar, so daß grundsätzlich die Verfahren der Massivumformung nur in der Massenproduktion rentabel sind.

Die Herstellung von Genauverzahnungen, wie sie z.B. in der Automobilindustrie in großen Stückzahlen benötigt werden, ist eine Domäne der spanabhebenden Bearbeitungsverfahren. Für die Fertigung von Laufverzahnungen hat sich in besonderem Maße das Wälzfräsen in Kombination mit dem Wälzschaben durchgesetzt.

Eine Reihe von Untersuchungen haben gezeigt, daß Verzahnungen auch umformtechnisch - in einigen Fällen bis in Vorverzahnungsqualität - herstellbar sind /1-8 u.a./ Im Laboratorium für Werkzeugmaschinen und Betriebslehre der RWTH Aachen wurde das Hohl-Vorwärtsfließpressen im Paket (Bild 1), das auf ein Patent von Samanta /9/ aus den siebziger Jahren

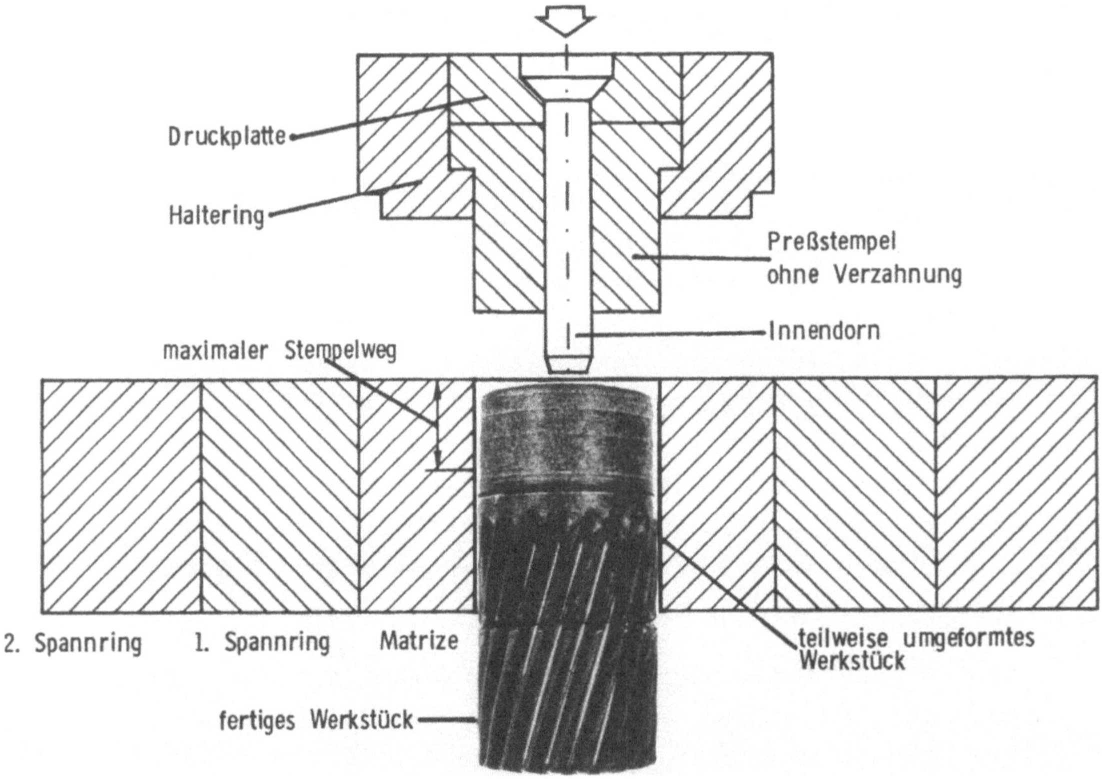

Bild 1: Fließpressen von Zahnrädern im Paket

zurückgeht, Anfang der achziger Jahre in diesem Schwerpunktprogramm wieder aufgegriffen. Mit diesem Verfahren konnten geradverzahnte Zahnräder ($m = 2{,}5$ mm, $z = 20$,

d_a = 55 mm) in der Verzahnungsqualität 8 bei geschliffener Bohrung gepreßt werden /10-14/. Der Stempel preßt nacheinander zylindrische Ringrohlinge in die verzahnte Matrize, wobei jeweils das nachfolgende Werkstück das vorhergehende vollständig in das formgebende Werkzeug einpreßt. Der Stempel ist nicht verzahnt, da andernfalls die Gefahr der Kollision bestehen würde, und bei Schrägverzahnungen müßte bei hohen Taktzeiten das Oberwerkzeug in kürzester Zeit beschleunigt werden. Außerdem käme es zum Zurückfließen des Werkstoffs. Die Führung des Stempels, der nicht beweglich gelagert ist, erfolgt im Druckteil der Matrize oberhalb der Umformzone, so daß auf eine aufwendige Säulenführung verzichtet werden kann. Nachteilig wirkt sich jedoch die Unterbrechung des Prozesses aus.

Zielsetzung dieses Forschungsprojektes war es, aufbauend auf den Erkenntnissen des ersten Projektes in diesem Schwerpunktprogramm einerseits die Funktionsdichte des Bauteils Zahnrad zu erhöhen, d.h. die Verzahnung sollte noch mit anderen Formelementen verbunden werden, und andererseits sollte überprüft werden, inwieweit auch schrägverzahnte Zahnräder herstellbar sind, wobei gerade der wirtschaftliche Aspekt der Zahnradfertigung durch Kaltfließpressen zu betrachten ist. Den prinzipiellen Werkzeugaufbau verdeutlicht Bild 2. Für eine bessere Nacharbeit ist die Matrize geteilt. Außerdem wurde durch diese Maßnahme erst das Beschichten mit TiN (PVD-Verfahren) möglich. An unbeschichteten Matrizen trat schon nach wenigen tausend Pressungen abrasiver Verschleiß insbesondere an der Umformzone auf.

Kaltfließpressen von Schrägverzahnungen

Untersuchungen mit der Methode der Visioplatizität zeigten, daß sich bei einem Schulteröffnungswinkel von $2\alpha = 60°$ die zahnbelastenden Spannungen gegenüber

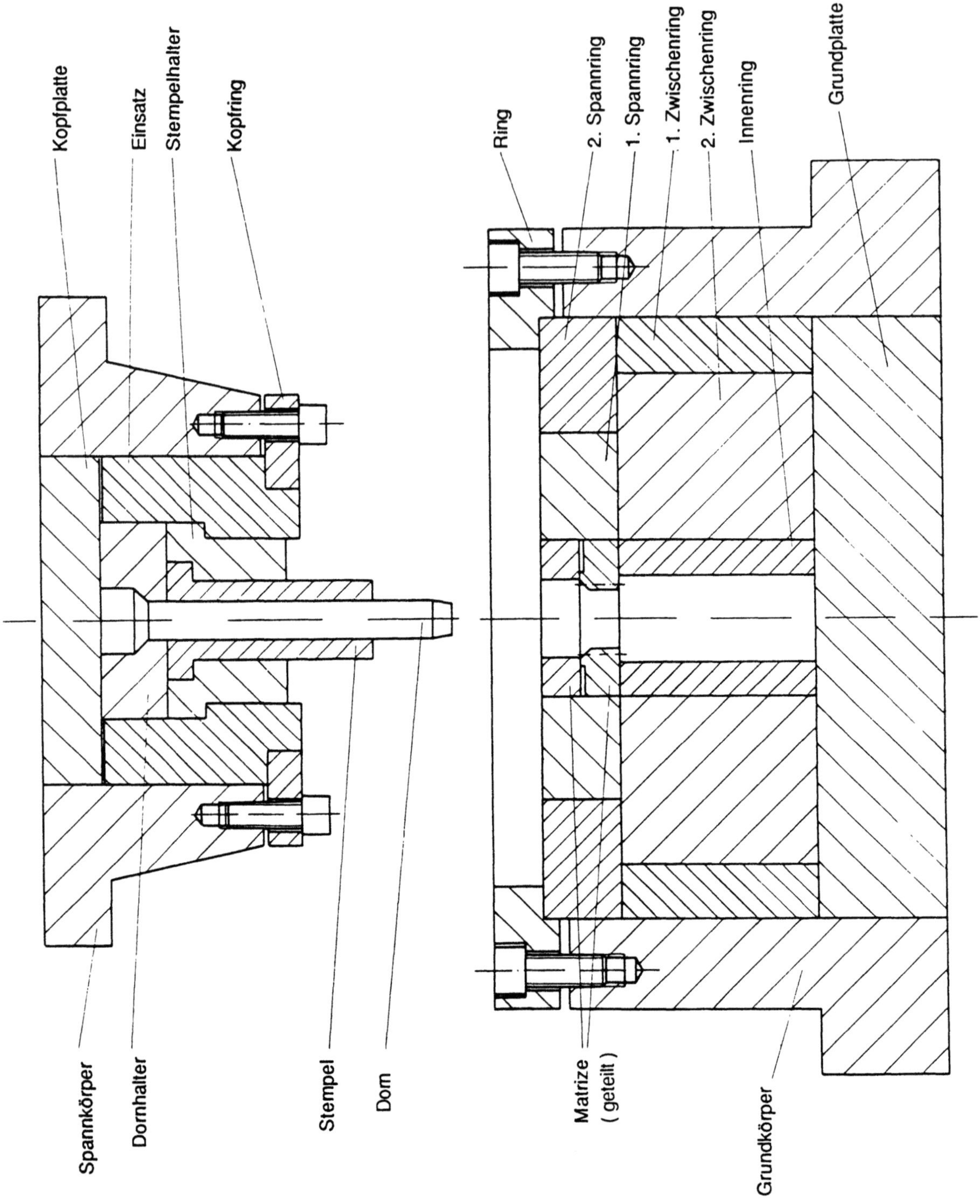

Bild 2: Werkzeugaufbau

2α = 120° um 30% reduzieren ließen. Dabei sollte der sich vergrößernde Einzug in Kauf genommen werden. Für Modelluntersuchungen mit zweifarbigem Plastilin, die den Werkstofffluß zwischen den Matrizenzähnen verdeutlichen sollten, wurde als Ausgangspunkt der Einlaufgeometrie der geradverzahnten Matrizen (symmetrische Einlaufform) gewählt. Im Gegensatz zum Werkstofffluß bei Geradverzahnungen wird beim Fließpressen von Schrägverzahnungen der Werkstoff entlang der vorgegebenen Schräge gezwungen. Bei der symmetrischen Einlaufform bleibt der Werkstoff in der Matrizenzahnlinie auf der druckbelasteten Seite (hier: linke Flanke) zurück (Bild 3). Aus der Forderung, daß

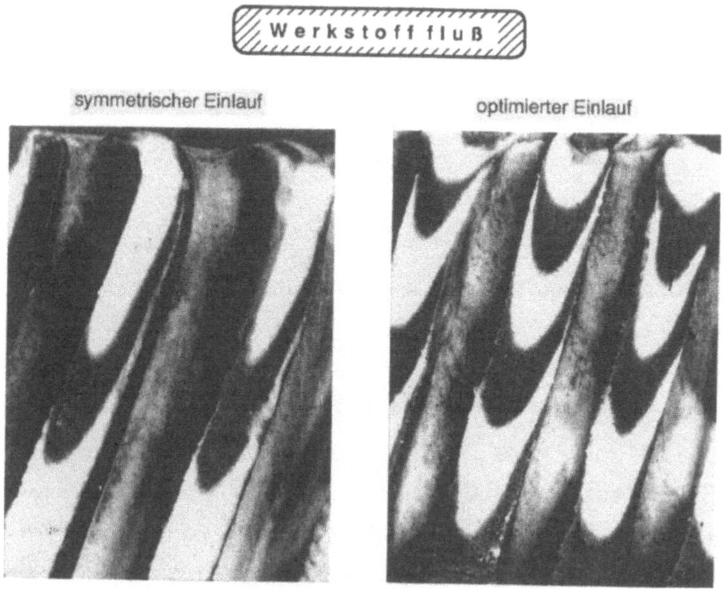

Bild 3: Werkstofffluß in den Matrizenzähnen bei unterschiedlichen Einlaufformen

während des Umformvorganges die bezogene Stauchung konstant /15/ bleibt und unter Berücksichtigung des Schrägungswinkels ß läßt sich die in Bild 4 dargestellte geometrische Form des Einlaufs für eine Zahnlücke entwickeln. Durch diese Form kann ein symmetrischer Werkstoffverlauf in der Zahnlücke (rechter Teil des Bildes 3) erzeugt wer-

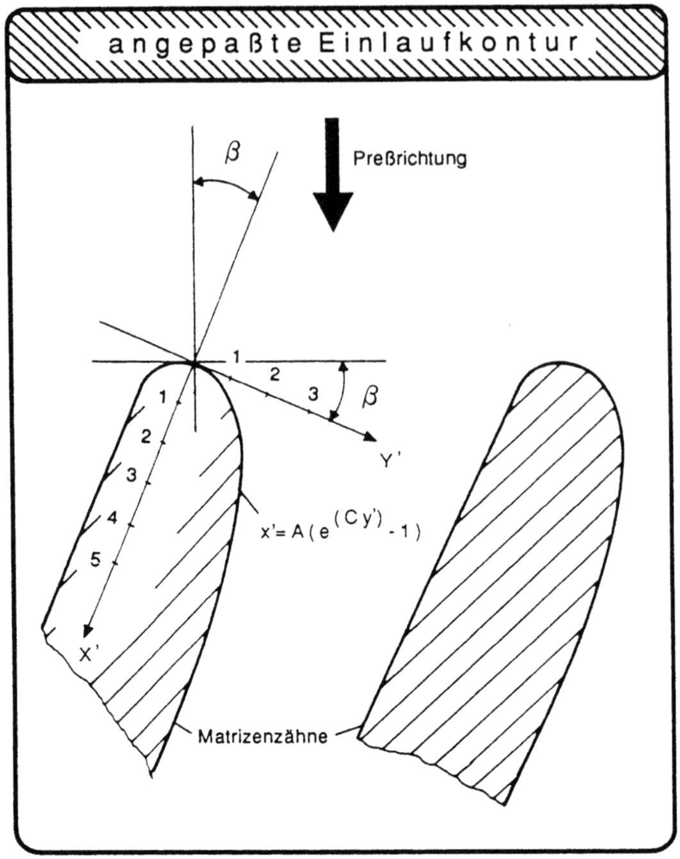

Bild 4: Angepaßte Einlaufgeometrie

den, bzw. der Werkstoff eilt auf der druckabgewandten Seite so weit vor, daß eine Stützwirkung des Matrizenzahns erfolgt, und somit der Zahn an dieser Stelle weniger auf Biegung beansprucht wird. Untersuchungen an schrägverzahnten Matrizen hatten nämlich gezeigt, daß bei einer symmetrischen Einlaufform der Bruchausgangspunkt kurz unterhalb der Umlaufformzone liegt. In zweiter Linie führen Werkstoffehler wie z.B. Lunker oder Fehlstellen im Gefüge (dies führte bei der ersten eingesetzten Matrize zum Ausfall) und die Randzonenbeeinflussung zum Bruch der Matrizenzähne. Die Matrize vor dem Beschichten zeigt Bild 5. Die Flanken im Matrizenauslauf sind um ungefähr 0,2 mm auf 10 mm hinterschliffen um die elastischen Anteile im eingeformten Zahnrad beim Austritt aus der Matrize abzubauen.

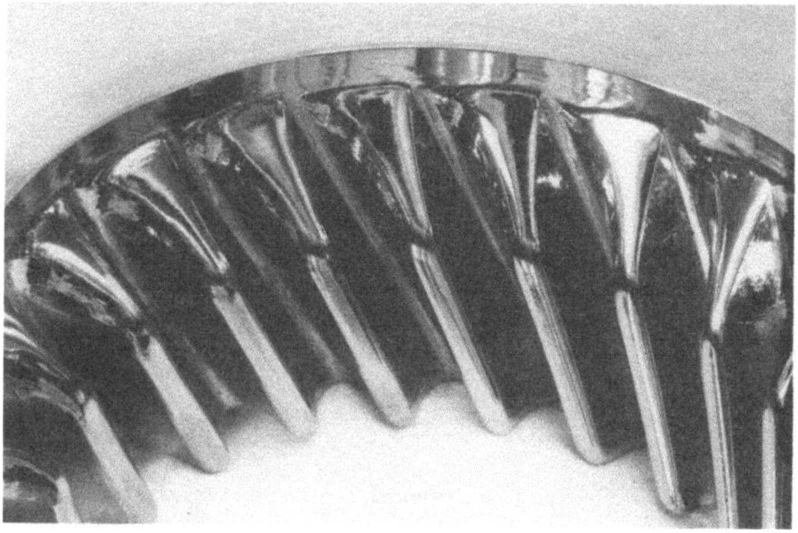

Bild 5: Matrize vor dem Beschichten

Für die Untersuchungen kommen dickwandige Hohlzylinder aus dem Einsatzstahl 16 MnCr 5 mit einer Höhe von 14 mm zum Einsatz. In Bild 6 sind Rohling und fließgepreßtes Zahnrad dargestellt.

Bild 6: Rohling und gepreßtes Zahnrad

Die Matrize zeigt schon nach wenigen Pressenhüben radiale Risse am Matrizenauslauf, die sich jedoch bis zum Pressende nach 5000 Teilen nicht veränderten.

Die erzielten Genauigkeiten der gepreßten Zahnräder sind in Bild 7 für die Rechtsflanke und in Bild 8 für die Linksflanke aufgeführt. Pro 1000 Teile wurden zwei Zahnräder vermessen. Zur Auswertung kamen je 4 Zähne gleichmäßig am Umfang verteilt. Aufgetragen wurde jeweils der Mittelwert, die maximale und minimale Abweichung. Ein Verschleiß der Matrize war nicht festzustellen.

Die großen Streuungen ergeben sich erstens durch die nicht definierte Lage in der Matrize, so daß dieselben Zähne nicht auswertbar sind, und zweitens ist aufgrund der fehlenden Bezugsflächen am fertigen Zahnrad eine genaue Ausrichtung in der Preßmaschine nicht möglich, so daß sich - wie der Verlauf der Profilwinkelabweichung belegt - ein Taumelfehler ergibt. Die Bohrung weist einen Exzentrizitätsfehler von 0,05 mm auf. Dies bedeutet, daß andere Referenzgrößen für die Bestimmung der Lage der Verzahnung heranzuziehen sind oder über eine Aufnahme des Werkstücks in der Verzahnung die Fertigbearbeitung der Bohrung vorgenommen werden müßte. Die erzielten Genauigkeiten bezüglich der Profilausbildung für Rechts- und Linksflanke unterscheiden sich nur unwesentlich, wobei jedoch eine direkte Aussage über die Abbildungsgenauigkeit zwischen Werkzeug und Werkstück nicht getroffen werden kann.

Für die Abweichungen der Flankenlinien ist keine einheitliche Tendenz festzustellen. Die negativen Werte der Flankenlinienwinkelabweichung belegen, daß der Sollwinkel des Schrägungswinkels nicht erreicht wird, wobei die rechte Flanke erheblich schlechtere Werte aufweist als die linke Flanke, d. h. die druckbeaufschlagte Seite.

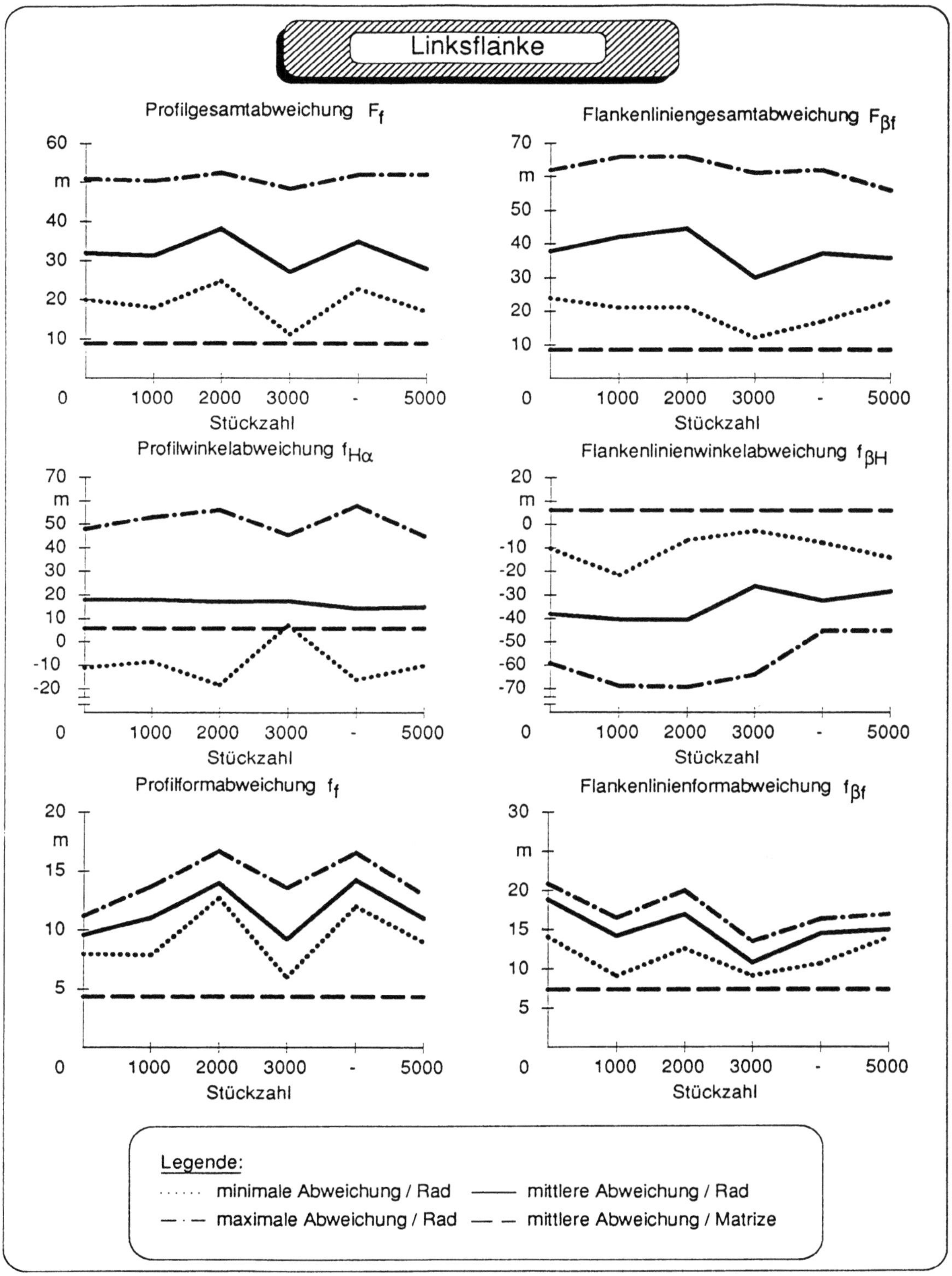

Bild 7: Verzahnungsabweichungen der Rechtsflanke

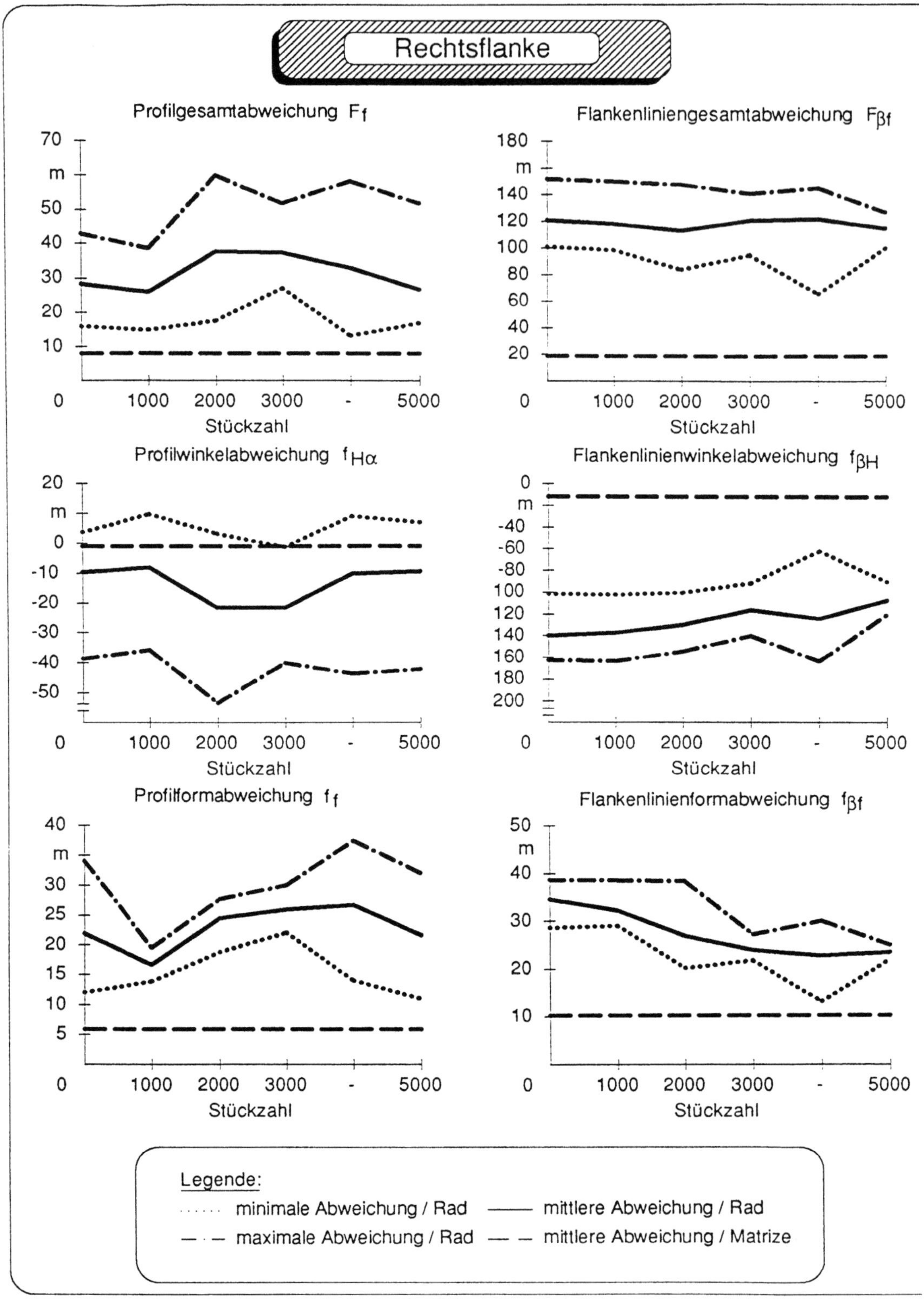

Bild 8: Verzahnungsabweichungen für die Linksflanke

Dies ist eine direkte Folge des flachen Schulteröffnungswinkels von 2   = 60°, wie der direkte Vergleich mit dem steileren Winkel in Bild 9 verdeutlicht. So sind zwar die

Bild 9: Ausbildung des Einzugs bei verschiedenen Schulteröffnungswinkeln

zahnbelastenden Spannungen aufgrund der geringeren Aufstauchung kleiner, jedoch muß dies mit einem größen Einzug erkauft werden. Zudem eilt der Werkstoff auf der rechten Seite in Bewegungsrichtung so weit vor, daß eine ausreichende Füllung der Zähne im Anfangsbereich nicht erreicht wird. Dies führt zu einem Abfallen der Flankenlinien. Ausschlaggebend für die Differenz der Flankenlinienformabweichung zwischen rechter und linker Flanke ist der Absatz (Bild 10), der sich am Ende der Verzahnung als Folge der verfahrensbedingten Unterbrechung während des Umformprozesses bildet.

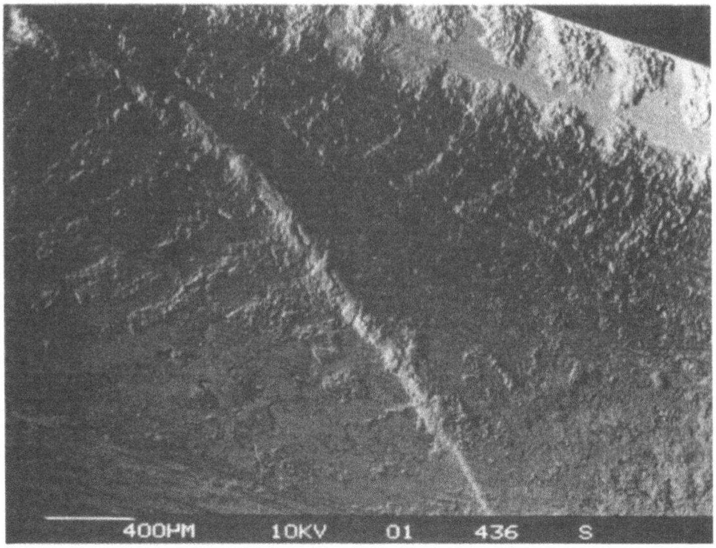

Bild 10: Absatz auf der rechten Flanke eines Zahnrades

Wirtschaftlichkeitsbetrachtung

In Anlehnung an die gewonnenen Erkenntnisse über die erreichbaren Genauigkeiten von durch Kaltfließpressen hergestellten schrägverzahnten Zahnrädern bei einem Schulteröffnungswinkel von $2\alpha = 120°$ kann anhand eines überbetrieblichen Kostenmodells der Vergleich zwischen der konventionellen, d.h. spanenden Bearbeitung, und der umformenden Herstellung vorgenommen werden. Dabei sind der Mehraufwand durch die Werkstückvorbereitung, die kurzen Fertigungszeiten, der Nachbearbeitungsaufwand und nicht zuletzt die Werkzeugkosten zu betrachten.

Da derzeitig die gesamte Fertigungsfolge in der Großserie einschließlich der Nachbearbeitung auf das Wälzfräsen abgestimmt ist, müssen einige Voraussetzungen getroffen werden: Die Flankenlinie kann soweit im Werkzeug vorkorrigiert werden, daß eine Nachbearbeitung durch Schaben möglich ist, und die Probleme der Werkstückaufnahme für die Bohrungsbearbeitung sind gelöst.

Prinzipiell lassen sich die in Bild 11 dargestellten Fer-

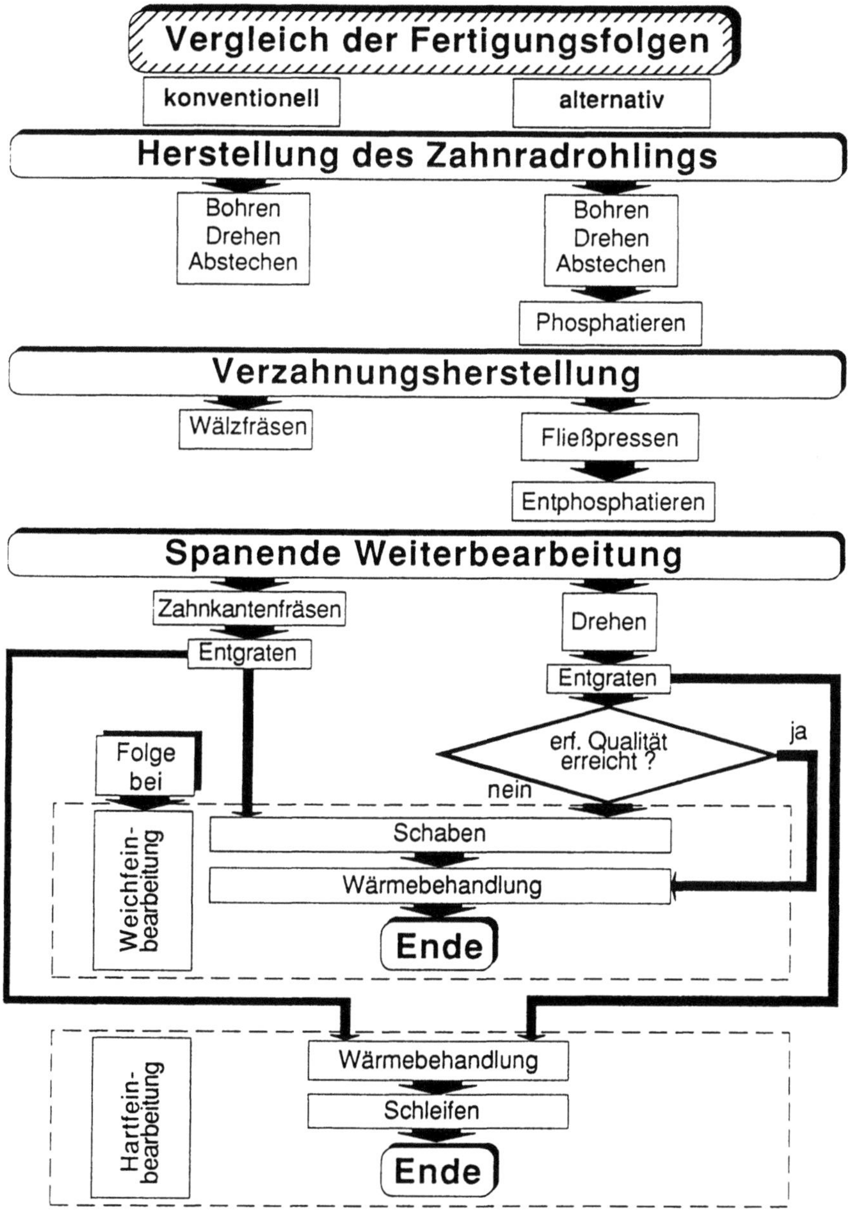

Bild 11: Vergleich der Fertigungsfolgen (spanend - umformend)

tigungsfolgen für die spanende und umformende Zahnradherstellung aufstellen, wobei auf die Reinigungs- und Meßoperationen innerhalb des Fertigungsablaufes verzichtet wird.

Der Vergleich der Fertigungsverfahren gliedert sich in einem technischen und wirtschaftlichen Verfahrensvergleich /16,17/. Da betriebliche Einflüsse und Unzulänglichkeiten des Betriebsgeschehens unberücksichtigt bleiben sollen, hat sich die Plankostenrechnung als geeignete Basis für das Kostenrechnungssystem ergeben. Die Bestimmung der Einzelkosten in den Gemeinkostenarten erfolgt auf der Basis von Durchschnittswerten unterschiedlicher Untersuchungen /18,19/.

Bei einem Vergleich der Verfahrensfolgen spanende - umformende Zahnradherstellung ist eine differenzierte Betrachtung der Werkzeugkosten und des Nachbearbeitungsaufwandes bzw. der damit verbundenen Kosten an den Stellen von besonderer Bedeutung, wo Aufmaße, Genauigkeiten o.ä. sich nicht vergleichen lassen (z.B. Wälzfräsen, Umformen). Dies gilt z.B. für das Abdrehen des verfahrensbedingten Preßrestes und Einzugs. Aufgrund der besonderen Situation, nämlich ein ungleichmäßiges Verfestigungsgefüge über den gesamten Querschnitt des Zahnrades und den zusätzlichen unterbrochenen Schnitt im Zahnbereich, kann nicht auf vorhandene Schnittdaten zurückgegriffen werden. Versuche an geradverzahnten Zahnrädern zeigten, daß mit den Schnittbedingungen $v_c = 200$ m/min und $f = 0{,}2$ mm nicht nur gute Standzeiten, sondern auch ein geringer Grat erzeugt wird. Ansonsten wird zur Werkzeugkostenermittlung auf Werte der Untersuchungen /20-22/ zurückgegriffen. Die jährlich zugrunde gelegte Stückzahl wird mit 500.000 Stück festgelegt. Das fertige Zahnrad soll eine Qualität von 6 nach DIN 3962 aufweisen.

Die gestellten Anforderungen nach größerer Schnelligkeit und Wirtschaftlichkeit bei der spanenden Zahnradfertigung kann aus heutiger Sicht nur das Wälzfräsen erfüllen.

Durch Wälzfräsen wird eine Verzahnungsqualität von 8 erreicht. Zur Abarbeitung des Aufmaßes von ca. 0,15 mm/Flanke schließt sich ein Schabvorgang an, wodurch die Qualität auf 7 gesteigert wird. Zur Erzielung der geforderten Qualität von 6 schließt sich nach dem Härten noch ein Feinbearbeitungsverfahren an.

Für ein fließgepreßtes Zahnrad wird nach entsprechender Vorkorrektur der Flankenlinien in der Matrize eine erzielbare Qualität von 11 angenommen. Dies bedeutet, daß für eine anschließende Schabbearbeitung bei gleicher Fertigungszeit ein höherer Schabradverschleiß zum Ansatz kommen muß.

Die Zeitberechnungen werden nur für die sich unterscheidenden Fertigungsstationen durchgeführt. Für die Fertigungsfolge Wälzfräsen-Schaben-Härten, die als konstanter Wert in Bild 12 eingeht, lassen sich die Kosten für die Fertigungsfolge Fließpressen-Schaben-Härten in Abhängigkeit von der Matrizenstandzeit bei verschiedenen Matrizenkosten auftragen.

Kaltfließpressen von Getriebewellen

Kombiniert man weitere Funktionselemente mit der Laufverzahnung und integriert sie in den Umformprozeß, so lassen sich neben einer Erhöhung der Funktionsdichte vielfach Fertigungs- und Montageschritte einsparen und auch die Nachteile, die durch Fehler der Bezugsfläche entstehen, reduzieren.

In Vorversuchen hatte sich herausgestellt, daß von den beiden Verfahrensvarianten zur Herstellung einer Getriebewelle,

1) Umformen der Verzahnung an einen Ringrohling bei gleichzeitigem Fügen des Ringes auf eine abgesetzte Welle

2) Umformen der Verzahnung an einen Teil einer vorgeformeten Welle

die erste Variante aufgrund der nicht ralisierbaren Formschlüssigkeit nicht zur Herstellung der Welle geeignet war. Anhand weiterer Vorversuche bezüglich der Führungen konnte ein Lastenheft erstellt und das Werkzeug gebaut werden. Die in einem Arbeitsgang hergestellten Getriebewellen weisen gleichermaßen für Keil- und Laufverzahnung im Mittel eine Qualität von 10 und 11 (auch nach dem Härten) auf, wobei zwischen den eingepreßten Spitzen gemessen wurde. Zur Erweiterung der Fertigungsfolge hinsichtlich Werkstoffreduzierung wurden auch die Rohlinge durch Kaltumformen hergestellt.

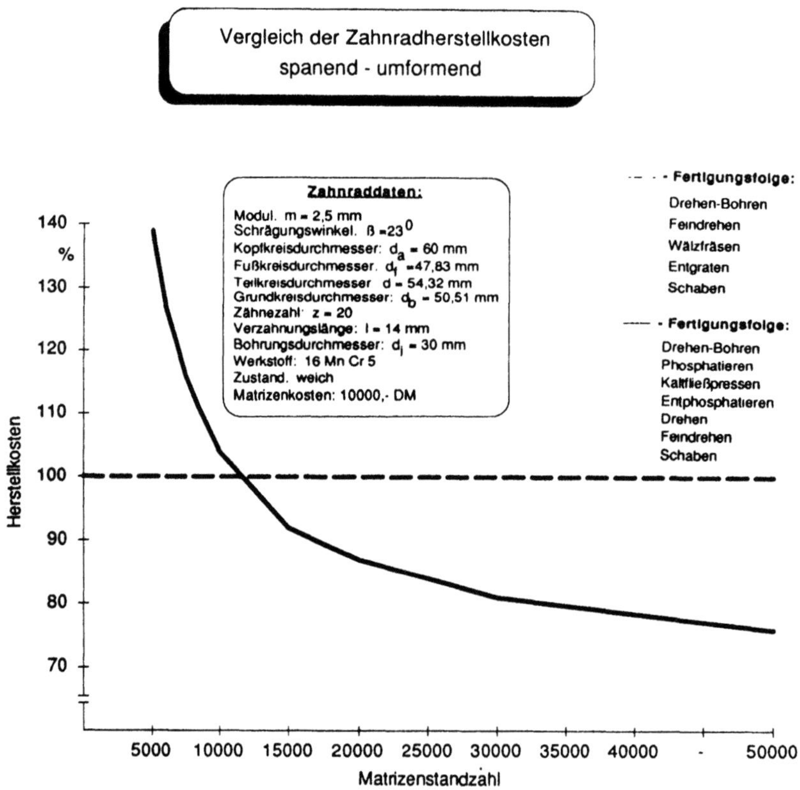

Bild 12: Kostenvergleich der unterschiedlichen Fertigungsfolgen

Zusammenfassung und Ausblick

In vielen Bereichen der Kaltmassivumformung konnten durch den Einsatz hartstoffbeschichteter Werkzeuge erhebliche Fortschritte in Richtung der Near-Net-Shape-Technologien erzielt werden. Diese Untersuchungen haben gezeigt, daß beim Kaltfließpressen schrägverzahnter Zahnräder die auf Biegung belasteten Zähne der Matrize so hoch beansprucht werden, daß schon kleine Material- oder Oberflächenfehler zum Ausfall der Matrize führen. Eine gezielte Steuerung des Werkstoffflusses durch eine angepaßte Einlaufform kann zur Entlastung der Zähne führen. Dabei wirkt sich ein schwacher Schulteröffnungswinkel reduzierend auf die Spannungen aus, führt aber zu einem starken Einzug am Anfang der gepreßten Zahnräder. Die Qualität der fließgepreßten Zahnräder liegt bezüglich des Profilfehlers etwa 1-2 Qualtitätsstufen schlechter als die der gefrästen, wobei durch Vorkorrigieren des formgebenden Werkzeugs und Optimierung der gesamten Werkzeugkonstruktion eine Qualitätssteigerung in Bezug auf die Flankenlinienfehler sicherlich möglich ist. Aufgrund der fehlenden Bezugsfläche für die Nachbearbeitung muß die komplette Fertigungsfolge neu überdacht werden, wobei aber auch die nachfolgenden Feinbearbeitungsverfahren auf die Gegebenheiten des Kaltfließpressens abzustimmen sind. Der Hauptaugenmerk wird sich dabei auf die Aufnahme des Werkstücks richten. So könnte dies aber auch bedeuten, daß die bis jetzt frei tolerierten Größen am Zahnrad für die Fertigung an Bedeutung gewinnen.

Durch die Integration mehrerer Funktionselemente und Bezugsgröße - hier die Zentrierbohrungen - in den Umformprozeß kann nicht nur eine relativ gute Verzahnungsqualität erreicht werden, sondern auch Fertigungs- und Montageschritte reduziert werden.

Zukünftige Untersuchungen müßten zeigen, ob eine weitere Steigerung des Schrägungswinkel möglich ist. Außerdem sollte die Werkzeugkonstruktion soweit optimiert werden, daß eine Verzahnungsqualität erreicht wird, die ähnlich der des Wälzfräsens ist. Dabei wäre einerseits die Berechnung der Werkstückbelastung und eine Simulation des Werkstoffflusses und andererseits die Bestimmung der notwendigen Vorkorrekturen erstrebenswert.

Literaturverzeichnis

/1/ Jütte, F. Präzisionsumformen von Stirnradverzahnungen, Antriebstechnik 26 (1987) Nr. 6, S. 56-59

/2/ Jütte, F. Beitrag zum Präzisionsumformen von Stirnradverzahnungen. Dissertation Universität Gesamthochschule Paderborn, 1986

/3/ Witt, St. Präzisionsgeschmiedete Getriebeteile Industrie-Anzeiger 28/1989

/4/ Schneider, J. Kaltfließpressen von Verzahnungsteilen Werkstatt und Betrieb 112 (1979) 10, S. 727-728

/5/ Dohmann, F. Traudt, O. Herstellen von Stirnrädern durch Präzisionsumformen, Maschinenmarkt 91 (1985) 80 S. 1565 - 1568

/6/ Dohmann, F. Gödde, B. Richtig schmieren, Maschinenmarkt 903 (1987) 37

/7/ Feldmann, H.-D. Herstellen von Zahnrädern und verzahnten Werkstücken, Jahrestagung der Kaltmassivumformer 1986, tz für Metallverarbeitung 80 Jahrgt. 1986, Heft 5/86, S. 50-55

/8/ Vossen, K. Pulverschmieden von gerad- und schrägverzahnten Zylinderrädern, Dissertation RWTH Aachen 1987

/9/ Samanta, S.K. Helical Gear: A novel Method of Manufacturing, IT Proceedinds NAMCR-IV 1976, Batelle Columbus Labotaries, Columbus, Ohio (USA), 43201, S. 199-205

/10/ König, W.; Hofmann, H.-W.; Steffens, K. Fließpressen von Werkstücken mit komplexer Geometrie, Industrie-Anzeiger Nr. 14 v. 17.02.1984/106. Jg.

/11/ König, W. Zahnräder durch Fließpressen fertigen, Industrie-Anzeiger, Nr. 26 vom 29.03.1985, 107 Jg., S. 14-16

/12/ König, W.; Hofmann, H.-W.; Steffens, K. Fließpressen von Laufverzahnungen, Vortragsband zum VDI-Seminar: "Fließpressen, Technologie mit Zukunft" am 29.02.1984, Düsseldorf

/13/ König, W.; Steffens, K.; Hofmann, H.-W. Gear Production by cold Forming Annals of the CIRP vol. 31/1/ 1985, S. 481-483

/14/ Hofmann, H.-W. Vorverzahnen durch Fließpressen, Vortragsband zum VDI-Seminar: "Herstellen von Zahnrädern und verzahnten Werkstücken" vom 05.02.1987

/15/ Schmöckel, D. Untersuchung über die Werkzeuggestalgung beim Hohl-Vorwärtsfließpressen von Stahl und Nichteisenmetallen. Bericht aus dem Institut für Umformtechnik, Universität Stuttgart, Nr. 4, Giradet-Verlag, 1966

/16/ Deich, A. Kostenplanung für die Herstellung von Hohlumformwerkzeugen, Dissertation RWTH Aachen, 1987

/17/ Eversheim, W.
König, W.
Deich, A.
Koll, W. Ermittlung von kostenoptimalen Fertigungsfolgen bei der Herstellung von Umformwerkzeugen Abschlußbericht, 1987

/18/ N.N. Fachserie 16, Löhne und Gehälter Statistisches Bundesamt, Reihe 4.1. Tariflohn April 1986 Verlag W. Kohlhammer, Stuttgart

/19/ Buch, J. Stromkostenrechnung -Die Berücksichtigung der Entgeltfunktion von Strombezugsverträgen im entscheidungsorientierten Rechnungswesen In: ZfB, 55 Jg. (1985), Heft 1, S. 5 ff

/20/ N.N. Zwischenbetrieblicher Vergleich Maschinenkosten, VDMA-Berichte, 1985

/21/ N.N. VDI-Richtlinien 3258: Kostenrechnung mit Maschinenstunden-stundensätzen, Blatt 1 und 2, Oktober 1962

/22/ N.N. Zerspanhandbuch EXAPT -Infos-Handbuch für Schnittwerte Ausgabe 1988

"Genauere Kraftabschätzung beim Strangpressen von Profilen"

R. Kopp [*], G. Voswinckel [**] und J. Mittendorff [*]

[*] Institut für Bildsame Formgebung, RWTH Aachen
[**] Mannesmann Demag Hüttentechnik, Mönchengladbach

Ausgehend von der elementaren Theorie wurde eine mathematische Gleichung aufgestellt, mit der die Preßkraft beim direkten Strangpressen für einfache Vollprofile mit großer Genauigkeit abgeschätzt werden kann. Mit Hilfe verschiedener Modelle, wie das Baukasten- und das Exzentrizitätsmodell, kann diese Kraftgleichung sowohl für kompliziertere als auch für exzentrisch angeordnete Vollprofile angewendet werden. Die Gültigkeit der theoretischen Modelle wurde durch Strangpreßversuche bestätigt.

Für das Strangpressen von Profilen ist die Bestimmung der auftretenden Werkzeugbelastung eine wichtige Voraussetzung zur Erzeugung eines Produktes mit definierten Anforderungen an die Maßhaltigkeit und die Oberflächenbeschaffenheit.

Dem Betreiber von Strangpressen können bezüglich der einzuhaltenden Toleranzen und der geforderten Preßbedingungen (Temperatur und Geschwindigkeit) definiertere Vorschriften als bisher gemacht werden. Dies ist notwendig, da die Preßkraftschwankungen als Folge von Parameteränderungen die elastische Werkzeugdeformation beeinflussen, was im Grenzfall zum Abbruch des Preßvorganges oder zu nicht maßhaltiger Produktion führt.

Bei Kenntnis der Werkzeugbelastungen wäre der Werkzeughersteller in der Lage, ein Werkzeug zu bauen, das sich unter der nun bekannten Last gerade so elastisch deformiert, daß das gewünschte Profil innerhalb der geforderten Toleranzen gepreßt werden kann.

Bild 1 zeigt exemplarisch die Veränderung des Matrizendurchbruchs eines Strangpreßwerkzeuges im unbelasteten Zustand und unter Last.

Neben diesen mechanischen Einflüssen wirkt sich auch die Umformtemperatur auf die Präzision stranggepreßter Profile aus. Einerseits wird sich die Umformtemperatur, wie schon von Gieselberg /1/ festgestellt wurde, durch Veränderungen der Matrizenöffnung auswirken. Andererseits wird sich ein thermischer Profilschwund während des Abkühlens auf dem Kühlbett beobachten lassen.

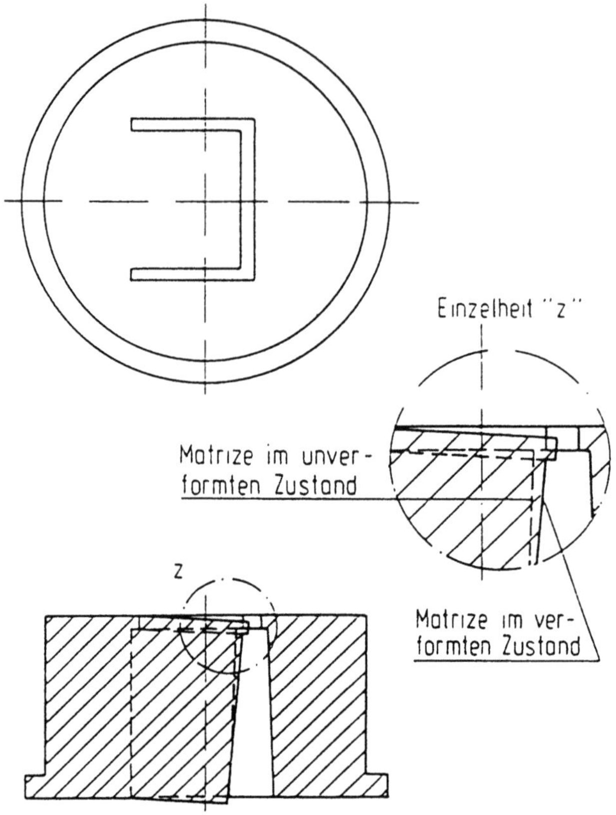

Bild 1: Lastabhängige Verformung einer Strangpreßmatrize

In der Praxis werden diese temperatur- und belastungsbedingten geometrischen Veränderungen am Profil durch konstruktive Zugaben bei der Planung des Preßwerkzeugs berücksichtigt. Es ist offensichtlich, daß ein derartiges Vorgehen hohe Anforderungen an das Können und die Erfahrungen eines Konstrukteurs stellt. Aus diesem Grunde ist es gerade im Hinblick auf die steigenden Anforderungen an die Präzision und die Wirtschaftlichkeit bei der Herstellung stranggepreßter Halbzeuge wichtig, dem Konstrukteur Hilfsmittel an die Hand zu geben, die ihn bei seiner schwierigen Arbeit unterstützen.

Angesichts der Vielfalt von preßfähigen Voll- und Hohlprofilen kann keine allgemeingültige Preßkraftformel erwartet werden.

Die meisten Gleichungen zur Ermittlung von Preßkräften für Vollprofile basieren auf der elementaren Theorie. Eine sehr einfache Methode der Kraftermittlung geht von der Kraft für eine dem Profil flächengleiche Rundstange aus, wobei der ideelle Kraftanteil mit einem Profilfaktor multipliziert wird /2/. Diese Methode kann nur als eine grobe Näherung angesehen werden, da der Profilfaktor meist willkürlich gewählt wird und komplizierte Profildetails nicht berücksichtigen kann.

Als weitere Methode soll die Preßkraftermittlung mit Hilfe von Umfangsverhältnissen nach Vater und Heil /3/ erwähnt werden. Diese Methode basiert auf einem funktionalen Zusammenhang zwischen der bezogenen Preßkraft (Quotient aus Profilpreßkraft und Preßkraft für eine flächengleiche Rundstange) und dem Profilumfangsverhältnis (Quotient aus Profilumfang und Umfang der flächengleichen Rundstange). Der wesentliche Vorteil dieser Methode kann in der einfachen Ermittlung des Profilumfangsverhältnisses gesehen werden, jedoch müssen erhebliche Einschränkungen hinsichtlich der Genauigkeit von Kraftberechnungen mit dieser Näherungsgleichung in Kauf genommen werden /4/.

Eine Problematik, die von vielen Preßkraftformeln vernachlässigt wird, liegt in der Berücksichtigung der Physik des komplexen Strangpreßprozesses, das heißt in der Berücksichtigung von mechanischen, thermischen und Stoffflußvorgängen.

Im folgenden soll die Preßkraftermittlung nach dem sogenannten Scherflächenmodell beschrieben werden, die diese physikalischen Vorgänge beim Strangpressen von Profilen näherungsweise berücksichtigt /5/.

Ausgehend von der Kraftgleichung nach Siebel und Fangmeier /6/ (Gl. 1) und einem Werkstoffmodell für Warmfließkurven nach Hensel und Spittel /7/ (Gl. 2) läßt sich eine Näherungsfunktion für die Kraft beim rotationssymmetrischen Strangpressen folgendermaßen beschreiben (Gl.3):

$$F_{ges} = k_f \cdot A_0 \cdot \left(\frac{\varphi}{\eta_F} + \mu' \cdot \frac{4 \cdot l_0}{D_0} \right) \qquad (1)$$

$$k_f = C \cdot \left(\frac{6 \cdot \varphi}{D} \right)^{m_1} \cdot v_0^{m_1} \cdot e^{m_2 \cdot \vartheta} \cdot \varphi^{m_3} \cdot e^{m_4 \cdot \varphi} \qquad (2)$$

$$F_{ges} = \underbrace{C \cdot \left(\frac{6 \cdot \varphi}{D_0}\right)^{m_1} \cdot \varphi^{m_3} \cdot e^{m_4 \cdot \varphi} \cdot A_0 \cdot \left(\frac{\varphi}{\eta_F} + \mu' \cdot \frac{4 \cdot l_0}{D_0}\right)}_{a_1} \cdot v_0^{m_1} \cdot e^{m_2 \cdot \vartheta} \qquad (3)$$

$$F_{ges} = a_1 \cdot v_0^{m_1} \cdot e^{m_2 \cdot \vartheta} \qquad (4)$$

mit F_{ges} - Preßkraft; a_1 - Preßkraftkoeffizient; c, m_1, m_2, m_3, m_4 - Werkstoffkonstanten; D_0 - Rezipientendurchmesser; A_0 - Rezipientenquerschnitt; φ - Umformgrad ; η_F - Umformwirkungsgrad; μ' - Reibungszahl; l_0 - Blocklänge; v_0 - Preßstempelgeschwindigkeit und ϑ - Preßtemperatur.

Diese Strangpreßgleichung berücksichtigt explizit die Preßparameter, die an der Strangpresse zu variieren sind, Preßstempelgeschwindigkeit und Preßtemperatur. Alle weiteren Einflüsse werden vom Preßkraftkoeffizienten a_1 berücksichtigt.

Zunächst galt diese Strangpreßgleichung nur für Rundquerschnitte. Dann wurden einfache Profilklassen, wie Rechteck-, Winkel- Kreuz-, U- und I-Profile verpreßt und die Gültigkeit der Preßkraftgleichung auch für diese Profilklassen verifiziert.

Aus Versuchen ergab sich ein linearer Zusammenhang für die logarithmierte Preßkraft über der logarithmierten Preßstempelgeschwindigkeit, als auch über der Umformtemperatur. Bild 2 zeigt exemplarisch für AlMgSi 0,5 den Verlauf der logarithmierten Preßkraft über der logarithmierten Preßstempelgeschwindigkeit für verschiedene Rechteckprofile und einer flächengleichen Rundstange, wobei die Preßtemperatur und die Preßkanalreibungsfläche konstant gehalten wurden. Man erkennt in Bild 2 deutlich einen umso stärkeren Anstieg der Preßkraft, je mehr das Profil von der Rundform abweicht.

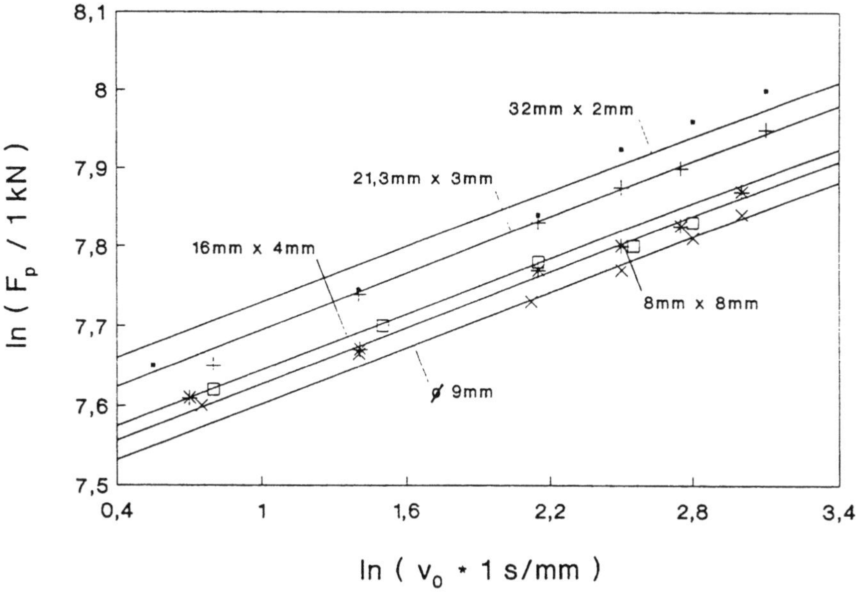

Bild 2: Gemessene Abhängigkeit der Strangpreßkraft F_p von der Preßstempelgeschwindigkeit v_0

Hauptursachen für diesen Preßkraftanstieg sind vermehrte Schiebungen am Eintritt als auch innerhalb der Umformzone und eine zunehmende Scherung entlang einer toten Zone. Der ideelle und der Reibkraftanteil ist unter der Voraussetzung gleicher Flächenverhältnisse A_0/A_1 bei allen untersuchten Profilpreßversuchen identisch /8/.

Mit Hilfe von Stoffflußuntersuchungen an AlMgSi 0,5 - Preßresten wurde beim direkten Strangpressen das Vorhandensein toter Zonen vor der Flachmatrize bestätigt, durch die das Material wie durch einen Trichter gedrückt wird. Diese Stoffflußuntersuchungen zeigten einerseits, daß die toten Zonen in einem Scherwinkelbereich von 35- 50° zur Matrizenebene entstehen, andererseits, daß der Preßwerkstoff in weiten Bereichen radial in die formgebende Matrize einläuft.

Das Scherflächenmodell geht davon aus, daß sich eine Fläche, die sogenannte Scherfläche ausbildet, also eine Begrenzungsfläche der toten Zone, an der der Preßwerkstoff im Bereich der maximalen Schubspannung unter einem mittleren Winkel von 45^0 abscheren soll. Beim zentrischen Pressen von Rundprofilen entspricht diese Scherfläche der Mantelfläche eines Kegelstumpfes (Bild 3).

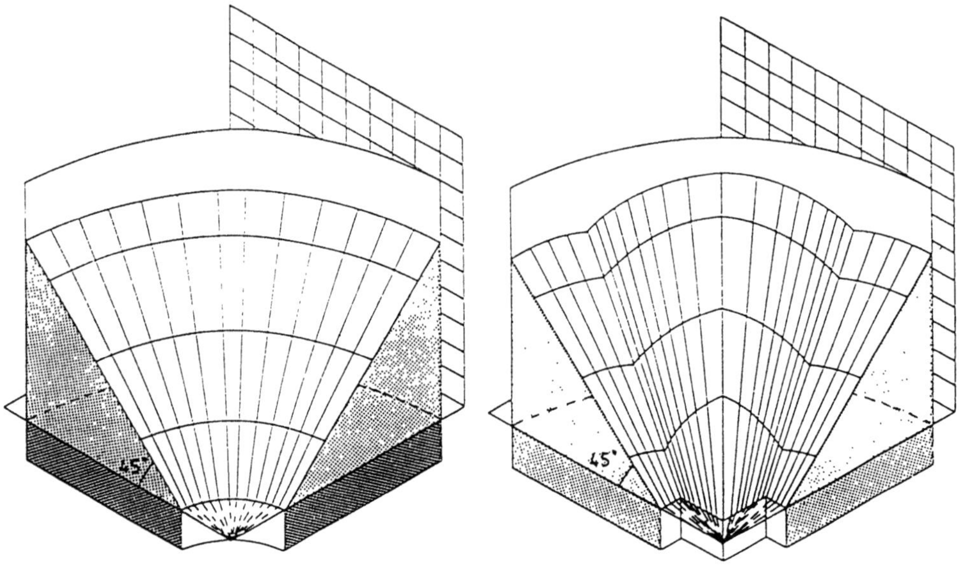

Bild 3: Scherflächen in der Umformzone

Bei der Übertragung dieses Modells auf andere Profilformen, wie Quadrat, Rechteck, Kreuz und L-Winkel, ergeben sich gekrümmte Scherflächen, die Knicke ausgehend von den Profilecken aufweisen (Bild 3). Die Berechnung dieser Scherflächen kann über eine numerische Flächenintegration oder für kompliziertere Profile mit Hilfe von CAD - Systemen erfolgen. Es konnte festgestellt werden, daß ein linearer Zusammenhang zwischen dem Preßkraftverhältnis (Quotient aus Profilpreßkraft F_p und Preßkraft für eine flächengleiche Rundstange $F_\varnothing$) und dem Scherflächenverhältnis (Quotient aus Profilscherfläche A_{Schp} und Rundscherfläche $A_{Sch\varnothing}$) besteht (Bild 4). Damit kann Gl. 4 formuliert werden:

$$\frac{A_{schp}}{A_{sch\varnothing}} = \frac{F_p}{F_\varnothing} = \frac{a_{1p} \cdot v_0^{m_1} \cdot e^{m_2 \cdot \vartheta}}{a_{1\varnothing} \cdot v_0^{m_1} \cdot e^{m_2 \cdot \vartheta}} \qquad (5)$$

Daraus folgt:

$$\frac{a_{1p}}{a_{1\emptyset}} = \frac{A_{schp}}{A_{sch\emptyset}} \tag{6}$$

oder:

$$a_{1p} = a_{1\emptyset} \cdot \frac{A_{schp}}{A_{sch\emptyset}} \tag{7}$$

Damit wird aus Gleichung (5):

$$F_p = a_{1\emptyset} \cdot \frac{A_{schp}}{A_{sch\emptyset}} \cdot v_0^{m_1} \cdot e^{m_2 \cdot \vartheta} \tag{8}$$

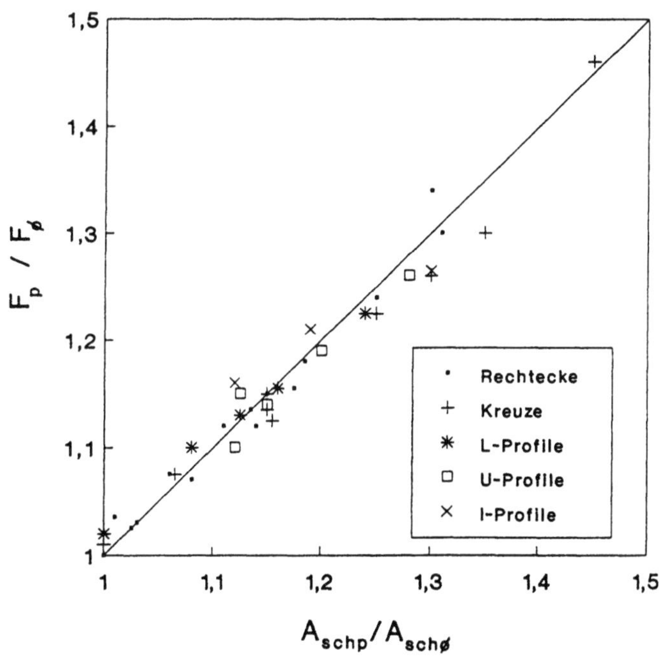

Bild 4: Gemessene Abhängigkeit der bezogenen Preßkräfte $F_p/F_\emptyset$ von den bezogenen Scherflächen $A_{schp}/A_{sch\emptyset}$ bei einer Preßtemperatur ϑ = 460 °C und einer Strangaustrittsgeschwindigkeit v_0 = 40 m/min für AlMgSi 0,5

Dies ist eine Preßkraftgleichung, die es ermöglicht, auf einfache Weise die Preßkräfte beim Strangpressen unterschiedlicher Profilformen bei Variation der Preßparameter Preßstempelgeschwindigkeit und Preßtemperatur vorauszuberechnen.

Zur Anwendung dieser Gleichung werden folgende Kennwerte benötigt:

- Die Werkstoffkennwerte m_1, m_2 müssen der jeweiligen Fließkurve entnommen werden,
- der Preßkraftkoeffizient $a_{1\emptyset}$ kann entweder aus den Preßdaten $F_\emptyset$, v_0 und ϑ eines Vorversuches für eine dem Profilquerschnitt flächengleiche Rundstange nach Gl. (4) oder mit Hilfe der elementaren Theorie ermittelt werden,
- das Scherflächenverhältnis $A_{schp}/A_{sch\emptyset}$: Die Ermittlung dieser Profilkenngröße kann durch Rechenprogramme oder durch Konstruktion der Scherflächen mit Hilfe eines CAD-Systems erfolgen.

Zur Unterstützung des Matrizenkonstrukteurs bei der Auslegung von Strangpreßwerkzeugen und als Hilfsmittel zur Festlegung der Preßbedingungen bei der Herstellung von Aluminiumhalbzeugen im Preßwerk wurde das in dieser Arbeit vorgestellte Modell zur Berechnung der Preßkräfte in einem Programmsystem zusammengefaßt. Die rechnerunterstützte Bearbeitung einer Aufgabe erfolgt im Dialog zwischen Rechner und Benutzer. Nur im Dialog können Erfahrungen des Konstrukteurs bzw. des Arbeitsvorbereiters im Preßwerk sinnvoll in den Lösungsprozeß einbezogen werden. Damit das Programmsystem weiter ergänzt werden kann und somit auch dem Programm-Anwender die Möglichkeit eingeräumt wird, eigene Erfahrungen und Erkenntnisse in das System einfließen zu lassen, wurde ein modularer Programmaufbau gewählt. Das Programmsystem gliedert sich in sechs Teilprogramme und zwei Bibliotheken zur Archivierung von Daten (Bild 5). Die einzelnen Teilprogramme setzen sich aus modulartig angegliederten Unterprogrammen zusammen. Zur Informationsübergabe zwischen den einzelnen Programmteilen dienen Dateien, die auch die Funktion von Schnittstellen im Programm erfüllen.
Somit gestaltet sich auch eine Ergänzung weiterer Programmteile relativ einfach, da bei einer Implementierung nur die Anforderungen der jeweiligen Schnittstellendateien berücksichtigt werden müssen.
Die beiden Bibliotheken enthalten zum einen Daten der Grundversuche von Profilen mit Rundquerschnitt und zum anderen Werkstoffdaten. Hierbei soll nicht nur eine Archivierung von bereits ermittelten Werten

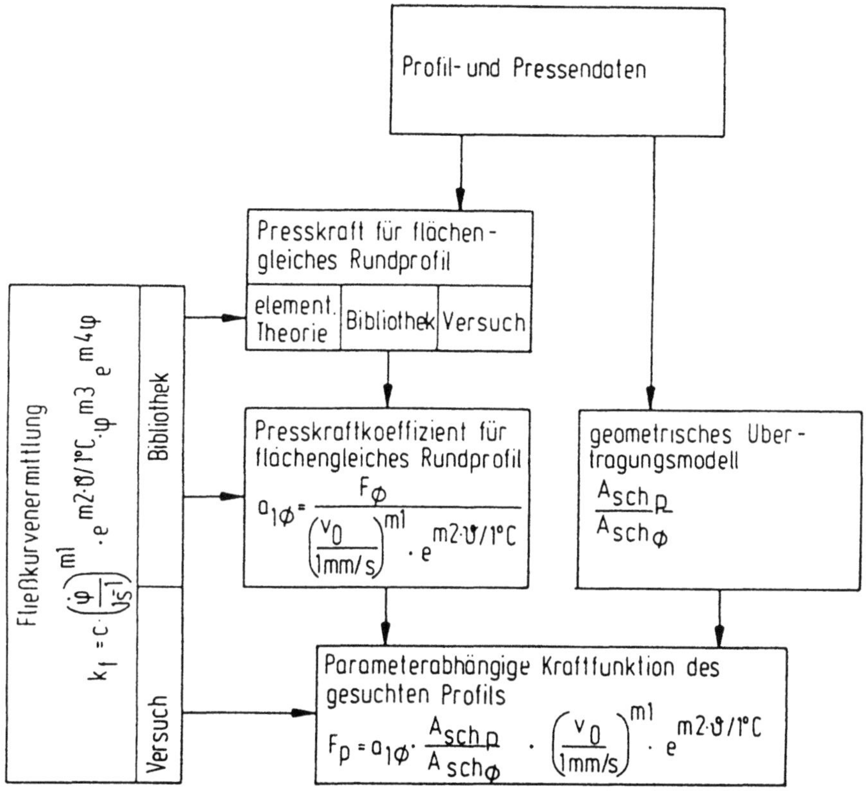

Bild 5: Programmsystem zur Berechnung von Profilpreßkräften

erfolgen, sondern der Rechner wählt auch während des Programmablaufs aus der Fülle der vorhandenen Informationen eine für die Problemstellung überschaubare Anzahl relevanter Daten aus. Diese Arbeitsweise soll gewährleisten, daß auch eine mit der Zeit erheblich angewachsene Bibliothek bei der Benutzung noch überschaubar bleibt. Letztendlich kann und muß jedoch die Entscheidung über Nutzung und Datenmaterial durch den mit dem Programmsystem arbeitenden Fachmann erfolgen.

Das zweite Modell, das entwickelt wurde, ist das Baukastenmodell. Es basiert auf den Überlegungen des Scherflächenmodells und entstand aus der Forderung, die Scherflächenermittlung für kompliziertere Profile zu vereinfachen. Dabei werden die komplizierteren Profile in einfache Grundelemente nach einem "Baukastenprinzip" zerlegt. Der Grundgedanke besteht darin, daß die Preßkraft eines komplizierten Profils durch die Preßwiderstände seiner Teilprofile charakterisiert wird. Der Preßwiderstand läßt sich nach dem Scherflächenmodell durch die Größe der Scherfläche in der Umformzone beschreiben. Im Vergleich zu einem flächengleichen Rundquerschnitt wird hierbei der Preßwiderstand eines Teilprofils durch seine jeweilige bezogene Scherflächenänderung gekennzeichnet. Bild 6 zeigt schematisch das Prinzip des Baukastenmodells.

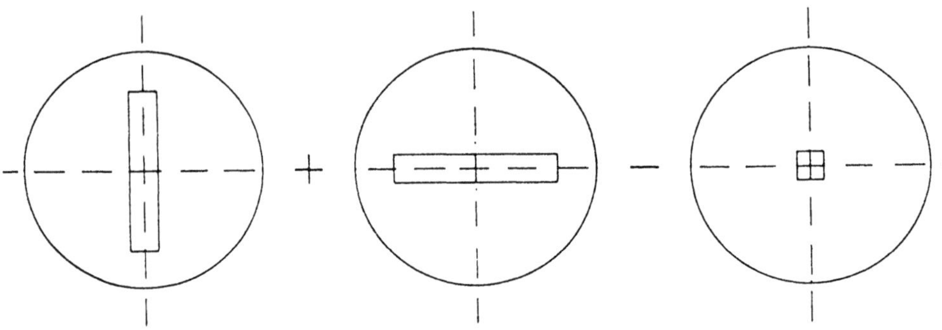

$$\frac{A_{sch\,pI} - A_{sch\,\phi I}}{A_{sch\,\phi I}} + \frac{A_{sch\,pII} - A_{sch\,\phi II}}{A_{sch\,\phi II}} - \frac{A_{sch\,pIII} - A_{sch\,\phi III}}{A_{sch\,\phi III}}$$

$=$

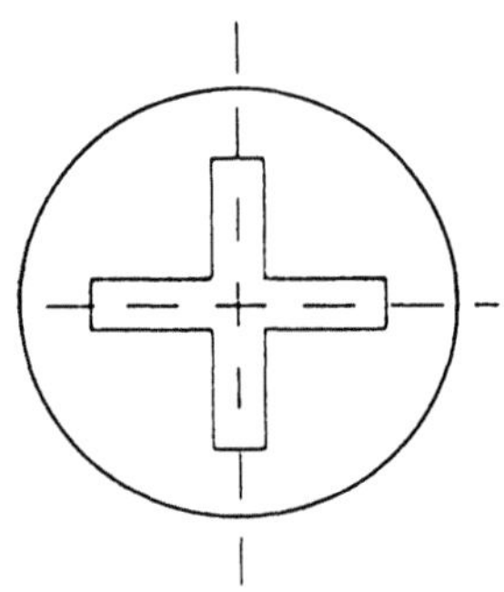

$$= \frac{A_{sch\,p} - A_{sch\,\phi}}{A_{sch\,\phi}}$$

Bild 6: Ermittlung der bezogenen Scherflächenänderung nach dem Baukastenprinzip am Beispiel eines Kreuzprofils

Die Profilfaktoren für die einzelnen Elemente erhält man, indem jedes Teilprofil isoliert betrachtet wird. Hierbei wird jeweils die auf das flächengleiche Rundprofil bezogene Scherflächenänderung berechnet. Durch additive Verknüpfung der Teilprofile und Subtraktion mehrfach betrachteter Teilelemente ergibt sich aus der bezogenen Scherflächenänderung das Scherflächenverhältnis für das gesuchte Profil, das wieder in die Kraftgleichung (Gl. 8) eingesetzt werden kann.

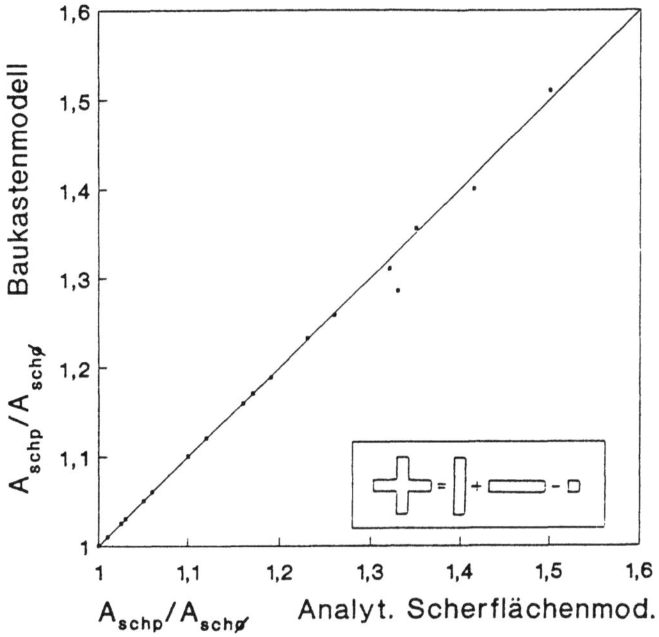

Bild 7: Baukastenstudie Einfach-Kreuz Profil

In den Bildern 7 und 8 sind die Scherflächenverhältnisse sowohl nach dem Baukastenmodell als auch nach der analytischen Methode, also über eine direkte Flächenintegration, gegenübergestellt. Sowohl beim Einfachkreuz (Bild 7), als auch beim Doppelkreuz (Bild 8) ist eine gute Übereinstimmung der beiden Modelle erkennbar.

Ein Vergleich von Preßkraftsimulationen nach Gl. 5 auf Basis des Baukastenmodells mit Preßversuchen zeigt ebenfalls eine gute Übereinstimmung (Bild 9).

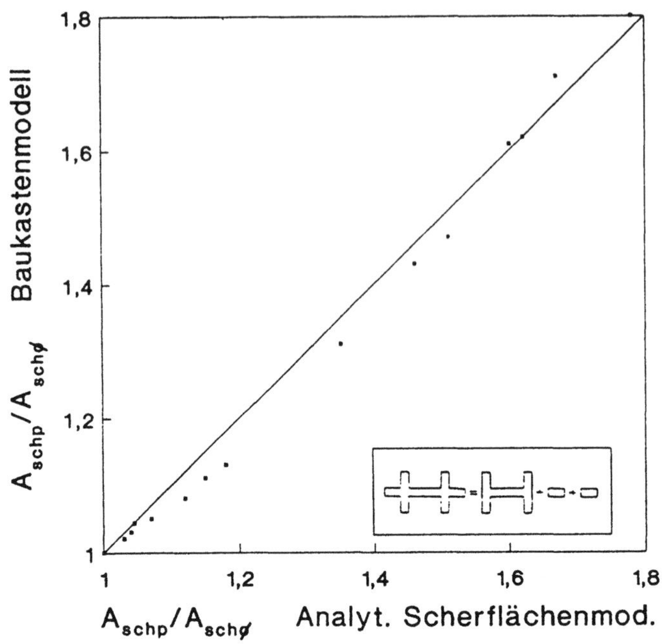

Bild 8: Baukastenstudie Zweifach-Kreuz Profil

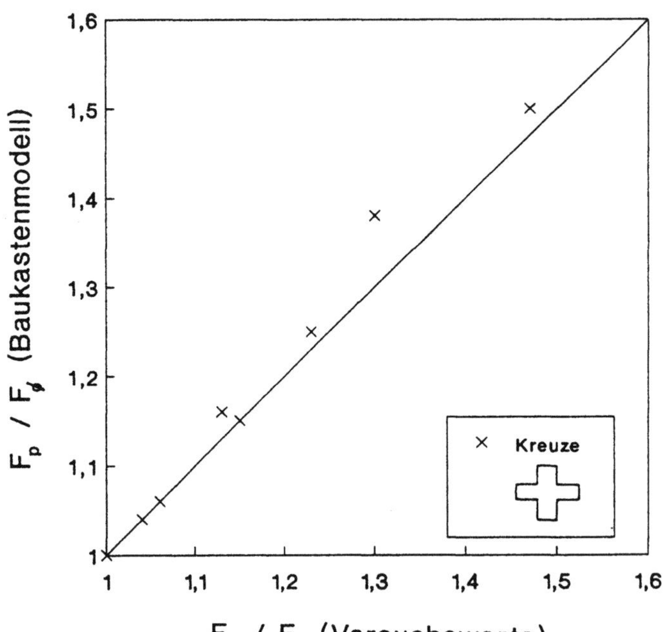

Bild 9: Vergleich von Preßkräften aus Versuchsergebnissen mit Ergebnissen des Baukastenmodells

Ein wesentlicher Vorteil dieses Baukastenmodells besteht darin, daß es für eine geringe Anzahl von Grundelementtypen wie z.B. Rechtecken, U-, I- und L-Profilen möglich ist, die jeweilige Profilkenngröße der Teilelemente, also das Scherflächenverhältnis der jeweiligen Teilelemente, aus Scherflächennomogrammen abzulesen, die auf einfache Weise in einem Rechnerprogramm implementiert werden können und somit dem Anwender schnell zur Verfügung stehen.

Die Profilexzentrizität hat beim Strangpressen ebenfalls einen großen Einfluß auf die Preßkraft. Man spricht von Profilexzentrizität, wenn der Profilschwerpunkt nicht mit dem Matrizenschwerpunkt zusammenfällt. Verschiedene Autoren /z.B. 9, 10/ konnten mit zunehmender Profilexzentrizität einen Anstieg der Preßkraft beobachten.

Das Modell für die Profilexzentrizität wurde, wie die bisher beschriebenen Modelle auch, ausgehend von Kraftbetrachtungen für den Preßfall eines Rundprofils aufgebaut /8/. Ebenfalls wird wieder ein mittlerer Scherwinkel von 45° angenommen. Bild 10 zeigt die Gegenüberstellung eines zentrischen und eines exzentrischen Preßfalles (Exzentrizität e) bei sonst gleichen geometrischen Parametern. Die tote Zone beim exzentrischen Pressen ist asymmetrisch, gekennzeichnet durch eine maximale Höhe l_{PR1} und eine minimale Höhe l_{PR2}. Das arithmetische Mittel dieser beiden Höhen ergibt die Höhe l_{PR}, die sich als Höhe der toten Zone beim zentrischen Pressen einstellt.

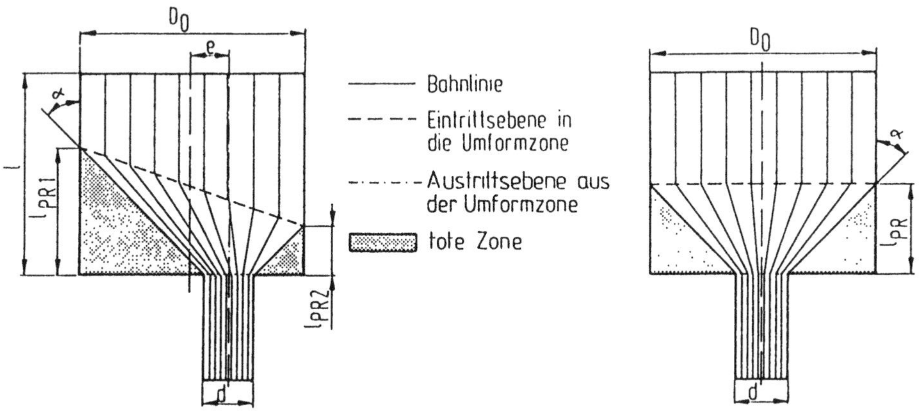

Bild 10: Umformzone beim exzentrischen und zentrischen Strangpressen

Daraus resultiert, daß für Rundquerschnitte die Größe der Rezipientenreibfläche und damit auch die Höhe der Reibungskraft zwischen Block und Rezipient unabhängig von der Profilexzentrizität ist. Desweiteren konnte eine Unabhängigkeit der Größe der Scherfläche von der Profilexzentrizität ermittelt werden. Bei gleichen geometrischen Parametern, wie in Bild 10 ersichtlich, sind auch die Scherflächen gleich. Diese Aussage konnte auch für einfache Vollprofile wie Rechtecke und Kreuze verifiziert werden. Als Kriterium beim Exzentrizitätsmodell wurde die Schiebung am Eintritt in die Umformzone und am Austritt aus der Umformzone herangezogen, da zum Ausgleich von Schiebungsverlusten zusätzliche Kraft aufgebracht werden muß. Unter Schiebung wird hier die Winkeländerung einer Bahnlinie beim Ein- und Austritt in/aus der plastischen Zone verstanden. Wie in Bild 10 erkennbar, nimmt die Fläche der Schiebungsebene beim Eintritt in die Umformzone mit zunehmender Exzentrizität e zu. Aus der ursprünglich kreisrunden Ebene A_Z wird dabei eine Ellipsenfläche A_{ex}. Ihre große Halbachse D_e nimmt zu, wenn das Profil näher an die Rezipientenwand plaziert wird. Dieser Flächenzuwachs läßt sich folgendermaßen formulieren:

$$\frac{A_{ex}}{A_z} = \frac{\pi \cdot D_0 \cdot D_e}{\pi \cdot D_0^2} = \frac{D_e}{D_0} \qquad (9)$$

mit α = 45° wird:

$$D_e = \sqrt{(2 \cdot e)^2 + D_0^2} \qquad (10)$$

Daraus folgt:

$$\frac{A_{ex}}{A_z} = \sqrt{\left(\frac{2 \cdot e}{D_0}\right)^2 + 1} \qquad (11)$$

Unter der Voraussetzung, daß die Preßkraft zur Überwindung der Schiebungen proportional der Größe der Schiebungsebene ist, muß gelten:

$$\frac{F_{ges.ex}}{F_{ges.z}} = \frac{A_{ex}}{A_z} = \sqrt{\left(\frac{2 \cdot e}{D_0}\right)^2 + 1} \tag{12}$$

Bei komplizierteren Profilformen, wie z.B. Rechteck und Kreuz, stellt sich die Ermittlung der Schiebungsfläche am Eintritt in die Umformzone weitaus komplizierter dar, da sich eine zerklüftete Ebene ergibt.

Die Schiebungskräfte am Austritt aus der Umformzone sind von der Exzentrizität unabhängig, da die Größe der Schiebungsebene nur von der Profilquerschnittsfläche abhängt.

Die gesamte Preßkraft für einen exzentrischen Preßfall läßt sich durch eine Näherungsgleichung analog zu Gl. 4 folgendermaßen beschreiben:

$$F_{ges.ex} = a_{1ex} \cdot v_0^{m_1} \cdot e^{m_2 \cdot \vartheta} \tag{13}$$

Somit gilt für Rundquerschnitte:

$$\frac{F_{ges.ex}}{F_{ges.z}} = \frac{a_{1ex} \cdot v_0^{m_1} \cdot e^{m_2 \cdot \vartheta}}{a_{1z} \cdot v_0^{m_1} \cdot e^{m_2 \cdot \vartheta}} \tag{14}$$

Daraus folgt:

$$\frac{a_{1ex}}{a_{1z}} = \frac{F_{ges.ex}}{F_{ges.z}} = \sqrt{\left(\frac{2 \cdot e}{D_0}\right)^2 + 1} \tag{15}$$

oder:

$$a_{1ex} = a_{1z} \cdot \sqrt{\left(\frac{2 \cdot e}{D_0}\right)^2 + 1} \tag{16}$$

Daraus folgt:

$$F_{ges.ex} = a_{1z} \cdot \sqrt{\left(\frac{2 \cdot e}{D_0}\right)^2 + 1} \cdot v_0^{m_1} \cdot e^{m_2 \cdot \vartheta} \tag{17}$$

Die im Exzentrizitätsmodell formulierten Vorstellungen konnten durch Stoffflußuntersuchungen und Preßversuche an Rund-, Rechteck- und Kreuzprofilen aus AlMgSi 0,5 mit Exzentrizitäten von e = 0 mm, 10 mm und e = 18 mm verifiziert werden. Als Werkzeuge wurden Flachmatrizen eingesetzt. Bild 11 beweist den angenommenen linearen Zusammenhang gemäß Gl. 12 anhand von Meßergebnissen.

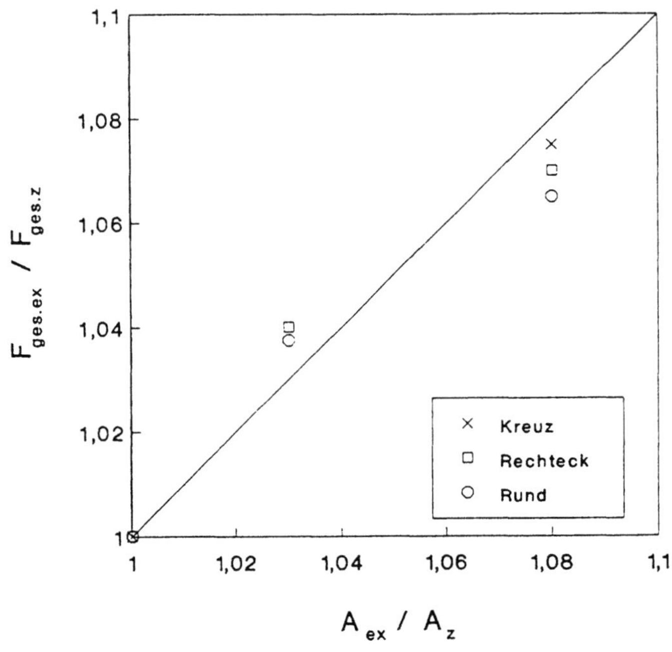

Bild 11: Gemessene Abhängigkeit der bezogenen exzentrischen Preßkraft $F_{ges.ex}/F_{ges.z}$ von der bezogenen Eintrittsfläche in die Umformzone A_{ex}/A_z für Exzentrizitäten e = 0, 10 und 18 mm

Somit ist es für die untersuchten Profilformen gelungen, den Einfluß der Profilexzentrizität auf die Preßkraft mit Hilfe eines geometrischen Modells anhand von Gl. 17 vorausberechnen zu können.

Schrifttum:

/1/ Gieselberg, K.:
Untersuchungen an Strangpreßmatrizen
Dissertation Uni Stuttgart, 1975

/2/ Flimm, I.:
Spanlose Formgebung
Carl Hanser Verlag, München, Wien (1984)

/3/ Vater, M. und Heil, H. P.:
Der Einfluß der Profilform auf den Kraftbedarf beim Strangpressen
Aluminium 45 (1969), S. 141/149

/4/ Kopp, R. und Wiegels, H.:
Berechnung des Kraft- und Arbeitsbedarfes beim Strangpressen
Metall 31 (1977), S. 268/275

/5/ Kopp, R. und Voswinckel, G.:
Untersuchungen zur genaueren Ermittlung der Preßkräfte beim Profilstrangpressen
Abschlußbericht zum DFG-Forschungsvorhaben Ko 579/23, Aachen 1987

/6/ Siebel, E. und Fangmeier, E.:
Untersuchungen über den Kraftbedarf beim Pressen und Lochen
Mitteilung aus dem Kaiser Wilhelm-Institut für Eisenforschung 13 (1931) 13, S. 29-43

/7/ Hensel, A. und Spittel, T.:
Kraft- und Arbeitsbedarf bildsamer Formgebungsverfahren
VEB Verlag für Grundstoffindustrie, Leipzig (1979)

/8/ Voswinckel, G.:
Beitrag zum Einfluß der Profilform auf die Strangpreßkraft
Dissertation RWTH Aachen, DGM-Informationsgesellschaft 1986

/9/ Gree, A. P.:
On unsymmetrical extrusion in plain strain
Journal of Mechanics and Physics of Solid (1955) 3, S. 189-196

/10/ Chitkera, N. R. und Das, N. S.:
A class of slip-line field solutions for unsymmetrical extrusion and some experimental results
Proc. of 18th International Machine Tool Design and Research Conference Birmingham (1976) 1 Forming, S. 435-444

Prozeßsimulation und Werkzeugverformung bei dreidimensionalen Umformvorgängen

Prof.em.Dr.-Ing.Dr.h.c. Kurt Lange, Dr.-Ing. Jürgen Gerhardt, Dipl.-Math. Karsten Hoffmann, Dipl.-Ing. Dae-Kern Kang

Institut für Umformtechnik, Universität Stuttgart

Zur Berechnung thermomechanischer Umformvorgänge wurde das Programmsystem P3D entwickelt, dessen Grundlage das starr-plastische Stoffgesetz und das Fouriersche Wärmeleitgesetz bilden. Die thermische und die mechanische Berechnung sind miteinander inkrementell gekoppelt. Zur Berechnung des Verformungs- und Spannungszustands von Fließpreßmatrizen mit nicht-rotationssymmetrischer Innenform konnte die Boundary-Element-Methode eingesetzt werden. Dazu wurden Parametervariationen für quadratische und rechteckige Durchbruchsformen der Matrize durchgeführt und eine Matrize zum Fließpressen von Verzahnungen untersucht.

Steigende Anforderungen an umformtechnisch erzeugte Produkte hinsichtlich Preis und Qualität erfordern eine flexible und sichere Auslegung der Fertigung. Wesentliche Auslegungskriterien beziehen sich u.a. auf fehlerfreie Endprodukte, gewünschte Beeinflussung mechanischer Eigenschaften, geringen Werkzeugverschleiß und auf die Optimierung von Werkstoff- und Energieeinsatz. Die Optimierung eines Umformvorgangs bezüglich solcher Kriterien macht eine rechnerische Prozeßsimulation erforderlich. Die Simulation ermöglicht eine Vorhersage des realen Vorgangs noch vor dem Ablauf des eigentlichen physikalischen Geschehens. Als effektives Simulationsverfahren für umformtechnische Vorgänge steht in den letzten Jahren die Methode der finiten Elemente(FEM) zur Verfügung. Für die Berechnung der elastischen Verformungen komplexer Werkzeuge bietet sich dagegen die Boundary-Elemente-Methode(BEM) an.

Ziel eines der beiden in diesem Bericht behandelten Forschungsvorhabens war die Entwicklung eines auf der Finite-Elemente-Methode aufbauenden numerischen Verfahrens für die Kalt- und Halbwarmmassivumformung. Mit diesem Verfahren sollen sich die bei instationären Umformvorgängen abspielenden Vorgänge der plastischen Werkstückdeformation sowie Wärmeentstehung, Wärmeübergang und Temperaturausgleich untersuchen lassen. Zu diesem Zweck war ein am Institut für Umformtechnik, Universität Stuttgart, bereits vorhandenes FE-Programmsystem zur Berechnung von ebenen und axialsymmetrischen Problemen auf die dritte Dimension zu erweitern. Ferner war die Temperatur als zusätzlicher Freiheitsgrad zu berücksichtigen. Die Hinzunahme zweier weiterer Freiheitsgrade erforderte Maßnahmen zur Steigerung der Wirtschaftlichkeit des Verfahrens, beispielsweise durch die Optimierung der Programmstruktur und Anpassung des Programms an einen Vektorrechner.

Im Rahmen des Forschungsvorhabens wurde das Finite-Elemente-Rechenprogramm P3D entwickelt. Dieses Programm ist zur Simulation des Stoffflusses und des Temperaturfeldes für Kalt- und Halbwarmumformung geeignet. Da bei technisch wichtigen Umformvorgängen der Massivumformung die elastischen und temperaturbedingten Formänderungsanteile gegenüber den plastischen Anteile sehr klein sind und Eigenspannungen nicht behandelt werden sollen, wurde ein starr-plastisches Werkstoffmodell bei der Entwicklung des Programms zugrunde gelegt. Zur Beschreibung der als starrplastisch vorausgesetzten Fließeigenschaften wurde das Lévy-Misessche Stoffgesetz angenommen. Das Verfahren basiert auf dem Markovschen Extremalprinzip und ist auf isotrope und inkompressible Werkstoffe anwendbar. Die Bedingung der Volumenkonstanz wurde im Variationsprinzip durch die Lagrangesche Parametermethode oder die Penalty-Methode berücksichtigt. Die mathematische Formulierung der Reibung erfolgte mit Hilfe des Coulombschen Reibgesetzes. Für die Ermittlung instationärer Temperaturfelder existiert kein klassisches Extremalprinzip; daher wurde die Fouriersche Differentialgleichung der Wärmeleitung nach der Methode von Galerkin gelöst. Die Randbedingungen, die der Wärmeleitung an Kontaktstellen, der Strahlung und der Konvektion an freien Oberflächen entsprechen, wurden durch das Newtonsche Abkühlungsgesetz behandelt. Die Berechnung der Temperaturfelder ist mit der Stoffflußberechnung inkrementell gekoppelt, d.h. in einem Inkrement wird zunächst die mechanische Rechnung bis zur Konvergenz durchgeführt und anschliessend die Temperaturrechnung vorgenommen.

Zur Überprüfung des entwickelten Programmsystems wurden einige Beispielrechnungen durchgeführt. In Bild 1 werden die Verläufe

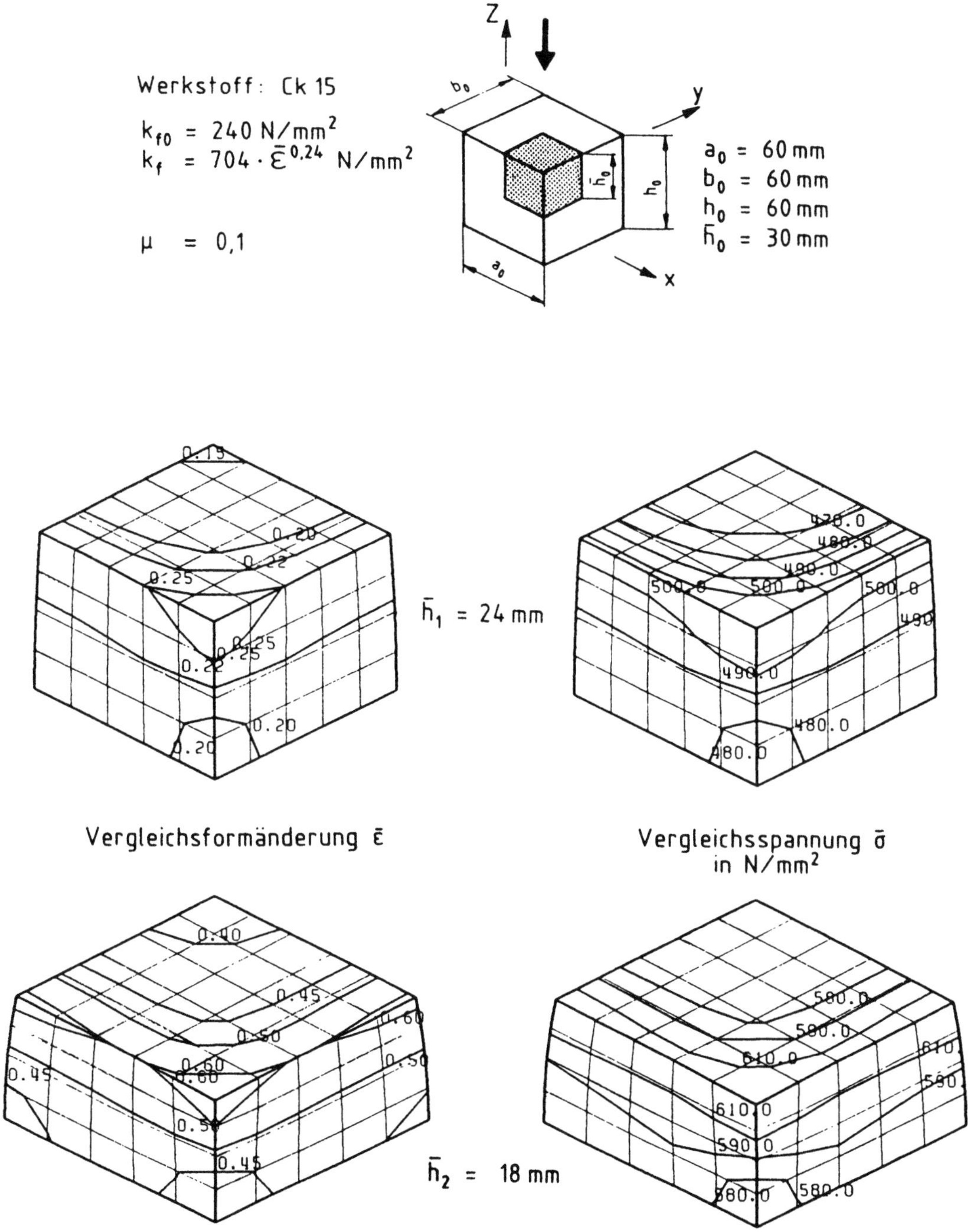

Bild 1: Vergleichsformänderungen und Vergleichsspannungen

der örtlichen Vergleichsformänderungen des bei Raumtemperatur ohne Wärmeübergang(adiabat) gestauchten Stahlquaders gezeigt. Es ergeben sich geringe örtliche Vergleichsformänderungen in der Probenmitte(Oberseite), die zum Rand hin ansteigen und zur seitlichen Mitte der Probe wieder abfallen, d.h. die größte Umformung findet im Randbereich statt. Bild 2 zeigt Konturvergleiche bei der Kaltumformung. Dazu wurde ein Quader aus dem Werkstoff 16MnCr5 ungeschmiert kalt gestaucht. Die Coulombsche Reibzahl bei der Rechnung wurde mit μ = 0,34 angenommen. Es ist festzustellen, daß die Berechnungen mit dem Programm P3D mit den Experimenten gut übereinstimmen. In Bild 3 ist die Temperaturverteilung bei einer Stauchgeschwindigkeit von 200 mm/sec. ohne Wärmeübergang(adiabat) dargestellt. Aufgrund der kurzen Stauchzeit ist die durch die plastische Arbeit erzeugte Wärme nicht gut ausgeglichen. Die relativ großen Unterschiede in örtlichen Temperaturverteilungen sind erkennbar. Bild 4 zeigt ein Berechnungsbeispiel einer Halbwarmumformung. Aus Symmetriegründen wurde ein Achtel des gesamten Quaders zur Rechnung herangezogen. Die bei der Simulation angenommenen Werkstoffdaten entsprechen denjenigen des Stahls CK15. Für die Anfangstemperatur wurde 900°C und für die Stauchgeschwindigkeit konstante 200mm/-sec eingesetzt. Die Reibzahl wurde mit μ=0,5 angenommen. Zu erkennen ist ein relativ hoher Temperaturanstieg im Randbereich, wo im Vergleich zum Inneren große Umformungen auftreten. Aufgrund des Wärmeverlusts durch Leitung erfolgt ein starker Abfall der Oberflächentemperatur in der Kontaktzone mit dem Werkzeug. Die Temperatur des Werkzeugs wurde auf Raumtemperatur(20°C) konstant gehalten.

Die beschriebene Näherungsmethode sollte zukünftig zur Behandlung dreidimensionaler Vorgänge mit komplizierterer Geometrie weiter entwickelt werden. Dazu ist ein effizientes "Remeshing"-Verfahren noch zu erstellen. Ferner sollte das Werkzeug, insbesondere bei einer Halbwarm- oder Warmumformung, in die mechanischen und thermischen Rechnungen einbezogen werden. Die derzeitige Hardwareentwicklung läßt vermuten, daß in absehbarer Zeit praxisrelevante Umformvorgänge der Massivumformung wirtschaftlich und realitätbezogen simuliert werden können.

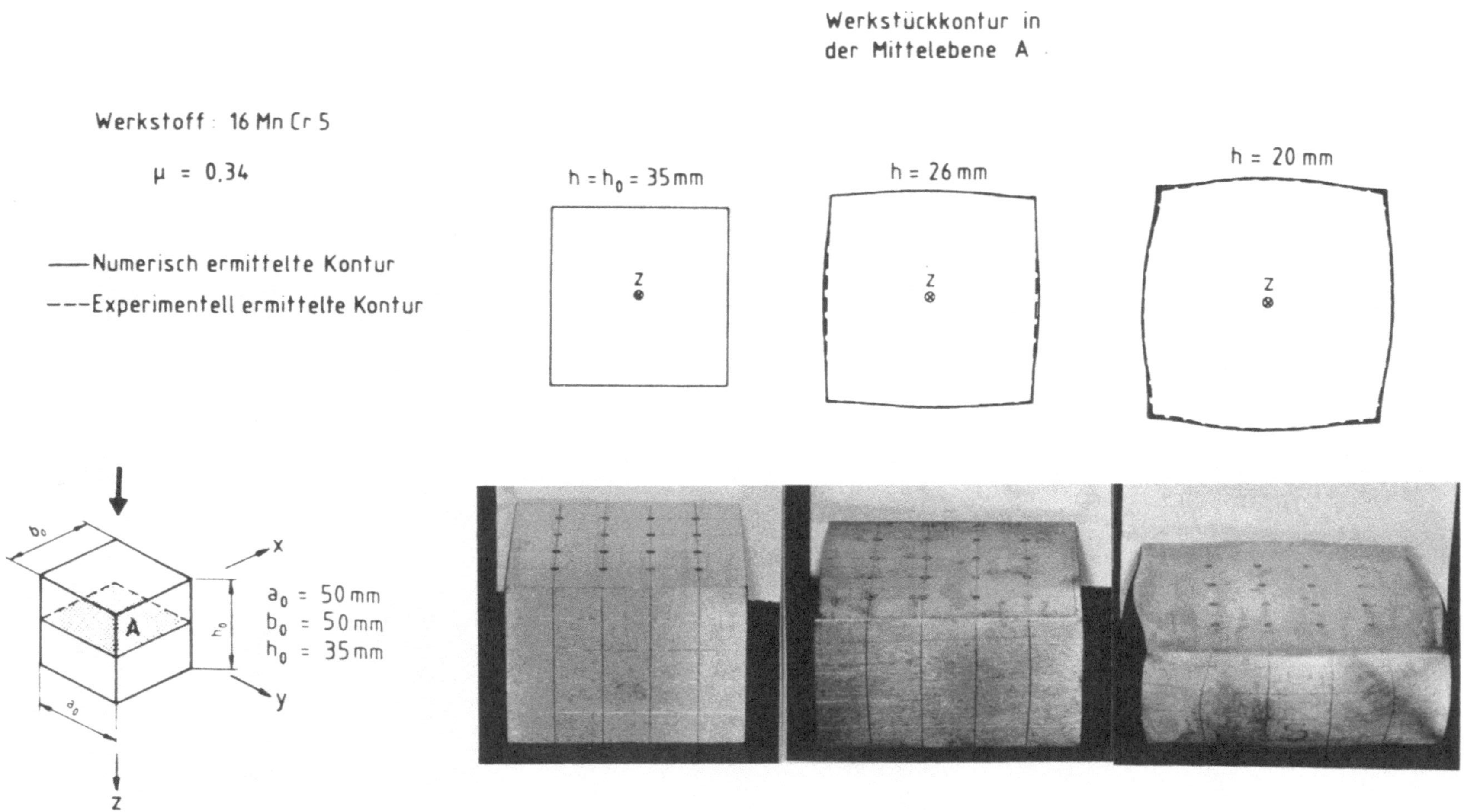

Bild 2 : Experimentell-numerischer Vergleich der Werkstückkontur

Werkstoff: Ck 15

$k_{f0} = 240 \ N/mm^2$

$k_f = 704 \cdot \bar{\varepsilon}^{0,24} \ N/mm^2$

$\mu = 0,1$

$\rho = 7,85 \ kg/dm^3$

$c = 0,475 \ kJ/(kg \cdot K)$

$k = 51 \ W/(m \cdot K)$

$\eta = 0,865$

$T_0 = 20°C$

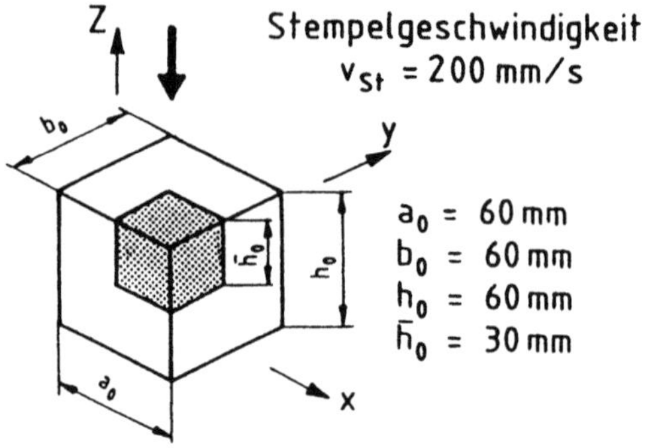

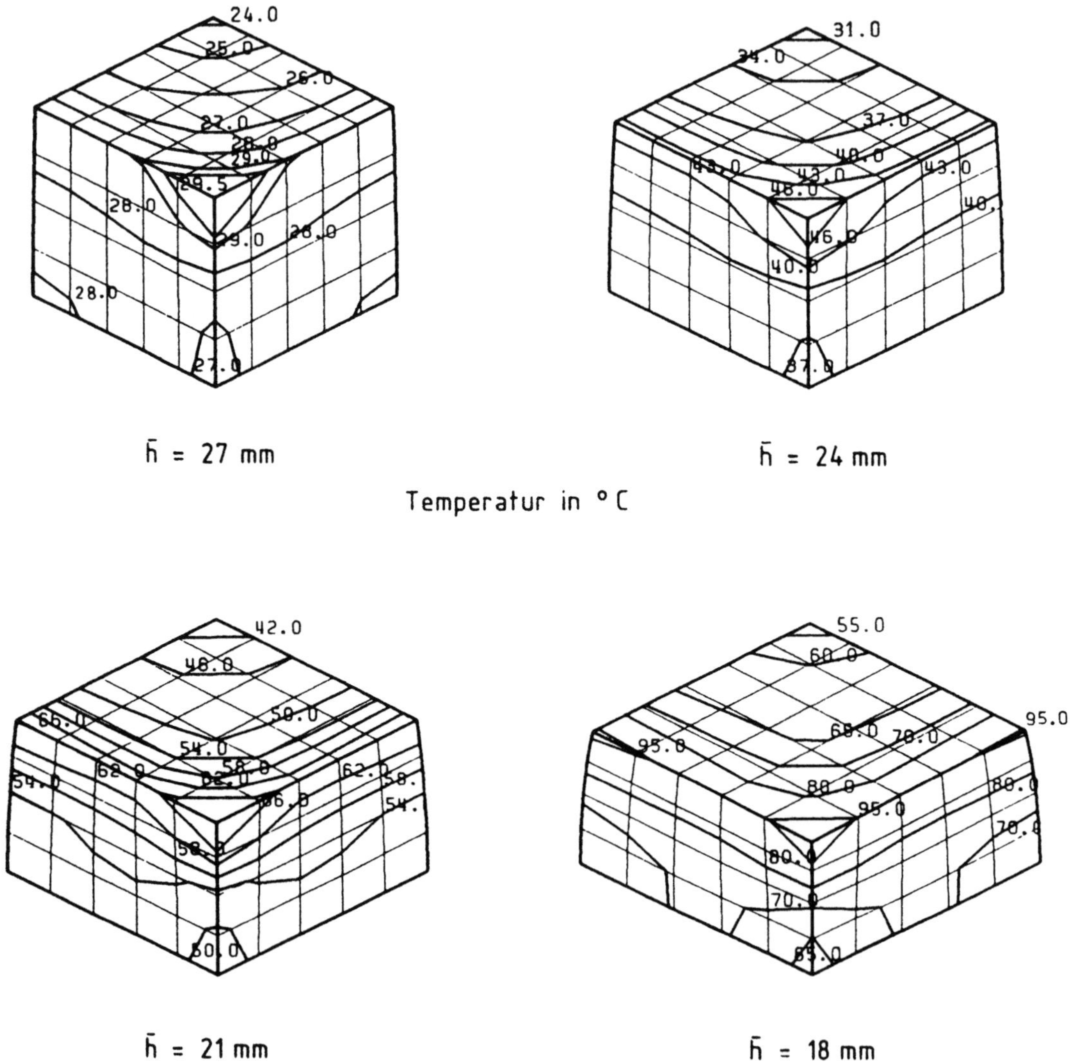

Bild 3 : Temperaturverteilung bei einer Stempelgeschwindigkeit von 200 mm/s

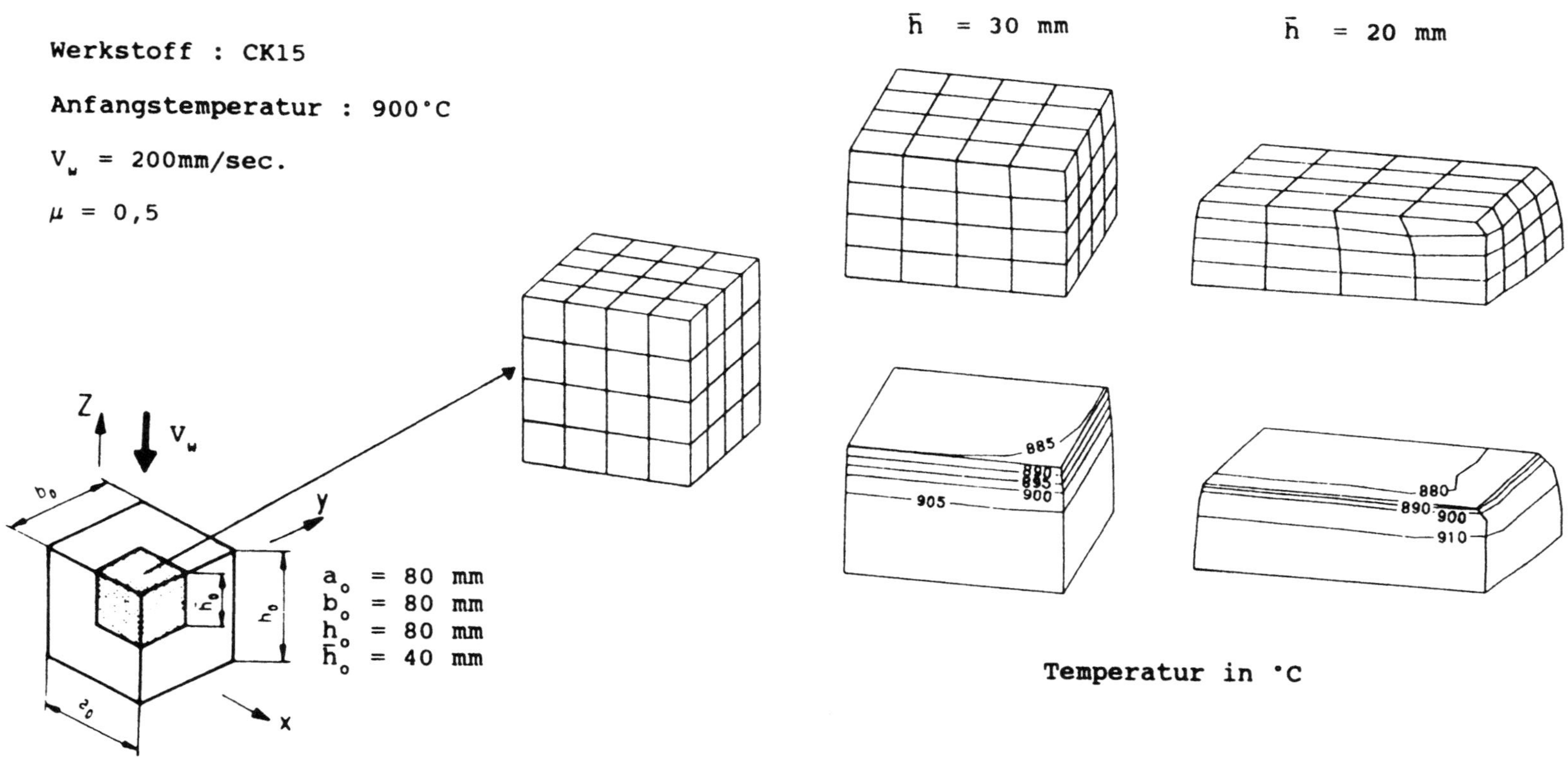

Bild 4 : Stauchen eines Quaders bei 900°C

In einem weiteren Forschungsvorhaben wurde mit Hilfe eines numerischen Berechnungsverfahrens die Arbeitsgenauigkeit von Fließpreßmatrizen mit nicht-rotationssymmetrischen Innenformen untersucht.

In der Kaltmassivumformung sind Fließpreßmatrizen hohen Spannungen ausgesetzt, durch welche die Matrizen sich elastisch aufweiten. Die Werkstückgenauigkeit wird wesentlich durch diese Verformung beeinflußt. Die Kenntnis der elastischen Matrizenaufweitung in Abhängigkeit von verschiedenen Verfahrensparametern ist deshalb für die Optimierung der Arbeitsgenauigkeit von Fließpreßmatrizen von grundlegender Bedeutung. Gelingt es, diese Aufweitung des Werkzeugs auf analytischem Weg bereits in der Konstruktionsphase zu bestimmen, so kann eine gezielte Profil- bzw. Maßkorrektur vorgenommen und somit eine hohe Genauigkeit der Werkstücke erzielt werden.

Für rotationssymmetrische Matrizen liegen frühere Untersuchungen vor, in denen mit Hilfe der Finite-Elemente-Methode das Aufweitungsverhalten berechnet wurde . Für nicht-rotationssymmetrische Werkzeuge kann die Übertragung dieser Ergebnisse aber nur eine grobe Näherung sein. Deshalb wurde in dieser Arbeit das Aufweitungsverhalten von Fließpreßmatrizen mit nicht-rotationssymmetrischen Durchbrüchen bestimmt. Als numerisches Untersuchungsverfahren wurde dazu die Boundary-Element-Methode (BEM) verwendet, die bei der gegebenen dreidimensionalen,

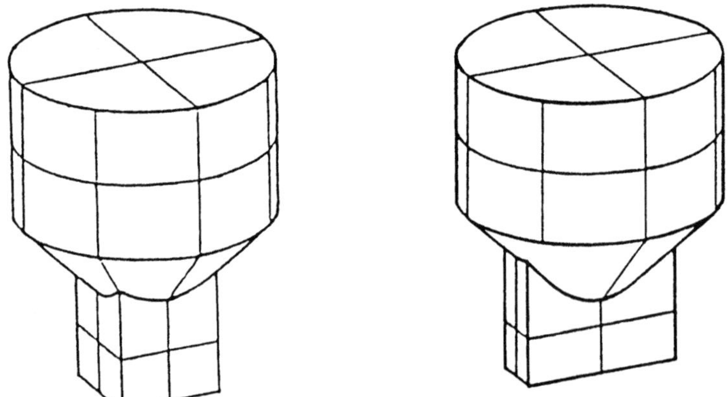

Bild 5: Fließpreßteile mit quadratischem bzw. rechteckigem Schaft

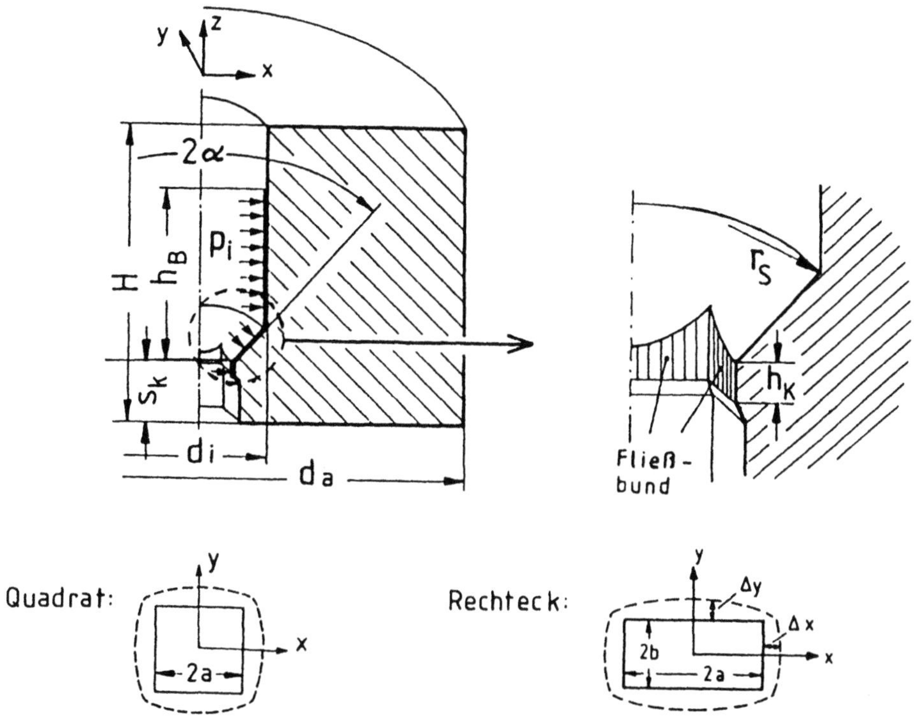

---: Aufweitung des Fließbundes

	PARAMETER		VARIATION	WERTE
GEOMETRIE	Matrizenhöhe	H	k	80 mm
	Innendurchmesser	d_i	k	20 mm
	Schultereinlaufradius	r_s	k	2 mm
	Fließbundabstand	s_k	k	20 mm
	Höhe des Fließbundes	h_k	v	1 / 2 / 4 mm
	Außendurchmesser	d_a	v	50/ 67/ 100/ 160 mm
	Schulteröffnungswinkel	2α	v	60° / 90° / 120°
	Kantenlänge : Quadrat	$2a$	v	10 / 12 / 14 mm
	Rechteck	$2a$ $2b$	v	16 / 18 / 18 8 / 6 / 4,5 mm
BELASTUNG	relat. Belastungshöhe	h_B/H	v	0,75/0,5/0,25/0,11
	Innendruck	p_i	v	hydrostat./ortsabh.
	v = variiert		k = konstant	

Bild 6: Bezeichnungen und Tabelle der untersuchten Parameter für Fließpreßmatrizen mit quadratischem/rechteckigem Durchbruch

linearelastischen Problemstellung vorteilhaft eingesetzt werden kann.

Der Hauptteil des Forschungsvorhabens erstreckte sich auf die systematische Untersuchung von Matrizen zur Herstellung von Fließpreßteilen mit quadratischem bzw. rechteckigem Schaft **(Bild 5)**. Die aus einem zylindrischen Rohteil umgeformten Werkstücke haben einen zylindrischen Kopf, eine kegelige Schulter und einen prismatischen Schaft. **Bild 6** zeigt eine zugehörige Matrize und die wichtigsten geometrischen und vorgangsbezogenen Parameter. Für die systematische Untersuchung wurden einige Parameter als konstante Ausgangswerte festgelegt, die wichtigsten Parameter wurden mit den im Bild 6 angegebenen Werten variiert : Der Außendurchmesser, der Schulteröffnungswinkel, die Länge der Kalibrierstrecke , die Druckraumhöhe sowie die Kantenlänge des quadratischen Durchbruchs bzw. das Verhältnis der Kantenlängen beim rechteckigen Durchbruch. Für die systematische Untersuchung wurde im Druckraum selbst eine hydrostatische Druckverteilung angenommen. Es wurden jedoch auch Vergleichsberechnungen mit einer höhenabhängigen Druckverteilung vorgenommen.

Zur Anwendung der BEM muß die Geometrie des zu untersuchenden Werkzeugs mit Hilfe von Oberflächenelementen idealisiert werden. Zur Berechnung einer Matrize mit quadratischem Durchbruch genügt aus Symmetriegründen ein 45°-Ausschnitt. **Bild 7** zeigt links die Idealisierung eines solchen Matrizenausschnitts mit Boundary Elementen, auf der rechten Seite ist die Verformung (Aufweitung) der Matrize infolge des hydrostatischen Innendrucks dargestellt.

Beim Vorwärtsfließpressen wird das zylindrische Rohteil durch den Stempel in axialer Richtung in die Matrize gepreßt. Der durch die Umformung hervorgerufene Innendruck weitet die Matrize in radialer Richtung auf. Bei Fortschreiten des Fließpreßvorgangs nimmt die Druckraumhöhe stetig ab. **Bild 8** zeigt die Aufweitung einer Matrize mit quadratischem Durchbruch bei verschiedenen Druckraumhöhen und der Annahme hydrostatischen Innendrucks.

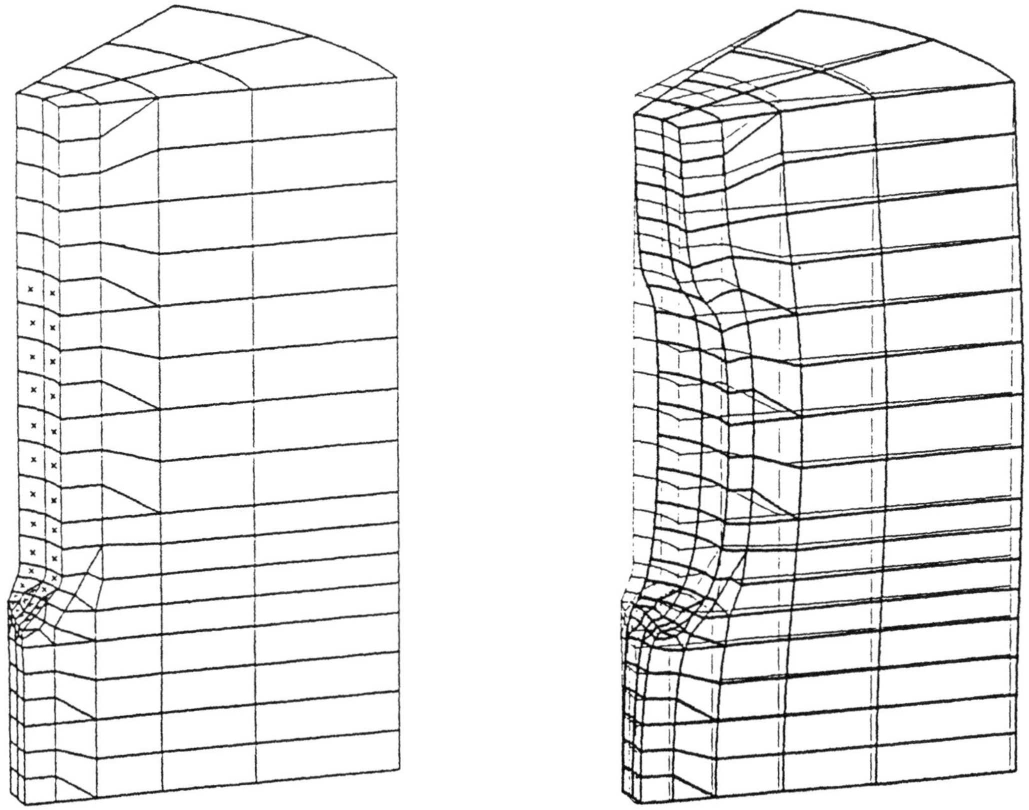

Bild 7: Fließpreßmatrize mit quadratischem Durchbruch: Boundary-Element-Netz und Aufweitung infolge Innendrucks

Durch den vorgangsbedingten Innendruck wird der Fließbund als formgebende Öffnung ballig aufgeweitet. Dabei hat die Druckbelastung auf dem Fließbund selbst einen nicht vernachlässigbaren Anteil an der Aufweitung. Die linear vom Innendruck abhängenden Aufweitungen verringern sich bei der während des Fließpreßvorgangs abnehmenden Belastungshöhe. Geringere Aufweitungen ergeben sich ebenso für größere Außendurchmesser, kleinere Schulteröffnungswinkel sowie größere Fließbundhöhen.

Als ein Beispiel der Berechnungsergebnisse zeigt **Bild 9** die Aufweitung in der Mitte und der Ecke der unteren Fließbundkante (Punkte C und D), aufgetragen über verschiedenen Schrumpfverbandverhältnissen d_i/d_a, für verschiedene Schulteröffnungswinkel 2α. Mit kleiner werdendem Außendurchmesser des Schrumpfver-

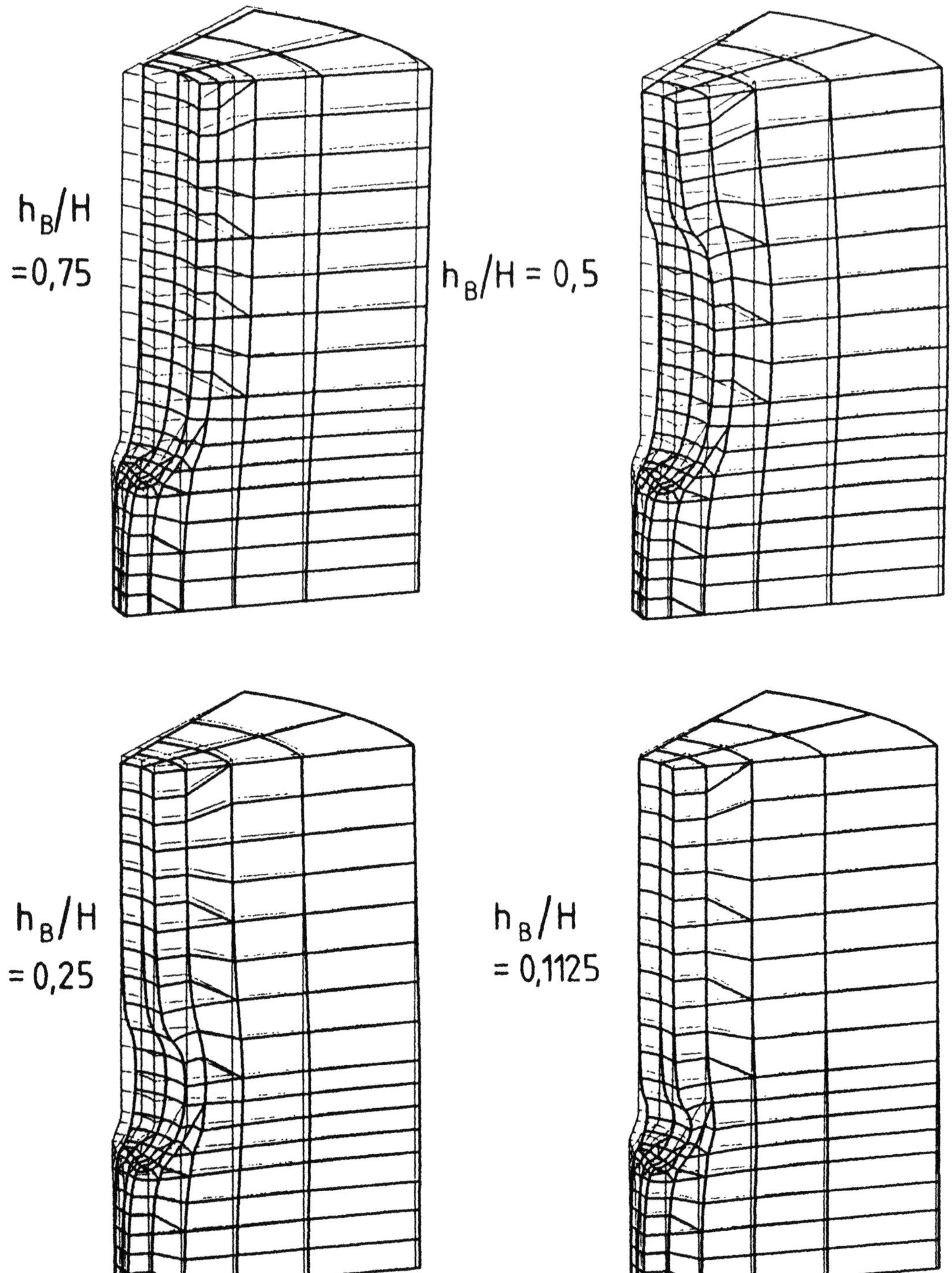

Bild 8: Aufweitung der Fließpreßmatrize mit quadr. Durchbruch bei verschiedenen relativen Belastungshöhen h_B/H

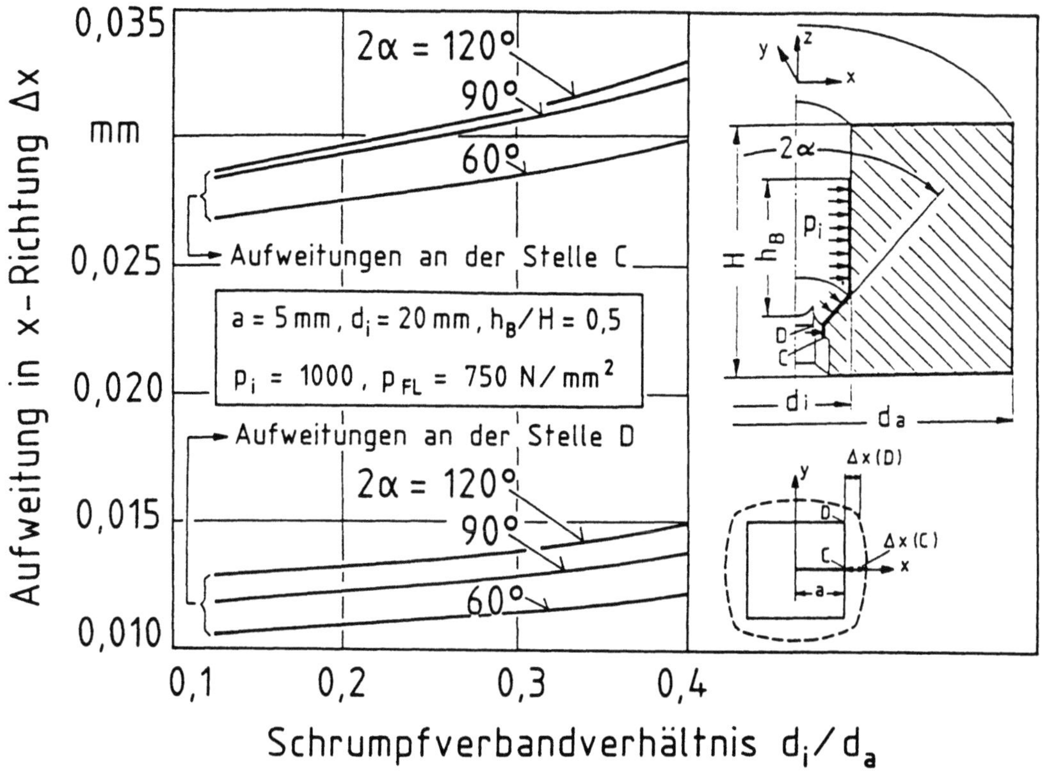

Bild 9: Aufweitung des Fließbundes in Abhängigkeit vom Außendurchmesser und verschiedenen Schulteröffnungswinkeln

bandes nimmt die Aufweitung zu. Die Differenz der Aufweitung in der Mitte und in der Ecke des Fließbundes, die "Balligkeit", ist wenig vom Außendurchmesser und praktisch nicht vom Schulteröffnungswinkel abhängig.

In einem weiteren Untersuchungsabschnitt wurde das Aufweitungsverhalten von Fließpreßmatrizen mit rechteckigem Durchbruch untersucht. Als rechteckige Durchbruchsformen wurden 3 Grundgeometrien gewählt (**Bild 10**), bei denen sich für das Kantenverhältnis b/a des Rechtecks die Werte 1:2 , 1:3 und 1:4 ergeben. In **Bild 10** ist die zu jeder Rechteckform gehörende Matrizendurchbruchgeometrie für einen Schulteröffnungswinkel von 2α = 90° dargestellt. Darunter ist die jeweilige Draufsicht auf den Fließbund und die Aufweitung infolge des Innendrucks abgebildet.

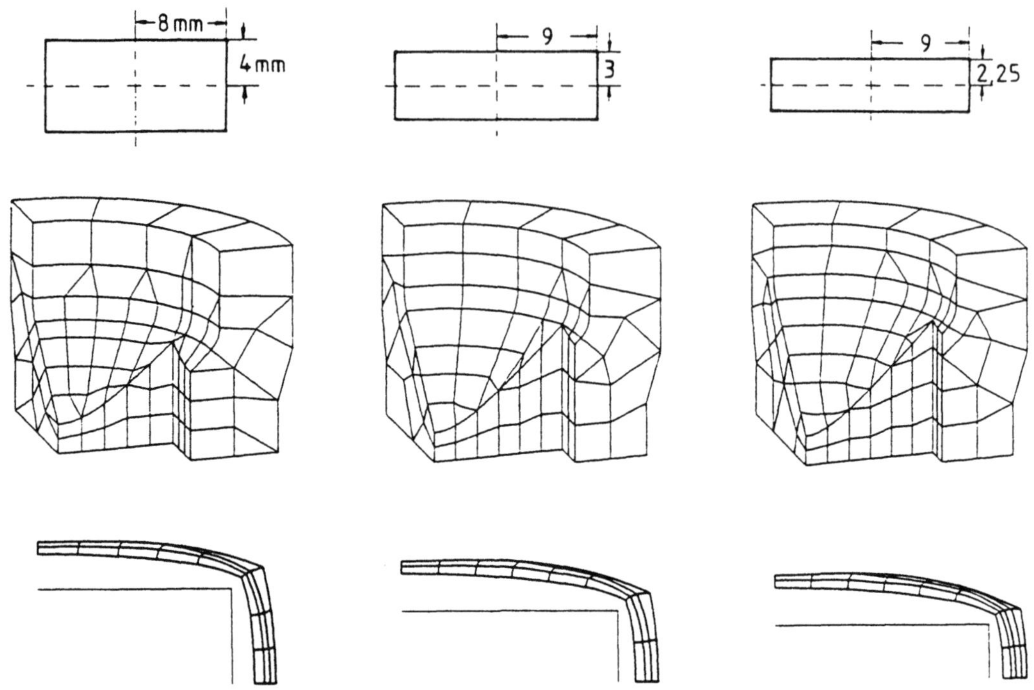

Bild 10: Rechteckige Matrizendurchbrüche: Durchbruchform, Schultereinlauf und Draufsicht auf den aufgeweiteten Fließbund

Im **Bild 11** ist für den Rechteckdurchbruch mit a = 9 , b = 3 mm die Aufweitung der unteren Fließbundkante für verschiedene Druckraumhöhen h_B/H aufgetragen. Auf der längeren Rechteckseite entsteht eine ballige Aufweitung mit Differenzen zwischen Mitte und Ecke des Fließbundes von über 25 μm, auf der kürzeren Rechteckseite betragen die Differenzen bis zu 10 μm. Wie schon bei Matrizen mit quadratischem Durchbruch ist auch hier die Abnahme der Aufweitung bei fallender Druckraumhöhe zu erkennen. Zusammengefaßt tritt bei rechteckiger Durchbruchsform eine deutlich größere Aufweitung in der Mitte der längeren Rechteckseite auf. Die bezogene Maßänderung des unterhalb des Fließbundes austretenden Werkstückschafts hängt stark vom Verhältnis der beiden Rechteckseiten ab.

Beim Vergleich der Aufweitungen von quadratischen bzw. rechteckigen Matrizendurchbrüchen fällt besonders die Zunahme von ungleichen radialen Aufweitungen bei zunehmendem Längenverhält-

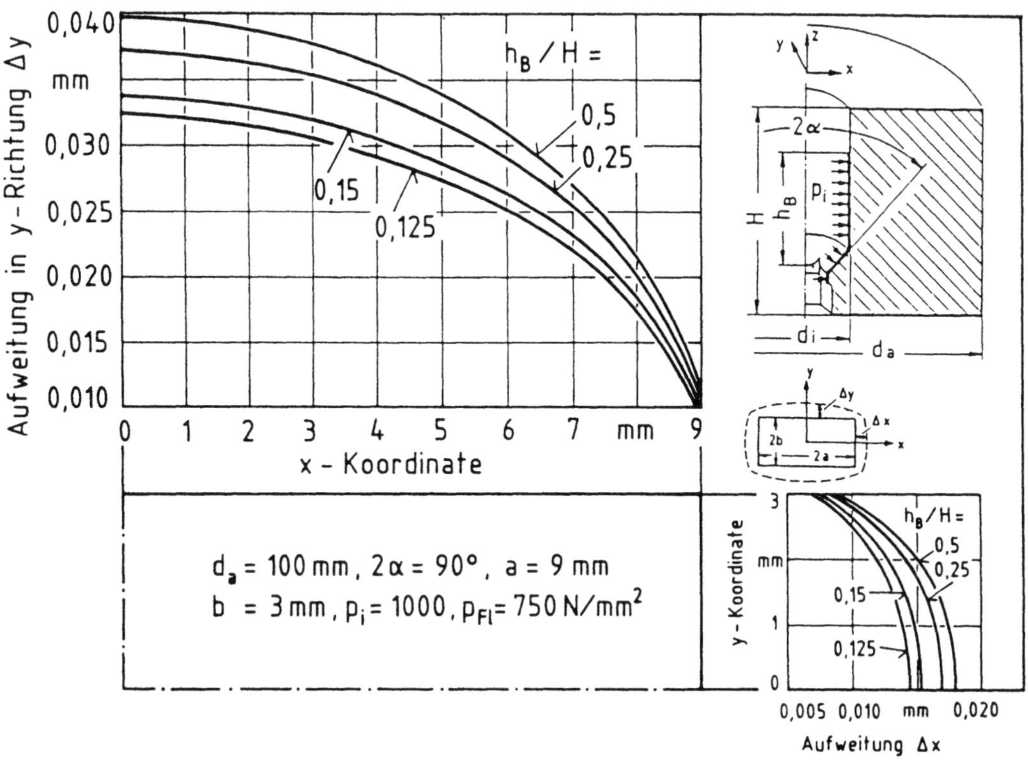

Bild 11: Aufweitung des rechteckigen Fließbundes bei verschiedenen relativen Belastungshöhen h_B/H

nis a:b der Rechteckseiten auf. Für einen Vergleich der unterschiedlichen Durchbruchsformen wurde die bezogene Maßabweichung aus den einzelnen Verschiebungen berechnet. In **Bild 12** sind die so errechneten bezogenen Aufweitungen über dem Kantenverhältnis der Rechteckseite aufgetragen. Das Kantenverhältnis berechnet sich dabei aus der Kantenlänge der ergänzenden Rechteckseite zur Kantenlänge der bezogenen Rechteckseite. Für den quadratischen Durchbruch sind die bezogenen Aufweitungen also bei der Abszisse 1,0 eingetragen. Die sich in den Kurven darstellende Linearität ist in dieser Deutlichkeit nicht erwartet worden. Die bezogenen Aufweitungen für $2\alpha = 120°$ weichen nur geringfügig von denen für $2\alpha = 90°$ ab. Die Aufweitungen für ein relative Belastungshöhe von $h_B/H = 0,15$ erreichen etwa 85 % der Aufweitungen für $h_B/H = 0,5$.

In einem weiteren Teil der Arbeit wird die Beanspruchung der

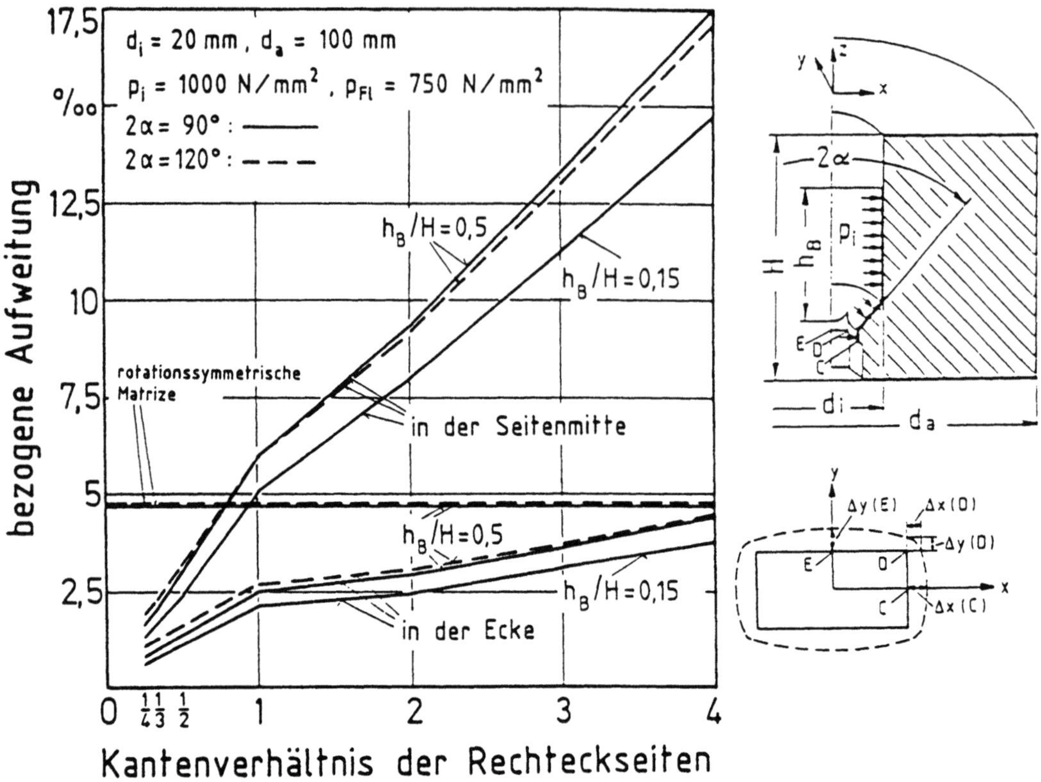

Bild 12: Bezogene Aufweitungen für unterschiedliche Kantenverhältnisse des Rechteckdurchbruchs

Matrizen mit quadratischem bzw. rechteckigem Durchbruch unter dem Einfluß von Vorspannung und Innendruck dargestellt. **Bild 13** zeigt die Vergleichsspannung nach v.Mises (Gestaltänderungshypothese) im Bereich der Fließpreßschulter und des Fließbundes einer Matrize mit rechteckigem Durchbruch. Durch eine Vergrößerung des Schultereinlaufradius läßt sich das dort auftretende lokale Spannungsmaximum in seiner Größe reduzieren. Dies gilt ebenso für den Eckenradius des Fließbundes, während der Schulterauslaufradius keinen wesentlichen Einfluß auf die lokalen Spannungsspitzen hat.

Um die Möglichkeiten des praktischen Einsatzes der Boundary-Element-Methode auch bei komplexen Werkzeuggeometrien zu zeigen, wurde abschließend beispielhaft eine Matrize zum Fließpressen von Verzahnungen untersucht. Diese Untersuchung wurde in Zusammenarbeit mit Prof. Dohmann, GH Paderborn, begonnen.

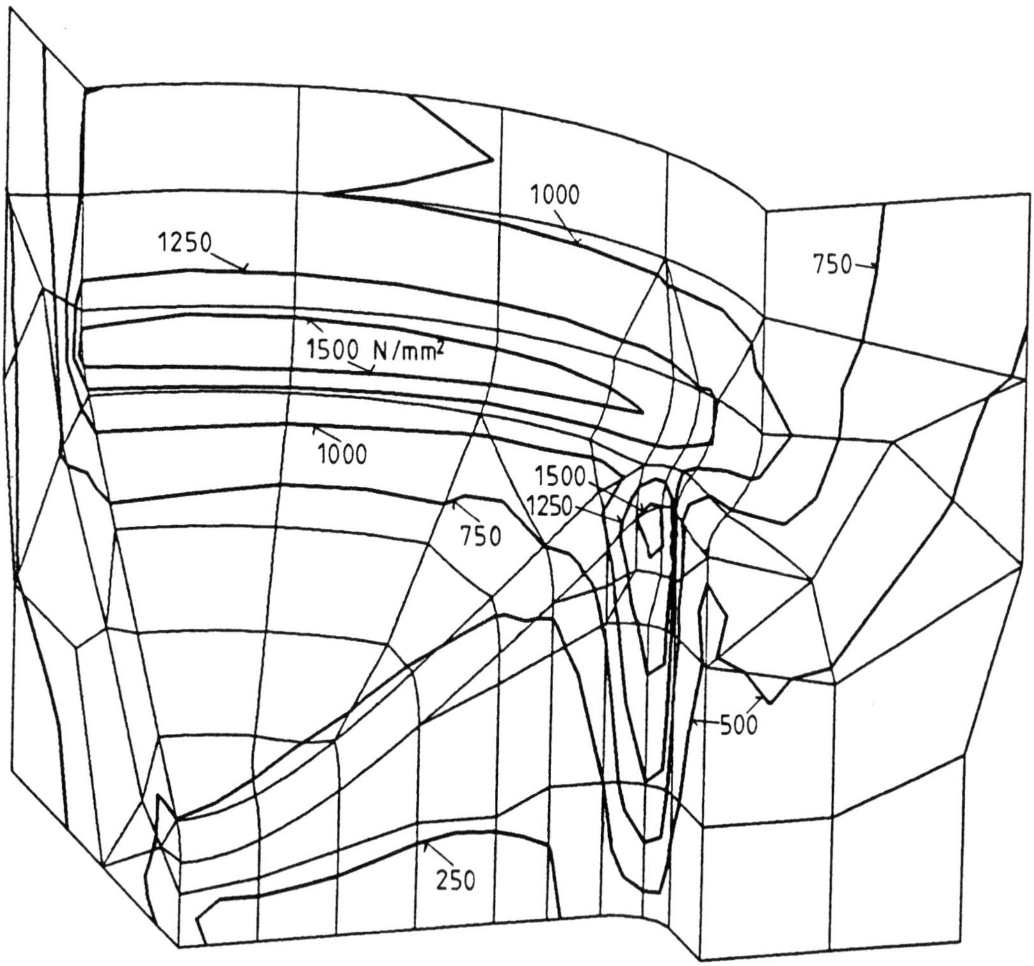

$p_i = 1000\ N/mm^2,\ p_{Fl} = 750\ N/mm^2,\ \xi = 5‰,\ 2\alpha = 90°$

$a = 9\ mm,\ b = 3\ mm\quad r_S = 2\ mm,\ r_K = 1\ mm,\ r_E = 1\ mm$

Bild 13: Vergleichsspannung in vorgespannter und innendruckbelasteter Matrize mit rechteckigem Durchbruch

Von Jütte wurden dort Experimente zur abmessungsgenauen Herstellung (Verzahnungsqualität IT6) von Verzahnungen durch Vorwärts-Fließpressen durchgeführt.

Beim Herstellen eines Matrizenverbandes wird üblicherweise zunächst der Armierungsring auf die Matrize gepreßt und anschließend die Innenkontur der Matrize gefertigt. Bei Annahme von linearer Elastizität hat dadurch die Vorspannung keinen Einfluß auf die Aufweitung der Matrize durch Innendruckbe-

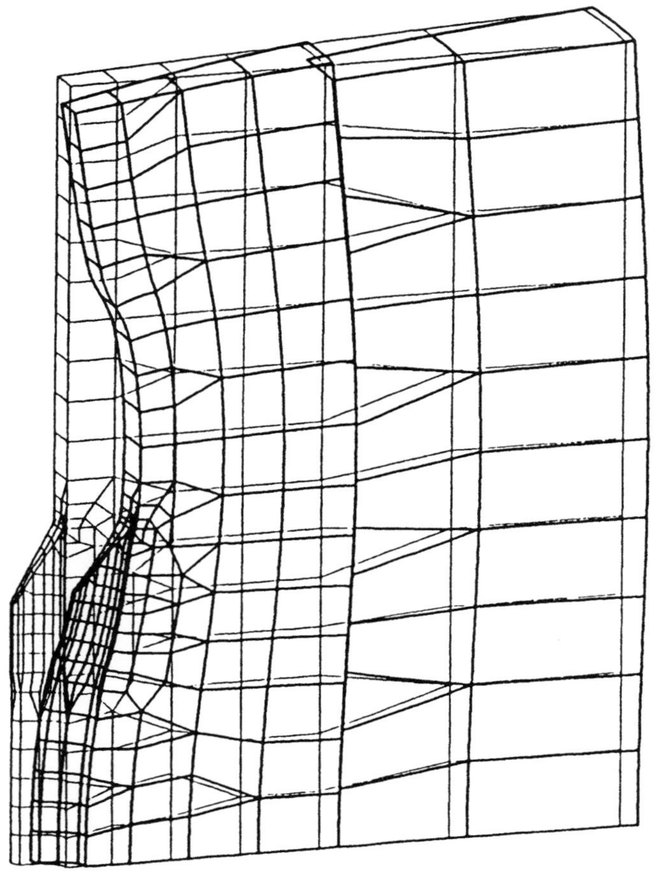

$h_B/H = 0,5$, $p_i = 800$, $p_{Fl} = 600\ N/mm^2$, $\xi = 0,0\ ‰$

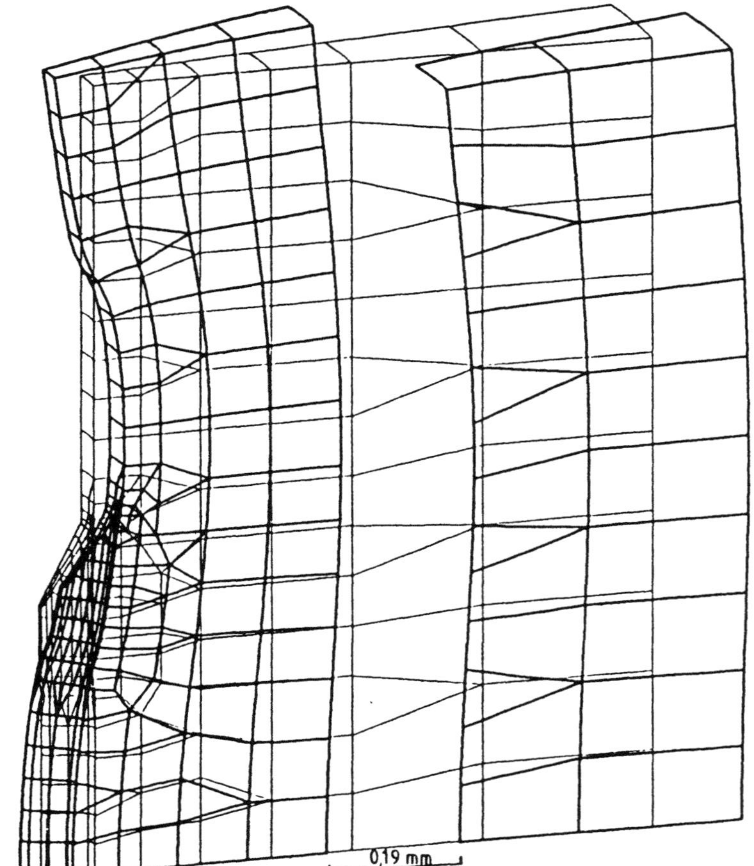

$h_B/H = 0,5$, $p_i = 800$, $p_{Fl} = 600\ N/mm^2$, $\xi = 3,8\ ‰$

Bild 14: Aufweitung einer Zahnradmatrize unter Innendruck ohne und mit Berücksichtigung der Vorspannung

lastung. Das Aufweitungsverhalten ist dasselbe wie bei einer nicht vorgespannten Matrize. Bei den experimentellen Versuchen von Jütte wurde zunächst die Innenkontur der Matrize hergestellt und dann der Armierungsring aufgeschrumpft. Durch das Aufschrumpfen wird die ursprüngliche Form der Matrizeninnenkontur zunächst nach innen verzerrt.

Eine Gegenüberstellung des Aufweitungsverhaltens der Matrize bei üblicher und der von Jütte durchgeführten Fertigungsreihenfolge zeigt **Bild 14.** Ohne Berücksichtigung der Vorspannung (linke Seite von Bild 14) weitet der Innendruck die Matrize auch am Fließbund stark auf. Bei Berücksichtigung einer Gegenverzerrung durch Vorspannung bewirkt der Innendruck eine geringere Aufweitung der Matrize (rechte Seite von Bild 14). Das Haftmaß ist durch den Abstand zwischen Matrize und Armierungsring (dickere Linien) deutlich zu erkennen.

In **Bild 15** ist die Draufsicht auf den aufgeweiteten Fließbund für beide Fälle dargestellt. Ohne Berücksichtigung der Vorspannung (oberer Teil) beträgt die Aufweitung an der unteren Fließbundkante (mit der Zahl 1 markierte Netzlinie) zwischen 59 μm und 65 μm. Durch Vergleich mit der um 59 μm verschobenen Ursprungs-Profillinie (gestrichelt eingezeichnet) und den markierten Punkten ist die resultierende Profilverzerrung zu erkennen. Tendenziell bekommt der Werkstückzahn durch die Aufweitung etwas breitere Flanken, gleichzeitig verringert sich die Zahnhöhe, da die Aufweitung am Zahnfuß (des Werkstücks) größer ist als am Zahnkopf. Im unteren Teil ist die Aufweitung unter Berücksichtigung von Vorspannung und Innendruck dargestellt. Die Verschiebungen an der unteren Fließbundkante sind sehr klein, am Zahnfuß (des Werkstücks) beträgt die radiale Verschiebung nach außen nur 5 μm. Die Verformung des Zahnprofils ist deutlich geringer, die Abweichung des Profil-Flankenwinkels gegenüber der ursprünglichen Form ist wesentlich kleiner als bei der Berechnung ohne Vorspannung.

Bild 16 zeigt schließlich die Vergleichsspannung nach v.Mises (Gestaltänderungshypothese), bezogen auf den zugrunde gelegten Innendruck. Unabhängig von der Fertigungsreihenfolge ist dabei

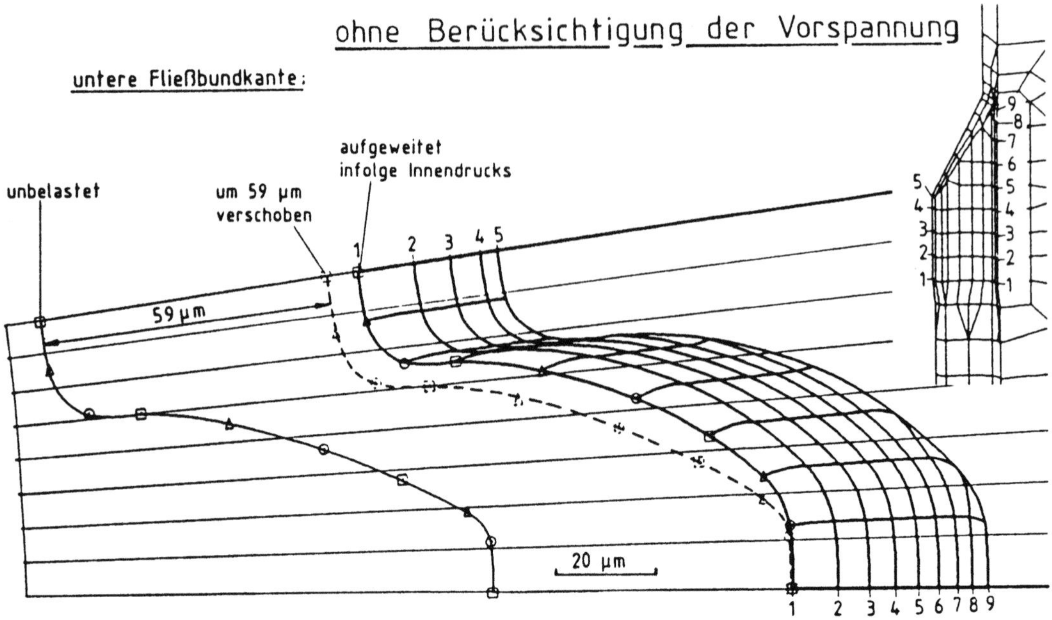

$h_B/H = 0{,}5$, $p_i = 800$, $p_{Fl} = 600\ N/mm^2$, $\xi = 0{,}0$ ‰

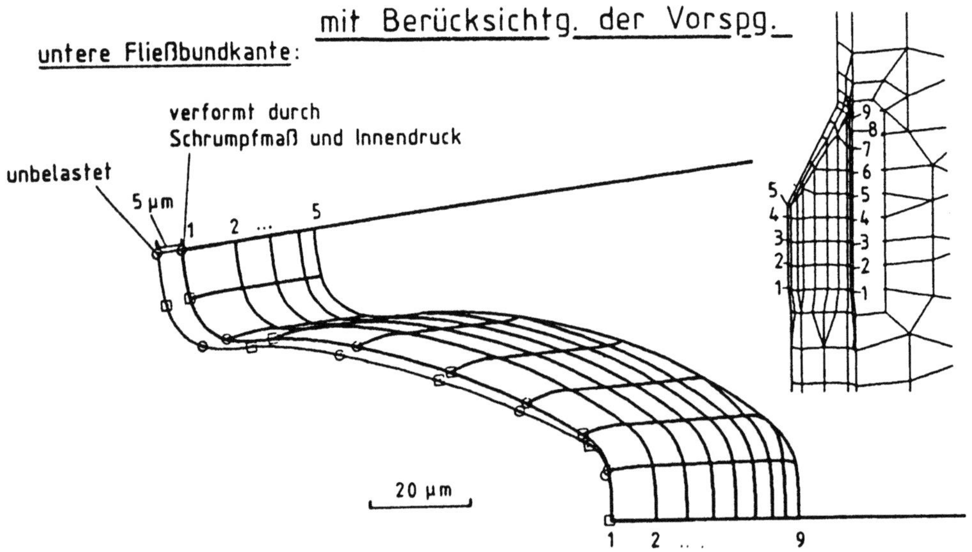

$h_B/H = 0{,}5$, $p_i = 800$, $p_{Fl} = 600\ N/mm^2$, $\xi = 3{,}8$ ‰

Bild 15: Fließbund in der Draufsicht bei innendruckbelasteter Zahnradmatrize ohne (oben) und mit (unten) Berücksichtigung der Vorspannung

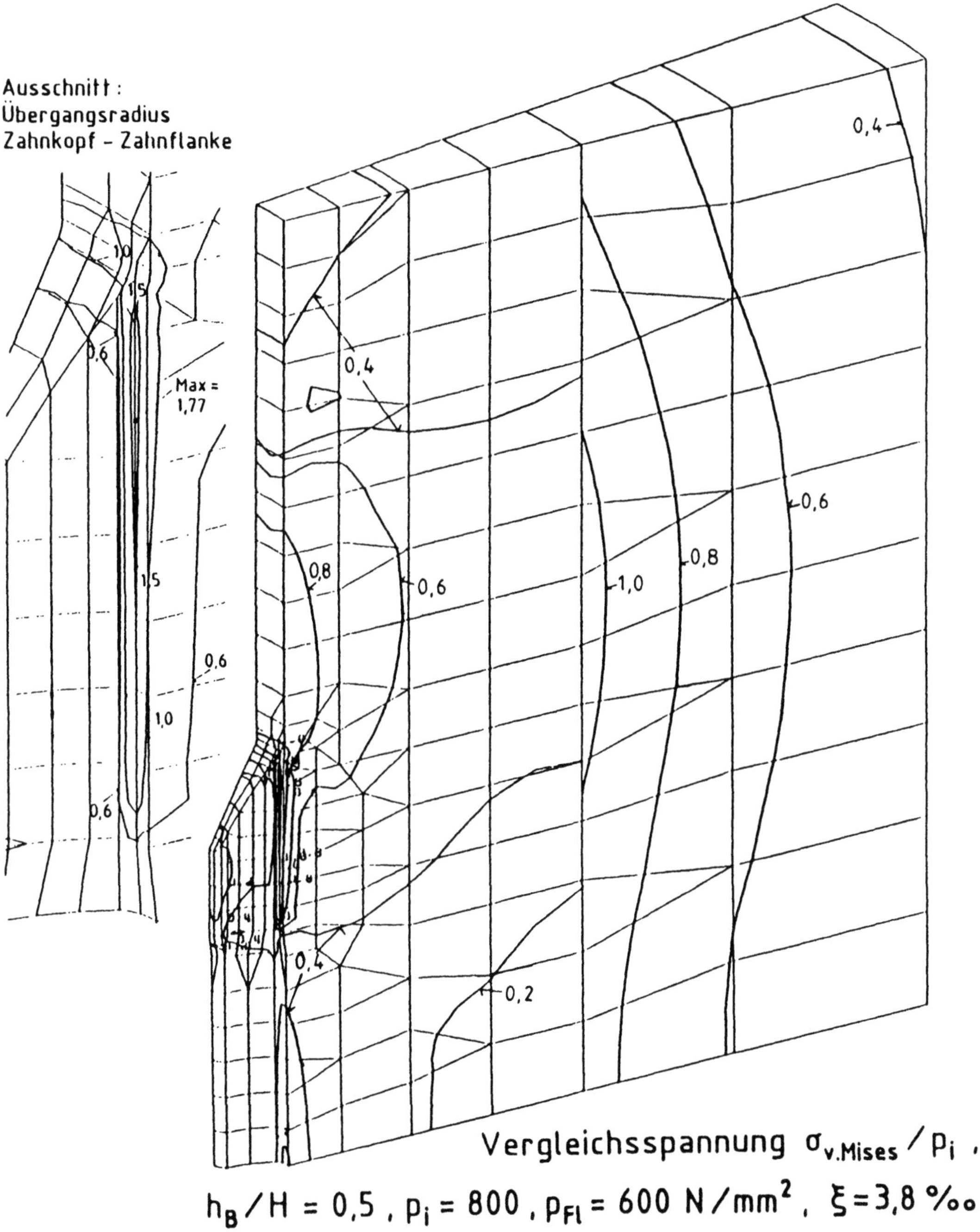

Bild 16: Bezogene Vergleichsspannung in vorgespannter Zahnradmatrize

die Vorspannung auf jeden Fall zu berücksichtigen. Das Spannungsmaximum stellt sich am Übergangsradius Zahnkopf-Zahnflanke ein und beträgt bei den im Bild angenommenen Werten für Haftmaß und Innendruck etwa 1400 N/mm^2.

Die in der Untersuchung gewonnenen Erfahrungen zeigen, daß mit der Boundary-Element-Methode ein wirtschaftliches und zuverlässiges Verfahren zur Verfügung steht, mit dem sich elastische Verformungen und Spannungszustände auch von komplizierten dreidimensionalen Strukturen kompakter Bauart unter Last berechnen lassen. Da in der Modellbildung nur die Oberfläche der zu untersuchenden Struktur erfaßt werden muß, eignet sich die BEM in idealer Weise für den direkten Anschluß an CAD-Systeme. Als numerische Untersuchungsmethode liefert sie eine sinnvolle Ergänzung zur Gestaltung und Auslegung von Werkzeugen im modernen Fertigungsbetrieb.

Literatur:

/1/ Lange, K.(Hrsg.): Lehrbuch des Umformtechnik, Bd.2(massivumformung). Berlin/Heidelberg/New York, Springer 1974

/2/ Roll, K. : Einsatz numerischer Näherungsverfahren bei der Berechnung von Verfahren der Kaltmassivumformung. Berichte aus dem Institut für Umformtechnik der Universität Stuttgart, Nr.66. Berlin/Heidelberg/new York, Springer 1982

/3/ Gerhardt, J. : Numerische Simulation dreidimensionaler Umformvorgänge mit Einbezug des Temperaturverhaltens. Berichte aus dem Institut für Umformtechnik der Universität Stuttgart, Nr.101. Berlin/Heidelberg/New York/London/Paris/Tokyo/Hong Kong, Springer 1989

/4/ Hill, R. : The mathematical theory of plasticity, Oxford, Clarendon Press 1950

/5/ Osakada, K., Mori,K., Kudo, H. : The use of micro- and supercomputers for simulation of metal forming processes. CIRP Annals 34, 1985

/6/ Kobayashi, S., Oh, S.I., Altan, T. : Metalforming and the Finite Element Method, Oxford University Press 1989

/7/ Pohl, W. : Ein Verfahren zur näherungweisen Berechnung der Wärmeentwicklung und der Temperaturverteilung beim Kaltstauchen von Metallen. Berichte aus dem Institut für Umformtechnik der Universität Stuttgart, Nr.23. Girardet 1972

/8/ Gröber, Erk, Grigull : Die Grundgesetze der Wärmeübertragung. Berlin/Heidelberg/New York, Springer 1981

/9/ Hensel, A., Spittel, T. : Kraft- und Arbeitsbedarf bildsamer Formgebungsverfahren. VEB Deutscher Verlag für Grundstoffindustrie, Leipzig 1979

/10/ Hughes, T. : The Finit Element Method, Prentice-Hall 1987

/11/ Westerling, C. : Numerische Simulation instatonärer Umformprozesse, VDI Verlag Reihe 2 Nr.118

/12/ Marten, J. : Ein Vergleich thermomechanischer Stoffgesetzformulierungen und deren numerische Umsetzung, Institut für Mechanik, Universität Hannover 1988

/13/ Tekkaya, A.E. : Ermittlung von Eigenspannungen in der Kaltmassivumformung. Ber. aus dem Inst. für Umformtechnik, Universität Stuttgart, Nr.83. Berlin/..., Springer 1986

/14/ Rebelo, N., Kobayashi, S. : A coupled analysis of viskoplastic deformation and heat transfer-2, Int.J.Mech.Sci., Vol.22, Pergamon Press 1980

/15/ Hinton, E., u.a.: A note on masslumping and related processes in the Finite Element Method, Earthquake Engineering and Structural Dynamics 4 1976

/16/ Krämer, G.: Beitrag zur beanspruchungsgerechten Auslegung von rotationssymmetrischen Fließpreßmatrizen. Berichte aus dem Institut für Umformtechnik , Universität Stuttgart, Nr. 49. Essen: Girardet 1979.

/17/ Kling, E.: Aufweitung von Fließpreßmatrizen mit überlagerter thermischer und mechanischer Beanspruchung. Berichte aus dem Inst. für Umformtechnik , Universität Stuttgart, Nr. 81. Berlin/Heidelberg/New York/Tokyo: Springer 1985.

/18/ Brebbia, C.A.; Telles, J.C.F.; Wrobel, L.C.: Boundary Element Techniques. Berlin/Heidelberg/New York: Springer 1984

/19/ Bausinger, R.; Kuhn, G.: Die Boundary-Element-Methode. Ehningen: expert 1987.

/20/ Jütte, F.: Beitrag zum Präzisionsumformen von Stirnverzahnungen. Dissertation Universität-GH-Paderborn, 1985.

Kontinuumsmechanische Simulationen zur Klärung der Zusammenhänge zwischen Umformverhalten und Produktqualität beim Kissentiefziehen

Prof. Dr.rer.nat. Dr.mont.h.c. Horst Lippmann, München
Dr.-Ing. Michael Holzner
Dr.-Ing. Volker Mannl

Bei der Fertigung von Ziehteilen in Kleinserien überwiegen die Werkzeugkosten. Hier ist das Kissentiefziehen vorteilhaft, bei dem ein nachgiebiges Kissen ein konturgenaues Formwerkzeug ersetzt. Die Nachgiebigkeit führt u.a. zu gleichmäßiger Ziehteilwandstärke. Mit einfachen Prozeßparameterveränderungen wie der Kissenhärte sind Faltenbildung und Umformgrenze positiv beeinflußbar. Die vorliegende Studie benutzt die Methoden der Kontinuumsmechanik, um u.a. Einflüsse des Stoffverhaltens von Kissen und Blech sowie der Prozeßführung auf die Produktgüte aufzuklären und abzustimmen. Versuche dienen der Absicherung.

Einleitung

Das Prinzip des Kissentiefziehens besteht darin, eine Platine zwischen einem nachgiebigen, gummiartigen Block ("Kissen") einfacher Gestalt und einem sehr viel härteren, formgenauen Gegenwerkzeug zu einem Ziehteil umzuformen. Bild 1 zeigt das Prin-

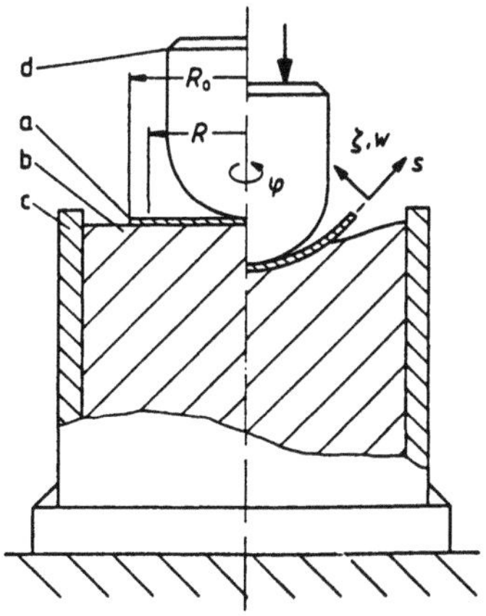

Bild 1: Prinzip des Kissentiefziehens (dargestellt für rotationssymmetrische Anordnung)
a Blech (Platine) b Kissen c Kissenaufnehmer d Gegenwerkzeug (Stempel)

zip, technische Bauformen und mit ihnen verfolgte besondere Ziele sind in [5] erläutert.

Die einfache Geometrie und universelle Anpassungsfähigkeit des Kissens an verschiedene Gegenformen bringt wirtschaftliche Vorteile beim Herstellen und Umrüsten der Werkzeuge, die bei kleineren Losgrößen den Hauptanteil der Kosten pro Ziehteil ausmachen.

Lokal hohe Pressungen des Blechs zwischen den formgebenden Werkzeugen sind verfahrensbedingt selten möglich, so daß auch das formgenaue, steife Gegenwerkzeug nur mäßig beansprucht wird und aus kostengünstigen, leicht zu bearbeitenden Werkstoffen gefertigt werden kann, d.h. auch Retuschen etwa zur Korrektur der Rückfederung sind einfach auszuführen.

Die zu fast allen Ziehstadien großflächige Verteilung der Umformkraft in den Kontaktzonen zwischen Kissen und Blech bzw. Blech und Gegenwerkzeug bedeutet eine Schonung der Oberflächen und somit besondere Eignung des Verfahrens für beschichtete Bleche [6].

In denjenigen Blechbereichen, die unter beidseitigem Kontakt mit den Werkzeugen stehen, herrscht ein dreiachsiger Spannungszustand durch Überlagerung von Spannungen in der Blechebene und Querdruck, der bekanntlich die bis zum Auftreten von Versagen durch Blecheinschnürung und Bruch erreichte plastische Verformung erhöht und ggf. größere Umformgrade bzw. Ziehverhältnisse ermöglicht. Dieser erwünschte Effekt läßt sich dadurch unterstützen, daß Sekundärwerkzeuge zusätzlichen beidseitigen Druck auf das Blech aufbringen und dann bei ausreichender Reibung möglicherweise sogar die Blechabstreckung behindern. Beidseitiger Kontakt des Blechs mit den Werkzeugen behindert auch die Faltenbildung, die bei überwiegenden Druckspannungen in der Blechebene ausgelöst wird.

Ein weiterer Vorteil des Kissentiefziehens ist die geringe Anforderung an die Dickenkonstanz des Zuschnitts, da Maßabweichungen ohne große Pressungen durch das nachgiebige Kissen ausgeglichen werden. Dies bedeutet auch, daß örliche Blechklemmungen zwischen den Werkzeugen begleitet von starken Abstreckungen in ungeklemmten Bereichen für das Kissentiefziehen untypisch sind und die Wandstärkenverteilung am gezogenen Teil gleichmäßiger ist als beim konventionellen Tiefziehen

Heutzutage werden als Kissenwerkstoff überwiegend vernetzte Polyurethan-Elastomere verwendet [8]. Neben ihrer Verschleißfestigkeit und Schmiermittelbeständigkeit haben sie den Vorteil, daß sich über den Vernetzungsgrad ihre Verformungsfähigkeit an die plastischen Materialeigenschaften der tiefzuziehenden Blechsorte anpassen läßt. Nachteilig ist das viskoelastische Stoffverhalten, daß eine Erholung des Kissens nach jeder Pressung bedingt und keine rasche Taktfolge erlaubt.

Als weitere Nachteile der Nachgiebigkeit seien erwähnt, daß das Kissen Wechseln von stark konkaver und konvexer Krümmung schlecht folgen kann, die große Beanspruchung beim Nachdrücken im geschlossenen Gesenk zur Verringerung der Ziehteilrückfederung bisher noch nicht problemlos beherrscht wird [9] und ein Großteil der Pressenarbeit für die Kissendeformation verloren ist. In der Regel beträgt die Standzeit der Kissen nur einige tausend Pressungen, bis die großen Deformationen zu Anrissen führen [10].

Kontinuumsmechanische Simulation

Bei der ganauen Analyse des Ablaufs eines Kissentiefziehvorganges sind zahlreiche Verfahrenseinflüsse wie das Auftreten großer Deformationen nicht nur vom Blech, sondern auch vom Kissen, die nichtlineare Elastizität des Kissens, das Verfestigungsverhalten des Bleches und der Reibkontakt auf zwei oder mehr zeitveränderlichen Kontaktflächen zu berücksichtigen. Jeder dieser Gesichtspunkte beeinflußt die orts- und werkzeugwegabhängige , d.h. instationäre Verteilung der Spannungen und Verformungen. Lokal große Abstreckungen führen zu ungleichmäßiger Blechwandstärke und evtl. zum Einreißen, große Druckspannungen der Tangentialebene des Blechs können ohne eine hinreichende Stützung durch Kissen und Gegenwerkzeug eine Faltenbildung auslösen. Weil also die inneren Größen für die Qualität des Ziehteils entscheidend sind, eignen sich zur Klärung ihres Zusammenhangs mit den Verfahrensgrößen die Methoden der Kontinuumsmechanik, da sie eine Bestimmung der Verteilung der inneren Größen möglich machen. Unseres Wissens ist dieser Weg für das gegebene Problem bisher nicht konsequent verfolgt worden. Experimente, die die maßgeblichen Größen nicht liefern, wurden nur zur Bestimmung der Stoffeigenschaften und zur Überprüfung globaler Resultate der Kontinuums-Simulation durchgeführt.

Eine Beschränkung auf axialsymmetrische Anordnungen war allerdings notwendig und selbst dann sind numerische Methoden notwendig, die bei einer hinreichend feinen Diskretisierung des Blechs und des Kissens in Finite Elemente, der Instationarität und des Kontaktproblems viel Rechenspeicher und Rechenszeit beanspruchen.

Zur Berechnung der Spannungen und Deformationen in Kissen und Blech wurde das Finite-Element-Programm DYNA 2D
große Deformationen, nicht-lineares Stoffverhalten und Reibkontakt zwischen verschiedenen Körpern zuläßt, verwendet. Seine Besonderheit ist, daß nach der Bestimmung der Knotenpunktbeschleunigungen aus den dynamischen Grundgleichungen der Finite-Element-Methode die Knotengeschwindigkeiten und -verschiebungen durch explizite Zeitintegration entsprechend des Schemas von Bild 2 berechnet werden. Wegen der Instationarität des Tiefziehvorgangs liegen die Kontaktflächen zwischen Kissen und Gegenwerkzeug einerseits sowie dem Blech andererseits nicht von vornherein fest. Im benutzten FE-Programm wird das Problem nach der sog. "Penalty"-Methode behandelt. Ergibt sich in einem Zeitschritt (s. Bild 2) eine formale Durchdringung benachbarter Körper, werden auf den zugeordneten Randknoten Rückstellkräfte eingeprägt, die vom Kompressionsmodul der Randelemente und dem Wert der Durchdringung abhängen. Über die Durchdringungsrichtung erfolgt die Fallunterscheidung zwischen Gleiten und Haften. Einzelheiten zur Finite-Element-Formulierung sind in [1] zu finden.

Anhand von ersten Tests zeigten sich, daß von den nichtline-

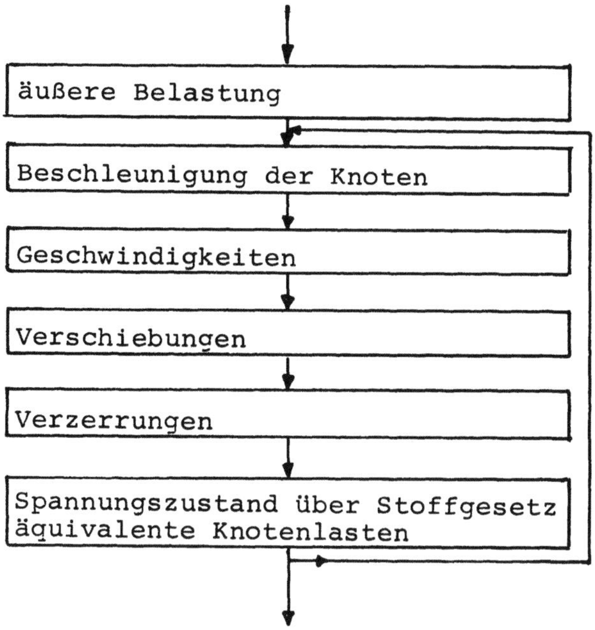

Bild 2: Prinzip der expliziten Lösungsprozedur des FE-Programms DYNA 2D für einen Zeitschritt

aren Stoffgesetzen für gummielastische Werkstoffe sich das folgende, auf Levinson u.

für Urethan-Kissen, die heute aus schon genannten Gründen bevorzugt werden, eignet und deshalb in das Programm DYNA 2D implementiert wurde:

$$\underline{\sigma} = G\left\{ J_3^{-1}\underline{B} + \left[\frac{1}{1-2\nu} J_3 - \frac{2(1-\nu)}{1-2\nu} \right] \underline{\delta} \right\}.$$

Hier sind $\underline{\sigma}$ die wahren oder Cauchy-Spannungen, $\underline{\delta}$ ist das Kronecker-Symbol, die dritte Invariante J_3 des linken Cauchy-Green-Verzerrungstensors $\underline{B}$ gibt das Verhältnis des verformten Volumens zu seinem Anfangsinhalt an. Vorteilhaft ist, daß bei diesem Stoffgesetz nur zwei Materialkoeffizienten, nämlich der Schubmodul G und die Querzahl ν des unverformten Zustands, anzupassen sind. Wegen der notwendig großen Deformationen und Problemen bei der Einspannung erwies sich der übliche Zugversuch mit Probestäben aus Urethan-Sorten als unpraktikabel. Daher wurden durch Vergleich numerischer Simulationen der Versuchsanordnungen nach Bild 3 mit Hilfe des FE-Programms und gemessener Stempelkraftverläufe die Parameter G u. identifiziert. Typische Werte für Urethankissen gebräuchlicher Härte sind $G=7-20\ N/mm^2$, $\nu=0,492-0,497$, s. auch [1,2]. Zur Beschrei-

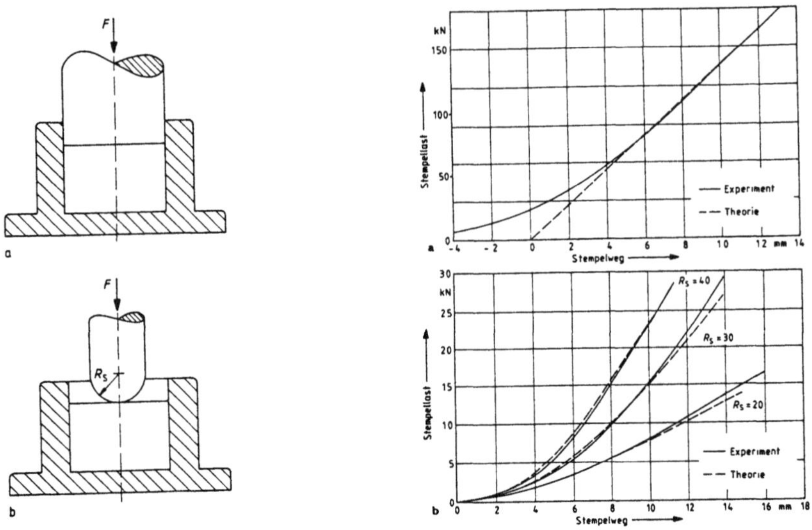

Bild 3: Versuchsanordnungen mit Versuchs- und Simulationsergebnissen zur Identifizierung der Stoffkonstanten von Polyäther-Polyurethan mit 43 Shore D

bung des elastisch-plastischen Stoffverhaltens wurde der inkrementelle Prandtl-Reuss-Ansatz benutzt. Beim Vergleich theoretischer Ergebnisse und der begleitenden Experimente zeigte sich, daß zum Zweck einer korrekten kontinuumsmechanischen Simulation der Faltenbildung und Blecheinschnürung die Nichtlinearität der Verfestigung des Blechs möglichst genau zu berücksichtigen ist. Auf beides hat der momentane Zusammenhang zwischen Spannungs- und Verformungsinkrementen, d.h. der augenblickliche Tangentenmodul wesentlichen Einfluß, für andere Resultate wie den Stempelkraftverlauf gilt das weit weniger. Die Flußkurven der in den Versuchen und Simulationen benutzten Blechwerkstoffe RR St 1405 und AL 99,5 F 11 lassen sich sehr gut durch den Swift'schen Verfestigungsansatz

$$\sigma = k(\varphi_0 + \varphi)^n$$

beschreiben, wo σ die Vergleichsfließspannung ist, φ die plastische Vergleichsformänderung sowie k, φ_0 und n Anpassungskonstanten, vgl. [1-3].

Da sich im Verlauf plastischer Verformumgen die Oberflächenrauhigkeit durch Einebnung unter Kontaktdruck und entgegengesetzt Aufrauhung durch Korndrehungen und austretende Versetzungen stark ändern kann, ist die Berücksichtigung der Reibung zwischen dem Tiefziehblech und den Werkzeugen Empirie und der Ansatz Coulomb'scher Reibung mit Erfahrungswerten für einen konstanten Reibungskoeffizienten μ in der Kontaktfläche Gegenwerkzeug bzw. Niederhalter zum Blech gerechtfertigt. Eine vollständige Vernachlässigung der Reibung ist nicht zulässig, da dies zu einer prinzipiell falschen Simulation der Relativbewegung des Blechs zu den Werkzeugen und infolgedessen der Ziehverhältnisse, der Wandstärke und der durch Reibung möglichen Behinderung von örtlichen Blechabstreckungen führt, vgl. [1]. Wie der umfangreichen Literatur, etwa [13] , zur Reibpaarung Metall/gummiähnlicher Stoff zu entnehmen ist, hängt die Reibung zwischen Kissen und Blech stark vom Kontaktdruck p ab, bis dieser einen Schwellenwert p_s erreicht. Dies wird in der Simulation mit dem Ansatz

$$\mu = \frac{c\alpha}{1+\alpha p^*} \quad \text{mit } p^* = p \text{ für } p \leq p_s,\ p^* = p_s \text{ für } p > p_s$$

(c, α, p_s = const) berücksichtigt. Damit lassen sich veröffentlichte Experimente solcher Reibpaarungen mit und ohne Schmierung sehr gut nachbilden, s. [1-3]. Gleit-und Haftreibungskoeffizient sind praktisch identisch.

Im Regelfall wird bei allen Tiefziehverfahren die Tiefung dadurch erreicht, daß wenigstens Teilbereiche des Blechs unter Umfangsstauchung zum Zentrum wandern und somit wahrscheinlich Umfangsdruckspannungen auftreten. Dann wird ohne hinreichende Stützung des Blechs eine Faltenbildung möglich, die sich der Simulation durch das Axialsymmetrie voraussetzende Programm DYNA 2D entzieht. Um die Faltenbildung trotzdem nach kontinuumsmechanischen Methoden simulieren zu können, wird wie z.B. in [14] die zweite Variation

$$\delta^2 (W_i - W_a) > 0$$

von innerer und äußerer Arbeit (Wi, Wa) am Blech als Stabilitätskriterium gegen kinematisch mögliche Abweichungen, d.h. hier Auffaltungen, aus dem axialsymmetrischen Grundzustand postuliert. Für die Berechnung von δ^2Wi wurde folgendes Kontinuumsmodell benutzt: Im axialsymmetrischen, noch ungefalteten Zustand wird das Blech als Rotationsschale betrachtet, deren Beanspruchungsgrößen den Spannungen der FE-Rechnung statisch äquivalent sind. Desweiteren gelte während der kinematischen Variationen (Auffaltung) aus dem Grundzustand die Kirchhoff-Hypothese und ein lineares Stoffgesetz zwischen den Variationen der Schalendeformationen und -beanspruchungsgrößen. Als entscheidend für eine genaue Simulation der Faltenbildung erwies sich die Abhängigkeit des linearen Stoffansatzes von der vorausgegangenen Verfestigung des Grundzustands. Eine Besonderheit der Faltenbildung beim Kissentiefziehverfahren ist die Möglichkeit des Kissens, aufgrund seiner Nachgiebigkeit der Auffaltung zu folgen und dabei Arbeit am Blech zu leisten. Dies wurde durch ein Bettungsmodell für die Variation des Kontaktdrucks zwischen Kissen und Blech während der Auffaltung berücksichtigt. Dies Modell mittelt das elastische Verhalten des Kissens über seiner Höhe. Die als kinematische Variationen zulässigen Auffaltungen wurden in Form von Produktansätzen in Meridianrichtung des Blechs und periodisch mit unbestimmter Faltenzahl in Umfangsrichtung angesetzt. Eine Minimierung des Stabilitätskriteriums bezüglich der Parameter des Produktansatzes ergibt das Ziehstadium am Beginn der Auffaltung und die Faltenzahl. Ausführliche Herleitungen des Faltungsmodells sind in [1] angegeben.

Simulationsbeispiele

Mit Rücksicht auf die benötigte Rechenzeit wurden Simulationen allein für solche Beispiele angestellt, bei denen charakteristische, die Ziehteilgüte beeinflussende Fehler auftreten können bzw. durch geeignete Verfahrensparameter vermeidbar sind. Bei der Kugelkappe von Bild 4 ist dies die Faltenbildung 1. Art am Außenrand des Blechs, beim Napfziehen von Bild 5 die Faltenbildung 2. Art im Übergang zwischen Flansch und Zarge und die Überschreitung der Grenzformänderung mit Blecheinschnürung im Zargenbereich, beim Napfziehen nach Bild 6 ist es das Erreichen der Grenzformänderung im Becherboden.

Die vergleichende Auswertung der kontinuumsmechanischen Simulation der Faltenbildung und der Versuche zur Absicherung

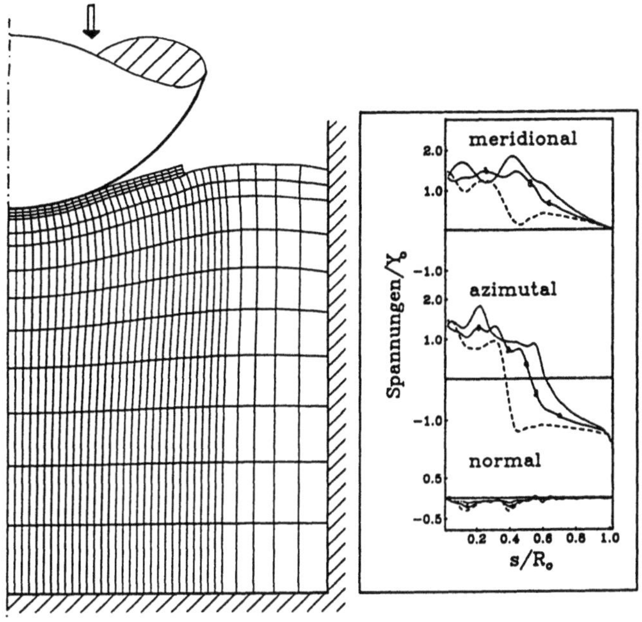

Bild 4: FE-Netz und Spannungen in FE-Reihen des Blechs (-- oben, -•- mittig, — unten) am Beginn der Faltenbildung (Blech: RR St 1405, Kissen: Adipren® L-100, Y_o: Fließgrenze, R_o: Rondenradius, s: Meridianbogenlänge)

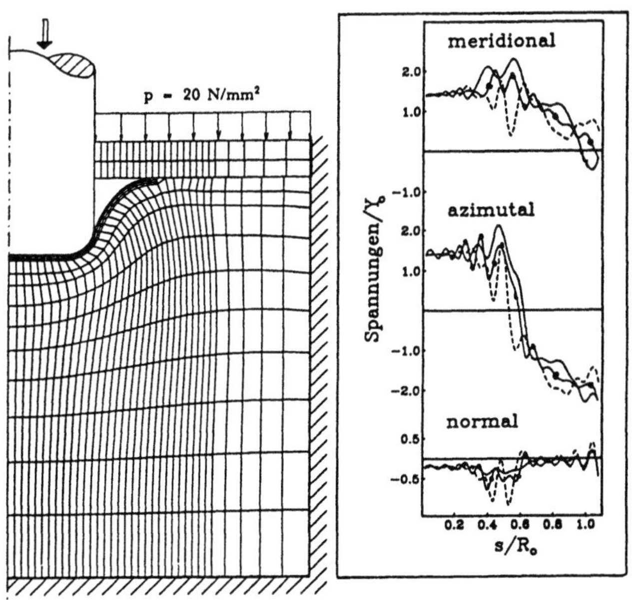

Bild 5: FE-Netz und Spannungen in FE-Reihen des Blechs (-- oben, -•- mittig, — unten) beim Napfziehen mit Niederhalter am Beginn der Faltenbildung (Blech: RR St 1405, Kissen: Adipren L-100)

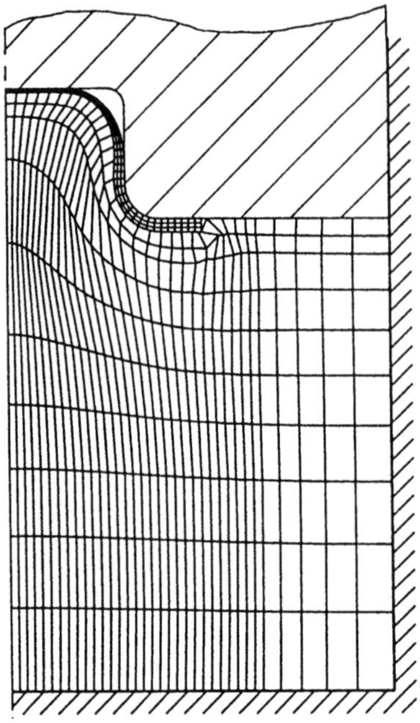

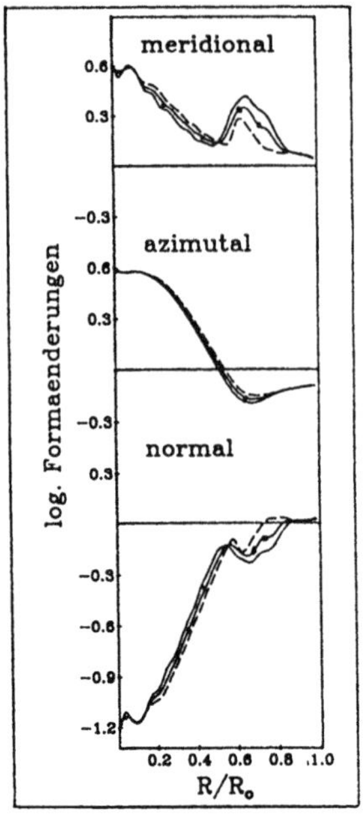

Bild 6: FE-Netz und Formänderungen in den FE-Reihen des Blechs (-- oben, -•- mittig, — unten) im Enstadium des Napfziehens mit Hohlstempel (Blech: RR St 1405, Kissen: Adipren L-100)

gab eine gute Übereinstimmung bezüglich der Faltenzahl und des Beginns der Auffaltung, wenn bei der Variation der inneren Arbeit die lineare Beziehung zwischen den Verzerrungs- und Schnittgrößenvariationen der Schale nach der Hencky'schen Deformationstheorie gewählt wurde. Diese Erfahrung deckt sich mit fremden Untersuchungen. Nicht unerwartet war das Resultat, daß die Neigung zur Faltenbildung bei sonst gleichen Verfahrensbedingungen mit zunehmender Blechdicke abnimmt und außerdem die Faltenzahl leicht sinkt. Bei den Falten 1. Art, s. Bild 4, erhöht die Stempel- und Blechkrümmung die Faltenbildungsneigung, da eine größere Stauchung der Umfänge stattfindet. Dies geht einher mit besonders großen Umfangsdruckspannungen, die wegen gleichzeitig kleiner meridionaler Zugspannungen zum Ausknicken führen. Deitlich ist dies aus Bild 4 an den Spannungsverläufen im Blech bei $s/R_O \approx 1$ zu erkennen. Während die Kissenhöhe die Faltenbildung nicht beeinflußt, ist ein Kissen großer Härte und Festigkeit für die Verhinderung der Faltenbildung günstig. Praktische Grenzen sind durch seine eigene Schädigung gesetzt. Eine deutlich geringere Neigung zur Faltenbildung als Stahlbleche (RR St 1905) zeigten Aluminiumbleche (Al 99,5 F11) bei ansonsten gleichen Bedingungen, d.h. eine niedrige Streckgrenze und geringe Verfestigung fördert die Stabilität gegen Ausknicken. Zahlreiche Einzelergebnisse sind in [1] angegeben.

Von den Simulationen, die zu fehlerfreien Ziehteilen führten, zeigt Bild 7 als Beispiel eine mit einem Stempel von 40 mm

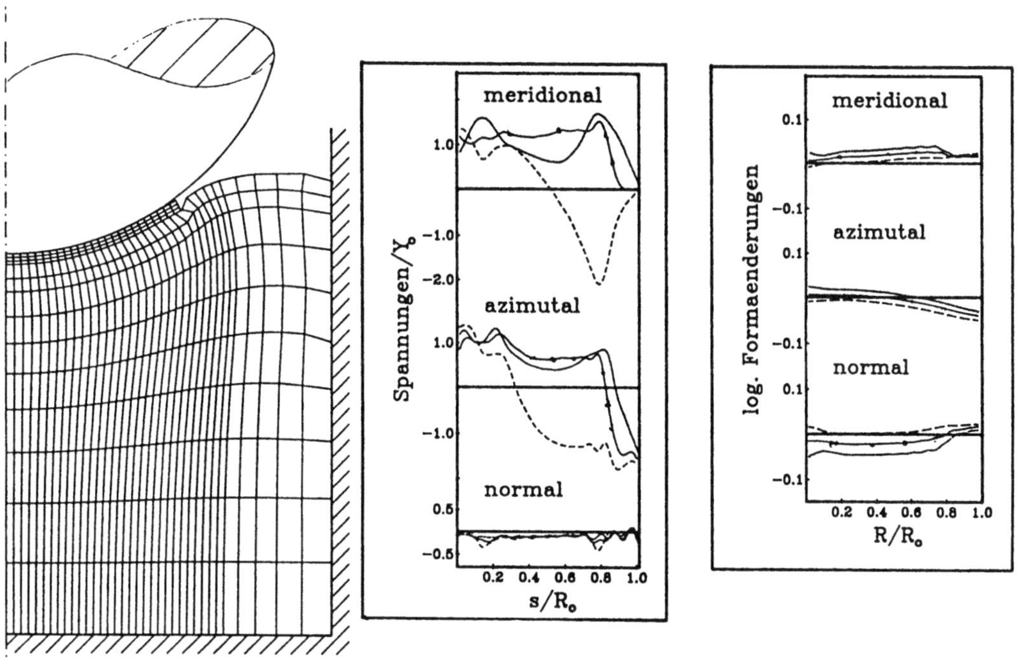

Bild 7: FE-Netz sowie Spannungen und Formänderungen in FE-Reihen des Blechs (-- oben, -•- mittig, — unten) beim fehlerfreien Kissentiefziehen einer Kugelkappe aus RR St 1405

Radius aus einem Stahlblech von 25 mm Radius und 1,5 mm Dicke ausgeformte Kugelkappe. Als Kissen wurde eine weiche Urethan-Sorte angenommen. Erkennbar am Zusammenfallen der FE-Knoten in der Kontaktfläche führte die Simulation trockener Reibung zu Haften. Der Verlauf der Formänderungen in meridionaler Richtung zeigt hier besonders deutlich den Vorteil gleichmäßiger Blechdicke beim Kissentiefziehen. Wie auch aus Bild 4 ist an den großen Unterschieden der Spannungen in den drei Elementreihen des Blechs erkennbar, daß die einfachere Simulation des Biegens unter Membranspannungen schon bei verhältnismäßig kleinen Blechkrümmungen nicht mehr zulässig ist.

Wenn das Blech an einer stark konvex gekrümmten Oberfläche des Gegenwerkzeugs geformt wird, ist das dort konkave Kissen örtlich sehr deformiert und übt einen hohen Kontaktdruck aus. Kommt eine schlechte Schmierung hinzu, kann auch beim Kissentiefziehen eine örtliche Blechklemmung eintreten, so daß das Blech sich bei der Tiefung in weniger gestützten Bereichen stärker abstreckt. Einen analogen Effekt können große Niederhalterkräfte haben. Typisches Beispiel ist das Napfziehen von Bild 6 mit konvexer Krümmung des Hohlstempels zwischen Flansch- und Zargenbereich und zusätzlicher Niederhalterwirkung. Zur Entscheidung, ob die Formänderungsspitzen im Boden, s. Bild 6: $R/R_0 \approx 0$, zum Blechreißen führen, wurden für zahlreiche Beispiele in [1] Grenzformänderungsdiagramme benutzt, die für proportionale Verformungen der Blechebene gelten. Zu Bild 6

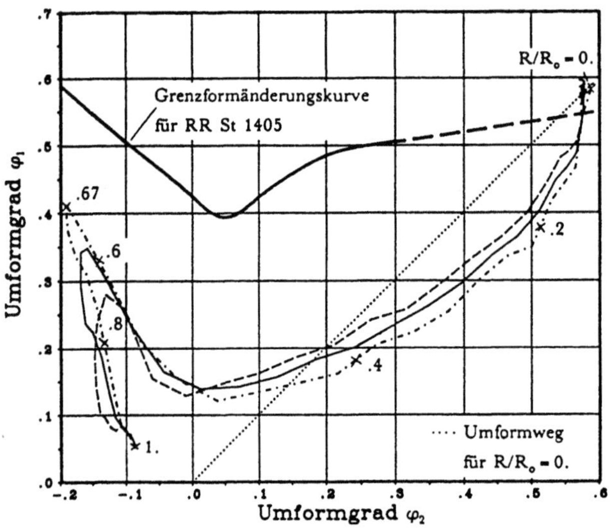

Bild 8: Formänderungen der FE-reihen des Napfes von Bild 6 mit Überschreitung der Grenzformänderungskurve

sind im Bild 8 die Formänderungen φ_1 (meridional) und φ_2 (azimuzal) aufgetragen für die drei Elementreihen des Blechs vom Napfaußenrand ($R/R_0=1$) bis zur Mitte des Bodens ($R/R_0=0$). Das Überschreiten der extrapolierten Grenzformänderungskurve für $R/R_0 \approx 0$ sollte zu Bodenreißern führen, die andere im Versuch auch beobachteten. Beispiele mit Blechen aus Al 99,5 F11 führen wegen der zu geringen Verfestigung zu einer früheren Einschnürung. Wie andererseits eine gleichmäßigere Blechdicke ohne Einschnürung mit Hilfe eines die Blechklemmung steuernden Niederhalters erreicht werden kann, demonstrieren Simulationen in [1].

Zusammenfassung

Um die bei der Blechumformung rotationssymmetrischer Teile durch Kissentiefziehen erreichbaren Resultate verständlich und vorab simulierbar zu machen, wurden die Methoden der Elasto- und Plastomechanik in Verbindung mit Methoden der Werkstoffprüfung eingesetzt, da mit ihnen etwa auch die inneren Spannungen und Verformungen gewonnen werden. Die Anwendbarkeit der Methoden auf die vorliegende Problemstellung, die aus einer Vielzahl von Teilaspekten besteht und viele Verfahrensparameter enthält, wurde durch Vergleiche mit Versuchen bestätigt. Besonderer Wert wurde auf die Genauigkeit bei der Simulation des Versagens durch Faltenbildung und Blecheinschnürung gelegt, da beides entscheidend für die Güte der Ziehteile ist. Dazu erwies sich als besonders wichtig eine genaue Beschreibung der Verfestigung des Blechs und des gummielastischen Verhaltens des Kissens. Untersucht wurden Einflüsse der Geometrie, der Materialeigenschaften und der Wirkung bzw. Steuerung von Niederhaltern. Grenzen sind dem eingeschlagenen Weg durch den Rechenaufwand gesetzt, wenn der Einfluß aller Parametervariationen auf die Ziehteilgüte untersucht werden soll, für die angewandte Umformtechnik dürften aber Testsimulationen schon ausreichende Hinweise auf kritische Verformungen und Maßnahmen zur Entschärfung liefern.

Literatur

1. Holzner, M.: Kontinuumsmechanische Studien zum Kissentiefziehen. Diss. TU München 1987
2. Holzner, M.; Mannl, V.: Mechanics of drawing with rubber pads. In: Lange, K. (ed.) Advanced technology of plasticity. Proc. 2nd Int. Conf. on Plasticity Stuttgart, Aug. 24 - 28, 1987. Berlin: Springer 1987, 1151-1157
3. Mannl, V.; Holzner, M.: Tiefziehen rotationssymmetrischer Teile mit elastischem Kissen. Bänder Bleche Rohre 29 (1988) H. 11, 21-24

4. Mannl, V.; Holzner, M.: Berechnen der Möglichkeiten und Grenzen des Tiefziehens mit elastischen Kissen. Bänder Bleche Rohre 30 (1989) H. 3, 23-26

5. Oehler, G.; Kaiser, F.: Schnitt-, Stanz- u. Ziehwerkzeuge (6. Aufl.). Berlin: Springer 1973

6. Schmitt, H.: Elastomere im Werkzeugbau der Blechbearbeitung, Teil II. Blech Rohre Profile 30 (1983) H. 4, 105-110

7. Lange, K.: Lehrbuch der Umformtechnik, Bd. 3: Blechumformung. Berlin: Springer 1975

8. Shanun, J.: Le formage de toles sur patins en caoutchoc. Travail d. metaux p. deformation. (1979) H. 55, 29-33

9. Kliment, J.L.; de Kruijk, H.: Das Gummiumformverfahren, seine heutige Anwendung und weitere Entwicklung im Flugzeugbau, Teil I u. II. Blech Rohre Profile 29 (1982) 49-53, 117-122

10. Pischel, H.: Hochwertige Blechteile rationell fertigen auf Gummikissen-Ziehpressen. Maschinenmarkt 87 (1981) 1458-1460

11. Hallquist, J.O.: User's manual for DYNA2D - An explicit two-dimensional hydrodynamic finite-element-code with interactive rezoning. Livermore, Cal.: L. Livermore Lab. 1982, UCID-18754 Rev. 1

12. Levinson, M.; Burgess, I.W.: A comparison of some simple constitutive relations for slighty compressible rubberlike materials. Int. J. Mech. Sci. 13 (1971) 563-572

13. Fukuda, M.; Yamaguchi, K.: On the coefficient of friction between rubber and metal under high pressure. Bull. JSME 17 (1974) 157-164

14. Meier, M.; Reissner, J.: Bildung und Verhinderung von Falten im Flansch- und Ziehringrundungsbereich. In: Proc. Neuere Entwicklungen in der Blechverarbeitung, Stuttgart 1984

2D- und 3D-FE Simulation von Umformprozessen auf Rechnern mittlerer Kapazität und auf Kleinrechnern

Teil 1: J. Rammelkamp, N.L. Dung, O. Mahrenholtz
Teil 2: J. Appeltauer, N.L. Dung, O. Mahrenholtz

Technische Universität Hamburg-Harburg
2100 Hamburg 90, Eißendorfer Str. 42

Das bewährte Programmsystem FARM zur FE-Simulation von ebenen und axialsymmetrischen Umformvorgängen wurde im ersten Teil für die Benutzung auf Personalcomputern umgestaltet und mit effektiven Pre- und Postprozessoren versehen.

Im zweiten Teil wurde FARM zur Simulation von dreidimensionalen Freiformschmiedevorgängen erweitert. Wegen der Geschwindigkeitsabhängigkeit der Oberflächenreibkräfte wurde ein Pseudo-Randwertproblem in ein entsprechendes Variationsproblem überführt, und mit einem neuen Ansatz der Straffunktion gelöst. Geringer Speicherplatzbedarf und kurze Rechenzeit wurden durch entsprechende Eingriffe in die numerische Integration der einzelnen Steifigkeitsmatrixglieder, und in die Iteration des nichtlinearen Gleichungssystems erzielt. Das erstellte Programm kann bei Stauchen auch die Rißbildung verfolgen.

Teil 1

Anwendung der personalcomputer-orientierten Berechnungsmethode auf praktische Umformprobleme im ebenen und axialsymmetrischen Bereich

1. Zielsetzung

Die Entwicklung hochwertiger Chips erlaubt rechenintensive Programme auf Personalcomputern zu bearbeiten. Im Vergleich zu Großrechnern gleicht die relativ kurze Wartezeit auf die Ergebnisse die langsame CPU-Rechenzeit des Personalcomputers aus. Vorteilhaft ist auch die Möglichkeit, den Personalcomputer vor Ort parallel zu experimentellen Untersuchungen einzusetzen, um vorläufige Informationen über Stofffluß, Spannungs- und Dehnungsverteilung zu gewinnen. Deshalb wurde das bewährte Programm FARM (Finite-Element Analysis of Rigid-Plastic Metal-Forming) [2.1] umgestaltet und mit den entsprechenden Prozessoren versehen, um eine auf Personalcomputer orientierte Fassung vorlegen zu können.

2. Personalcomputer-orientierte Berechnungsmethode

Bei der Umgestaltung des Finite-Element-Programms FARM, das lauffähig auf einem Personalcomputer werden soll, spielen die Rechenzeit und die Speicherverwaltung eine große Rolle. Beide hängen stark von den Lösungsalgorithmen und von der Methode der Datenverwaltung ab.

Entscheidende Merkmale hierfür sind die nachfolgenden Punkte:

- Wahl des Materialmodells:
  Untersuchungen von Stoffgesetzen zeigen [1.2], daß bei einer starr-plastischen Formulierung die Rechenzeiten erheblich niedriger sind als bei elastisch-plastischen Stoffgesetzen. Aus diesem Grunde basiert die zu entwickelnde Finite-Element-Methode auf dem Markovschen Variationsprinzip, worin die Volumenkonstanz mit Hilfe des Lagrangeschen Multiplikators erfüllt wird [1.3, 1.4].

- Wahl der Elementtypen
  Dreieck- und Viereckelemente mit linearen Geschwindigkeitsansätzen und mit der Erhaltung der Volumenkonstanz nur im Schwerpunkt des Elements, wobei die hydrostatische Spannung innerhalb des Elements konstant ist.
- Auflösung des nichtlinearen Gleichungssystems
  Das strukturelle Gleichungssystem wird wegen seiner Nichtlinearität auf iterativem Weg aufgelöst. Zur Konvergenzbeschleunigung ist die Δ^2-Methode von Aitken sehr gut geeignet. Für das Lösungsverfahren des Gleichungssystems wurde die Methode von Crout [1.4] gewählt. Die hierzu notwendige interne Knotennumerierung hat den Vorteil, daß die Netzbeschreibung für den Benutzer komfortabler wird, z.B. durch freie Knotennumerierung, automatische Generierung von Elementgruppen usw.
- Behandlung des instationären Umformvorganges
  Der instationäre Umformvorgang wird in eine Folge quasistationärer Schritte aufgeteilt. Aufgrund ihrer Abhängigkeit von Ort und Zeit müssen die Randbedingungen während des Ablaufs der numerischen Simulation für alle Randknotenpunkte nach jedem Zeitschritt überprüft und gegebenenfalls korrigiert werden, um die Berechnung im nächsten Zeitschritt mit richtigen Randbedingungen fortsetzen zu können.
- Rezoning-Verfahren
  Das Rezoning-Verfahren beruht auf folgenden Prozeduren:
  - Überprüfung der Elementformen bezüglich der Irregularität,
  - Datenübertragung, um die wichtigsten Knotenwerte des verzerrten Netzes für den nächsten Zeitschritt zu retten,
  - Netzneuaufteilung,
  - Zurückholen der geretteten Knotenwerte, um die weitere Rechnung durchzuführen.

  Das Verfahren zur Netzneuaufteilung, das halbautomatisch durchgeführt wird, ermöglicht die Untersuchung des Umformvorganges vom Anfang bis ins Endstadium.

Das entwickelte Finite-Element-Programm auf Personalcomputern ist modular aufgebaut, so daß das Programm die Möglichkeit für eine Erweiterung mit speziellen Unterprogrammen bietet.

Im Bild 1.1 wird der Ablauf des entwickelten Programmsystems FARM für den Rechner ATARI ST schematisiert.

Dieses Programmsystem benutzt einen Pre- und einen Postprozessor, um die benötigten Daten des Strukturnetzes interaktiv einzugeben, die Netzgenerierung vorzunehmen, und die Ausgabe graphisch darzustellen. Dabei wurde das Graphiksystem GEM (Graphics Environment Manager) voll ausgenützt.

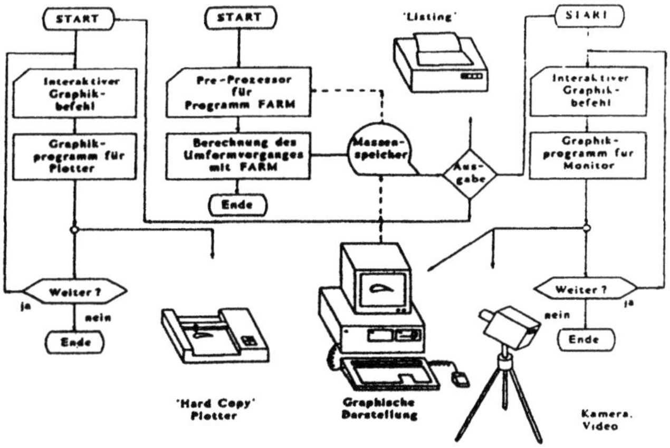

Bild 1.1 Schematisierter Programmablauf

Bild 1.2 zeigt die Erstellung des Rechenmodells für eine Berechnung des Zylinderstauchens mit dem Preprozessor des Programms FARM. Somit ist die Anwendung des Personalcomputers auf industrielle Umformprobleme möglich [1.5].

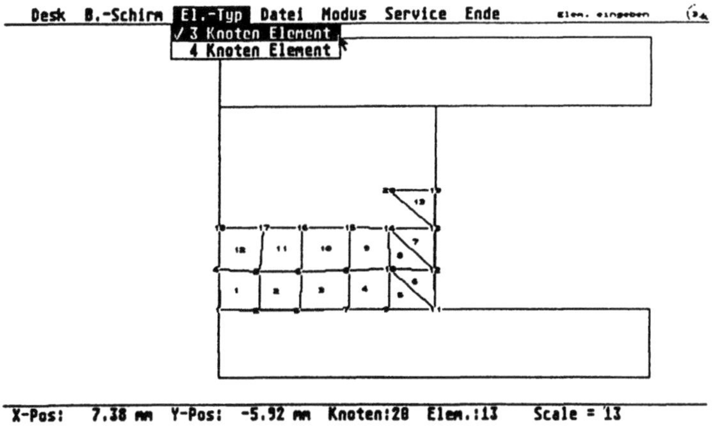

Bild 1.2 Erstelltes Rechenmodell

Literatur:

1.1 Kissling, U.: Technische Berechnungen auf Personal Computern. VDI-Z. 130 (1988), 45-52.

1.2 Rebelo, N., Nakazawa, S., Wertheimer, T.B., Nagtegaal, J.C.: A comparative study of algorithms applied in finite element analysis of metal forming problems. Report of MARC Analysis Research Corporation. Palo Alto, USA, 1986.

1.3 Lung, M., Mahrenholtz, O.: A finite element procedure for analysis of metal forming process. Trans. CSME J. Appl. Mech. 2 (1973/74), 31-36.

1.4 Dung, N.L.: Ein Beitrag zur Berechnung instationärer starr-plastischer Formänderungen mit einer Finite-Element-Methode. Fortschr.-Ber. VDI-Z. Reihe 2 Nr. 46, 1981.

1.5 Rammelkamp, J., Dung, N.L., Mahrenholtz, O.: Abschlußbericht mit Anhang zum DFG-Forschungsvorhaben Ma 358/42-1, Oktober 1989.

Teil 2

Untersuchung des dreidimensionalen Freiformschmiedens mit der Finite-Element-Methode

1. Zielsetzung

Zur Untersuchung von dreidimensionalen Freiformschmiedevorgängen (Stauchen, Recken, Breiten) wurde alternativ zu großen allgemeinen Rechenprogrammen ein problemorientiertes, effizientes Simulationsprogramm (geringer Speicherplatzbedarf, kurze Rechenzeit) angestrebt. Dabei wurde im Prinzip das betriebstüchtige Programm FARM (Finite-Element-Analysis of Rigid-Plastic Metal-Forming) [2.1] von der Behandlung ebener oder drehsymmetrischer Formänderungen erweitert, ohne seine Anwendbarkeit auf Kleinrechner zu beeinträchtigen.

2. Modellierungsprobleme

Die vereinfachenden Annahmen von Homogenität, Isotropie, isothermer Kaltverformung eines starr-plastischen Werkstoffes wurden aus dem physikalischen Modell von FARM übernommen. Übrigens ist bei dreidimensionaler Formänderung die Annahme eines starr-plastischen Werkstoffverhaltens vom Standpunkt der effizienten Simulation noch zwingender als bei ebener oder drehsymmetrischer Formänderung. Wird auch, wie üblich, der Drehtensor des Formänderungszustandes vernachlässigt, kann das Stoffgesetz durch die Fließregel von Saint Venant-Lévy-Mises

$$\underline{\underline{T}}' = \frac{k}{\sqrt{II_D}} \underline{\underline{D}} \tag{2.1}$$

ausgedrückt werden, worin $\underline{\underline{T}}'$ den Deviator des Cauchyschen Spannungstensors, $\underline{\underline{D}}$ den Formänderungsgeschwindigkeitstensor,

$$II_D = \frac{1}{2} D_{ij} D_{ij} \tag{2.2}$$

seine zweite Invariante, und

$$k = k\,(\underline{\underline{B}}^{-1}, \Theta) \tag{2.3}$$

die Schubfließspannung bedeuten. Mit $\underline{\underline{B}}^{-1}$ wurde der linke Cauchy-Green Tensor, und mit Θ die konstant angenommene Temperatur bezeichnet. Die Fließregel (2.1) wird durch die Fließbedingung von Huber-Mises-Hencky

$$II_{T'} = k^2 \tag{2.4}$$

nach unten beschränkt, und impliziert mit

$$\mathrm{Sp}\ \underline{\underline{D}} = 0 \tag{2.5}$$

plastische Inkompressibilität. In (2.4) bedeutet

$$II_{T'} = \frac{1}{2}\ T'_{ij}\ T'_{ij} \tag{2.6}$$

die zweite Invariante des Spannungsdeviators. Die im Stoffgesetz verwendete Tensorendefinition entspricht inkrementeller Momentaufnahmen des instationären Formänderungsvorganges, die zu quasistationären Zeitschritten erweitert werden können.

Das Stoffgesetz führt die Gleichgewichtsgleichungen

$$\underline{\nabla} \cdot \underline{\underline{T}} = \underline{0} \tag{2.7}$$

und die kinematischen Bedingungen

$$\underline{\underline{D}} = \frac{1}{2} (\underline{\underline{L}} + \underline{\underline{L}}^{T}) \tag{2.8}$$

in Feldgleichungen zur Bestimmung der Geschwindigkeiten und der Spannungen über. Hierin bedeutet $\underline{\underline{T}}$ den Cauchyschen Spannungstensor,

$$\underline{\underline{L}} = \underline{\nabla}\ \underline{v} \tag{2.9}$$

den Tensor der Geschwindigkeitsgradienten, $\underline{v}$ den Geschwindigkeitsvektor, und $\underline{\nabla}$ den Nabla-Operator.

An der Oberfläche des Kontrollvolumens werden die Randbedingungen in Geschwindigkeiten, in Spannungen, oder gemischt vorgeschrieben. Dadurch würde das mathematische Modell durch ein eigentliches Randwertproblem dargestellt, wenn im Rahmen der Spannungsrandbedingungen die Reibdichte zwischen Werkstück und Stempel

$$f_R = m\ k\ \underline{e}_v \tag{2.10}$$

nicht von der vorerst unbekannten Richtung der Relativgeschwindigkeit abhängen würde. Mit $m \in (0;1]$ wurde der Reibbeiwert, und mit $\underline{e}_v$ der Einheitsvektor der Relativgeschwindigkeit bezeichnet.

Um die Nebenbedingung (2.5) zu erfüllen, wird das "Pseudo-Randwertproblem" in ein Variationsproblem übergeführt. Bei einem eigentlichen Randwertproblem geht man am besten von der schwachen (Galerkinschen) Form

$$\int_V \underline{\nabla} \cdot \underline{\underline{T}} \, \partial \underline{v} \, dV = 0 \tag{2.11}$$

aus, die bei symmetrischen Tensoren mit Hilfe des Gaußschen Integralsatzes als

$$\delta \left(\int_V \bar{\sigma} \, \bar{\dot{\varepsilon}} \, dV + \int_V \sigma_m \, \dot{\varepsilon}_{ii} \, dV - \int_{S_\sigma} t_i \, v_i \, dS \right) = 0 \tag{2.12}$$

geschrieben werden kann. Hierbei wurde die indiziert geschriebene Aufspaltung des Spannungstensors

$$\sigma_{ij} = \sigma'_{ij} + \sigma_m \, \delta_{ij} \tag{2.13}$$

verwendet. Es bedeuten: σ_m die mittlere Normalspannung,

$$\bar{\sigma} = \left(\frac{3}{2} \, \sigma'_{ij} \, \sigma'_{ij} \right)^{\frac{1}{2}} \tag{2.14}$$

die Vergleichsspannung,

$$\bar{\dot{\varepsilon}} = \left(\frac{2}{3} \, \dot{\varepsilon}_{ij} \, \dot{\varepsilon}_{ij} \right)^{\frac{1}{2}} \tag{2.15}$$

die Vergleichsformänderungsgeschwindigkeit,

$$t_i = \sigma_{ij} \, n_j \tag{2.16}$$

die Spannung am Oberflächenteil S_σ, und n_j bzw. δ_{ij} die Richtungs-cosinus bzw. das Kronecker-Delta [2.2]. Bei dem vorliegenden Pseudo-Randwertproblem führt die schwache Form zu Iterationsschwierigkeiten des noch zu besprechenden Gleichungssystems, da der Gaußsche Integralsatz von der Lösung unabhängige Randkräfte unterstellt. Deshalb wird hier der Klammerausdruck in (2.12) als ein Markovsches Funktional Π gedeutet, und mit der Bedingung

$$\frac{\partial \Pi}{\partial v} = 0 \tag{2.17}$$

ein stationärer Wert des Funktionals erzwungen. Namentlich lautet die Ableitung der Reibleistung

$$\int_{S_\sigma} \left(\frac{df}{dv} \, v_t + f \, \frac{dv_t}{dv} \right) dS \quad , \tag{2.18}$$

wobei das erste Glied in Vergleich mit (2.12) zusätzlich auftritt. Dadurch werden die erwähnten Iterationsschwierigkeiten vermieden [2.3].

Zur Erzwingung der Inkompressibilität wird die mittlere Normalspannung σ_m entweder als Lagrange-Parameter, oder (als ein Teil) einer Straffunktion gedeutet.

Kam das FARM-Programm mit Lagrange-Parametern aus, wurde die ausufernde Numerik dreidimensionaler Prozesse mit dem Straffunktionsverfahren gestrafft. Hierin wird die mittlere Normalspannung meistens in der Form

$$\sigma_m = K\, \dot{\varepsilon}_{ii} \tag{2.19}$$

angesetzt [2.2], wobei K, ungeachtet seines physikalischen Gehalts, einen großen Zahlenwert, etwa 10^7, erhält, der dann von der zeitlichen und räumlichen Diskretisierung abhängt. Günstige Werte von K wurden übrigens sowohl auf Element-, als auch auf Werkstückebene untersucht. Auf Elementebene wurde für ein Hexaeder mit acht Knoten einerseits die gleichzeitige Erfüllung der Fließbedingung (2.4) und der Spannungsrandbedingungen, andererseits die praktische Annullierung der den Starrkörperbewegungen entsprechenden Eigenwerte der Steifigkeitsmatrix gefordert. So empfahl sich für K der Zahlenwert 10^5. Wurde aus Symmetriegründen ein Achtel des quaderförmigen Werkstücks in 48 hexaedrische Elemente unterteilt, setzte das günstige Intervall für K bei 10^7 an.

Um der Rechnung mehr physikalische Konsistenz und einfachere Anwendbarkeit zu verleihen, wurde K durch den der Strömungsmechanik [2.4] nachgebildeten Ausdruck

$$K = c\, \frac{\bar{\sigma}}{3\, \dot{\bar{\varepsilon}}} \tag{2.20}$$

ersetzt, worin c diesmal ein wahrer numerischer Faktor ist, dessen Wert von der Wortlänge des Rechners abhängen kann [2.5]. Rechnet man auf einem mittelgrossen Rechner (z.B. PRIME 9955) mit doppelter Genauigkeit, kann für c der Wert 10^5 empfohlen werden.

3. Probleme der numerischen Integration

Wie bereits erwähnt, führte die gebotene Speicherplatz- und Rechenzeiteffizienz zu Diskretisierung in Hexaeder mit acht Knoten, trilinearen Formfunktionen und isoparametrischer Geschwindigkeitsfeldbestimmung. für den diskreten Knotenpunkthaufen führt die Bedingung (2.17) zum Gleichungssystem

$$\sum_n \left\{ \int_V \frac{2}{3} \frac{\bar{\sigma}}{\dot{\bar{\varepsilon}}} \left[\underline{\underline{B}}^T \underline{\underline{B}} + c \left(\underline{Q}^T \underline{Q} - \frac{1}{3} \frac{\underline{V}^T \underline{Q}^T \underline{Q}\, \underline{V} \cdot \underline{\underline{B}}^T \underline{\underline{B}}}{\dot{\bar{\varepsilon}}^2} \right) \right] \underline{V}\, dV - \right.$$

$$\left. - \int_{S_f} \left(\underline{\underline{N}}^T \frac{\partial \underline{T}}{\partial \underline{V}}\, \underline{V} + \underline{\underline{N}}^T \underline{T} \right) dS \right\} = \underline{0}\,, \tag{2.21}$$

worin

$$\bar{\dot{\varepsilon}} = \left(\frac{2}{3}\ \underline{V}^T\ \underline{\underline{B}}^T\ \underline{\underline{B}}\ \underline{V}\right)^{\frac{1}{2}} \tag{2.22}$$

die Vergleichsformänderungsgeschwindigkeit (2.15) bedeutet, $\underline{\underline{B}}$, $\underline{\underline{N}}$ und $\underline{Q}$ elementeigene Matrizen bzw. Vektoren sind, $\underline{V}$ den Vektor der 24 Knotengeschwindigkeitskomponenten darstellt, $\underline{T}$ der Vektor der Oberflächenspannungen und n die Anzahl der finiten Elemente ist. Bei der Auswertung des Systems (2.21) kann das zweite Glied in der Klammer nach c vernachlässigt werden. Auch kann bei der Berechnung des ersten Gliedes (des Gleitgliedes) in (2.21), das die plastische Gestaltänderung beschreibt, durch einen Programmierungstrick des Matrizenproduktes $\underline{\underline{B}}^T\underline{\underline{B}}$ [2.6] die Anzahl der Additionen um 31 % und jene der Multiplikationen um 17 % verringert werden.

Im Rahmen der numerischen Integration des Gleitgliedes kann man eine etwa 50 %-ige Verminderung der Rechenzeit erzielen, indem die acht multiplikativ ausgerichteten Stützpunkte nach Gauß (jeweils zwei in einer jeden Koordinatenrichtung) durch sechs additiv ausgerichtete Stützpunkte nach Irons [2.7] ersetzt werden. Diese liegen in den sechs Flächenmittelpunkten des Hexaeders (Bild 2.1). Dadurch wurde weder die erforderliche Steifigkeit, noch die nach Gauß erzielbare Genauigkeit der Elementmatrix beeinträchtigt. Die Integrationsregel lautet

$$\int_{-1}^{1}\int_{-1}^{1}\int_{-1}^{1} f\,(\xi,\ \eta,\ \zeta)\ d\xi\ d\eta\ d\zeta = \frac{8}{6}\ \left[f(-1,0,0)\ \det J(-1,0,0) + \ldots + f(0,0,1)\ \det J(0,0,1)\right] \tag{2.23}$$

worin detJ (ξ,η,ζ) die Determinante der im betreffenden Integrationspunkt bestimmten Jakobi-Matrix bedeutet, während ξ,η und ζ lokale Koordinaten im finiten Element sind.

Versucht man das in der Strömungsmechanik mit Erfolg verwendete "upwinding"-Verfahren [2.8] auf die numerische Integration des Gleitgliedes zu verallgemeinern, würde zwar ein einziger Integrationspunkt genügen, doch seine Lage wäre geschwindigkeitsabhängig, wodurch ein zeitaufwendiger Iterationsvorgang eingebaut werden müßte.

Das zweite Glied (Dilatationsglied) in (2.21) wird im Rahmen der numerisch erforderlichen selektiven Unterintegration (um störende Starrheiten zu vermeiden) nur im Mittelpunkt des Hexaeders nach Gauß integriert.

Das dritte Glied (Reibglied) im System (2.21) trägt einerseits zur Koeffizientenmatrix bei, stellt andererseits den Vektor der Freiglieder. Es kommt selbstverständlich nur bei jenen Elementen zum Tragen, deren Stirnfläche mit dem Stempel in Berührung gerät. Im ersten Fall hat das Koeffizientenintegral der Geschwindigkeit die Form

$$\int_{S_f} \underline{\underline{N}}^T \frac{\partial \underline{T}}{\partial \underline{V}} \, dS = - \frac{m\bar{\sigma}}{\sqrt{3}} \int_{S_f} \left\{ \underline{N}^{1T}, \underline{N}^{2T} \right\} \begin{pmatrix} \underline{A}_1 \\ \underline{A}_2 \end{pmatrix} dS \quad , \tag{2.24}$$

worin $\underline{N}^{iT}$ der i-te transponierte Vektor der Matrix der Formfunktionen ist, und die Zeilenvektoren $\underline{A}_i$ von $\underline{N}^i$ und $\underline{V}$ abhängen. Dabei wurde für die Reibspannungen der Vektor

$$\underline{T} = - \frac{m\bar{\sigma}}{\sqrt{3}} \begin{pmatrix} \frac{u}{\sqrt{u^2+v^2}} \\ \frac{v}{\sqrt{u^2+v^2}} \end{pmatrix} \tag{2.25}$$

zugrunde gelegt. Hierin bedeuten die Hilfsbezeichnungen u und v die x- und y-Komponenten der Relativgeschwindigkeiten zwischen Werkstück und Werkzeug (Bild 2.2).

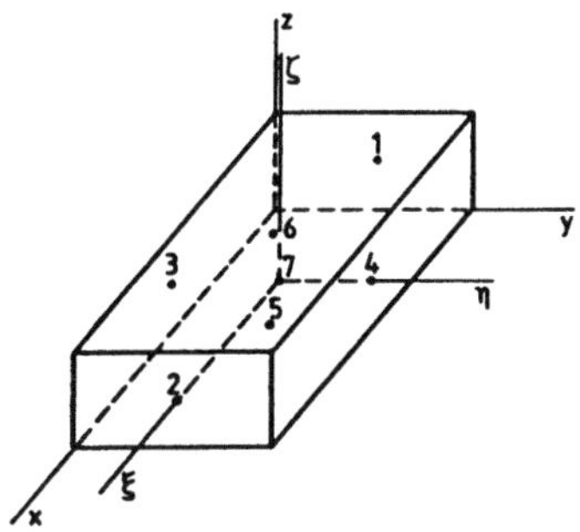

Bild 2.1 Integrationsstützpunkte nach Irons

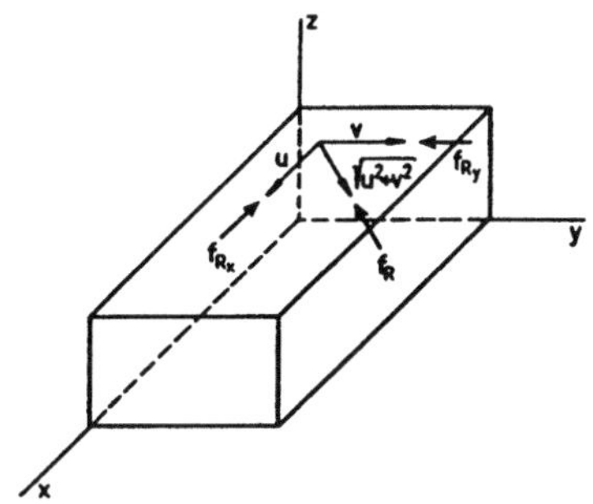

Bild 2.2 Reibkraftrichtung

Im zweiten Fall vereinfacht sich das Integral der Freiglieder zu

$$\int_{S_f} \underline{\underline{N}}^T \underline{T} \, dS = - \frac{m\bar{\sigma}}{\sqrt{3}} \int_{S_f} \left\{ \underline{N}^{1T}, \underline{N}^{2T} \right\} \begin{pmatrix} \frac{u}{\sqrt{u^2+v^2}} \\ \frac{v}{\sqrt{u^2+v^2}} \end{pmatrix} dS \tag{2.26}$$

In beiden Fällen muß in der Kontaktfläche des Elementes nach Gauß in neun Stützpunkten integriert werden [2.2], um so mehr, da an den Werkstückrändern die Reibspannungen auf Null abklingen müssen. Anderenfalls werden die Spannungsrandbedingungen (zwar lokal, doch) erheblich gestört.

4. Iterationsprobleme

Nach Ausführung der numerischen Integration nimmt das Gleichungssystem (2.21) die Form

$$\underline{\underline{C}}\ \underline{V} = \underline{R} \tag{2.27}$$

an, worin $\underline{\underline{C}}$ die mit den Randbedingungen kondensierte Strukturmatrix und $\underline{R}$ das Reibglied bedeuten. Da die Koeffizientenmatrix $\underline{\underline{C}}$ von den Geschwindigkeiten $\underline{V}$ abhängt, ist das System (2.27) empfindlich nichtlinear. Durch seine Lösung zu jedem diskreten Zeitpunkt wird das Feld der Knotengeschwindigkeiten, und aus (2.13) jenes der Spannungszustände in den Integrationsstützpunkten der finiten Elemente bestimmt.

Ein beträchtlicher Platz- und Zeitaufwand ist von der iterativen Lösung des Gleichungssystems (2.27) in jedem Zeitschritt bedingt. Das jeweils linearisierte Gleichungssystem ist in Geschwindigkeiten ausgedrückt; somit bietet sich zum Iterationsabbruch eine Genauigkeitsschranke der Geschwindigkeitskonvergenz an. Die Zuverlässigkeit der Ergebnisse wird zusätzlich durch Verfolgen der Gleichungsresidua, und durch Nachvollziehen der Spannungsrandbedingungen geprüft. Diese kombinierte Ergebnisprüfung hat das Ansetzen einer etwas weniger strengen Genauigkeitsschranke des Geschwindigkeitsfeldes, u.zw. 10^{-2} statt des üblichen 10^{-3}, als zulässig erwiesen. Dadurch wurde die Iteration durch schrittweise Näherung, auch ohne Konvergenzverbesserung nach Aitken [2.9], mit dem Newton-Raphson Verfahren konkurrenzfähig. Das Newton-Raphson Verfahren erschwert den Iterationsalgorithmus erheblich, da es die Geschwindigkeitsableitung der einzelnen Glieder in (2.21) erfordert. Darüber hinaus ist meistens noch eine konvergenzbedingte Relaxation längs der ermittelten Gradienten erforderlich, deren Durchführung ein weiteres Rechenschema bedingt [2.10]. Auch erschwert das ungleichförmige Residuumsspektrum die Bestimmung der Relaxationsfaktoren. Bei einem großen Gleichungssystem bildet auch die Sehnenmethode [2.10] keine vernünftige Alternative [2.11].

Geht man vom mathematischen Modell des eigentlichen Randwertproblems aus, so ist die Wahl des anfänglichen Geschwindigkeitsfeldes, mit dem die Iteration beginnt, von großer Bedeutung. Da infolge der Nichtlinearität des Gleichungssystems (2.27) auch "falsche Konvergenzen" des Geschwindigkeitsfeldes auftreten können, kann das Ergebnis des ersten Zeitschritts beeinträchtigt werden. Deshalb muß mit besonderer Sorgfalt die Richtung der anfänglichen Reibkräfte angenähert werden. Sonst können, vorwiegend bei größeren Reibbeiwerten, die sich unrichtig einstellenden neutralen Zonen die Iteration nachhaltig beeinträchtigen.

Bild 2.3 zeigt eine günstige Ausrichtung der anfänglichen Reibkräfte für das Achtel eines quaderförmigen Werkstückes, wobei die Lage des auftretenden Schnittpunktes vom Reibbeiwert m abhängt. Im Sonderfall der homogenen Stauchung liegt der Schnittpunkt in der linken oberen Ecke; im Sonderfall der Haftreibung (mit m = 1,0) wird er von der Diagonalen unter 45° bestimmt. Für m-Werte im Intervall [0;1,0] wird linear interpoliert [2.12]. Gründet hingegen das mathematische Modell auf das Pseudo-Randwertproblem mit entsprechendem Markovschen Funktional, wird die gesamte Bestimmung des anfänglichen Geschwindigkeitsfeldes hinfällig, und man kann die Iteration des ersten Zeitschritts mit der homogenen Stauchung beginnen.

Der instationäre Umformvorgang wurde bislang ohne Korrektur in den aufeinanderfolgenden Zeitschritten zufriedenstellend verfolgt.

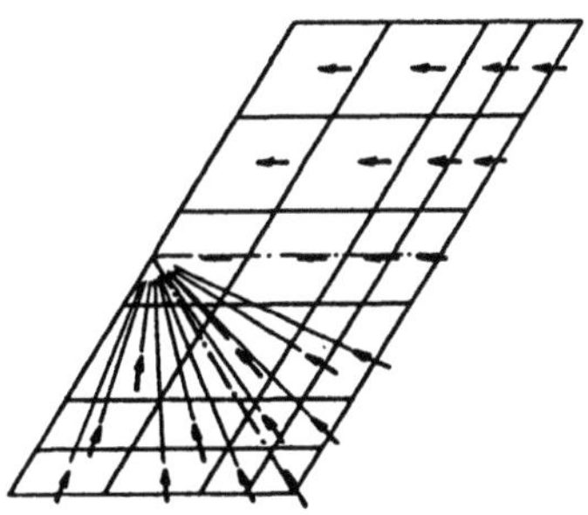

Bild 2.3 Anfängliche Reibkräfte

5. Probleme des Programmaufbaus

Das Hauptprogramm verwaltet das Einlesen der Eingabedateien (Knotenkoordinaten, Knotenfreiheitsgrade und Knotenkonnexionen), die Bestimmung der Strukturmatrix $\underline{\underline{C}}$ und der Freiglieder $\underline{R}$ (Unterprogramme: mat, stiff und fric), das Profilieren der Strukturmatrix (Unterprogramm prof), die Lösung des Gleichungssystems (2.27) für jeden Zeitschritt (Unterprogramm actcol), und die Bestimmung der Spannungsfelder (Unterprogramm stress). In den Ergebnisdateien werden die Geschwindigkeits- und Spannungsfelder eingetragen, doch es können auch Vergleichsformänderungsgeschwindigkeit und Vergleichsspannungen, wie auch globale Kennwerte abgerufen werden.

Um ein möglichst straffes Kammprofil der Strukturmatrix zu erhalten, wird die Knotennumerierung im globalen Bezugssystem nach dem Optimierungsverfahren von Cuthill-McKee [2.9] empfohlen. Mit den Daten des Unterprogramms prof, wird das obere Dreieck der symmetrischen Strukturmatrix durch das Unterprogramm mat, unter Auslassen der kompakten Nullbereiche, unmittelbar in den Vektor der Gleichungsbeiwerte gespeichert. Ähnliches wird in mat mit den aus fric stammenden Reibkräften durchgeführt. Das Programm wurde neu entworfen; lediglich das Unterprogramm actcol wurde aus FARM übernommen, und das Unterprogramm prof nach [2.13] angepaßt.

6. Anwendungen

Es werden hier kurz drei Anwendungen besprochen.

6.1 Quaderstauchen, Recken, Breiten

Aus Symmetriegründen konnte die Untersuchung auf ein Achtel des Quaders aus Bild 2.4a beschränkt werden, wobei es in 72 finite Elemente aufgeteilt wurde (Bild 2.4b).

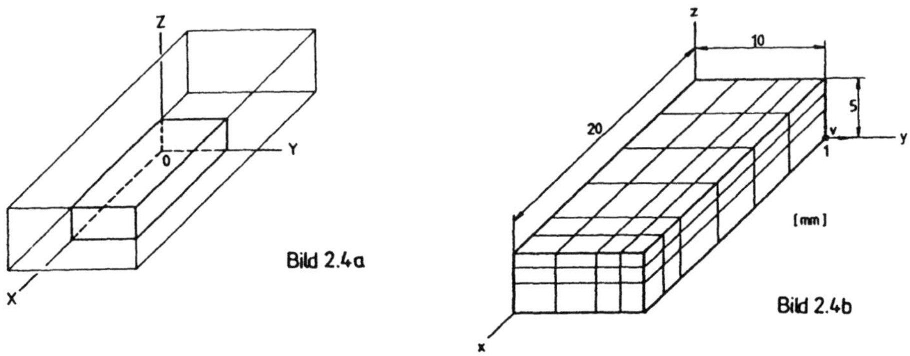

Bild 2.4 Quaderförmiges Werkstück

Dabei blieb das Kantenverhältnis der ebenfalls quaderförmigen finiten Elemente kleiner als 3. Es wurden vorerst Reibungsverhältnisse mit m ∈ (0,1 ... 0,5) untersucht, dann aber auch die Haftreibung mit m = 1,0 modelliert (Abscherung bei Erreichen der Schubfließgrenze). Stellte sich eine Relativgeschwindigkeit zwischen Werkstück und Stempel im gleichen Sinn mit der entsprechenden Reibkraft ein, wurde sie Null gesetzt; auf diese Weise konnte die neutrale Zone bestimmt werden. Auf der PRIME 9955 erforderte eine Iteration im Rahmen eines Zeitschritts um 50 Sekunden CPU-Zeit. Um 50 %-ige Stauchung zu erreichen, wurden insgesamt 100 Zeitschritte mit 180 Iterationen durchgerechnet. Bild 2.5 a...c zeigt die verzerrten Koordinatenschnitte x = 0, y = 0, z = 0 für m = 0,2 und 40 %-ige Stauchung.

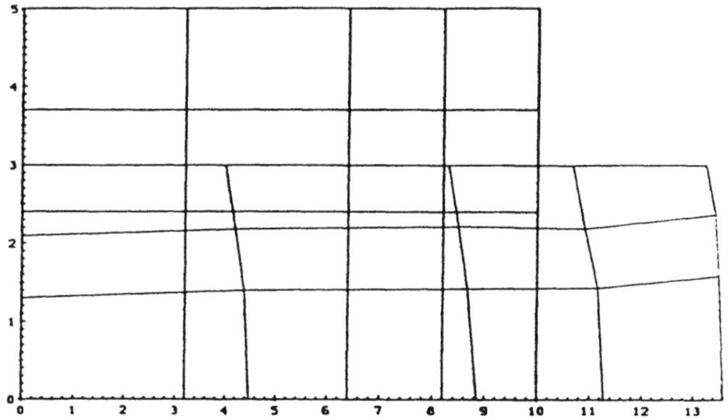

Bild 2.5a

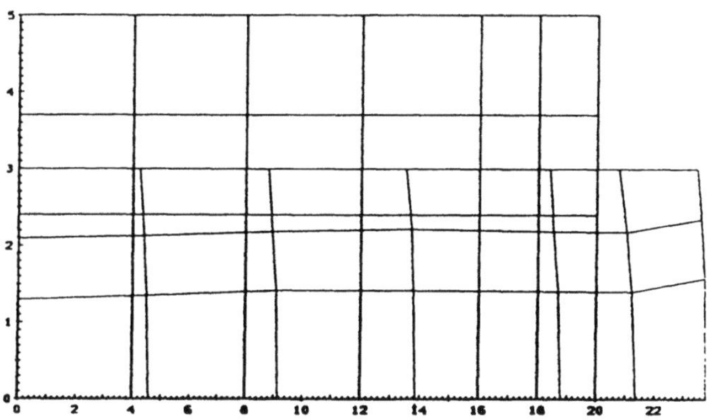

Bild 2.5b

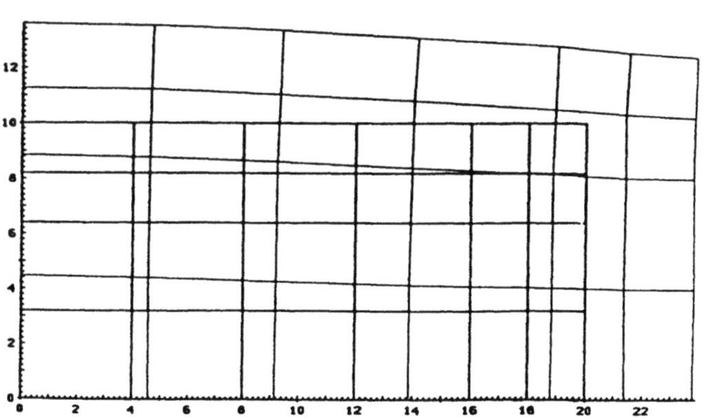

Bild 2.5c

Bild 2.5 Verzerrungen der Koordinatenebenen $x=0$, $y=0$, $z=0$

Man erkennt, daß der Prozeß des Freiformschmiedens keine besonderen Kontaktprobleme zwischen Werkstück und Stempel aufwirft. Desgleichen werden bei üblichen Stauchungsgraden (um 50 %) die finiten Elemente nicht unzulässig verzerrt. Damit erübrigt sich ein Rezoning-Verfahren. Die entsprechenden Spannungszustände sind auch plausibel, und führen zu einer nahe an den Versuchswerten verlaufenden Stauchkurve.

Die Anwendung des erstellten Programms auf Freiformschmieden durch Recken bzw. Breiten wirft keine nennenswerten Probleme auf.

6.2 Rißbildung bei unsymmetrischem Stauchen

Auf Grund des erweiterten Algorithmus aus [2.14]. wurde der in [2.15] experimentell untersuchte, außermittig zylindrisch gelochte Quader (Bild 2.6) auf das Auftreten des ersten Risses mit der FE-Simulation überprüft. Die eine (obere) Hälfte des Werkstücks wurde in 186 finite Elemente unterteilt. Die Haftreibung wurde mit m = 1,0 simuliert. Um die Starrkörperbewegung des Werkstücks (waagerechte Verschiebung, Drehung um eine lotrechte Achse) zu unterbinden, wurden zwei Knoten der oberen Stirnfläche, in unmittelbarer Nachbarschaft des Nettoquerschnittschwerpunktes, festgehalten. Der erste Riß ist an der im Bild 2.6 angegebenen Stelle, bei einer Stauchung von 32 % aufgetreten.

$\bar{\sigma} = 510\,(0{,}0005 + \bar{\varepsilon})^{0{,}13}$; $\bar{\varepsilon}_{kr} = 0{,}32$; $A_{kr} = 0{,}13$

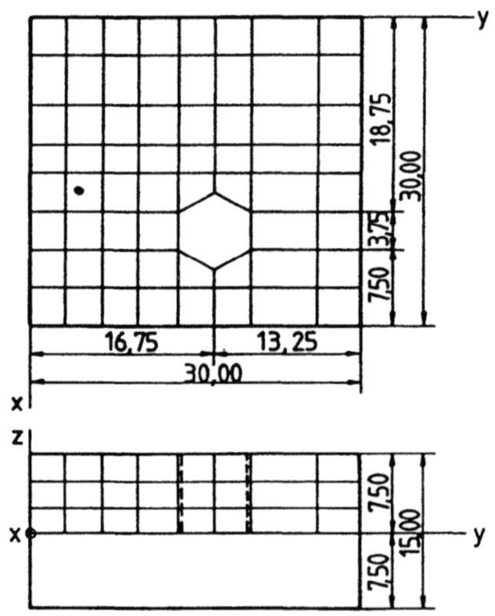

Bild 2.6 Werkstückseinteilung für außermittiges Stauchen

[2.1] Dung, N.L., Newerla, A., Marten, J. 1982. FARM User's Manual. Technische Universität Hannover.

[2.2] Park, J.J., Kobayashi, S. 1984. Three-dimensional Finite Element Analysis of Block Compression. Int. J. Mech. Sci. 26: 165-176

[2.3] Appeltauer, J., Dung, N.L., Mahrenholtz, O. 1989. Some theoretical and numerical aspects of large deformations in three-dimensional metal forming. In: Proceedings of the 3rd Int. Conf. on Num. Meth. in Ind. Form. Proc. NUMIFORM 89, Fort Collins, Colorado. A.A. Balkema, Rotterdam, Brookfield: 523-527

[2.4] Hughes, T.J.R., Liu, W.K., Brooks, A. 1979. Finite Element Analysis of Incompressible Viscous Flows by the Penalty Function Formulation. J. Comput. Phys. 30: 1-60

[2.5] Appeltauer, J., Mahrenholtz, O. 1989. Zur Struktur von dreidimensionalen Verfahren in der Plastomechanik. GAMM-Tagung, Wien. ZAMM 69: T237-T239.

[2.6] Irons, B.M. 1969. Economical Computer Techniques for Numerically Integrated Finite Elements. Int. J. Num. Meth. Engng. 1: 201-203

[2.7] Irons, B.M. 1971. Quadrature Rules for Brick Based Finite Elements. Int. J. Num. Meth. Engng. 3: 293-294

[2.8] Hughes, T.J.R. 1978. A Simple Scheme for Developing 'Upwind' Finite Elements. Int. J. Num. Meth. Engng. 12: 1359-1365

[2.9] Schwarz, H.R. 1986. Numerische Mathematik. B.G. Teubner, Stuttgart

[2.10] Ortega, J.M., Rheinbold W.C. 1970. Iterative Solution of Nonlinear Equations in Several Variables. Academic Press, New-York

[2.11] Appeltauer, J., Mahrenholtz, O. 1989. Numerische Simulation bei dreidimensionaler plastischer Umformung. Große plastische Formänderungen. Bad Honnef 1988. Mitteilungen aus dem Inst. für Mechanik der Ruhr-Univ. Bochum 63: 30-32

[2.12] Appeltauer, J., Dung, N.L., Mahrenholtz, O. 1989. Numerische Untersuchung der Rißbildung bei dreidimensionaler Verformung. Workshop: Numerische Methoden der Plastomechanik. Neustadt a. Rbge. Erscheint demnächst

[2.13] Zienkiewicz, O.C. 1977. The Finite Element Method. McGraw-Hill, London

[2.14] Appeltauer, J., Dung, N.L., Mahrenholtz, O. 1989. Numerische Untersuchung der Rißbildung infolge plastischen Fließens. GAMM-Tagung, Karlsruhe, 1989. Erscheint demnächst (ZAMM)

[2.15] Yoshida, F., Wanheim, T. 1987. The Prediction of Surface Cracking Based on the Model Technique. Ann. CIRP 36, 1: 165-168

Entwicklung von Prozeßmodellen für das Längswalzen zur Steigerung der Maß- und Formgenauigkeit

O. Pawelski
Max-Planck-Institut für Eisenforschung
Düsseldorf

Als Grundlage für die Aufstellung von mathematischen Prozeßmodellen für das Warm- und Kaltwalzen von Stahl wurden Walz- und Ringstauchversuche im Laboratorium durchgeführt. Untersucht wurde der Einfluß von Walzgeometrie, Werkstoff und Reibung auf die Breitung beim Warmwalzen. Für das Kaltwalzen auf Vier- und Sechs-Walzen-Gerüsten wurden analytisch-numerische Modelle entwickelt, die eine Vorausberechnung von Bandprofil und Planheitszustand in Abhängigkeit aller Walzparameter gestatten.

Stahl und insbesondere Stahlblech gehören zu den wichtigsten Konstruktionswerkstoffen in nahezu allen Bereichen der Technik. Allgemein bekannte Einsatzbeispiele sind Karosseriebleche für den Automobilbau, Baubleche für den allgemeinen Maschinenbau und den Schiffbau sowie verzinntes Weißblech für Verpackungszwecke. Warm- und kaltgewalzte Bänder oder Bleche sind meistens Halbfertigprodukte oder Halbzeuge, die durch Tiefziehen, Streckziehen, Biegen oder andere Umformprozesse weiterverarbeitet werden. Dennoch werden an sie außerordentlich hohe Anforderungen gestellt, so daß die Walzverfahren durchaus als Präzisionsumformverfahren einzustufen sind. Gefordert werden enge Dickentoleranzen in Längs- und Breitenrichtung, sehr gute Planlage, definierte Oberflächenfeingestalt und ein von Einsatzfall zu Einsatzfall ausgewogenes Verhältnis von Festigkeit und Zähigkeit, um einerseits hohe Belastbarkeit, andererseits gute Verarbeitbarkeit zu garantieren.

Zur Erzielung dieses breiten Eigenschaftsspektrums bedarf es fundierter Kenntnisse über den Walzprozeß und das Verhalten des Walzgerüstes oder der Walzstraße. Zur Konstruktion und zum flexiblen Einsatz von Walzanlagen müssen die komplizierten Wechselwirkungen zwischen den plastischen Formänderungen am Walzgut und den elastischen Formänderungen an den Walzen und am Walzgerüst bekannt sein. Ebenso wichtig wie die mechanischen Einflüsse, denen auch die tribologischen zuzurechnen sind, sind die thermischen Einflüsse. Der Walzspalt als Wirkfuge zwischen Werkzeug und Werkstück ist ein Ort extremer Prozeßbedingungen. Hohe Drücke sind mit großen Geschwindigkeiten, deutlichen Relativverschiebungen und beachtlichen Temperaturgradienten verbunden. Einen gravierenden Einfluß auf den Werkstofffluß hat die Reibung. Sie bestimmt, in welchem Maße bei vorgegebener Dickenabnahme sich die Länge und Breite des Walzguts ändern.

Die Forschung war somit im vergangenen Jahrzehnt immer dringlicher aufgerufen, mathematische Prozeßmodelle für das Warm- und Kaltwalzen zu entwickeln, mit denen die genannten Einflüsse am Computer simuliert werden können. Die Entwicklung ging und geht dabei hauptsächlich in zwei Richtungen. Zum einen sind die elasto-plastischen Grundlagen des Walzvorgangs weiterzuentwickeln und in Algorithmen und Computerprogramme umzusetzen. Zum anderen müssen die werkstoffkundlichen, tribologischen und thermischen Einflüsse weiter erforscht werden, die im Prozeßmodell als Randbedingungen auftreten. Die rasche Entwicklung der Computertechnik droht zu einer Situation zu führen, daß die sich ständig steigernden Rechenmöglichkeiten nicht voll ausgenutzt werden können, weil es an vollständigen physikalischen Prozeßdaten mangelt.

Mit den Arbeiten, die im Max-Planck-Institut für Eisenforschung im Rahmen des DFG-Schwerpunktprogramms "Präzisionsumformtechnik" durchgeführt wurden, wurde diesen Gesichtspunkten Rechnung getragen. In vier Projekten ging es sowohl um die Aufstellung von Computerprogrammen zur Simulation des Walzprozesses als auch um experimentelle Arbeiten zu den Problemkreisen Werkstofffluß, Maß- und Formgenauigkeit und Reibungseinfluß. Zwei Projekte hatten das Warmwalzen, zwei weitere das Kaltwalzen zum Gegenstand.

Im ersten Projekt /1/ ging es um die Frage, welchen Einfluß der sogenannte indirekte Druck auf die Breitung beim Warmwalzen auf geneigter Walzbahn in Kalibern ausübt. Während hierin im wesentlichen der Einfluß der Walzgeometrie in eine Breitungsformel gefaßt wurde, befaßte sich das zweite Projekt /2/ mit den Einflüssen von Reibung und Werkstoffzusammensetzung auf den Werkstofffluß in Breitenrichtung beim Warm-Flachwalzen. Zur Bestimmung von Reibungsfaktoren wurden neben Walzversuchen Warm-Ringstauchversuche durchgeführt.

Thema des dritten Projektes /3/ war die Kantenanschärfung beim Kaltwalzen von Band. In dieser Arbeit wurde ein analytisch-numerisches Modell für das Kaltbandwalzen auf Vier-Walzen-Walzwerken entwickelt, das die Vorausberechnung von Bandprofil und Planheitszustand in Abhängigkeit aller Walzparameter gestattet. Eine Erweiterung dieses mathematischen Modells auf Sechs-Walzen-Walzwerke wurde im vierten Projekt /4/ vorgenommen. Darin wurde ein neuartiges Planheits-Kennfeld vorgeschlagen, das die Wirkung der verschiedenartigen Stellmechanismen, wie Walzenbiegung und Axialverschiebung der Walzen, auf die Planheitsgüte veranschaulicht.

Im Folgenden werden die wichtigsten Ergebnisse dieser vier Untersuchungen, die sämtlich zu Dissertationen geführt haben, vorgestellt. Damit ist natürlich nicht das gesamte Gebiet der Prozeßmodellentwicklung für das Walzen umrissen. Die Ausführungen mögen aber doch zeigen, welche grundsätzlichen Fragen an die Forschung und Entwicklung gestellt werden und wo Ansatzpunkte für eine weitere Vertiefung unseres Kenntnisstandes liegen.

1 Warmwalzen

1.1 Einfluß des indirekten Drucks auf die Breitung

Beim Walzen von Profilen in Kalibern, das in Bild 1, oben, schematisch veranschaulicht ist, kommt es auf eine genaue

Ausfüllung des formgebenden Walzkalibers durch den zu walzenden Werkstoff an. Ist das Kaliber unterfüllt, so werden die Abmessungstoleranzen unterschritten. Ist es überfüllt, dann bildet sich ein störender Grat, der teure Nacharbeit erfordert. Zum Erreichen der Sollform muß die Breitung im Kaliber bekannt sein. Während es über die Breitung beim Walzen auf flacher Bahn, wie es beim Bandwalzen vorliegt, zahlreiche Untersuchungen gibt, gab es nur wenige Informationen über die Breitung beim Walzen auf zur Walzenachse geneigter Bahn, wie es vielfach in Kalibern der Fall ist. Hierbei wird der Gesamtwalzdruck p üblicherweise in eine vertikale oder direkte Komponente p_d und eine horizontale oder indirekte Komponente p_i zerlegt. Es war qualitativ aus der Walzwerkspraxis bekannt, daß die Breitung mit steigendem indirektem Druck zunimmt.

Das durchgeführte Forschungsprojekt hatte zum Ziel, diesen Effekt durch Laborwalzversuche zu quantifizieren, die Ursachen festzustellen und die Zusammenhänge in eine Breitungsformel zu fassen, die als Unterprogramm in ein Prozeßmodell eingebaut werden kann. Da der Aufwand für die Durchführung von kompletten Kaliber-Walzversuchen zu groß gewesen wäre, wurde nur ein Teilprozeß herausgegriffen. Nach Bild 1, unten, wurde von einem Profil, etwa einem L-Profil, nur ein Schenkel betrachtet, dessen Formänderungsverhalten bei variierten Walzbahnneigungswinkeln zu messen war. Dazu wurden die Versuchswalzen aus Tragwellen und auswechselbaren kegelförmigen Walzenkörpern zusammengesetzt.

Die genauere Betrachtung der Walzkinematik und eingehende Stoffflußuntersuchungen mit Hilfe von in die Proben eingebrachten Meßrastern haben ergeben, daß das Walzgut sowohl eine Scherung in Breitenrichtung als auch eine Torsion um die Längsachse erfährt. Bild 2 zeigt einen derart deformierten Walzgutquerschnitt aus verschiedenen Blickrichtungen. Zu erklären ist dieses Verhalten aus den verschieden großen Umfangsgeschwindigkeiten an den kegeligen Walzen, so daß auf der Ober- und Unterseite des Walzguts, besonders ausgeprägt an den Kanten, verschieden große Walzgeschwindigkeiten vorliegen. Ferner ist zu beachten, daß das Walzgut weitgehend an den Walzen haftet, so daß die Strombahnen senkrecht zur Walzenachse und nicht senkrecht zur Walzbahnkontur verlaufen. Hieraus ergibt sich zwangsläufig eine Scherung des Walzgutquerschnitts in Breitenrichtung.

Es war bekannt, daß beim Flachbahnwalzen die Breitung mit dem Walzenradius zunimmt, weil damit die gedrückte Länge im Walzspalt wächst und der Reibungswiderstand in Längsrichtung größer wird, was den Werkstofffluß in der Breitenrichtung begünstigt. Die Auswertung der umfangreichen Walzversuche hat ergeben, daß diese Erkenntnis sinngemäß auch auf das Walzen auf geneigter Bahn übertragbar ist. Als Walzenradius ist hierbei aber nicht der Nominalwert einzusetzen, sondern der Radius des Krümmungskreises der Walzbahnoberfläche in Walzgutmitte. Da dieser mit dem Walzbahnneigungswinkel wächst und stets größer ist als der nominale Radius, wird erklärlich, daß allein aus geometrischen Gründen die Breitung mit der Walzbahnneigung zunehmen muß. Weitere Einflüsse, wie Walztemperatur und Walzgeschwindigkeit, stellten sich dagegen als von nur untergeordneter Bedeutung heraus.

Bild 3 bestätigt dies durch die erhaltenen Meßwerte. Die bezogene Breitung nimmt bei festgehaltenem Probenquerschnitt und konstanter Walztemperatur mit der Höhenabnahme und stark auch mit dem Walzbahnneigungswinkel zu. Auf einer um 60 ^{o} geneigten Bahn ist die Breitung in diesem Falle um rund 80% größer als auf der Flachbahn.

Um die Ergebnisse der Untersuchung durch eine Breitungsformel zu beschreiben, wurde auf früher angestellte Ähnlichkeitsbetrachtungen zurückgegriffen. Die Geometrie des plastischen Volumens im Walzspalt kann durch vier absolute Geometriegrößen, also durch drei dimensionslose Längenverhältnisse, hinreichend genau beschrieben werden. Die Breitung läßt sich dann als ein Potenzprodukt dieser drei Längenverhältnisse ansetzen. Als endgültige Form der Breitungsformel wurde gewählt:

$$\frac{\Delta b}{b_0} = B_1 \left(\frac{\Delta h}{h_o}\right)^{B_2} \left(\frac{l_d}{h_o}\right)^{B_3} \left(\frac{b_o}{h_o}\right)^{B_4} ,$$

wobei die gedrückte Länge l_d zu berechnen ist aus

$$l_d = \sqrt{R_{eff} \Delta h}, \quad R_{eff} = R_n / \cos\alpha .$$

In diesen Gleichungen bedeuten:

h_0	Anfangshöhe
b_0	Anfangsbreite
Δh	Höhenabnahme
Δb	Breitenzunahme
R_n	nominaler Walzenradius
R_{eff}	effektiver Walzenradius
α	Walzbahnneigungswinkel.

Die Freiwerte B_1 bis B_4 in der Breitungsformel wurden durch eine Ausgleichsrechnung aus den Versuchsdaten ermittelt. Für den gesamten Bereich des Walzbahnneigungswinkels von 0 ° bis 60 ° ergaben sich folgende einheitliche Zahlenwerte:
$B_1 = 0{,}57$; $B_2 = 1{,}03$; $B_3 = 1{,}45$; $B_4 = 1{,}55$.
Bild 3 zeigt, daß damit die Meßergebnisse im gesamten Versuchsbereich gut beschrieben werden konnten.

Abschließend sei noch zu diesem Projekt kurz bemerkt, daß über die Aufstellung der empirischen Breitungsformel hinaus auch noch die Theorie der oberen Schranke für die Umformleistung herangezogen wurde, um die Breitung zu berechnen. Auch diese Modellrechnung ergab eine gute Übereinstimmung von Theorie und Experiment. Für die Anwendung in der Praxis ist die Breitungsformel jedoch wesentlich handlicher.

1.2 Einfluß der Reibung auf den Werkstofffluß in Breitenrichtung

Während mit der obengenannten Breitungsformel der Geometrieeinfluß gut erfaßt werden konnte, blieb die Frage nach weiteren Einflüssen auf die Breitung offen. Dazu gehörten vor allem die Einflüsse von Werkstoff und Reibung. Aus der Literatur ging hervor, daß sich die verschiedenen Legierungselemente der Stähle auf die Breitung auswirken. Es war aber zu vermuten, daß der Werkstoffeinfluß letztlich auch auf den dominierenden Reibungseinfluß zurückzuführen ist, beispielsweise über die die Reibung beeinträchtigende Bildung von Oxidschichten. Um dies zu erhärten, wurden in dem nun zu beschreibenden Projekt Walzversuche im Labor mit Breitungsmessungen und Warm-Ringstauchversuche zur Ermittlung von Reibungsfaktoren durchgeführt. Dabei wurde davon ausgegangen, daß die Auswirkungen der Umformparameter auf die Reibung vom Ringstauchen auf das Walzen - wenigstens qualitativ - übertragbar sind.

Beim Stauchen einer ringförmigen Probe können sich bei vorgegebenem Umformgrad in Dickenrichtung der radiale und tangentiale Umformgrad unter Erfüllung der Volumenkonstanzbedingung grundsätzlich frei einstellen. Welche Werte sie wirklich annehmen, hängt von der Reibung ab. Ist die Reibung auf den gestauchten Stirnflächen vernachlässigbar klein, so entspricht die Formänderung der Ringprobe der einer Vollzylinderprobe. Das Hohlraumvolumen bleibt konstant und der Ring-Innendurchmesser wird mit wachsendem Stauchgrad größer. Bei großer Reibung wäre ein solcher radial nach außen gerichteter Werkstofffluß aber mit großen Reibungswegen und damit auch großen Reibungsarbeiten verbunden. Aus Gründen der Energieminimierung stellt sich deshalb in diesem Falle auch ein radial nach innen gerichteter Anteil des Werkstoffflusses ein, wodurch der Ringinnendurchmesser mit dem Stauchgrad abnimmt. Die leicht zu messende Reduktion des Innendurchmessers ist somit ein empfindliches Maß für die Reibung. Zur Beschreibung des Reibungseinflusses wird in der Umformtechnik neben der dem Coulombschen Reibungsgesetz entsprechenden Reibungszahl μ in zunehmendem Maße der Reibungsfaktor m benutzt, der durch die Gleichung

$$m = \tau_R/\tau_{max} = \tau_R/k$$

definiert ist. Darin ist τ_R die Reibungsschubspannung, τ_{max} die maximale Schubspannung und k die Schubfließspannung des umgeformten Werkstoffs.

Die Zusammenhänge zwischen der Höhenabnahme, der Reduktion des Innendurchmessers und dem Reibungsfaktor sind mit der elementaren Plastomechanik, der Schrankentheorie und der Methode der finiten Elemente von anderer Stelle mehrfach behandelt worden. Bild 4 zeigt die Ergebnisse in Form einer Kurvenschar mit dem Parameter m. Durch Eintragung der gemessenen Werte für die bezogene Abnahme und die Reduktion des Innendurchmessers kann der Reibungsfaktor m unmittelbar abgelesen werden. Das Bild zeigt solche Meßpunkte für die geschmierte Warmumformung von drei Stählen mit 990 °C Umformtemperatur. Die m-Werte liegen dafür zwischen 0,12 und 0,35, wobei der unlegierte Kohlenstoffstahl C 45 die höchste und der austenitische Stahl X5 Cr Ni 18 9 die niedrigste Reibung zeigt. Als Schmierstoff wurde ein Gemisch aus Graphit und synthetischem Ester benutzt.

Zur abgesicherten Anwendbarkeit des Ringstauchversuchs wurde eine eingehende Analyse der dabei auftretenden lokalen Formänderungen vorgenommen. Dazu wurde mit Erfolg das von O. Mahrenholtz und Mitarbeitern entwickelte FEM-Programm FARM benutzt. Bild 5 zeigt die damit berechneten Relativbewegungen der Probenoberfläche. Mit wachsendem Reibungsfaktor m nimmt die Relativverschiebung immer mehr ab, bis sie bei m = 1 nahezu ganz verschwunden ist, was dem Zustand des vollständigen Haftens zwischen Werkzeug- und Werkstückoberfläche entspricht. Messungen haben diese Berechnungen vollauf bestätigt. In Bild 6 ist die mit eingezogenen Schrauben gemessene Radialformänderung in der Äquatorialebene einer Ringprobe dargestellt. Im Falle des Stauchens ohne Schmierung zeigt die Verteilung über dem Radius ein ausgeprägtes Maximum nach Art einer Fließscheide. Die Verteilung im Falle des geschmierten Stauchens ist dagegen wesentlich homogener.

Zum gleichen Ergebnis kommt die FEM-Rechnung nach Bild 7. Für Reibungsfreiheit, also für m = 0, ist die Radialformänderung über dem Radius natürlich konstant. Gute Übereinstimmung von Rechnung und Versuch wurde auch erzielt bei der Betrachtung der Außenkontur des verformten Ringes und des Werkstoffflusses im Ringquerschnitt. Bild 8 zeigt anschaulich den starken Einfluß der Reibung auf den lokalen Werkstofffluß. Bei niedriger Reibung (Bildteil a, m = 0,2) ist die Verzerrung des der Rechnung zugrunde gelegten Gitternetzes relativ moderat und die Verschiebung überwiegend radial nach außen gerichtet. Bei großer Reibung (Bildteil b, m = 0,9) ist wegen des Haftens an der Werkzeugoberfläche die Umgebung unter den Stauchflächen nur sehr wenig verformt, während sich die Verformung im Innern stark konzentriert. Es bildet sich das bekannte "Schmiedekreuz" aus. Die radialen Verschiebungen nach innen und außen sind etwa gleich groß, so daß der Innendurchmesser deutlich kleiner wird als im Falle der niedrigen Reibung.

Die Messung der Reibungszahl im Ringstauchversuch wurde zugrunde gelegt, um die Ergebnisse der Breitungsmessungen bei den Walzversuchen besser interpretieren zu können. Bild 9 zeigt, daß der Anstieg der Breitung mit der Höhenabnahme durch Schmierung deutlich verringert werden kann, in diesem Fall etwa um ein Drittel. Im Vergleich zu diesem Reibungseinfluß sind die Einflüsse der Stahlzusammensetzung und der Walztemperatur von untergeordneter Bedeutung.

Dieser Sachverhalt wird auch abgestützt durch die Berechnung der Breitung mit der Schrankentheorie nach Oh und Kobayashi. Bild 10 lehrt, daß oberhalb von etwa 20% Höhenabnahme die Breitung stark mit dem Reibungsfaktor anwächst. Die eingetragenen eigenen Meßpunkte stimmen mit der Theorie gut überein.

Die bei der Aufnahme des Forschungsprojektes vermutete Dominanz des Reibungseinflusses auf die Breitung beim Warmwalzen hat sich somit bestätigt. Um die obengenannte Breitungsformel auch für verschiedene Reibungsbedingungen benutzen zu können, müßte der Faktor B_1, evtl. auch die Exponenten B_2 bis B_4, als Funktion von m bestimmt werden.

2 Kaltwalzen

2.1 Entwicklung eines Prozeßmodells für Vier-Walzen-Walzwerke

Kalt gewalzte Bänder sollen sich sowohl durch ein möglichst rechteckiges Dickenprofil als auch durch gute Planlage auszeichnen. Planheitsabweichungen werden dann vermieden, wenn über der gesamten Bandbreite der gleiche Umformgrad erreicht wird. Unter dieser Bedingung können sich aber Profilabweichungen ergeben. Umgekehrt können sich Planheitsfehler einstellen, wenn man versucht, gleiche Dicke über der Bandbreite zu erreichen. Ein besonderes Phänomen ist die Kantenanschärfung. Darunter versteht man den Abfall der Banddicke zur Bandkante hin. Er ist eine Folge der elastischen Einbettung des Bandes in die Arbeitswalzen.

Die genannten Effekte sind eine Auswirkung der verwickelten Zusammenhänge von plastischer Umformung am Band und elastischer Biegung und Abplattung der Arbeits- und Stützwalzen. Ziel des durchgeführten Forschungsprojektes war die Aufstellung eines möglichst umfassenden mathematischen Prozeßmodells für Vier-Walzen-Gerüste, um die Einflüsse der Walzparameter, insbesondere auch des Walzenschliffs, auf Profil und Planheit am Rechner simulieren zu können.

Um Rechenzeit zu sparen, wurde im Grundprinzip für die Walz-Längsrichtung ein analytischer Ansatz und für die Querrichtung ein numerischer Ansatz gewählt. Der analytische Ansatz geht auf die bekannte Differentialgleichung für das Walzen nach v. Kármán zurück. Diese Gleichung kann entweder numerisch nach dem Runge-Kutta-Verfahren oder angenähert analytisch nach der Theorie von Bland, Ford und Ellis gelöst werden. In den meisten Fällen ist die letztere Methode ausreichend. Um dies zu erhärten, wurden die verschiedenen Walztheorien kritisch miteinander verglichen.

Zur numerischen Rechnung in Breitenrichtung wird das Band in dieser Richtung in Streifen von 2 bis 5 mm Breite unterteilt gedacht, wobei Symmetrie zur Bandmitte angenommen wird, Bild 11. Alle stetigen Verteilungen über der Bandbreite werden durch Treppenfunktionen oder Punktlasten, die in Streifenmitte angreifen, angenähert. Jedem Streifen können individuelle Eingangsdicke und Härte vorgegeben werden. Es wird angenommen, daß Härte und Fließspannung einander proportional sind. Daher wird die Härteverteilung durch eine für den mittleren Streifen auf eins normierte Tabelle dimensionsloser Zahlen angegeben.

Für die Walzen können Durchmesser, E-Modul und beliebige Schliffe angegeben werden. Als äußere Stellgrößen sind Rückbiegekräfte zwischen den Zapfen der Arbeitswalzen beziehungsweise zwischen Arbeits- und Stützwalzen sowie ein am Zapfen der Stützwalze wirkendes Moment vorgesehen.

Die lokale Breitung wird vernachlässigt, weil ein über empirische Formeln hinausgehender Ansatz zur Beschreibung der Breitung beim Kaltwalzen noch nicht verfügbar ist.

Da beim Kaltwalzen von Band auf Grund des großen Verhältnisses von Bandbreite zu Banddicke in einem weiten Bereich ebene Umformung vorherrscht, wird angenommen, daß sich auch die einzelnen Streifen eben umformen. Die dann bei einer über der Bandbreite ungleichmäßig verteilten Walzkraft entstehenden Sprünge in der Normalspannung in Breitenrichtung werden vernachlässigt.

Insgesamt können die Annahmen für das Modell wie folgt zusammengefaßt werden:

- Die Streifen unterliegen einer ebenen plastischen Umformung und beeinflussen sich im Walzspalt nicht. Die Voraussetzungen der Streifentheorie gelten.

- Das Fließgesetz von v. Mises gilt.
- Die Kaltverfestigung wird durch eine Ludwik-Gleichung berücksichtigt.
- Das Profil des auslaufenden Bandes ist gleich der Form des Walzspaltes, wenn alle an den Walzen angreifenden Kräfte berücksichtigt sind.
- Eine ungleichmäßige Dickenreduktion über der Bandbreite erzeugt eine ungleichmäßige Längung der Streifen. Diese führt zu einer ungleichmäßigen Verteilung der durch die Haspel aufgebrachten Zugspannungen, die über die einzelnen Streifen in die plastische Zone zurückwirkt.

Mit einem Laborwalzwerk wurden Versuchswalzungen auf Duo- und Quartowalzensätzen durchgeführt. Die Aufnahme von Meßwerten wie Walzkraft und Dickenprofil der Blechprobe erfolgte mit Laborrechnern, für die entsprechende Software erstellt wurde. Durch diese Versuche wurde das Modell in einem breiten Parameterbereich verifiziert. Zum großen Teil stimmten gemessene und berechnete Profile numerisch gut überein, in jedem Fall wurde der Verlauf der gemessenen Kurven durch das Modell richtig beschrieben, <u>Bilder 12 bis 14</u>.

Zur mathematischen Beschreibung der Dickenprofile wurde ein Ausdruck in vier geometrisch einfach interpretierbaren Parametern vorgeschlagen, die durch eine Regressionsrechnung ermittelt werden können. Für zwei dieser Parameter konnte ein Zusammenhang mit der Walzkraft gezeigt werden.

Durch Simulationsrechnungen wurden die Auswirkungen der wichtigsten Einflußgrößen auf das Dickenprofil nach dem letzten Stich untersucht. Dabei diente ein Walzvorgang auf einer dreigerüstigen Tandemstraße als Referenzkonfiguration. In zahlreichen Versuchsrechnungen wurden, ausgehend von dieser Konfiguration, einzelne Walzparameter systematisch verändert. Dabei zeigte sich, daß das auslaufende Dickenprofil vom Dickenprofil des einlaufenden Bandes und von Parameteränderungen in den ersten beiden Stichen nahezu unabhängig ist. Umgekehrt beeinflußt daher das Dickenprofil des Warmbandes die Planlage entscheidend. Als sehr kritisch für die Profilausbildung hat sich der letzte Stich erwiesen. Parameteränderungen können hier das Profil des auslaufenden Bandes wesentlich beeinflussen.

Durch Rechnungen mit verschiedenen Schlifformen wurde gezeigt, daß die Durchbiegung der Arbeitswalze durch einen parabolischen Schliff oder durch eine Gegenbiegung der Walzen gleich gut kompensiert werden kann. Eine Entlastung der Bandkante zur Verminderung der Kantenanschärfung kann hiermit jedoch nicht erreicht werden. Ein Schliff in Form einer Parabel dritten Grades zusammen mit einer Gegenbiegung der Arbeitswalzen beeinflußt den Kantenbereich merklich und kann zu einer Verminderung der Anschärfung eingesetzt werden. Die Berechnungen zeigten, daß Unregelmäßigkeiten im Schliff durch ungenaue Bearbeitung oder Verschleiß einen erheblichen Einfluß auf das Dickenprofil und damit die Planlage haben können.

2.2 Entwicklung eines Prozeßmodells für Sechs-Walzen-Walzwerke

Bei einem Sechs-Walzen-Walzwerk sind zwischen den Arbeits- und Stützwalzen Zwischenwalzen angeordnet, die in Axialrichtung verschoben werden können. Dadurch und durch zusätzliche Biegung der Arbeits- und Zwischenwalzen können die Druckverteilungen zwischen den Walzen und damit das Bandprofil und die Planheit beeinflußt werden. Gegenüber dem konventionellen Quartogerüst hat das Sextogerüst also mit der Axialverschiebung der Zwischenwalzen einen Stellmechanismus mehr.

Im letzten hier zu behandelnden Projekt wurde das oben beschriebene Prozeßmodell für das Quarto auf das Sexto erweitert. Bild 15 zeigt die Zerlegung der Kräfte und Kraftverteilungen an den einzelnen Walzen. Der Grundsatz einer Mischung von analytischem Ansatz in Längsrichtung und numerischem Ansatz in Querrichtung wurde beibehalten. Dadurch lassen sich beliebige Profil- und Schliffverläufe in den Rechnungen betrachten. Das Modell erlaubt die Simulation beliebiger Stichfolgen auf Zwei-, Vier- und Sechs-Walzen-Walzwerken, wobei auch zur Bandmitte asymmetrische Walzfälle betrachtet werden können.

Simulationsrechnungen zeigen, wie sich allein der Stellmechanismus Zwischenwalzenverschiebung auf die elastischen und plastischen Formänderungen auswirken kann. Mit Verschieben der Zwischenwalzen zur Gerüstmitte hin werden die äußeren Bandbereiche deutlich entlastet, so daß hier der Umformgrad verringert und die auslaufende Banddicke relativ zu der in Bandmitte erhöht wird. Gleichzeitig kommt es zu einer deutlichen Umverteilung der Streckenlasten in den Kontaktbereichen zwischen den Walzen. Die daraus resultierenden Druckspannungen steigen zu der sich im Kontakt mit den benachbarten Walzen befindlichen Zwischenwalzenballenkante stark an. Durch Konturieren dieser Kante lassen sich die Spannungsspitzen deutlich senken.

Um Aussagen über die Planheit des auslaufenden Bandes machen zu können, werden aus ein- und auslaufender Banddickenverteilung die bezogenen Bandlängenunterschiede über der Breite berechnet. Diese $\Delta L/L$-Verteilungen können durch zwei Koeffizienten a_2 und a_4 charakterisiert werden, von denen der eine den Parabelanteil zweiten Grades, der andere den vierten Grades angibt, Bild 16. Auf den Achsen eines kartesischen Koordinatensystems aufgetragen, können so die Auswirkungen der einzelnen Stellmechanismen auf die Planheit des auslaufenden Bandes übersichtlich dargestellt werden, Bild 17. Der Einfluß des Stellmechanismus Arbeitswalzenbiegung in einem Sechs-Walzen-Walzwerk konzentriert sich auf die äußeren Bandbereiche. Mit der Zwischenwalzenbiegung ist dagegen eine Beeinflussung bis in die Bandmittenbereiche möglich. Der Durchgriff der Zwischenwalzenverschiebung ist im Bereich positiver und negativer Zwischenwalzenpositionen nahezu konstant. Das Verschieben der Zwischenwalzenballenkante im Bandkantenbereich führt zu einer sprungartigen Änderung des Durchgriffs. Durch den sich über dem Stellbereich nur geringfügig und linear ändernden Durchgriff der Biegekräfte scheinen diese besser zur Regelung oder Steuerung der Bandplanheit geeignet. Es bietet sich an, mittels der Zwischenwalzenverschiebung das durch die Wirkungslinien der Biegekräfte aufgespannte Stellfeld so im Planheitskennfeld zu positionieren, daß die Schnittfläche aus diesem und dem angestrebten Toleranzfeld maximal wird.

Rechnungen zeigen weiter, daß bei zur Gerüstmitte hin verschobenen Zwischenwalzen die auftretenden hohen Walzenbelastungen durch weniger weites Verschieben und eine entsprechende Erhöhung der Biegekräfte an Arbeits- und Zwischenwalze deutlich verringert werden können bei gleichem Ergebnis hinsichtlich der Bandplanheit.

Durch möglichst große Arbeitswalzenrückbiegekräfte in Kombination mit weniger weit verschobenen Zwischenwalzen kann der die Banddickenverteilung störende Kantenanschärfungseffekt verringert werden, ohne die Planlage des Bandes über geforderte Toleranzgrenzen hinaus zu verschlechtern.

Mit der in einem Vier-Walzen-Walzwerk durch die Wahl der Arbeitswalzenabmessungen vorgegebenen Wirkrichtung der Arbeitswalzenbiegung ist dessen Universalität im Vergleich zum Sechs-Walzen-Walzwerk stark eingeschränkt. In Verbindung mit der auf einem speziellen Walzenschliff beruhenden CVC-Technik stehen im Vier-Walzen-Walzwerk jedoch qualitativ vergleichbare Stellmechanismen zur Verfügung, Bild 18.

Lokale, durch Störungen im Bandkantenbereich auftretende Asymmetrien können am besten durch asymmetrisches Positionieren der Zwischenwalzen kompensiert werden. Durch ungleich große Biegekräfte an den Arbeitswalzenzapfen und noch ausgeprägter durch die an den Zwischenwalzenzapfen können die Auswirkungen auf Profil und Planheit in der Breite nicht so stark begrenzt werden.

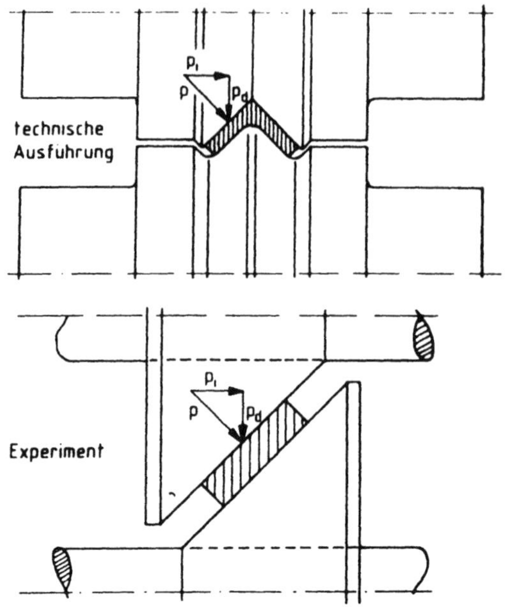

Bild 1. Schematische Versuchsanordnung zur Untersuchung des Einflusses der Walzbahnneigung auf die Breitung beim Warmwalzen (p_d direkter Druck, p_i indirekter Druck, p Gesamtdruck)

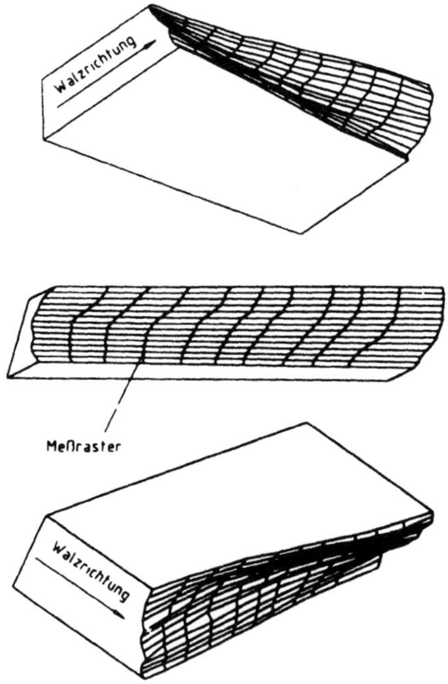

Bild 2. Scherung und Torsion einer auf geneigter Bahn gewalzten Flachprobe, Ansicht aus verschiedenen Blickwinkeln

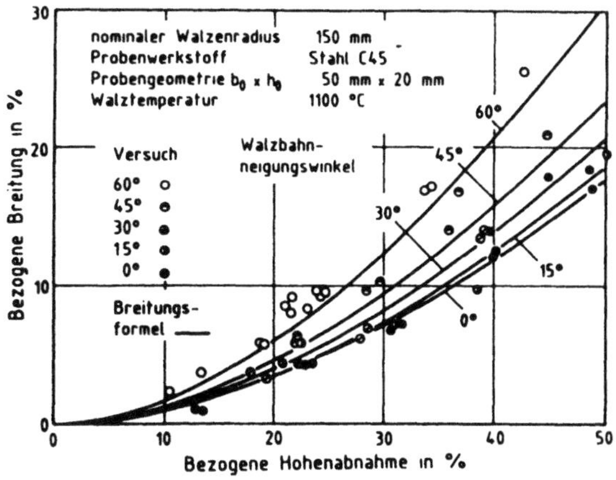

Bild 3. Einfluß von Höhenabnahme und Walzbahnneigungswinkel auf die Breitung beim Warm-Flachwalzen, Vergleich von Versuch und Rechnung nach einer neu aufgestellten Breitungsformel

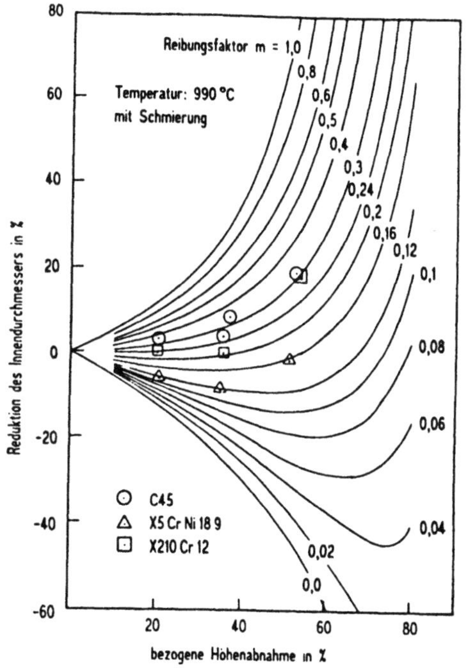

Bild 4. Ermittlung von Reibungsfaktoren m für das Warmumformen verschiedener Stähle mit Schmierung im Ringstauchversuch

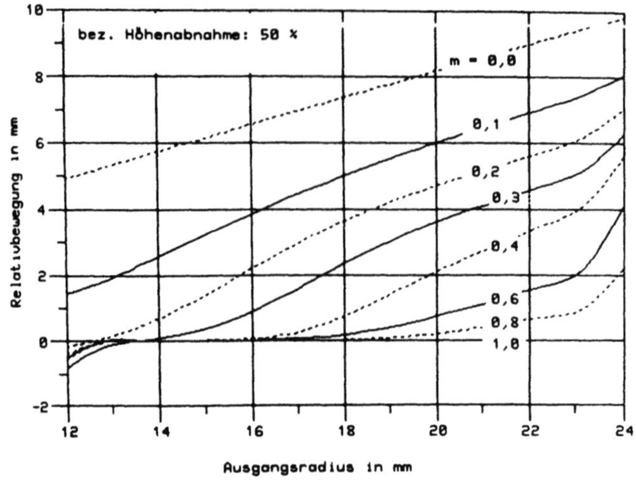

<u>Bild 5.</u> Relativbewegung der Probenoberfläche beim Ringstauchen mit verschiedenen Reibungsfaktoren m, berechnet mit dem FEM-Programm FARM

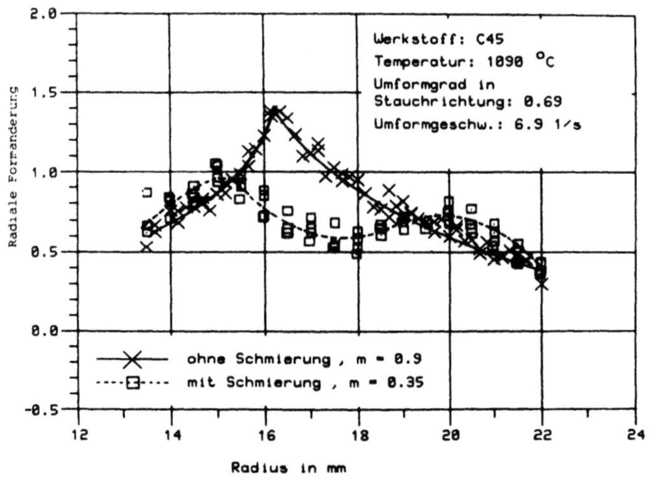

<u>Bild 6.</u> Gemessene radiale Formänderung in der Äquatorialebene einer mit und ohne Schmierung gestauchten Ringprobe

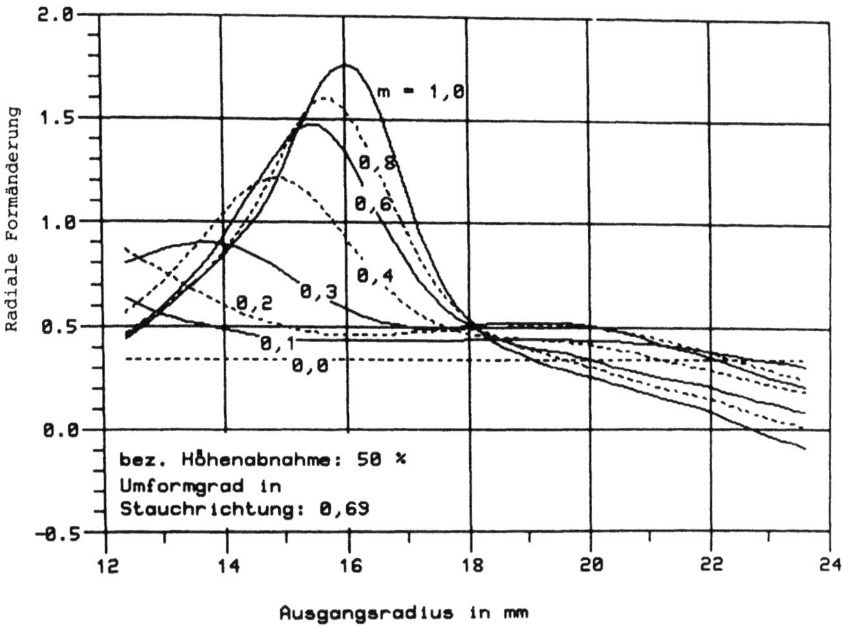

Bild 7. Mit dem FEM-Programm FARM berechnte radiale Formänderung in der Äquatorialebene einer mit verschiedenen Reibungsfaktoren gestauchten Ringprobe

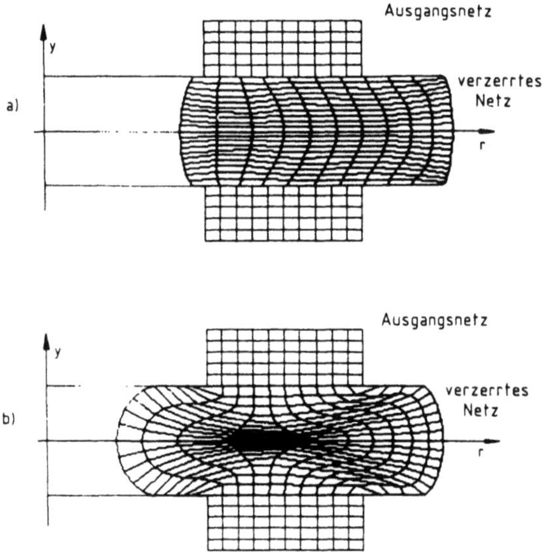

Bild 8. Lokaler Werkstofffluß beim Ringstauchen mit 50% Höhenabnahme, berechnet mit dem FEM-Programm FARM

a) niedrige Reibung, Reibungsfaktor m = 0,2

b) hohe Reibung, Reibungsfaktor m = 0,9

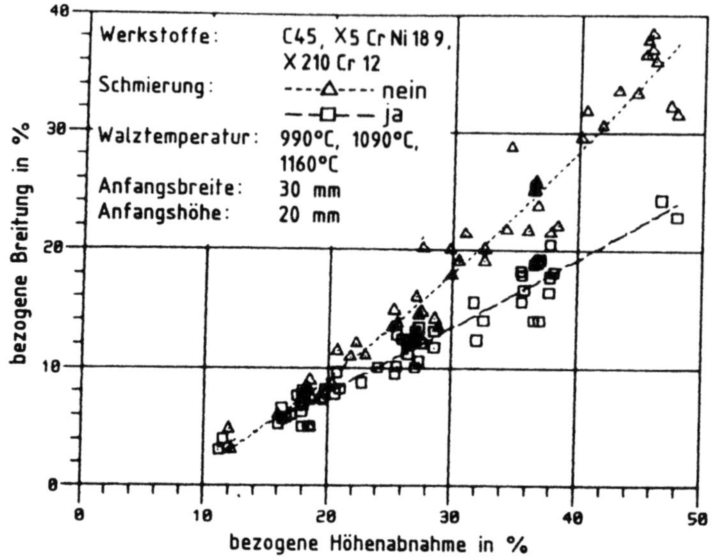

Bild 9. Einfluß von Stahlsorte und Schmierung auf die Breitung beim Warm-Flachwalzen

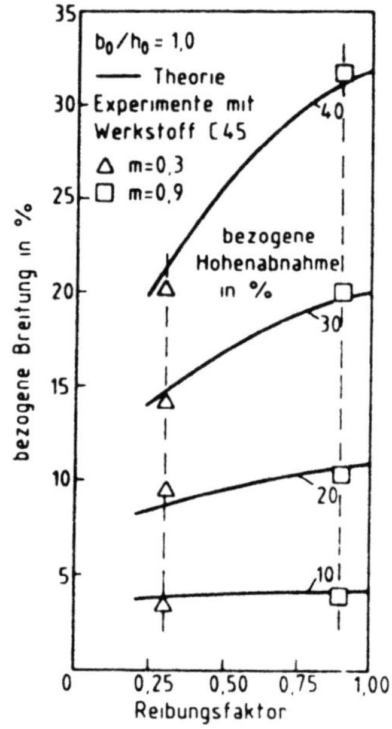

Bild 10. Nach der Theorie der oberen Schranke für die Umformleistung von Oh und Kobayashi berechnete Breitung im Vergleich mit eigenen Versuchsergebnissen

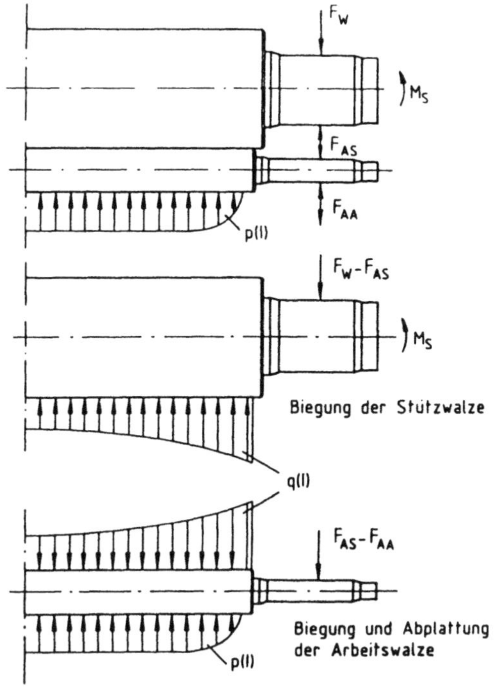

Bild 11. Zerlegung der Kräfte und Kraftverteilungen in einem Vier-Walzen-Walzwerk (oberes Viertel) zur Aufstellung eines mathematischen Prozeßmodells

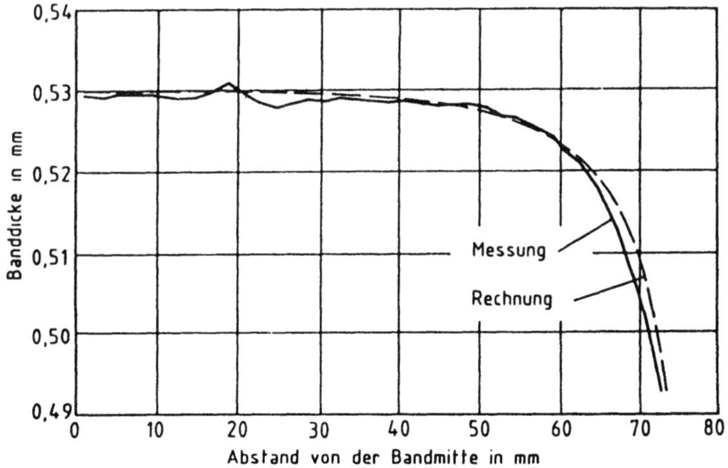

Bild 12. Gemessenes und berechnetes Dickenprofil eines mit 6 Stichen im Labor kalt gewalzten Stahlblechs

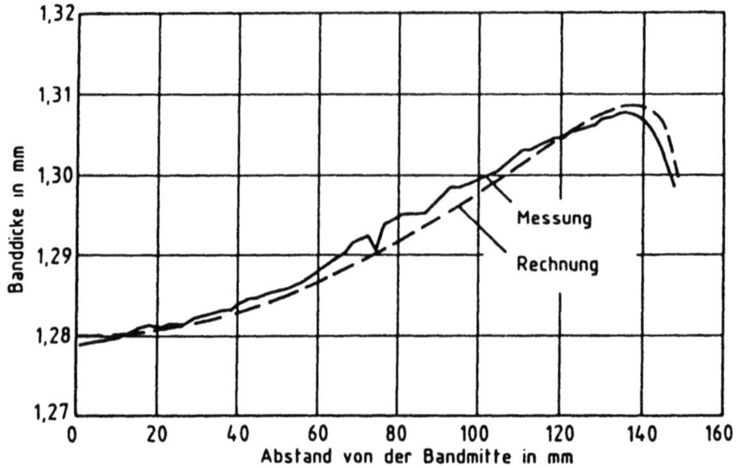

Bild 13. Gemessenes und berechnetes Dickenprofil nach dem ersten Stich im Labor bei absichtlicher Erzeugung von starken Mittenwellen

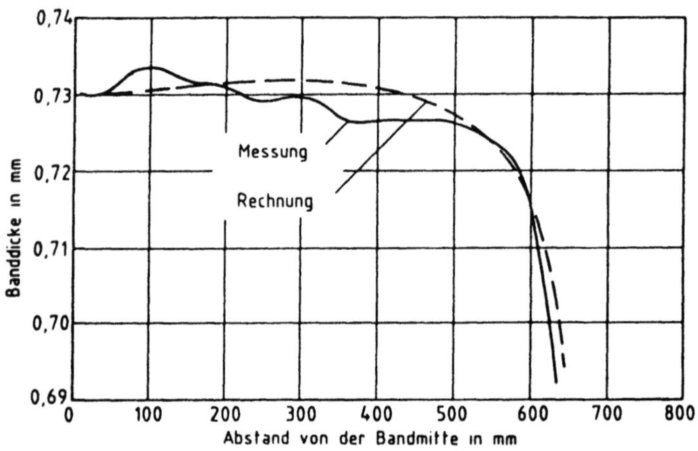

Bild 14. Gemessenes und berechnetes Dickenprofil eines im Produktionsbetrieb kalt gewalzten Breitbandes nach dem dritten Stich

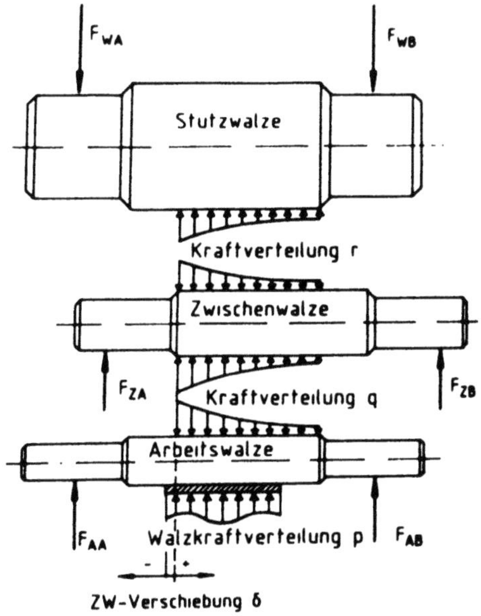

<u>Bild 15.</u> Zerlegung der Kräfte und Kraftverteilungen in einem Sechs-Walzen-Walzwerk (obere Hälfte) zur Aufstellung eines mathematischen Prozeßmodells

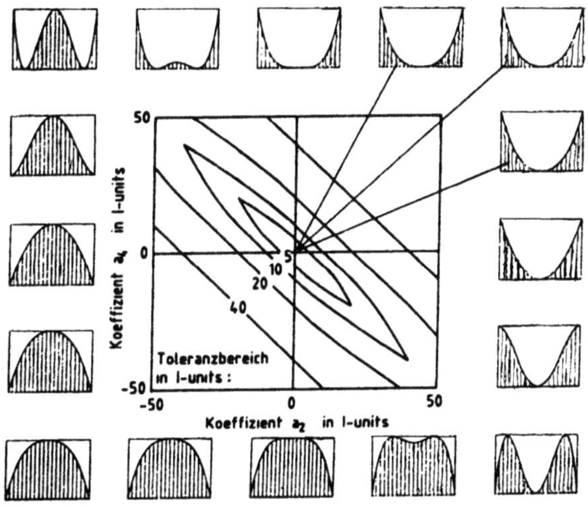

<u>Bild 16.</u> Planheitskennfeld zur Darstellung der mechanischen Einflußmöglichkeiten auf die Planheit (ΔL/L-Verteilung, gemessen in I-Units) des auslaufenden Bandes

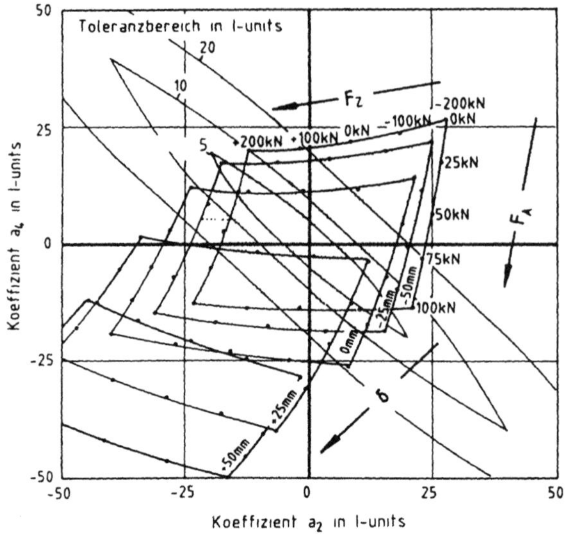

<u>Bild 17.</u> Planheitskennfeld des Sechs-Walzen-Walzwerks; Einflüsse von Zwischenwalzenverschiebung δ, Arbeitswalzenbiegekraft F_A und Zwischenwalzenbiegekraft F_Z

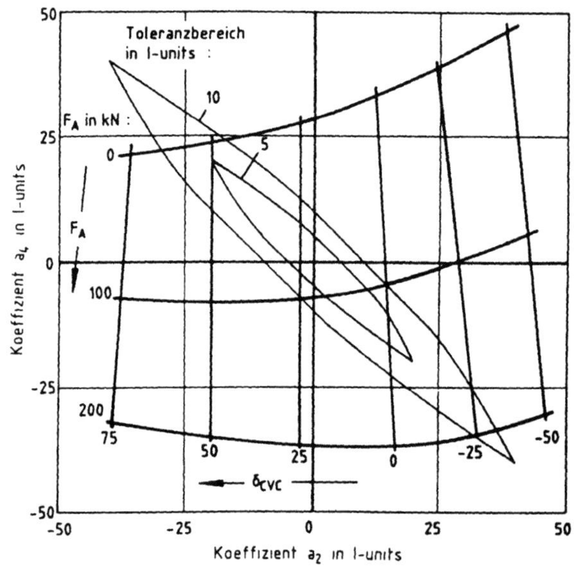

<u>Bild 18.</u> Planheitskennfeld des Vier-Walzen-Walzwerks mit CVC-Technik; Einflüsse von Arbeitswalzenverschiebung δ_{CVC} und Arbeitswalzenbiegekraft F_A

Literatur

/1/ Klasen, F.: Werkstofffluß beim Warmwalzen von Stahl auf geneigter Walzbahn. Dr.-Ing.-Diss. RWTH Aachen 1984.

/2/ Hoerster, C.: Bedeutung der Reibung für die Breitung beim Warmwalzen von Stahl. Dr.-Ing.-Diss., eingereicht bei der RWTH Aachen, 1989. In: Umformtechnische Schriften. Düsseldorf: Verlag Stahleisen, demnächst.

/3/ Teutsch, H.: Ein mathematisches Modell mit numerischem und analytischem Ansatz zur Berechnung der Profilform beim Kaltwalzen von Band. Dr.-rer.-nat.-Diss. RWTH Aachen 1984.

/4/ Rieckmann, J.: Berechnung von Bandprofil und Planheit beim Kaltwalzen auf Sechs-Walzen-Walzwerken. Dr.-Ing.-Diss. RWTH Aachen 1988. In: Umformtechnische Schriften, Bd. 21. Düsseldorf: Verlag Stahleisen 1989.

Untersuchung zur Beeinflussung der Schmierverhältnisse beim geschmierten Kalt- und Halbwarmpressen

Professor Dr.-Ing. Dietrich Ruppin, Berlin
Dr.-Ing. Klaus Müller, Berlin

Forschungszentrum Strangpressen
Technische Universität Berlin

Ausgehend von den Druckverhältnissen im Schmierstoff im Bereich des Matrizeneinlaufkegels beim gedichteten Strangpressen (hydrostatisches Pressen, Hydrafilmpressen) werden Möglichkeiten experimentell untersucht, die Schmierung durch Druck- und Entlastungsbypässe im Bereich der Matrize zu beeinflussen. Nutzungsmöglichkeiten der Ergebnisse zum vereinfachten Kalt- bzw. Halbwarmpressen ("halbgedichtetes Pressen") werden diskutiert.

Einleitung und Problemstellung

Strangpressen mit verminderter Blockeinsatztemperatur gewinnt in zunehmendem Maße an Interesse. Folgende Vorteile werden erwartet:

- engere Halbzeugtoleranzen
- verbesserte Oberflächenqualität
- hohe Preßgeschwindigkeit und
- bei aushärtbaren Aluminiumwerkstoffen gegebenenfalls eine vereinfachte Wärmebehandlung.

Geschmiertes Kalt- oder Halbwarmpressen ist mit allen bekannten Verfahrensvarianten des Strangpressens möglich. Es werden Matrizen mit konischem Einlauf verwendet.

Im Bereich der Matrize sind Verfahrensgrenzen einmal durch Schmierstoffzusammenbrüche, zum anderen aber auch durch "Überschmierung" gesetzt. In beiden Fällen sind Oberflächenfehler im Strang die Folge, die meist periodischen Charakter haben, und die das Produkt unbrauchbar machen. Von entscheidendem Einfluß auf die Schmierverhältnisse im Matrizeneinlaufkegel ist außer der chemischen Beschaffenheit des Schmierstoffes und dessen Zähigkeit die Preßgeschwindigkeit. In zwei Fällen besteht dabei das Bedürfnis nach einer Erweiterung der Verfahrensgrenzen.

1. Muß die Preßgeschwindigkeit werkstoffbedingt klein gehalten werden, so wächst die Gefahr der Mangelschmierung. In diesem Falle besteht das Bedürfnis, die Schmierverhältnisse im Einlaufkegel der Matrize zu verbessern.

2. Sollen Schmiermittel größerer Zähigkeit verwendet werden, so besteht die Gefahr des "Überschmierens". In diesem Falle wäre es wünschenswert, die in den Matrizeneinlaufkegel eintretende Schmierstoffmenge zu drosseln, oder aber dafür zu sorgen, daß überschüssiger Schmierstoff nicht in den Matrizenführungskanal gelangen kann.

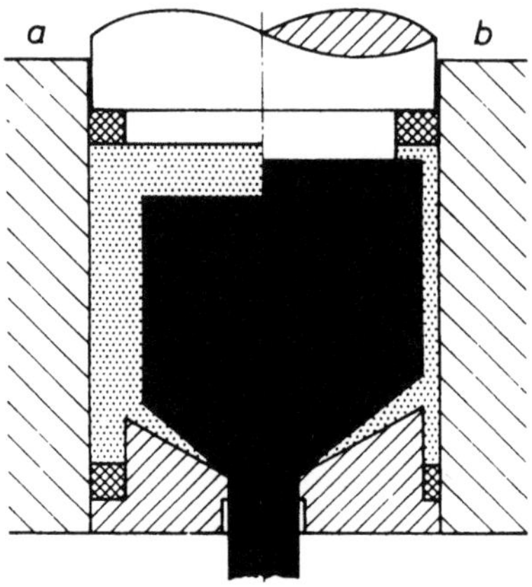

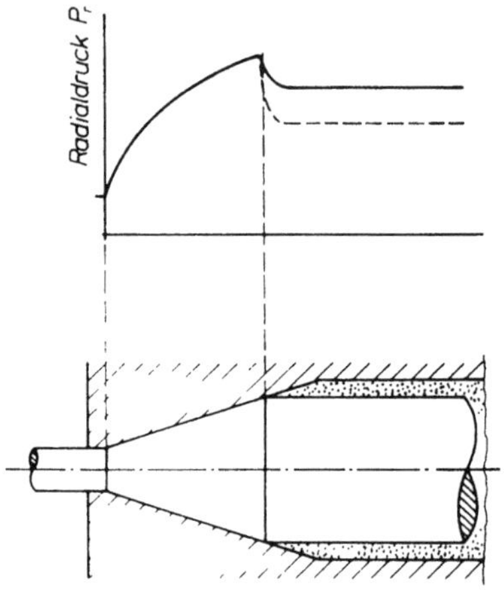

Abb. 1 Gedichtetes Strangpressen
a) hydrostatisches Pressen
b) Hydrafilm-Pressen

Abb. 2 Radialdruckverteilung beim gedichteten Strangpressen

Grundlagen und Zusammenhänge

In den nachfolgenden Betrachtungen werden Werkstoffverfestigung und Schiebungsverluste vernachlässigt. Die Zähigkeit des Schmierstoffes (gleichzeitig Druckmedium bei den gedichteten Strangpreßverfahren) wird als konstant angenommen.

Für den vollen benötigten hydrostatischen Preßdruck gilt

$$P_H = K_f \cdot \ln V \qquad (1)$$

(K_f = Formänderungsfestigkeit des Werkstoffes, V = Verpressungsverhältnis)

Beim Hydrafilm-Verfahren stellt sich im Schmierstoff gerade der Gleichgewichtsdruck ein, der ein Aufstauchen des Preßblockes verhindert:

$$P_G = K_f (\ln V - 1) \qquad (2)$$

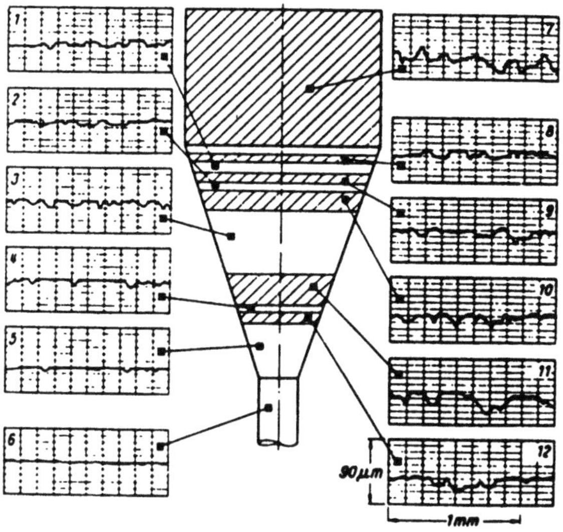

Abb. 3 Schmierfilmausbildung bei "Bänderschmierung"

Diese Drücke sind gleichzeitig die "Startbedingungen" für die Schmierung des konischen Einlaufes der Matrize. Der von der Matrizenwandung ausgeübte Radialdruck P_r ergibt sich nach Tresca zu

$$P_r = K_f \,(\ln V(x) + 1) \tag{3}$$

Gleichung (3) definiert gleichzeitig den Verlauf des Schmierstoffdruckes im Matrizeneinlauf für vollhydraulische Schmierung. Aus den Gleichungen (1) bis (3) ist ersichtlich, daß der Schmierstoffdruck bei beiden gedichteten Verfahrensvarianten nicht ausreicht, um Schmierstoff in den Matrizenkonus eindringen zu lassen. Die Relativbewegung zwischen Preßbolzen und Matrize wirkt als drucksteigernde "Zusatzpumpe". Für die minimale Preßgeschwindigkeit V_{B1}, bei der gerade noch Preßflüssigkeit in den Einlaufbereich der Matrize gefördert wird, ohne daß sich ein tragfähiger Flüssigkeitsfilm längs der ganzen Matrizenoberfläche ausbildet, gilt

$$V_{B1} = \;\geqq\; K_f \cdot h_0 \;\frac{\tan\alpha}{6\,\mu} \tag{4}$$

h_0 = Oberflächenrauhigkeit des Preßblockes, α = halber Öffnungswinkel der Matrize, μ = Zähigkeit der Druckflüssigkeit

Bei Preßgeschwindigkeiten, die größer sind als diese Minimalgeschwindigkeit, tritt Schmierstoff periodisch in den Einlaufkegel ein, und verteilt sich dort in ringförmigen Bändern (Abb. 3). Als Bedingung für einen voll tragfähigen, längs der ganzen Oberfläche des Matrizeneinlaufs existierenden, zusammenhängenden Schmierstoffilm gilt nachstehende Beziehung:

$$V_{B2} \geqq V_{B1} \cdot 2\,\sqrt{V} \tag{5}$$

Die örtliche Dicke des zusammenhängenden Schmierfilmstoffes ist durch die Beziehung

$$\frac{S(x)}{S_0} = \sqrt{V(x)} \tag{6}$$

gegeben, S_0 ist dabei die Enddicke des Schmierfilmes auf dem Preßprodukt. Setzt man in Gleichung (6) nicht das örtliche, sondern das Gesamtpreßverhältnis ein, so erhält man die Mindestdicke des Schmierstoffpolsters, das zur Aufrechterhaltung vollhydraulischer Schmierung notwendig ist. Für das Hydrafilm-Pressen ist diese Beziehung gleichzeitig Optimierungskriterium für die Schmierfilmdicke.

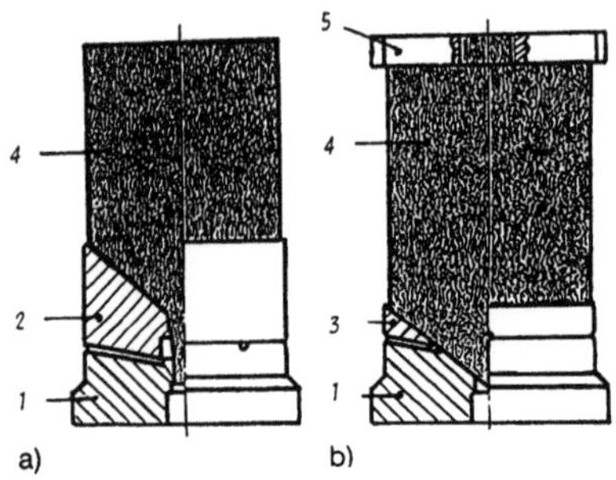

Abb. 4. Werkzeuge mit Druckbypass-untersuchte Geometrie a) Doppelmatrize mit Kammer, b) einfacher Konusring, 1 = Matrize, 2 = Vormatrize mit Kammer, 3 = Konusring, 4 = Block, 5 = Führungsstück

Von besonderer Bedeutung dürften die Konsequenzen der Gleichungen (1) bis (6) für das Halbwarmpressen sein, da hier durch die erhöhte Blocktemperatur sowohl die Formänderungsfestigkeit, als auch - und zwar in besonderem Maße - die Zähigkeit des Schmierstoffes verändert wird. Während die verminderte Formänderungsfestigkeit die Schmierung im Matrizenkegel begünstigt, wird diese durch die abnehmende Zähigkeit des Schmierstoffes negativ beeinflußt. Eine Optimierung der Schmierungsbedingungen erscheint hier nicht nur durch die Wahl einer geeigneten Preßgeschwindigkeit, sondern auch durch eine zweckmäßige Wahl der Temperatur des Preßbolzens möglich.

Sollen die Schmierbedingungen im Einlaufkegel der Matrize dadurch verbessert werden, daß ein Druckbypass bestimmte Bereiche des Einlaufkegels mit dem unter Druck stehenden Schmierstoff an der Mantelfläche des Preßbolzens verbindet, so muß dieser Bypass in einem Bereich des Einlaufkegels münden, bei dem der Radialdruck (nach Abb. 2) größer oder höchstens gleich dem Druck im Schmierstoffpolster ist. Andernfalls sind radiale Formänderungen im Matrizeneinlauf zu erwarten, die nicht mehr werkzeuggebunden sind.

Da die Änderung der Formänderungsfestigkeit des Werkstoffes (Verfestigung, Erhöhung der Temperatur durch die Umformung) unberücksichtigt blieb, ergibt er sich

$$V\ (x) = \frac{1}{e} \cdot V \qquad (7)$$

für den Fall des hydrostatischen Pressens und

$$V(x) = \frac{1}{e^2} \cdot V \qquad (8)$$

für das Hydrafilm-Pressen.

Bezüglich der Werkzeuggestaltung erscheinen diese Werte "vernünftig", sie unterteilen den Einlaufbereich der Matrize so, daß zunächst keine konstruktiven Probleme zu erwarten sind.

Experimentelle Ergebnisse

Wegen der Vernachlässigung so wesentlicher Einflußgrößen wie Werkstoffverfestigung, Temperaturabhängigkeit der Schmierstoffzähigkeit und der Verlustanteile der Umformung, kann nicht damit gerechnet werden, daß die Gleichungen (1) bis (8) die Schmierungsverhältnisse quantitativ widerspiegeln. Qualitative Übereinstimmung kann jedoch erwartet werden, da die Ableitung dieser Gleichungen sich auf gesicherte physikalische Grundlagen stützen.

Druckbypass: Die Versuche wurden auf der 7,2 MN-Vertikalpresse des Forschungszentrums Strangpressen durchgeführt. Bei dieser Presse läßt sich in dem gedichteten Aufnehmer von 70 mm Durchmesser ein Preßdruck von näherungsweise 19 kbar erzeugen. Als Druckflüssigkeit (und gleichzeitig als Schmiermittel) wurde Rizinusöl verwendet.

Die Abb. 4a und b zeigen die Bauweise der verwendeten Versuchswerkzeuge mit Druckbypass. Es wurden dabei zwei verschiedene Typen eingesetzt:

1. Die Doppelmatrize mit Kammer (Abb. 4a) war in ihrer Bauart angelehnt an ein Versuchswerkzeug, das von Fiorentino als Tandemmatrize beschrieben wurde. Die Druckbypässe münden hierbei in die Kammer zwischen den beiden Führungslängen der Doppelmatrize.

2. Matrizen mit einfachem Konusring (Abb. 4b). Sie entsprechen in ihrer Gesamtgeometrie den üblichen Preßwerkzeugen mit konischem Einlauf.

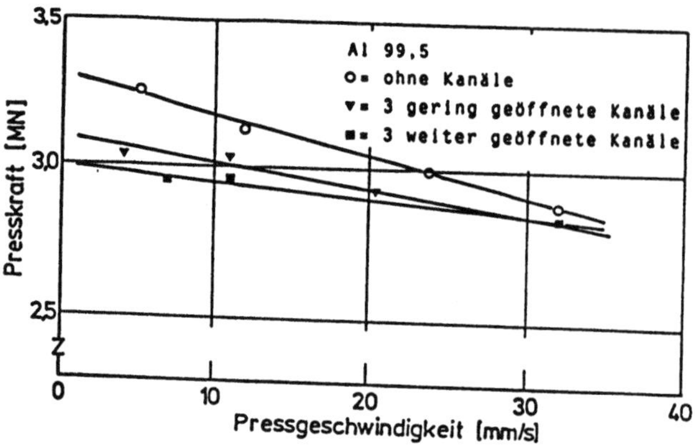

Abb. 5 Abhängigkeit der Preßkraft vom Querschnitt der Schmierungsbypässe und von der Preßgeschwindigkeit

Abb. 5 demonstriert die Verbesserung der Schmierung schon bei niedrigeren Preßgeschwindigkeiten und Abb. 6 zeigt die verringerte Gesamtreibung der Konusringmatrize gegenüber der Matrize mit Schmierkammer.

Wichtigste Erkenntnis aus diesen Versuchen ist, daß Schmierstoffbypässe gedrosselten Querschnitt besitzen müssen, um die Stabilität der Schmierbedingung im Matrizenkonus zu gewährleisten.

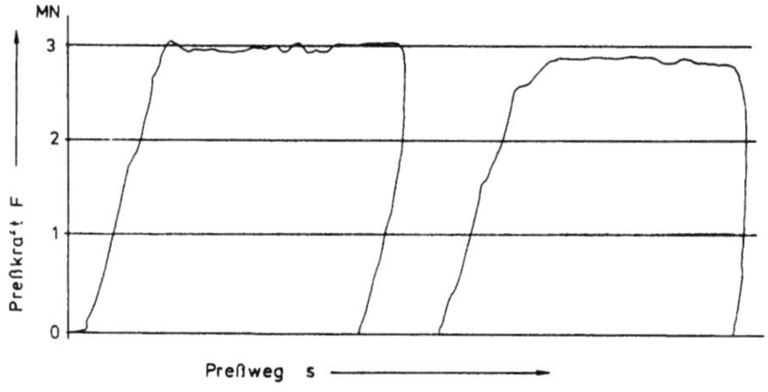

Abb. 6 Preßkraftverläufe bei einer Doppelmatrize mit Kammer (links) und einer Matrize mit einfachem Konusring (rechts)
Werkstoff: Al 99,5, Preßverhältnis 49 : 1
Preßgeschwindigkeit 15 mm/s

Abb. 7 Einfluß einer Doppelmatrize mit Entlastungsbypass auf die Strangqualität bei variablem Matrizenverhältnis D1/D2
A = D1/D2 = 1
B = D1/D2 = 1,1
C = D1/D2 = 1,15
Werkstoff Al 99,5
Preßverhältnis 49 : 1
Preßgeschwindigkeit 26 mm/s

Konusringmatrizen sind bezüglich der Handhabung und der Preßkräfte günstiger als Matrizen mit Schmierkammer.

Doppelmatrize mit Druckentlastungsbypass: Bei Verwendung von Schmierstoffen großer Viskosität, wie sie üblicherweise für das Kaltstrangpressen verwendet werden, stellt sich eher die Frage nach dem Vermeiden vollhydraulischer Schmierung mit der daraus resultierenden Gefahr des Überschmierens, als die Frage nach der Verbesserung der Schmierbedingungen.

Mit Blick auf diese Zusammenhänge liegt es nahe, das Prinzip des Druckbypasses umzukehren, und die Matrize als Doppelmatrize mit einem Druckentlastungsbypass auszuführen. Überschmierung wird in jedem Falle den Werkzeugkontakt im Bereich einer Führungslänge zumindest zeitweilig unterbrechen.

Der durchtretende Strang erhält ringförmige Abdruckmarken des Schmierstoffes, besitzt also örtlich geringere Durchmesser als die Führungslänge. Der Strang muß durch die Hauptmatrize dann so weit nachkalibriert werden, daß diese Abdruckmarken beseitigt werden.

Ausblick

Es wurde angestrebt, Preßverfahren, wie sie unter der Bezeichnung "halbgedichtetes Pressen" beschrieben wurden, möglichst anwendungsreif weiterzuentwickeln, eingeschlossen das Halbwarmpressen vorgeheizter Preßbolzen in ungeheizten Werkzeugen. Vom Schwermetallpressen her ist bekannt, daß auch warmes Verpressen in ungeheizten Werkzeugen möglich ist, wenn der Preßvorgang hinreichend schnell gestaltet werden kann. Für diese Fälle erscheint ein Werkzeug zweckmäßig, das sowohl die Schmierbedingungen im Werkzeug unabhängig von der Preßgeschwindigkeit verbessert und vergleichmäßigt, als auch unempfindlich ist gegen zwischenzeitliche Überschmierung mit den daraus resultierenden Strangschäden.

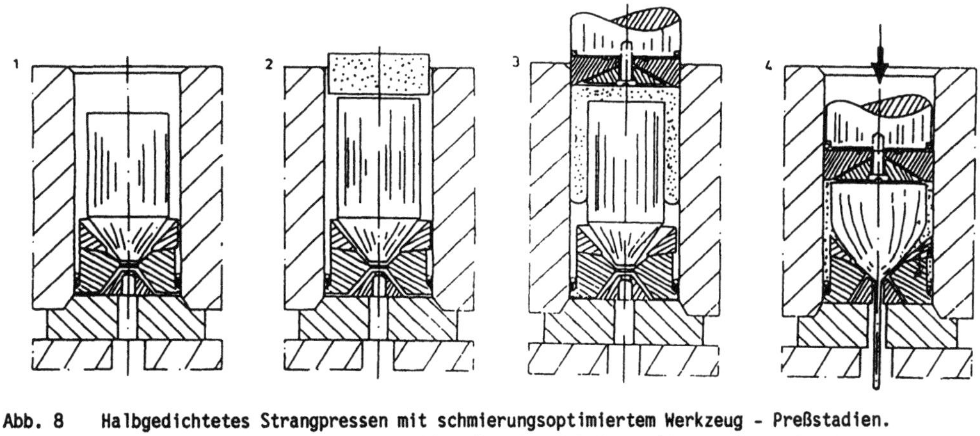

Abb. 8 **Halbgedichtetes Strangpressen mit schmierungsoptimiertem Werkzeug - Preßstadien. 1 = Blockeinsatz, 2 = Schmierstoffzugabe, 3 = Schmierstoffverteilung, 4 = Auspressen.**

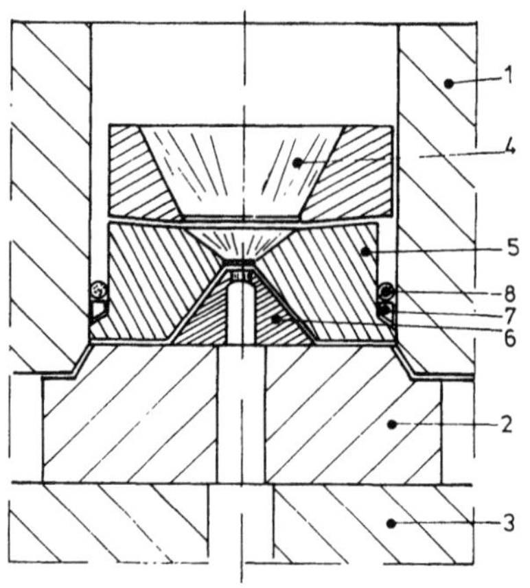

Abb. 9 Optimiertes Preßwerkzeug
1 = Aufnehmer, 2 = Stützplatte, 3 = Maschinenjoch, 4 = Konusring 5 = Vormatritze, 6 = Kegel der Hauptmatrize, 7 = Stützring 8 = Dichtring

Eine ausreichende Schmierstoffmenge, die den Preßbolzenmantel umgibt, stellt das Schmierstoffreservoir für den Schmierstoffbedarf der Matrize, Gleichung (6) definiert die Ausgangsdicke des Schmierstoff-Filmes. Eine realistische Annahme für die Dicke des Schmierstoff-Filmes auf dem Preßprodukt ist dabei dessen Rauhtiefe. Beim ungedichteten Strangpressen werden kombinierte Preß- und Putzscheiben eingesetzt, die durch Kugelkalotteneinsätze oder Konusse zu Druchmesseränderungen unter Druckbelastung fähig sind. Es liegt nahe, das halbgedichtete Strangpressen unter Verwendung derartiger Preßscheiben zu realisieren.

Abb. 8 ist eine Darstellung der Preßstadien des Halbwarmpressens mit selbstdichtenden Preßscheiben. Die Preßbolzenspitze ist so präpariert, daß der Entlastungsbypass offen bleibt. Auch der Spitzenwinkel des Preßbolzens ist kleiner als der Einlaufwinkel der Matrize. Bei einer derartigen Anordnung ist die Kontaktfläche zwischen Block, Werkzeug und Aufnehmer minimiert, ein Halbwarmpressen vorgeheizter Preßbolzen in ungeheizten Werkzeugen unter definierten Temperaturbedingungen wird hierdurch mit sehr einfacher Grundanordnung möglich.

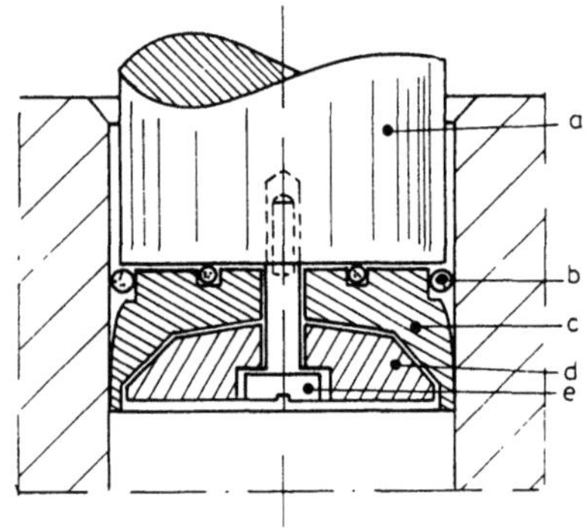

Abb. 10 Konstruktionsvorschlag für ein Stempelendstück - a = Stempel, b = Polymerdichtring c = konkave Preßscheibe d = Druckstück e = Halteschraube

Literatur

1. Iyengar, H.S.R.; Rice, W.B.: Fluid Film Lubrication in Hydrostatic Extrusion. Annals of the C.I.R.P. 17 (1969), S. 112 - 117.
2. Fiorentino, R.J.; Meyer, G.E.; Bryrer, T.G.: The thick-film hydrostatic extrusion process. Metallurgia and Metal Forming 39 (1972) 6, 200 - 203.
3. Fiorentino, R.J.; Meyer, G.E.; Bryrer, T.G.: Some practical for hydrostatic extrusion. Metallurgia and Metal Forming 41 (1974) 7, 193 - 197.

Strangpressen anorganischer Glasschmelzen - Herstellung komplizierter Voll- und Hohlprofile hoher Formtreue und Maßgenauigkeit

E. Roeder und W. Egel-Hess
Lehrstuhl für Werkstoffkunde und Mechanische Technologie
Universität Kaiserslautern

Beim Strangpressen von Glas sind die Reibungsverhältnisse zwischen Glasschmelze und Matrizenkanal von entscheidender Bedeutung für die Querschnittsveränderung und damit für die Formtreue und Maßgenauigkeit des extrudierten Stranges. Während bei Matrizenwerkstoffen mit "vollkommener Wandhaftung" eine Querschnittsvergrößerung von etwa 28% auftritt, ist diese beim "reibungslosen Wandgleiten" nahezu gleich Null. Daneben gibt es spezielle Matrizenwerkstoffe, solche mit hohen Nickelgehalten, die unter bestimmten Versuchsbedingungen ein reibungsbehaftetes Gleiten der Glasschmelze bewirken.

1. Einleitung

In den letzten Jahrzehnten führte die Entwicklung neuer Glassorten und die Forderung nach unterschiedlichsten Glasformen zur Entwicklung neuer Verfahren der Glasumformung. So wurde versucht, das Strangpreßverfahren zur Formgebung von Glas nutzbar zu machen. Diese Methode zur Herstellung beliebig geformter Innen- und Außenprofile wurde bereits in mehreren Arbeiten eingehend dargestellt /1,2,3/.

Von besonderer Bedeutung für die Formtreue und Maßgenauigkeit des gepreßten Stranges ist die Erscheinung, daß die Querschnittsfläche des Preßgutes i. a. größer als das Öffnungsprofil der Matrize ist. Diese beim Austritt aus einer Düse auftretende Erscheinung wird als Düsenschwellphänomen bezeichnet. Sie führt zu Abweichungen zwischen der Querschnittsgröße und -gestalt der formgebenden Preßmatrize und des extrudierten Stranges /4/. Als Ursache dieser Querschnittsveränderung ist dabei die Umorientierung der parabolischen Geschwindigkeitsverteilung, die bei Wandhaftung im Matrizenkanal vorliegt, zu einem kastenförmigen Profil im austretenden Strang zu nennen (s. Abb. 1) /5/.

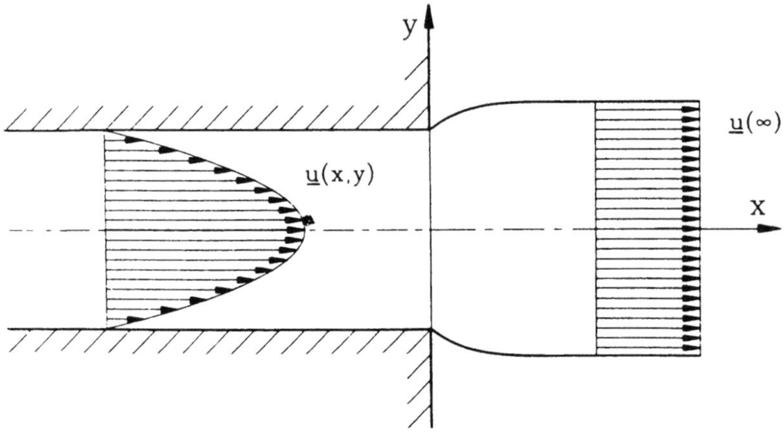

Abb. 1: Das Düsenschwellphänomen NEWTONscher Fluide als Folge der Umlagerung der Geschwindigkeitsverteilung (schematische Darstellung)

Im Rahmen dieser Arbeit wurde zunächst der Einfluß der Verfahrensparameter

- Glassorte
- Matrizengeometrie
- Matrizenwerkstoff

auf die Strangaufweitung sowohl bei kreisförmigen als auch bei nichtkreisförmigen Profilen experimentell ermittelt. Ferner erlaubt eine theoretische Analyse des Düsenschwellphänomens mit Hilfe der Methode der finiten Elemente die Berechnung des Druck- und Geschwindigkeitsprofils der Strömung sowie die Berechnung der Strangaufweitung für den zweidimensionalen Strömungszustand und somit einen Vergleich mit den experimentell ermittelten Werten.

2. Experimentelle Untersuchungen

Die für die experimentellen Untersuchungen verwendete Versuchsanlage wurde von COX /6/ eingehend beschrieben, so daß hier auf ihre erneute Darstellung verzichtet wird. Die im folgenden erläuterten Versuchsergebnisse sind jeweils bei einer während der gesamten Versuchsdauer konstanten Temperatur, d.h. bei einer für alle Glassorten gleichen Viskosität von $\eta = 10^{8.65}$ dPas erzielt worden. In Abhängigkeit vom Verpressungsverhältnis und von der Preßgeschwindigkeit ergeben sich somit beim Strangpreßvorgang unterschiedliche Preßdrücke. Die Strangaufweitung bleibt davon jedoch unberührt /5/.

2.1. Abhängigkeit der Strangaufweitung von der Glassorte

Bisherige Untersuchungen haben gezeigt, daß das Düsenschwellphänomen insbesondere vom Kontaktverhalten zwischen Glasschmelze und Matrizenwerkstoff abhängig ist /5/. Um den Einfluß der Zusammensetzung des Glases auf das Düsenschwellphänomen zu untersuchen, wurden die nachfolgend aufgeführten Glassorten aus dem breiten Spektrum der optischen Gläser ausgewählt:

- B270, Hersteller: DESAG, Delligsen
  Kronglas mit einer Erweichungstemperatur T_e = 708°C
  (Erweichungstemperatur T_e liegt bei $\eta = 10^{7.6}$ dPas)
- F2, Hersteller: SCHOTT Glaswerke, Mainz
  Flintglas mit T_e = 595°C
- Bk 7, Hersteller: SCHOTT Glaswerke, Mainz
  erdalkalihaltiges Borosilicatglas mit T_e = 719°C
- BaCD4, Hersteller: HOYA Corporation, Tokyo
  erdalkalifreies Boratglas mit T_e = 767°C
- FD 1, Hersteller: HOYA Corporation, Tokyo
  Bleisilicatglas mit T_e = 566°C

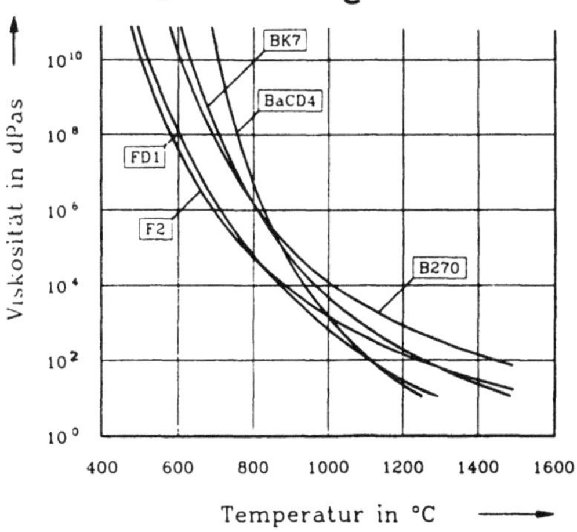

Abb. 2: Temperatur-Viskositäts-Kurven der untersuchten Gläser

Für diese speziellen Gläser sind in Abb. 2 die mit Hilfe der VOGEL-TAMMANN-FULCHER-Beziehung /7/ ermittelten Temperatur-Viskositäts-Kurven dargestellt.

Als Matrizenmaterial wurde in dieser Versuchsreihe ausschließlich der Cr-Ni-Stahl X 15 CrNiSi 25 20 (Wkst.-Nr. 1.4841) verwendet, der unter den gewählten Preßbedingungen zu einer vollständigen Wandhaftung führt und im austretenden Strang oberhalb einer Kanallänge L_M von 1,5 mm eine Querschnittsvergrößerung von etwa 28 % bewirkt.

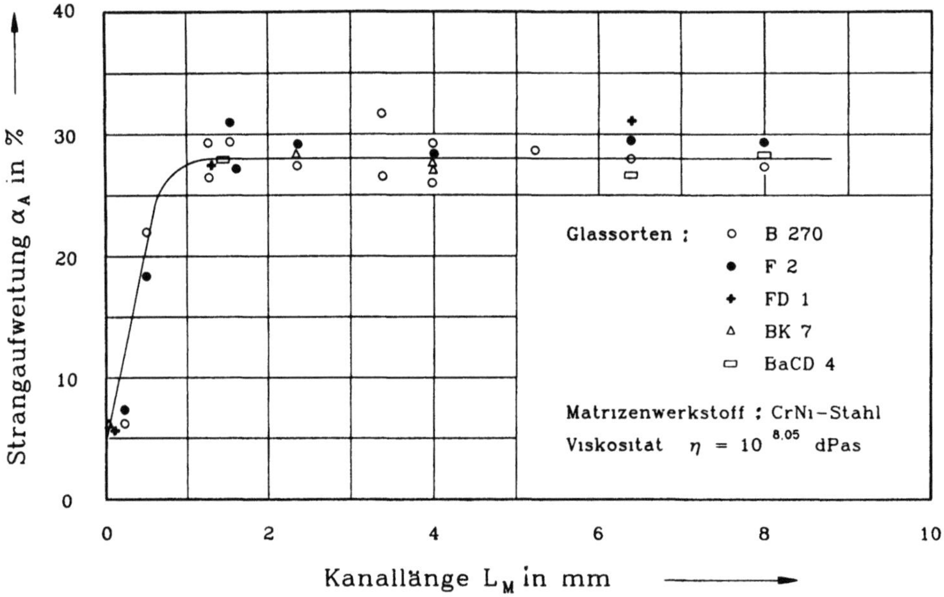

Abb. 3: Abhängigkeit der Strangaufweitung von der Matrizenkanallänge L_M für verschiedene Glassorten

Aus Abb. 3 ist zu entnehmen, daß sich die untersuchten Glassorten hinsichtlich des Ausmaßes der Strangaufweitung nicht voneinander unterscheiden.

2.2. Abhängigkeit der Strangaufweitung von der Matrizenkanalgeometrie

Da bei den hierzu durchgeführten Versuchen unterschiedliche Profilformen und Kanallängen zum Einsatz kamen, wurde die Strangaufweitung zweckmäßigerweise über dem Quotienten aus der Mantelfläche A_M und der Querschnittsfläche des Matrizenkanals A_1 aufgetragen.

Abb. 4 zeigt, daß oberhalb eines bestimmten A_M/A_1-Verhältnisses die Strangaufweitung für alle untersuchten Profile ihren Höchstwert innerhalb eines Streubereiches zwischen 27% und 31% erreicht.

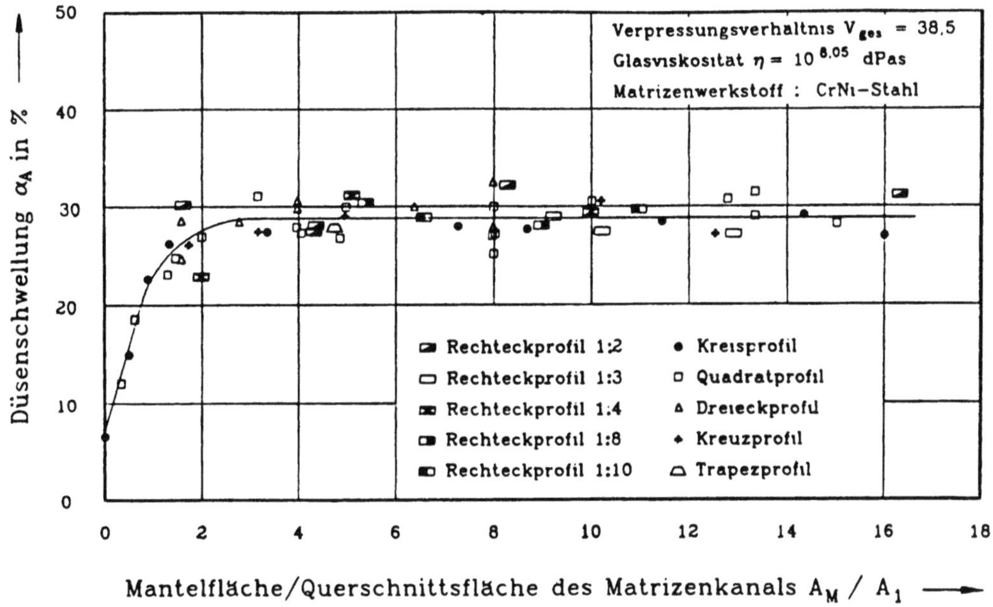

Abb. 4: Verlauf der Strangaufweitung bei unterschiedlichen Kanallängen und Matrizenformen (Glassorten: B270, F2)

Unterhalb von $A_M/A_1 \approx 1.5$, dies entspricht einer Matrizenkanallänge von etwa $L_M \approx 1.5$ mm, wird die Strangaufweitung zunehmend geringer. Die Ursache hierfür liegt in der Abflachung des Geschwindigkeitsprofils über dem Matrizenquerschnitt mit abnehmender Kanallänge, so daß ein ausgeprägtes Strömungsprofil nicht mehr entstehen kann. Dies hängt vermutlich weniger mit den Einlaufbedingungen beim Eintritt in den Matrizenkanal zusammen, als vielmehr damit, daß es durch die

Umverteilung des Geschwindigkeitsprofils am Matrizenausgang zu Rückwirkungen in den Kanal hinein kommt. Diese lassen sich bis zu einer Maximallänge in der Größenordnung des halben Matrizenradius' nachweisen /8/.

Für vernachlässigbar geringe Kanallängen, d.h. für den Fall der sogenannten Schneidenmatrize, reduziert sich die Strangaufweitung nicht auf den Wert Null, sondern es verbleibt noch eine Restaufweitung von α_A = 7%. Dies rührt daher, daß die in der Umformzone vorliegende inhomogene Druck- und Geschwindigkeitsverteilung im Austrittsquerschnitt eine radiale Geschwindigkeitskomponente hervorruft.

2.3. Abhängigkeit der Strangaufweitung vom Matrizenwerkstoff

Der starke Einfluß des Matrizenwerkstoffes auf die Strangaufweitung wurde schon in früheren Untersuchungen dargelegt /2,4/. Dabei stellen die Materialien CrNi-Stahl und Elektrographit bezüglich der Reibungsverhältnisse und damit auch des Düsenschwellphänomens zwei Extremfälle dar. Während bei CrNi-Stahl die Strangaufweitung infolge der vollkommenen Haftung zwischen Glasschmelze und Matrizenmaterial voll ausgeprägt ist, kann die Strangaufweitung bei Elektrographit aufgrund der verschwindenden Wandreibung vernachlässigt werden (Abb. 5).

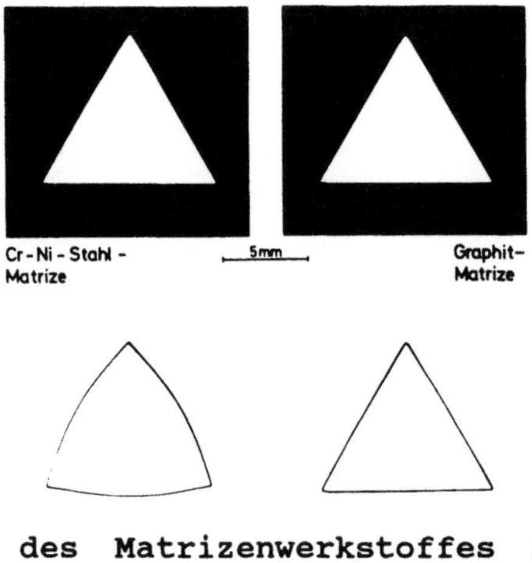

Abb. 5: Einfluß des Matrizenwerkstoffes auf die Profilgenauigkeit stranggepreßter Proben (Alkalikalksilicatglas, T_p = 650°C, η =10 ^{8,4} dPas)

Neben diesen bislang bekannten Grenzfällen wurden nun Werkstoffe gefunden, die ohne zusätzliche Schmierung selbst bei Matrizenkanallängen über 2 mm, eine wesentlich verminderte Strangaufweitung verursachen. Dies ist in erster Linie bei Werkstoffen mit einem hohen Nickelgehalt der Fall. Für diese Materialien sind die Ergebnisse in Abb. 6 aufgetragen.

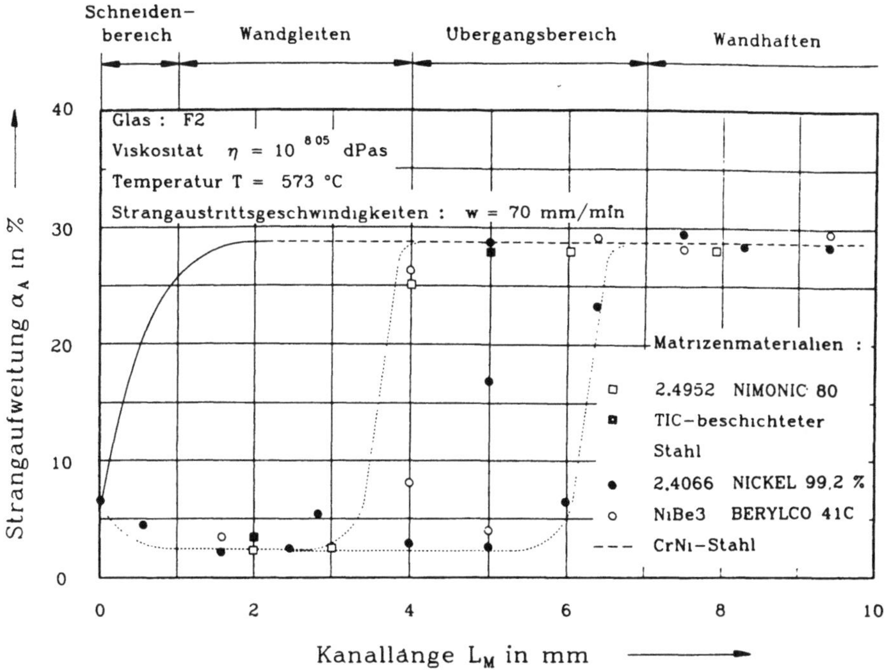

Abb. 6: Einfluß der Kanallänge auf die Strangaufweitung für nickelhaltige Matrizenwerkstoffe

Bemerkenswert ist dabei, daß erst für Kanallängen größer als 6 mm die Mehrzahl der Versuche ein ausgeprägtes Düsenschwellphänomen zeigen, wie es von den Werkstoffen mit Wandhaftung bekannt ist. Bei kurzen Kanallängen tritt dagegen nur eine geringe Strangaufweitung auf, deren Wert noch unter dem der Schneidenmatrize liegt. Bei Kanallängen zwischen 4 und 6 mm, hier als Übergangsbereich bezeichnet, sind dagegen mehrere Zustände möglich. Meistens ist dabei die Strangaufweitung über die Stranglänge nicht konstant.

Daneben scheint die genaue Zusammensetzung des Matrizenwerkstoffes eine Rolle zu spielen. Aus Abb. 6 läßt sich eine Tendenz erkennen, wonach mit abnehmendem Nickelgehalt des Matrizenmaterials (Nickel 2.4066: 99,4%, NiBe 3: 85%, NIMONIC 80: 65%) eine zunehmende Neigung zur Wandhaftung besteht.

Für die in Abb. 6 dargestellte Versuchsreihe wurde eine konstante Strangaustrittsgeschwindigkeit durch eine geschwindigkeitsgeregelte Anpassung der Preßkraft gewährleistet. Veränderte Versuchsbedingungen können hingegen eine Verschiebung des Übergangsbereiches hervorrufen.

Ein vorher wandhaftender Strömungszustand läßt sich insbesondere durch eine Erhöhung der Strangaustrittsgeschwindigkeit in ein Fließen mit einer wesentlich verminderten Strangaufweitung überführen. Eine solche Erhöhung der Strangaustrittsgeschwindigkeit kann durch eine Vergrößerung des Preßdruckes und damit auch der Wandschubspannung herbeigeführen werden.

Der Übergang vom Haft- in den Gleitzustand wird auf dem entstehenden Glasstrang nicht nur durch den sich verjüngenden Querschnitt, sondern auch durch eine über den gesamten Umfang in die Glasoberfläche eingebettete dünne Schicht sichtbar, die aus Ablagerungen von Metallen bzw. Metalloxiden besteht, wie sie für die Zunderschicht des jeweils verwendeten Matrizenmaterials typisch sind.

3. Berechnung des Düsenschwellphänomens für den unendlich ausgedehnten Spalt mit Hilfe der Methode der finiten Elemente (MFE)

3.1. Grundgleichungen

Das Strömungsverhalten einer Glasschmelze als inkompressibles NEWTONsches Medium läßt sich bekanntlich mit Hilfe der NAVIER-STOKES-Gleichungen beschreiben. Für den Strangpreßvorgang reduzieren sich diese Gleichungen aufgrund des stationären Zustandes und der geringen Strömungsgeschwindigkeiten sowie der im Vergleich zu den Zähigkeitskräften vernachlässigbaren Massekräfte zu den sogenannten STOKESschen Gleichungen /9/:

$$\text{grad } p = \eta \cdot \Delta u \qquad (1)$$

mit
p = Druck
η = dynamische Zähigkeit
u = Geschwindigkeitsvektor
Δ = LAPLACE-Operator .

Zur vollständigen Problembeschreibung tritt die Kontinuitätsgleichung für den inkompressiblen stationären Strömungszustand hinzu:

$$\text{div } u = 0 \ . \qquad (2)$$

Diese Gleichungen können mittels der Methode der finiten Elemente für den zweidimensionalen Fall des unendlich ausgedehnten Spaltes mit Hilfe des Geschwindigkeit-Druck-Ansatzes gelöst werden /10, 11/.

Eine übliche Zerlegung der Gesamtstruktur des Strömungsgebiets ist hierbei die Approximation durch Dreiecke. In Abb. 7 ist eine solche Unterteilung in 840 Dreieckselemente dargestellt.

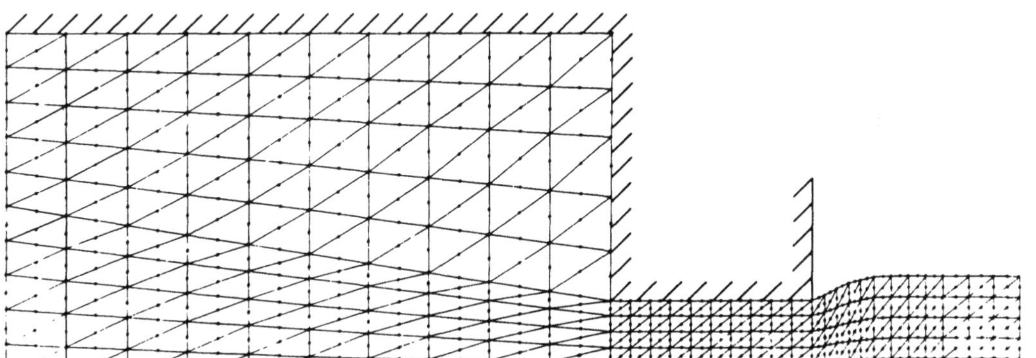

Abb. 7: Beispiel für eine Zerlegung des betrachteten Fließgebiets in Dreieckselemente

Bei der Diskretisierung in einzelne Elemente werden die unabhängigen Variablen Geschwindigkeit u und Druck p über die jeweiligen Matrizen der Ansatzfunktionen N^u und N^p durch den

Vektor der Knotenpunktsgeschwindigkeiten a^u bzw. durch den Druck in den Knotenpunkten a^p ausgedrückt.

$$u = N^u \cdot a^u \tag{3}$$

$$p = N^p \cdot a^p \tag{4}$$

Analog zur LAGRANGEschen Form für inkompressible, elastische Festkörper ergeben sich nach dem GALERKIN-Verfahren folgende MFE-Gleichungen /9/:

$$K^u \cdot a^u + K^p \cdot a^p + f = 0 \tag{5}$$

$$K^{pT} \cdot a^u = 0 \tag{6}$$

mit

K^u = Elementgeschwindigkeitsmatrix
K^p = Elementdruckmatrix
f = Kräftematrix
K^{pT} = transponierte Elementdruckmatrix .

Im Anschluß an die Erstellung der Elementmatrizen mit Hilfe der Ansatzfunktionen (3) und (4) und dem Aufbau der Gesamtmatrix kann das Gleichungssystem (5) und (6) gelöst werden. Das hierzu entwickelte Rechenprogramm kann durch eine Veränderung der Randbedingungen sowohl für Wandhaftung im Matrizenkanal als auch für Wandgleitverhalten sowie für Scheidenmatrizen angepaßt werden.

Der genaue Verlauf der austretenden Strangkontur wird hierbei mit Hilfe eines Iterationsverfahrens ermittelt, welches die auf der Strangoberfläche liegenden Gitterpunkte so lange verschiebt, bis ein Kräftegleichgewicht zwischen dem inneren Druck an der Oberfläche des austretenden Stranges und dem Umgebungsdruck erreicht ist.

3.2. Wandhaftende Matrizenmaterialien

Die berechnete Druckverteilung ist in Abb. 8 dargestellt. Im Inneren des Stranges herrscht im Austrittsquerschnitt ein Überdruck, der sich in Fließrichtung mit wachsender Entfernung von der Matrize schnell abbaut. Dieser Überdruck stellt die treibende Kraft für das Düsenschwellphänomen dar. Die Strangdicke erreicht als Endwert das 1.267fache der Matrizenkanalhöhe h, was einer Strangaufweitung α_A von 26,7% entspricht. Dieses Ergebnis stimmt gut mit den experimentell ermittelten linearen Strangaufweitungen α_y von Rechteckprofilen mit großen Breite/Höhe-Verhältnissen (x/y-Verhältnissen) überein, die im Bereich von 27 bis 30% liegen.

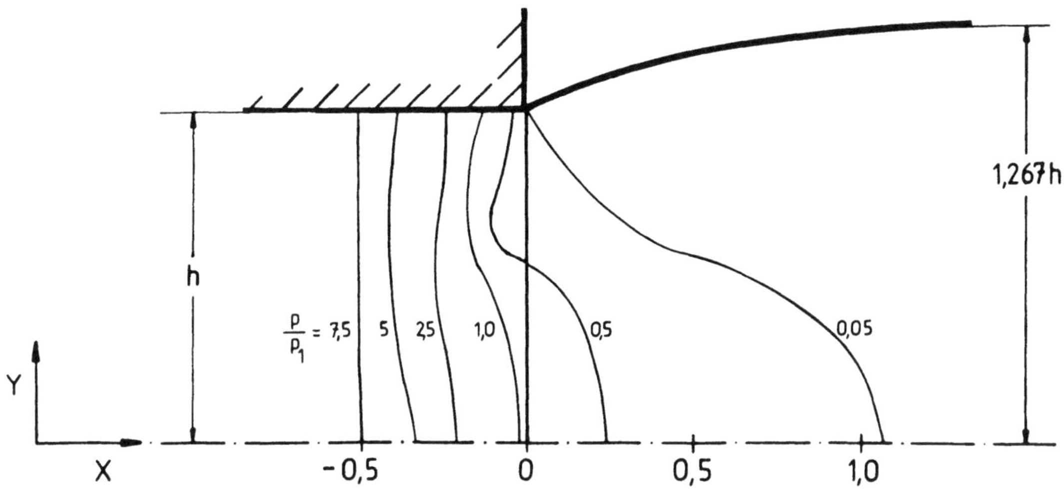

Abb. 8: Isobarenprofil beim Austritt einer NEWTONschen Glasschmelze aus einem unendlich ausgedehnten Spalt (p_1 = Normierungsdruck)

3.3 Schneidenmatrizen

Der Grenzfall der verschwindend geringen Matrizenkanallänge führt zur Modellvorstellung der Schneidenmatrize. Wie in Abb. 9 zu erkennen, ist bereits der Bereich vor der Schneidenmatrize durch Umformvorgänge charakterisiert.

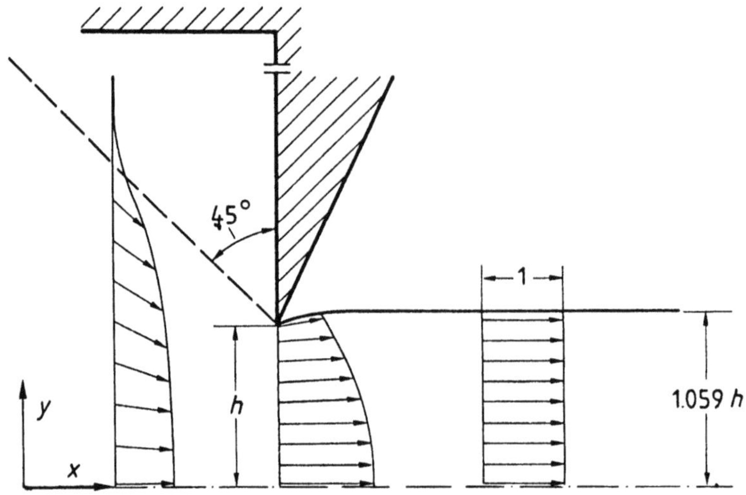

Abb 9: Umlagerung des Geschwindigkeitsprofils bei der Verwendung einer Schneidenmatrize

Das Auftreten von "toten Zonen" mit sehr geringen Strömungsgeschwindigkeiten und die Ausbildung einer konischen Umformzone führen zum Ende des Umformkegels hin zur Entstehung eines parabelförmigen Geschwindgkeitsprofiles, dessen Umlagerung zur kastenförmigen Geschwindigkeitsverteilung im freien Strang die rechnerisch ermittelte Strangaufweitung von α_A = 5,9% ergibt. Dieses Ergebniss stimmt sehr gut mit dem der experimentell ermittelten Strangaufweitung von α_A = 6% überein. Der theoretische Ansatz erklärt damit befriedigend auch den oben erläuterten Grenzfall der verschwindenden Matrizenkanallänge.

3.4 Matrizenmaterialien mit Wandgleitverhalten

Wandnahe Teilchen im Matrizenkanal werden zur Berechnung der Strangaufweitung kurz vor dem Austritt mit einer Gleitgeschwindigkeit u_G beaufschlagt. Diese zusätzliche Randbedingung wird solange variiert, bis der austretende Strang mit der Umgebung im Kräftegleichgewicht steht. Günstige Ergebnisse stellen sich bei einer Gleitgeschwindigkeit ein, die das 0,7-fache der mittleren Strömungsgeschwindigkeit im Matrizenkanal beträgt (Abb. 10).

Durch Variation der Wandgleitgeschwindigkeit lassen sich sämtliche Kontaktzustände zwischen Matrizenwand und strömender Glasschmelze rechnerisch erfassen.

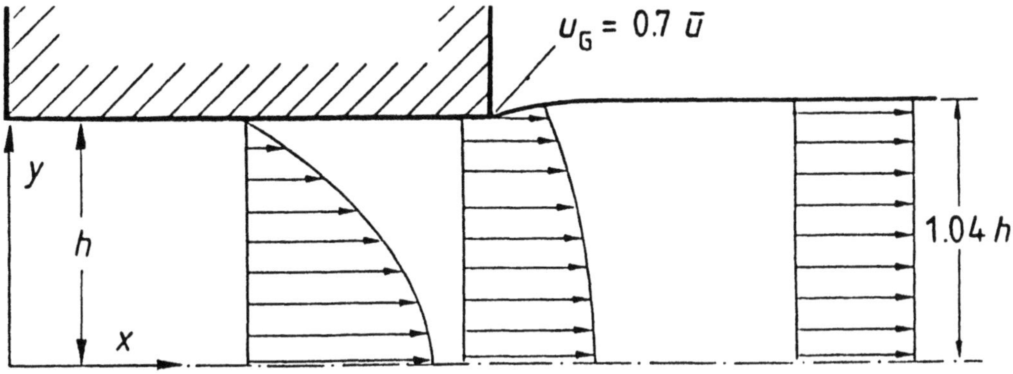

Abb. 10: Geschwindigkeitsprofile für ein Matrizenmaterial mit einer Wandgleitgeschwindigkeit $u_G = 0,7 \cdot \bar{u}$ kurz vor dem Austritt aus dem Kanal

Die Abhängigkeit der Strangaufweitung von den Reibungsverhältnissen, d.h. vom Verhältnis der Wandgleitgeschwindigkeit zur mittleren Strömungsgeschwindigkeit kurz vor Austritt aus dem Matrizenkanal, zeigt Abb. 11.

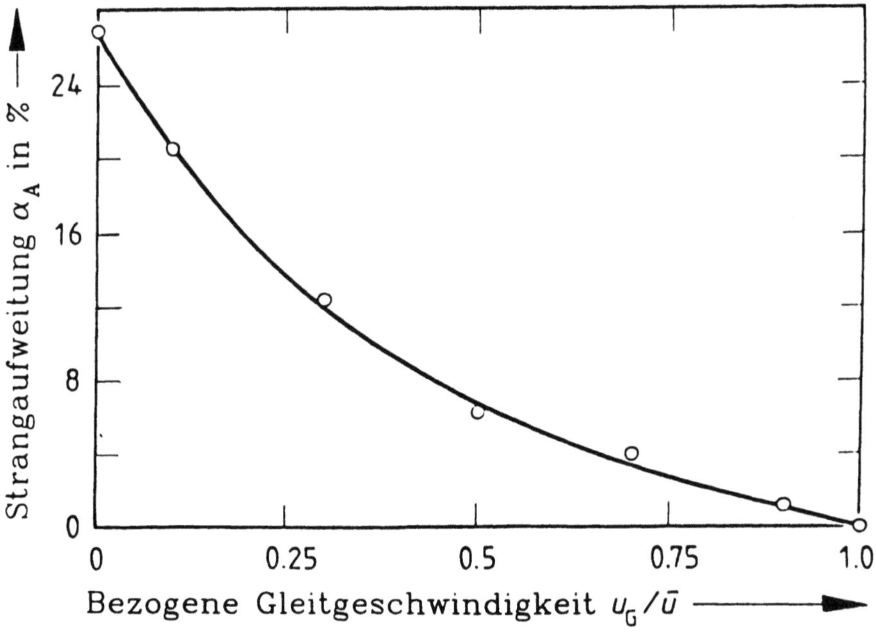

Abb. 11: Berechnete Strangaufweitung α_A als Funktion der auf die mittlere Strömungsgeschwindigkeit $\bar{u}$ bezogenen Wandgleitgeschwindigkeit u_G

4. Zusammenfassung

Beim Strangpressen anorganischer Glasschmelzen wird die angestrebte gute Formtreue und hohe Maßgenauigkeit der gepreßten Glasprodukte im wesentlichen durch das Strömungsverhalten der Glasschmelze im Matrizenkanal bestimmt. Bei Wandhaftung zwischen Matrizenwerkstoff und Glasschmelze tritt eine Aufweitung des austretenden Stranges infolge einer Umverteilung des parabolischen Geschwindigkeitsprofiles im Matrizenkanal zum kastenförmigen Profil des freien Stranges auf.

Während die Strangaufweitung oberhalb einer bestimmten Kanallänge unabhängig von der Glassorte sowie der Matrizengeometrie ist, beeinflußt der Matrizenwerkstoff die Querschnittsvergrößerung erheblich. Werkstoffe mit vollständiger Wandhaftung (Cr-Ni-Stähle) bewirken eine Strangaufweitung von 27 bis 31 %, während bei Materialien mit verschwindender Wandreibung (Elektrographit) keine Querschnittsänderung auftritt. Dazwischen liegen Werkstoffe, die ein reibungsbehaftetes Gleitverhalten der Glasschmelze entlang der Matrizenkanalwand bewirken. Hierzu gehören beispielsweise Materialien mit hohen Nickelgehalten (Nimonic 80, NiBe 3, Ni 99,4).

Neben der Verminderung der Wandreibung besteht eine weitere Möglichkeit zur Erzeugung komplizierter Strangprofile hoher Form- und Maßgenauigkeit in der Verwendung von Matrizen, bei denen das Düsenschwellphänomen durch eine entsprechende Negativkorrektur vollständig eliminiert wird. Die mathematische Berechnung dieser korrigierten Matrizenkontur und die damit verbundene numerische Behandlung eines dreidimensionalen Problems bereitet zur Zeit noch erhebliche Schwierigkeiten.

Für das zweidimensionale Problem des unendlich ausgedehnten Spaltes zeigt demgegenüber die mit Hilfe der Methode der finiten Elemente berechnete Strangaufweitung α_A bei unterschiedlichen Kanallängen und Wandreibungsverhältnissen eine gute Übereinstimmung mit den experimentellen Befunden.

5. Literatur

/1/ ROEDER, E.: Extrusion of glass. J. non-crystalline solids 5 (1971), S. 377-388

/2/ ROEDER, E.: Flow behaviour of glass during extrusion. J. non-crystalline solids 7 (1972), S. 203-220

/3/ ROEDER, E; ACHTEN, N; COX, G: Strangpressen anorganischer Glasschmelzen - Ein neues Formgebungsverfahren in der Glastechnologie. Sprechsaal 114 (1981), S. 340 - 343

/4/ ROEDER, E; ACHTEN, N: Das Düsenschwellphänomen - eine Erscheinung beim Strangpressen von Glasschmelzen. Glastechn. Ber. 54 (1981) S. 131 - 135

/5/ ACHTEN, N.; ROEDER, E.: Theoretische Analyse des Düsenschwellphänomens beim Strangpressen einer Alkali-Kalksilicatglasschmelze. Teil 1: Glastech. Ber. 56 (1983) S. 248-253 Teil 2: Glastechn. Ber. 56 (1983) S. 257-260

/6/ COX, G: Strangpressen anorganischer Glasschmelzen - Einfluß des Matrizenwerkstoffs auf Kraftbedarf und Strangaustrittsgeschwindigkeit. Diss. Univ. Kaiserslautern 1983

/7/ SCHOLZE, H.: Glas. Springer-Verlag, Berlin-Heidelberg-New York. 2. Aufl. 1977

/8/ RICHARDSON, S.: A stick-slip problem related to the motion of a free jet. Proc. Camb. Phil. Soc. 67 (1970) S. 477-489

/9/ EGEL-HESS, W.: Experimentelle und theoretische Untersuchungen des Düsenschwellphänomens beim Austritt anorganischer Glasschmelzen aus nichtkreisförmigen Matrizenprofilen während des Strangpressens.
Diss. Univ. Kaiserslautern 1985

/10/ NICKEL, R. E.; TANNER, R. J.: The solution of viscous incompressible jet and free-surface flows using finite-element methods.
J. Fluid Mech. 65 (1974) S. 189-206

/11/ ZIENKIEWICZ, O.C.; JAIN, R.I.; ONATE, S.A.: Flow of solids during forming and extrusion: Some aspects of numerical solutions. Int. J. Solid Struct. 14 (1978) S. 15-38

Zapfenpressen zylindrischer Teile

Prof Dr.-Ing. D. Schmoeckel und Dipl.-Ing. C.-H. Lee
Institut für Produktionstechnik und Umformmaschinen
Technische Hochschule Darmstadt

Nach einer Beschreibung der Technologie des Zapfenpressens werden Ergebnisse vorgestellt, die bei Variation verschiedener Einflußgrößen experimentell ermittelt wurden. Im theoretischen Teil der Untersuchungen wird ein Verfahren zur halbnumerischen Ermittlung von Spannungs- und Formänderungszuständen beschrieben und auf das Verfahren des Zapfenpressens angewendet.

1 Einführung

Zapfenpressen ist ein Umformverfahren, bei dem Werkstücke mit flacher Grundform und senkrecht dazu angeordneten zapfenförmigen Nebenelementen mit engen Toleranzen hergestellt werden können. Das Verfahren stellt eine Kombination aus Stauchen und Rückwärts- bzw. Vorwärtsfließpressen dar. Bisher wurde für das Zapfenpressen fast ausschließlich Flachmaterial als Ausgangsform verwendet. Es wurde dabei möglichst auf Schmierung verzichtet, damit die fließbehindernde Wirkung der Reibung zum Erreichen hoher Zapfen ausgenutzt wird. Diese Technologie wurde bereits eingehend untersucht. Eine alternative Technologie hierzu entsteht durch Verwendung zylindrischer Stangenabschnitte als Ausgangsform.
Im Rahmen des Forschungsvorhabens wurde diese alternative Technologie für das Zapfenpressen einschließlich der Effekte werkzeugbedingter Fließbehinderungen untersucht.

2 Experimentelle Untersuchungen

Für die experimentellen Untersuchungen wurde das in Bild 1 dargestellte Werkzeug verwendet. Es zeigt links im Bild die Position des Werkzeugs bei Beginn und rechts am Ende des Um-

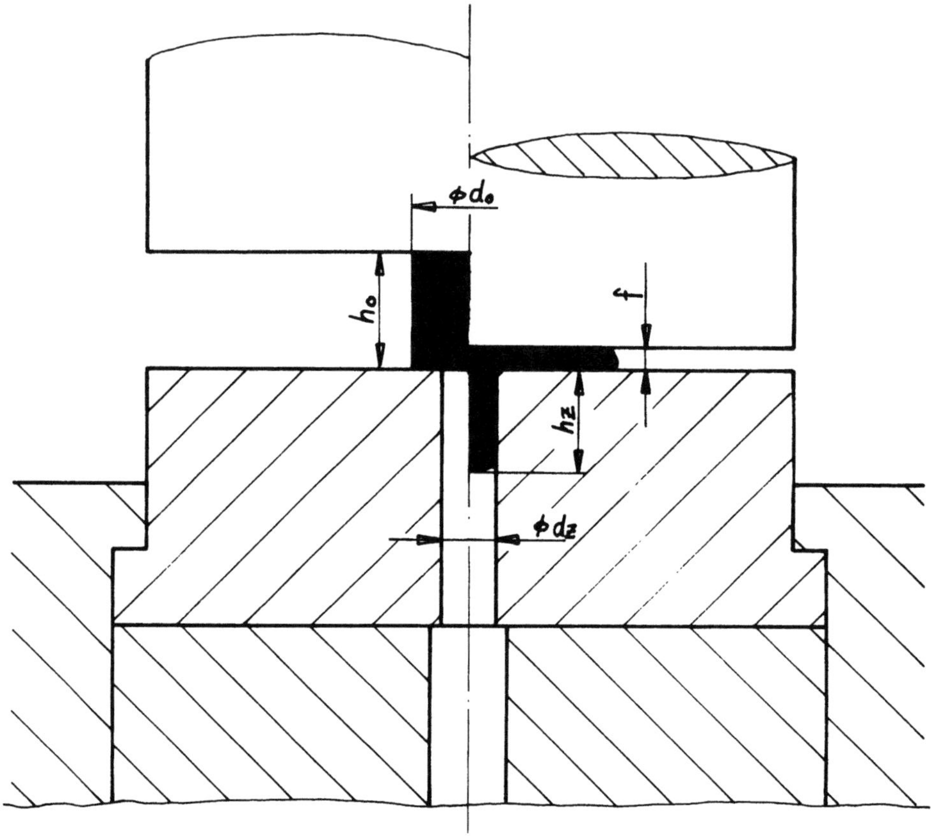

Bild 1 Werkzeug zum Zapfenpressen

formvorgangs. Verändert wurde im Werkzeug der für die Zapfenbildung wichtige Bohrungsdurchmesser d_z. Gewählt wurden die Durchmesser d_z = 4, 6 und 8 mm. Versuchsparameter am Werkstück war die Rohteilgeometrie sowie der Werkstoff (Al99,5, C15 und 16MnCr5).

Das wichtigste Kriterium bei diesen Untersuchungen war das Erreichen möglichst hoher Zapfen unter Einsatz von gleichem Rohteilvolumen. Zu diesem Zweck wurden Rohteile aus Rundmaterial verschiedener Abmessungen (bei gleichem Volumen) verwendet.

Die ersten Untersuchungen dienten der Optimierung der tribologischen Bedingungen. Aufgrund früherer Untersuchungsergebnisse beim Zapfenpressen von Flachmaterial wurde zunächt ohne Schmierung gearbeitet. Die ausschließlich mit einer Phosphatschicht versehenen Proben aus Stahl führten schnell zu Kaltaufschweißungen am Werkzeug sowie zu erhöhten mechanischen Belastungen des Werkzeugs. Erst die Kombination von Phophatierung und MoS_2-Beschichtung der Proben ermöglichte eine gute Oberflächengüte der umgeformten Werkstücke sowie eine ausreichende Reproduzierbarkeit der Versuche.

Bei Aluminium trat das Problem der Kaltverschweißung noch stärker auf. Deshalb wurden auch hier Schmierstoffe eingesetzt, die jedoch zu einem unkontrollierten Werkstofffluß führten. Die Reibung, die beim Zapfenpressen den Materialfluß selbst steuert, führte zu ungleichmäßigen Preßformen. Als Lösung bot sich in diesem Fall eine gezielte Schmierung der Bohrungen im Werkzeug an.

Nachdem die für die Reproduzierbarkeit der Zapfenpreßversuche notwendigen tribologischen Voraussetzungen geschaffen worden waren, wurden die Versuche unter Parametervariation durchgeführt. Hierbei zeigte sich (Bild 2) unter der Voraussetzung gleicher Flanschdicke, daß die erreichbare Zapfenhöhe

- bei Aluminium deutlich höher ist als bei Stahl und
- mit kleiner werdendem Bohrungsdurchmesser ansteigt.

Die beim Zapfenpressen gemessene Umformkraft wird in Bild 3 dargestellt.

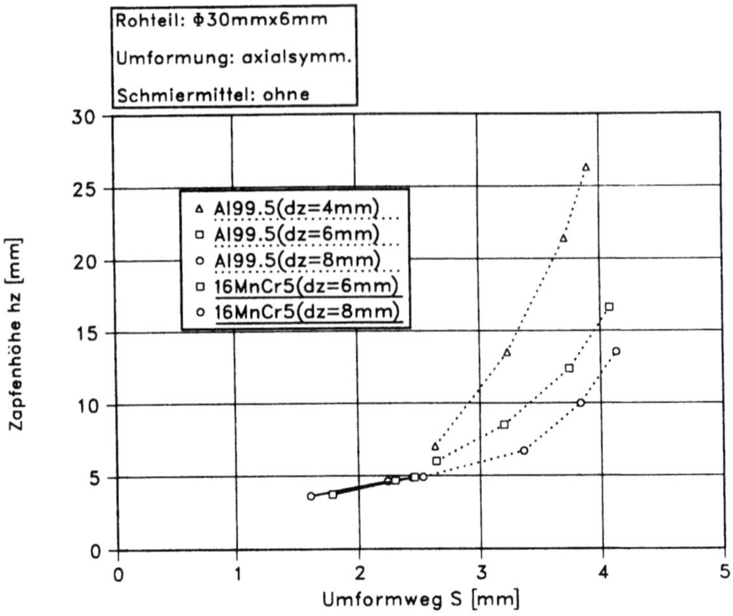

Bild 2 Zapfenhöhe beim Zapfenpressen ohne Fließbehinderung

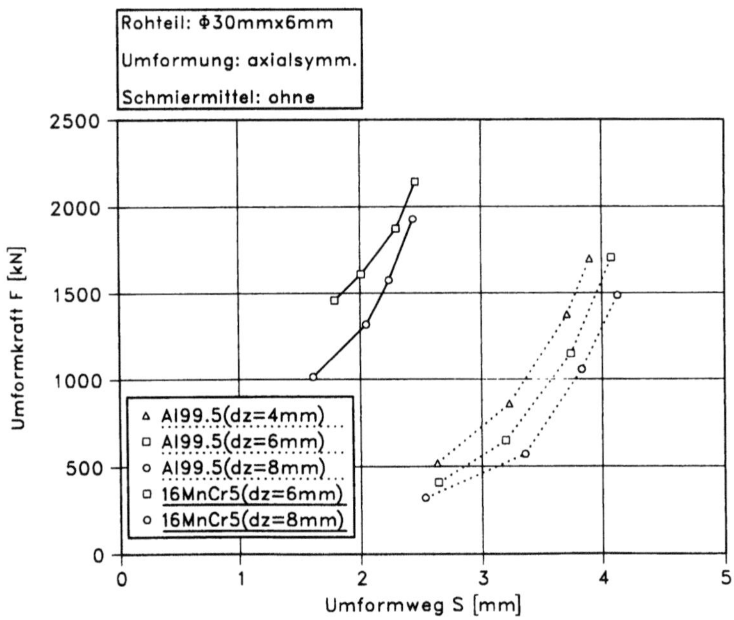

Bild 3 Umformkraft beim Zapfenpressen ohne Fließbehinderung

Für das unterschiedliche Fließverhalten der beiden Werkstoffgruppen gibt es folgende Erklärung:
Beim Zapfenpressen besteht bei axialer Stauchbewegung des Stempels für das Material die Möglichlichkeit, sowohl radial nach außen als auch radial nach innen zu fließen. Letzteres führt zur Bildung des Zapfens. Da der Materialfluß nach innen zu einer höheren Vergleichsformänderung führt, fließt das Material eher nach außen. Diese Fließbewegung kann nun durch Reibung an den Stauchbahnen behindert werden.
In der ersten Phase des Umformvorganges ist die Reibwirkung wegen der kleinen Kontaktfläche noch nicht ausreichend, um das Material unter der Stauchbahn in der Nähe der Bohrungskante radial nach innen zu bewegen und in die Bohrung zu drücken. In dieser Anfangsphase entsteht der Zapfen nur durch Abscherung des Materials in der Nähe der Bohrungskante. Hierbei sinkt die Zapfenkuppe in ihrer absoluten Höhe, allerdings langsamer als die Stempelbewegung. Somit steigt die Zapfenkuppe relativ zum Flansch.
In der zweiten Phase des Umformvorgangs nimmt die Reibwirkung mit wachsender Kontaktfläche zu und zwingt dadurch einen Teil des Materials unter der Stauchbahn radial nach innen zu fließen. Hierdurch steigt die Zapfenhöhe relativ schnell bei sich abwärts bewegendem Stempel.
Aluminium erlaubt aufgrund seiner hohen Duktilität und der relativ geringen Werkzeugbelastung beim Stauchen hohe Umformgrade, so daß die Reibwirkung in der zweiten Phase des Umformvorgangs voll ausgenutzt werden kann. Dadurch können relativ große Zapfenhöhen erreicht werden.
Die Stangenabschnitte aus Stahl konnten wegen der auftretenden hohen Werkzeugbelastung nicht so weit gestaucht werden wie die Proben aus Aluminium. Der Umformgrad war durch die Werkzeugbelastung begrenzt. Der Preßvorgang mußte deshalb meistens bei Beginn der zweiten Phase abgebrochen werden.
Im Gegensatz zu Aluminium hat bei Stahlwerkstoffen der Bohrungsdurchmesser nur einen geringen Einfluß auf die erreichbare Zapfenhöhe. Einen großen Einfluß auf die Zapfenhöhe hat die Probenhöhe. Aus <u>Bild 4</u> ist zu entnehmen, daß mit steigender Probenhöhe bei gleicher Flanschdicke die Zapfenhöhe zu-

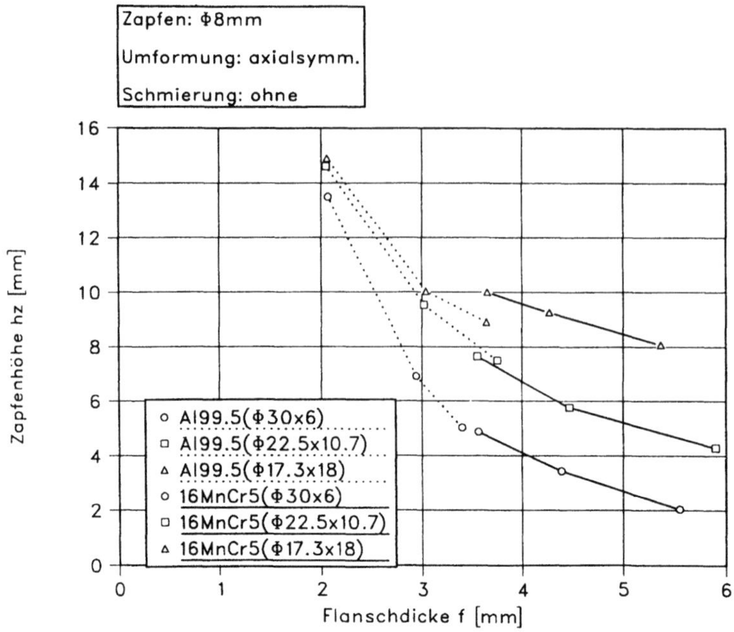

Bild 4 Einfluß der Probenhöhe auf die Zapfenhöhe beim Zapfenpressen ohne Fließbehinderung

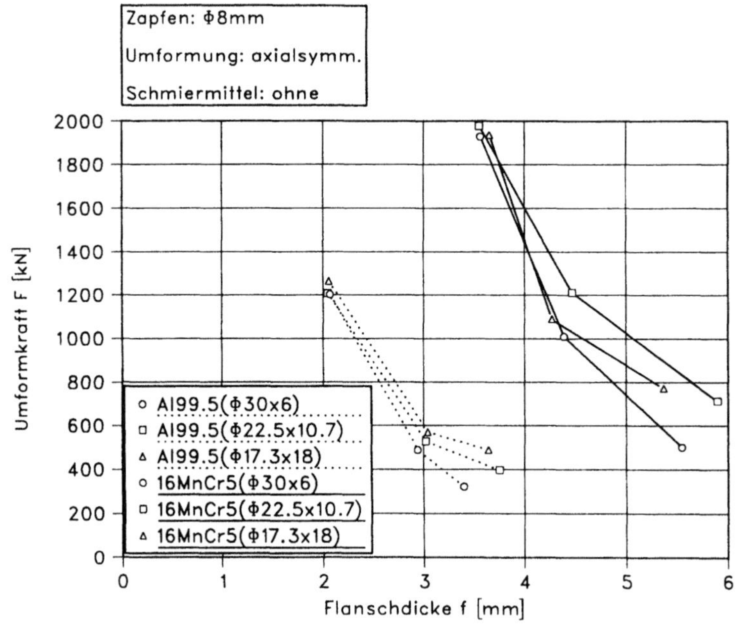

Bild 5 Einfluß der Probenhöhe auf die Umformkraft beim Zapfenpressen ohne Fließbehinderung

nimmt. Auf die maximale Umformkraft hat, wie Bild 5 zeigt, die unterschiedliche Probenhöhe bei gleicher Flanschdicke und gleichem Werkstoff kaum einen Einfluß.
Weitere Untersuchungen hatten das Ziel, durch werkzeugbedingte Fließbehinderung die erreichbare Zapfenhöhe zu vergrößern. Als Fließbehinderung diente gemäß Bild 6 eine Stufe, die in die obere und untere Stauchbahn eingeschliffen wurde.

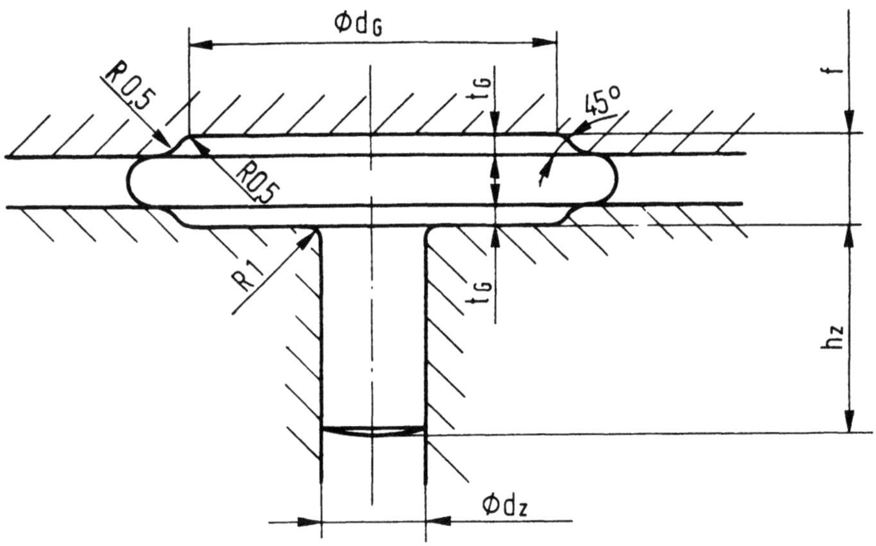

Bild 6 Werkzeug mit Fließbehinderung

Generell kann festgestellt werden, daß durch diese Fließbehinderung bei gleichen Flanschdicken höhere Zapfen hergestellt werden können (Bild 7). Das Bild zeigt, daß die Fließbehinderung bei Stahl und Aluminium unterschiedliche Auswirkungen hat. Bei Aluminium ist durch Fließbehinderung bei mäßiger Werkzeugbelastung eine Vergrößerung der Zapfenhöhe zu erzielen.
Diese deutliche Steigerung ist bei Proben aus Stahl nicht zu erreichen. Sie ist auch in der Regel mit einer höheren Werkzeugbelastung verbunden. Die experimentell ermittelte Umformkraft zeigt Bild 8.

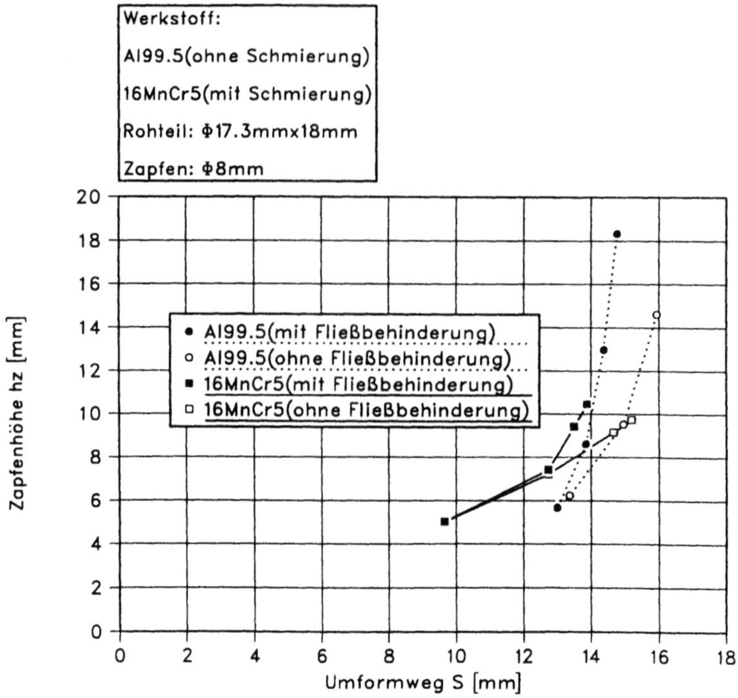

Bild 7 Einfluß der Fließbehinderung auf die Zapfenhöhe beim Zapfenpressen

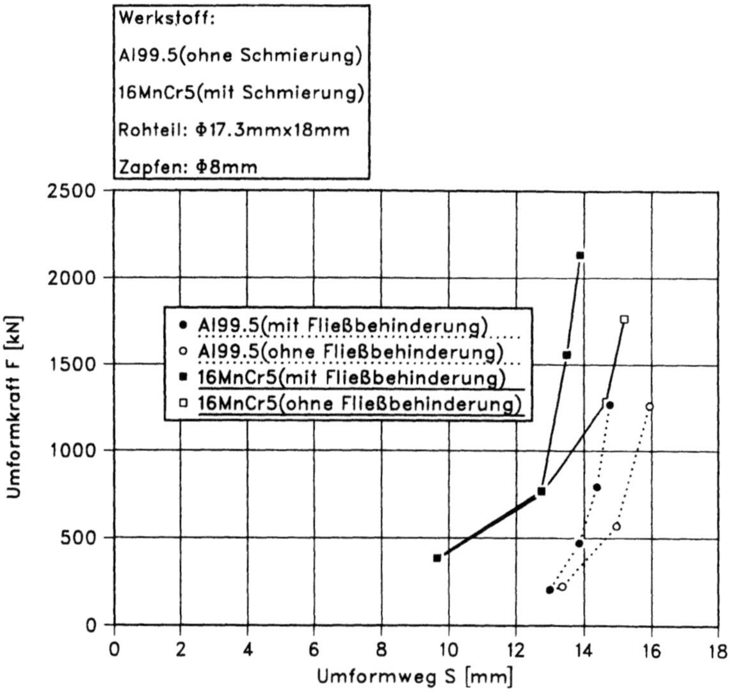

Bild 8 Einfluß der Fließbehinderung auf den Kraft-Weg-Verlauf beim Zapfenpressen

Werkzeugbedingte Fließbehinderungen bei der Umformung von Stahlproben sollten deshalb nur dann Verwendung finden, wenn außer höheren Zapfen auch eine besondere Flanschform erwünscht ist.
Als Verfahrensgrenze wurde die kritische Flanschdicke ermittelt, die etwa bei 25 bis 30 % des Zapfendurchmessers liegt. Bei Unterschreiten dieser Flanschdicke besteht bei Aluminium die Gefahr der Trichterbildung im Flanschbereich gegenüber dem Zapfen. Diese Instabilitätserscheinung verstärkt sich umso mehr, je kleiner der Strömungskanal zwischen den Stauchbahnen im Verhältnis zum Bohrungsdurchmesser wird.
Bei Stahlproben kommt es bei Unterschreiten der kritischen Flanschdicke zu einer Überlastung des Werkzeugs sowie zum Auftreten von Querrissen an der Zapfenwurzel.

3 Theoretische Untersuchungen

Zur theoretischen Untersuchung des Umformvorgangs wurde im Rahmen dieses Forschungsvorhabens ein Verfahren zur halbnumerischen Bestimmung von Formänderungs- und Spannungszuständen im Material entwickelt. Dieses Verfahren beruht im Prinzip auf der Kombination der Vickers-Härtemessung mit der FEM-Berechnung.
Für kaltverfestigte Werkstoffe besteht ein eindeutiger Zusammenhang zwischen Fließspannung und Vickers-Härte. Dieser Zusammenhang läßt sich aus ähnlichkeitstheoretischen Betrachtungen wie folgt herleiten:
Unter den Bedingungen der statischen Ähnlichkeit zwischen verschiedenen idealplastischen Werkstoffen, k_f/E = konstant und $\mu = \frac{\tau_R}{\sigma_N}$ = konstant, gilt:

$$\frac{HV}{k_f} = \text{konstant} = \alpha_{ideal} \qquad (1)$$

Bei hinreichend großen Eindringtiefen des Vickers-Prüfkörpers ist der elastische Formänderungsteil gegenüber dem plastischen vernachlässigbar klein. In solchen Fällen werden die Bedingungen der statischen Ähnlichkeit allein durch gleiche

Reibbedingungen zwischen verschiedenen idealplastischen Werkstoffen erfüllt. Die Fließkurven der gängigen Umformwerkstoffe lassen sich hinsichtlich des Kurvenverlaufs grob in zwei Bereiche einteilen (Bild 9):

Ein Bereich für $\varphi < 0,3$ und der andere für $\varphi > 0,3$. Der Punkt $\varphi = 0,3$ wird dabei als Übergang vom steilen Verlauf zum flachen angesehen.

Im zweiten Bereich ($\varphi \geq 0,3$) ist die Verfestigungstangente gegenüber dem E-Modul vernachlässigbar klein. In diesem Bereich hat sie deshalb nur wenig Einfluß auf den Materialfluß. Reale Werkstoffe werden somit in diesem Bereich bei der Härtemessung in guter Näherung ein ähnliches Formänderungsverhalten aufweisen wie idealplastische Werkstoffe. Das Verhältnis von k_f/HV läßt sich damit unter dieser Annahme wie folgt ausdrücken:

$$\frac{k_f}{HV} = \frac{k_f}{\alpha_{ideal} k_{f'}} = \frac{k_f}{\alpha_{ideal}(k_f + \triangle k_f)} = \frac{1}{\alpha_{ideal}(1 + \frac{\Delta k_f}{k_f})} \qquad (2)$$

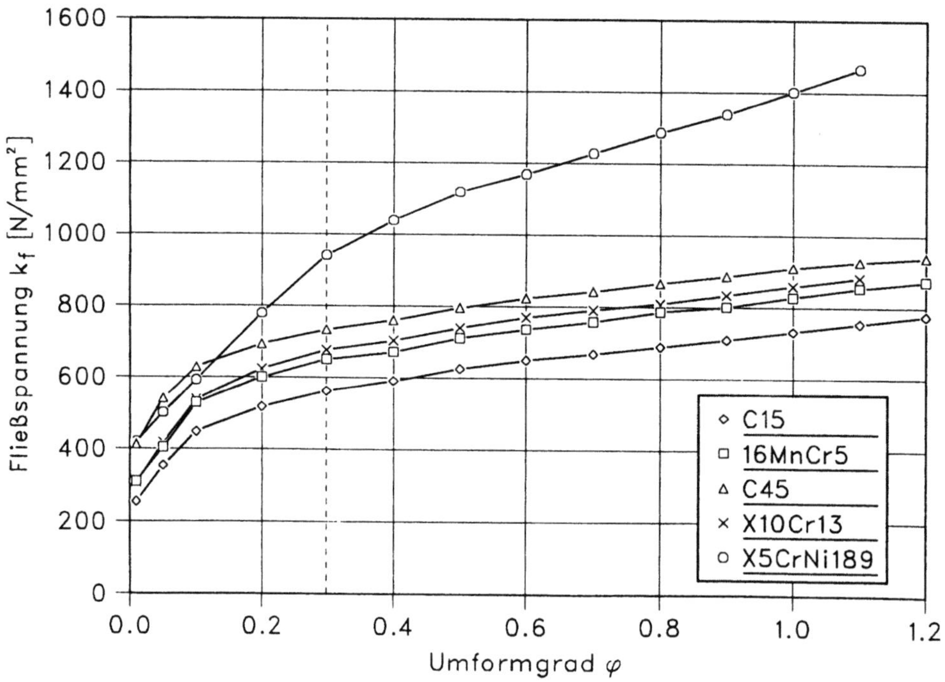

Bild 9 Fließkurven der untersuchten Werkstoffe

Hierin ist:

k_f: Fließspannung des realen Materials vor der Vickers-Härteprüfung

k_f': Durchschnittliche Fließspannung des realen Materials an der Härtekontaktfläche nach der Vickers-Härteprüfung

$\Delta k_f = k_f' - k_f$: Durchschnittliche Verfestigung des realen Materials an der Härtekontaktfläche während des Vickers-Härteprüfvorgangs

α_{ideal}: Verhältnis von HV/k_f' des realen Materials (wegen der Ähnlichkeit in dem Formänderungsmodus wurde es gleich dem des idealplastischen Materials angenommen).

Gl. (2) kann wie folgt umgeschrieben werden:

$$\frac{k_f}{HV} = \frac{\beta_{ideal}}{1 + \frac{\Delta k_f}{k_f}} \qquad (3)$$

mit $\beta_{ideal} = \frac{1}{\alpha_{ideal}}$

Hierin stellt β_{ideal} einen Grenzwert von k_f/HV dar, der sich experimentell über die Beziehung:

$$\beta_{ideal} = [(1 + \frac{\Delta k_f}{k_f})\frac{k_f}{HV}]_{\varphi=\varphi^*} \quad (\varphi^* \geq 0,3) \qquad (4)$$

einfach bestimmen läßt. Er wird praktisch für große Umformgrade erreicht, wenn die Verfestigung gering ($\Delta k_f \to 0$), und/oder die Fließspannung sehr groß wird ($k_f \to \infty$).
Gl. (3) beschreibt für eine vorliegende Fließkurve ab $\varphi = 0,3$ die Abhängigkeit der Fließspannung von der Vickers-Härte. Eine einschlägige FE-Berechnung führte zur Annahme, daß bei der Vickers-Härtemessung die durchschnittliche Formänderungszunahme auf der Härtekontaktfläche in der Größenordnung von $\Delta\varphi = 0,4 - 0,5$ liegt. Im Vergleich zum zweiten Bereich haben die relativ großen Verfestigungstangenten im ersten Bereich ($\varphi < 0,3$) einen großen Einfluß auf den Materialfluß selbst.

Sie sind deshalb nicht mehr vernachlässigbar. Infolgedessen werden die Verhältnisse von k_f/HV in diesem Bereich stark vom Werkstoff und dessen Zustand abhängen. Sie sind jedoch meßtechnisch leicht zu ermitteln. Weiterhin lassen sich mit Hilfe der analytischen Darstellung der Fließkurve nach dem Ludwiks-Ansatz folgende algebraische Zusammenhänge $[k_f/HV](\varphi)$ und $k_f(HV)$ einfach herleiten:

$$\begin{cases} \frac{k_f}{HV} = \frac{\beta_{ideal}}{(1+\frac{\Delta\varphi}{\varphi})^n} & (\varphi \geq 0,3; \Delta\varphi = 0,4) \\ \frac{k_f}{HV} = \beta(0) + C_\beta \varphi^{n_\beta} & (\varphi < 0,3) \end{cases} \tag{5}$$

$$\begin{cases} HV = \frac{C}{\beta_{ideal}}(\varphi + \Delta\varphi)^n & (\varphi \geq 0,3; \Delta\varphi = 0,4) \\ HV = HV(0) + C_A \varphi^{n_A} & (\varphi < 0,3) \end{cases} \tag{6}$$

$$\begin{cases} k_f = C\{(\frac{HV\beta_{ideal}}{C})^{\frac{1}{n}} - \Delta\varphi\}^n & (HV(\varphi) \geq HV(0,3); \Delta\varphi = 0,4) \\ k_f = C_B HV^{n_B} & (HV(\varphi) < HV(0,3)) \end{cases} \tag{7}$$

mit

$$k_f = C\varphi^n \qquad (\varphi \geq 0,3) \tag{8}$$

Zur experimentellen Überprüfung der ähnlichkeitstheoretisch hergeleiteten Zusammenhänge wurden fünf Stahlwerkstoffe mit Hilfe des Stauchversuchs nach Rastegaev untersucht (Bild 10, 11, 12). Es zeigte sich dabei eine gute Übereinstimmung zwischen Theorie und Experiment. Über den untersuchten Zusammenhang zwischen k_f und HV wurden nun die gemessenen örtlichen Vickers-Härten in die Fließspannungen umgerechnet. Diese Daten wurden dann zusammen mit anderen Daten über Elastizität, Geometrie und Randbedingungen von einem FE-Programm eingelesen, um den Umformzustand, in dem sich das Werkstück vorher befand, rechnerisch wieder herzustellen.

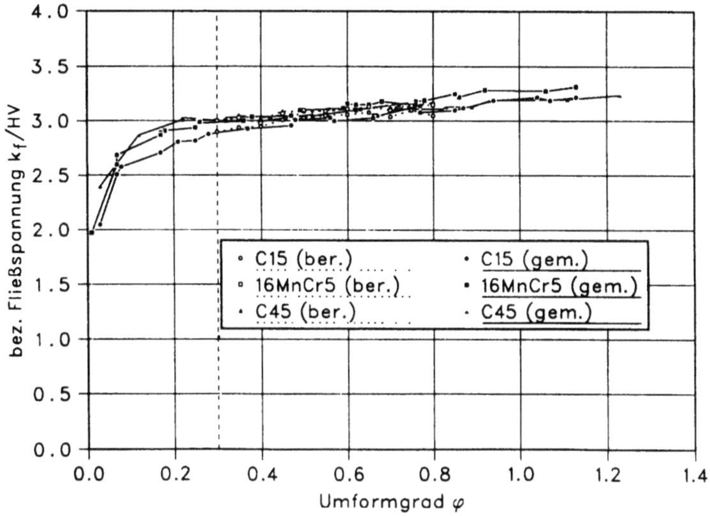

Bild 10 k_f/HV-φ-Kurven der un- und niedriglegierten Stähle

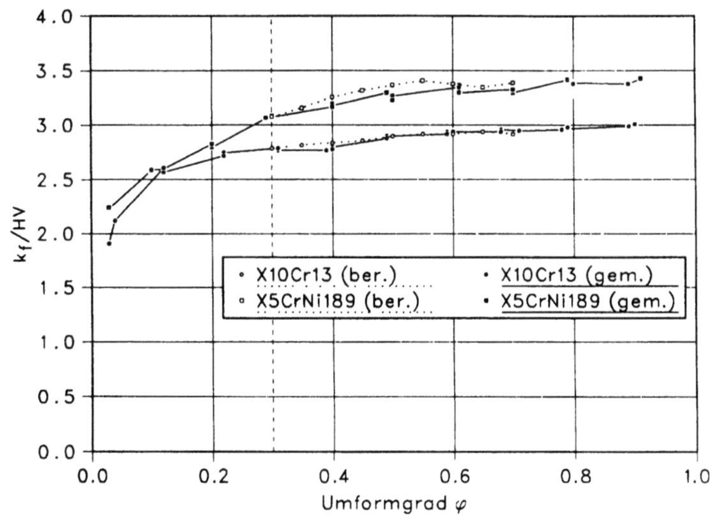

Bild 11 k_f/HV-φ-Kurven der hochlegierten Stähle

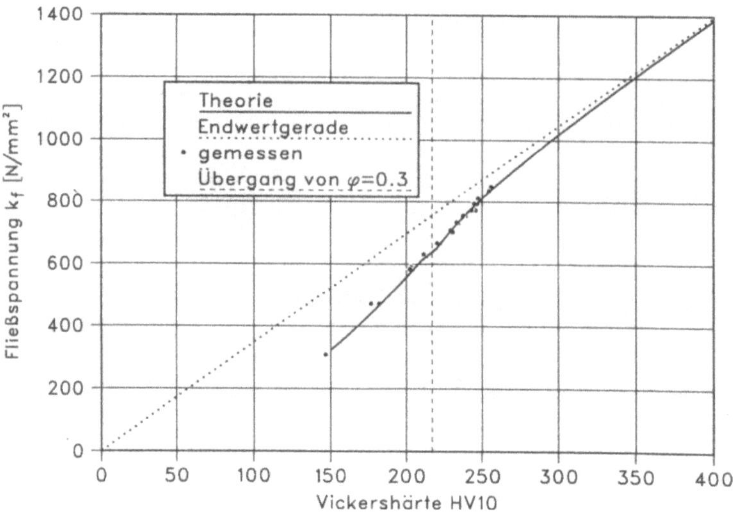

Bild 12 k_f-HV-Kurve von 16MnCr5

Als Anwendungsbeispiel wurde ein Rohteil aus 16MnCr5 gewählt. Dieses Rohteil wurde ohne Fließbehinderung gestaucht und die Umformkraft für sechs verschiedene Stempelstellungen gemessen. Für zwei dieser Positionen wurde die Kraft halbnumerisch ermittelt (Bild 13 und 14).

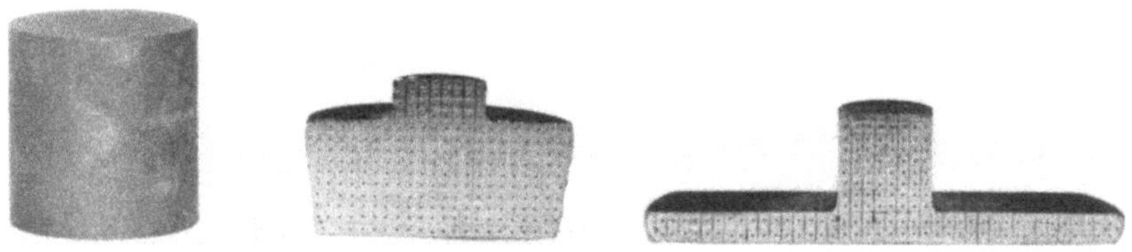

Bild 13 Rohteil und simulierte Umformzustände der Proben aus 16MnCr5

Dabei wurde schrittweise im Abstand von 0,01 mm die für die Plastifizierung notwendige Kraft errechnet. Bild 15 zeigt das verformte FE-Netz des verwendeten Materials für die letzte Stempelposition.

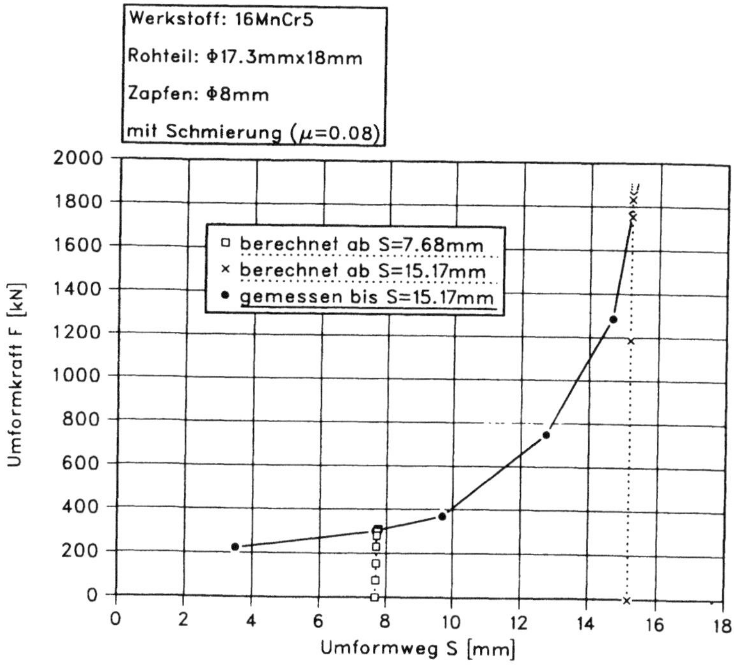

Bild 14 Kraft-Weg-Verlauf beim Zapfenpressen ohne Fließbehinderung

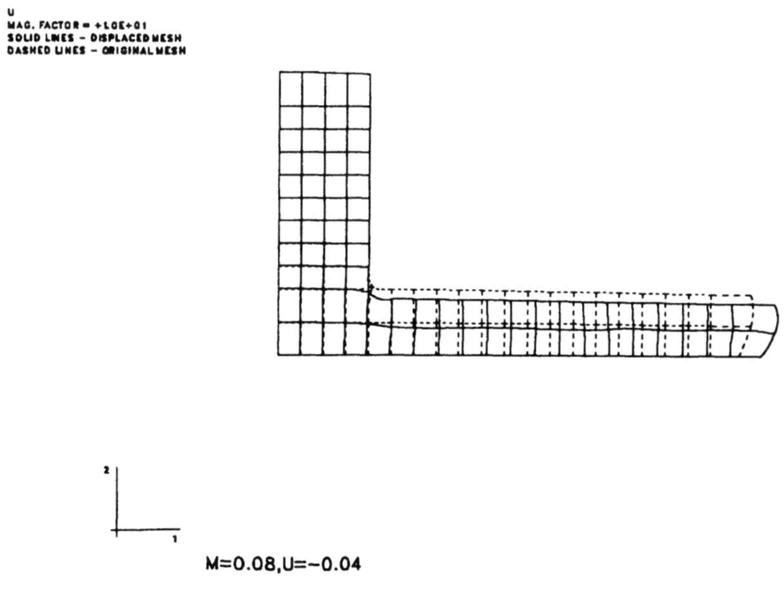

Bild 15 Verformtes FE-Netz des Modells aus <u>quadratischen</u> Elementen

Bild 16 verdeutlicht die entsprechende Deformation der Stauchmatrize, die für die Maß- und Formabweichung des Werkstücks verantwortlich ist.

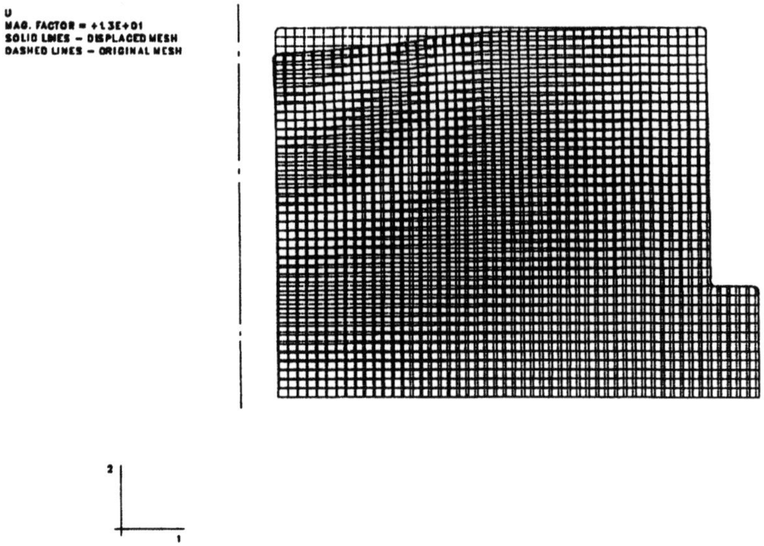

Bild 16 Matrizendeformation beim Zapfenpressen ohne Fließbehinderung

4 Zusammenfassung

Im Rahmen des Forschungsvorhabens über das Zapfenpressen zylindrischer Massivteile wurden die Einflüsse verschiedener Verfahrensparameter wie Zapfendurchmesser, Rohteilgeometrie, Schmierung, Werkstoff und werkzeugbedingte Fließbehinderung auf das Arbeitsergebnis experimentell untersucht. Im theoretischen Teil der Untersuchungen wurde ein Verfahren zur halbnumerischen Ermittlung von Spannungs- und Formänderungszuständen für den zu betrachtenden Umformzustand bei der Kaltmassivumformung entwickelt und erfolgreich für das behandelte Umformverfahren angewendet.

Literatur

/1/ Burgdorf, M.: Untersuchungen über das Stauchen und das Zapfenpressen. Dr.-Ing. Diss., Berichte aus dem Institut für Umformtechnik, Universität Stuttgart, Nr. 5, Girardet-Verlag, Essen 1966.

/2/ Rick, M.: Kalt-Massivumformung von Grobblechteilen. Dr.-Ing. Diss., TU Hannover 1972.

/3/ Hill, R.: The Matematical Theory of Plasticity. Clarendon Press, Oxford 1950.

/4/ Yamada, Y., Yoshimura, N., Sakurai, T.: Plastic Stress-Strain Matrix and its Application for the Solution of elastic-plastic Problems by the Finite Element Method. Int. j. Mech. Sci. 10 (1968), S. 343 - 354.

/5/ Doege, E., Meyer-Nolkemper, H., Saeed, I.: Fließkurvenatlas für metallische Werkstoffe. Hanser-Verlag, München, Wien 1986.

/6/ Oberländer, T.: Weiterentwicklung des Stauchversuchs nach Rastegaev zur Fließkurvenaufnahme. WGP-Bericht 32/89, Industrie-Anzeiger 33 (1989), S. 40 u. 47.

/7/ Lee. C.-H.: Halbnumerische Bestimmung von Spannungszuständen bei der Kaltmassivumformung. WGP-Bericht 117/88, Industrie-Anzeiger 103/104 (1988), S. 30/31.

5

Im Rahmen des Schwerpunktprogramms entstandene Dissertationen

Egel-Hess, W. Experimentelle und theoretische Untersuchungen des Düsenschwellphänomens beim Austritt anorganischer Glasschmelzen aus nichtkreisförmigen Matrizenprofilen während des Strangpressens. Dr.-Ing. Dissertation, Universität Kaiserslautern 1985.

Fleischer, H. Rohteilqualität beim Scheren von Knüppelhalbzeug.Eingereicht als Dissertation bei der Fakultät für Maschinenwesen der Universität Hannover.

Gebhardt,J. Werkstoffflußuntersuchungen beim Ziehen von Rohren mit und ohne Innenwerkzeug. Dr.-Ing. Dissertation, TU Clausthal, 1984.

Gerhardt, J. Numerische Simulation dreidimensionaler Umformvorgänge mit Einbezug des Temperaturverhaltens. Dr.-Ing. Dissertation, Universität Stuttgart 1989.

Gummert H.J. Einfluß der Umformparameter auf das Verhalten der Exzentrizität beim Rohrziehen. Für die Einreichung als Dissertation bei der Fakultät für Bergbau, Hüttenwesen und Maschinenwesen der TU Clausthal vorgesehen.

Herden,K. Vergleich Gleitziehen-Walzziehen bei der Fertigung von Metallprofilen hoher Genauigkeit. Dr.-Ing. Dissertation, TU Clausthal 1986.

Hinck,M. Verfahren zur Berechnung optimierter Werkzeuggeometrien für das Gleit- und Walzziehen. Für die Einreichung als Dissertation bei der Fakultät für Bergbau, Hüttenwesen und Maschinenwesen der TU Clausthal vorgesehen.

Hoerster, C. Bedeutung der Reibung für die Breitung beim Warmwalzen von Stahl. Dr.-Ing. Dissertation RWTH Aachen.

Hoffmann, K. Aufweitungsverhalten von Fließpreßmatrizen mit nichtrotationssymmetrischer Innenform - Berechnungen mit der Boundary-Element-Methode. Eingereicht als Dissertation bei der Fakultät 6 der Universität Stuttgart.

Holzner, M. Kontinuumsmechanische Studien zum Kissentiefziehen. Dr.-Ing. Dissertation TU München 1987.

Jütte, F. Beitrag zum Präzisionsumformen von Stirnradverzahnungen. Dr.-Ing. Dissertation Universität-GH-Paderborn 1985.

Kahl, K.-W. Untersuchungen zur Verbesserung der Form- und Maßgenauigkeit beim Biegen von Blechen. Dr.-Ing. Dissertation, Universität Dortmund 1985.

Klasen, F. Werkstofffluß beim Warmwalzen von Stahl auf geneigter Walzbahn. Dr.-Ing. Dissertation RWTH Aachen 1984.

Kling, E. Aufweitung von Fließpreßmatrizen mit überlagerter thermischer und mechanischer Beanspruchung. Dr.-Ing. Dissertation, Universität Stuttgart 1985.

Koll, W. Kaltfließpressen von Bauteilen mit Verzahnungen.Für die Einreichung bei der Fakultät für Maschinenwesen der RWTH Aachen vorgesehene Dissertation.

Köhne, R. Rechnergestützte Ermittlung und Verarbeitung von Umformparametern für das Fertigungsverfahren Drücken. Dr.-Ing. Dissertation, Universität Dortmund 1984

Kurz, N. Grundlagen für das Kaltwalzen von Voll- und Hohlkörpern nach dem Grob-Verfahren. Dr.-Ing. Dissertation, Universität Stuttgart 1987.

Laufer, M. Untersuchungen über das Kaltfließpressen gerad- und schrägverzahnter Stirnräder. Für die Einreichung beim Fachbereich Maschinentechnik der Universität-GH-Paderborn vorgesehenen Dissertation.

Michaelis, R. Präzisionsschmieden mit integrierter Wärmebehandlung Dr.-Ing. Dissertation, Universität Hannover 1985.

Rieckmann, J. Berechnung von Bandprofil und Planheit beim Kaltwalzen auf Sechs-Achsen-Walzwerken. Dr.-Ing. Dissertation RWTH Aachen 1988.

Schieffenbusch, J. Untersuchungen zur Verbesserung des Umformverhaltens von Blechen beim Biegen. Dr.-Ing. Dissertation, Universität Dortmund 1985.

Schlagau, S. Verfahrensverbesserung beim Kragenziehen durch Überlagern von Druckspannungen. Dr.-Ing. Dissertation, TH Darmstadt 1988.

Teutsch, H. Eim mathematisches Modell mit numerischem und analytischem Ansatz zur Berechnung der Profilform beim Kaltwalzen von Band. Dr.-rer.-nat.-Dissertation, RWTH Aachen 1984.

Thalemann, J. Rechnergestützte Führungsverstellung an Genauigkeitsführungsgestellen in der Warmumformung. Für die Einreichung bei der Fakultät für Maschinenwesen der Universität Hannover vorgesehene Dissertation.

Voswinckel, G. Beitrag zum Einfluß der Profilform auf die Strangpreßkraft. Dr.-Ing. Dissertation RWTH Aachen.

Weiss, U. Numerische Simulation von Präzisionsschmiedeprozessen mit der Finite-Elemente-Methode. Dr.-Ing. Dissertation, Universität Hannover,

Westerling, C. Numerische Simulation instationärer Umformprozesse - Formgenauigkeit des Werkstückes und thermomechanische Werkzeugbeanspruchung. Dr-Ing. Dissertation TU Hamburg-Harburg 1986.

6

Anschriften der am Schwerpunktprogramm beteiligten Institute

Prof. Dr.-Ing. Eckart Doege
Institut für Umformtechnik und Umformmaschinen
Universität Hannover
Welfengarten 1 A

3000 Hannover 1

Telefon: (05 11) 7 62-22 64
Telex: 9 23 868 unihn
Telefax: (05 11) 7 62 30 07

Prof. Dr.-Ing. F. Dohmann
Fachbereich 10 - Maschinentechnik I
GHS-Universität Paderborn
Pohlweg 47 - 49
Postfach 16 21

4790 Paderborn

Telefon: (0 52 51) 60-23 71
Telex: 936776 unipb d
Telefax: (0 52 51) 60 25 19

Prof. Dr.-Ing. E. v. Finckenstein
Fachbereich Maschinenbau
Lehrstuhl für umformende Fertigungsverfahren
Universität Dortmund
Baroper Straße 301
Postfach 50 05 00

4600 Dortmund 50

Telefon: (02 31) 755-2680
2681
Telex: 822 465
Telefax: (02 31) 755-2489

Prof. Dr.-Ing. P. Funke
Institut für Werkstoffumformung
Technische Universität Clausthal
Agricolastr. 6

3392 Clausthal-Zellerfeld

Telefon: (0 53 23) 72 23 66
Telex: 09 53 828 tuclz d
Telefax: (0 53 23) 72 35 00

Prof. Dr.-Ing. Manfred Geiger
Lehrstuhl für Fertigungstechnologie
Friedrich-Alexander-Universität
Erlangen-Nürnberg
Egerlandstr. 11
Postfach 3429

8520 Erlangen

Telefon: (0 91 31) 85-71 41
Telex: 6 29 755 tf erl d
Telefax: (0 91 31) 36-403

Prof. Dr.-Ing. Dr. h. c. W. König
Lehrstuhl für Technologie der
Fertigungsverfahren
RWTH Aachen
Steinbachstr. 53

5100 Aachen

Telefon: (02 41) 80-74 01
Telex: thwzl d 832 108
Telefax: 02 41/80-73 37

Prof. Dr.-Ing. R. Kopp
Institut für bildsame Formgebung
RWTH Aachen
Intzestraße 10

5100 Aachen

Telefon: (02 41) 80-59 07
Telex: 08 32704
Telefax: 02 41/36-576

o. Prof. em. Dr.-Ing. Dr. h. c. K. Lange
(Nachfolger ab 1.8.1988 Prof. Dr.-Ing. K. Siegert)
Institut für Umformtechnik
Universität Stuttgart
Holzgartenstr. 17
Postfach 10 60 37

7000 Stuttgart 1

Telefon: (07 11) 121-3840
Telex: 07-21703
Telefax: (07 11) 121-3839

Prof. Dr.-Ing. H. Lippmann
Lehrstuhl A für Mechanik
Mechanisch-technisches Laboratorium
Technische Universität München
Arcisstraße 21
Postfach 20 24 20

8000 München 2

Telefon: (0 89) 21 05-25 01
Telex: 52 28 54 tumue d
Telefax: (0 89) 21 05-20 00

Prof. Dr.-Ing. O. Mahrenholtz
Arb. Bereich Meerestechnik II
Abt. Strukturmechanik
Technische Universität Hamburg-Harburg
Eißendorferstr. 38

2100 Hamburg 90

Telefon: (0 40) 77 18-26 55
Telex: 403 696-tuhh
Telefax: (0 40) 77 18-22 88

Prof. Dr.-Ing. O. Pawelski
Abteilung Umformtechnik
Max-Planck-Institut für Eisenforschung GmbH
Max-Planck-Straße 1
Postfach 140 260

4000 Düsseldorf 1

Telefon: (02 11) 67 92-340
Telex: 858 67 62 mpi d
Telefax: (02 11) 67 92-268

o. Prof. Dr.-Ing. E. Roeder
Lehrstuhl für Werkstoffkunde
und mechanische Technologie
Universität Kaiserslautern
Erwin-Schrödinger-Str.
Postfach 30 49
Gebäude 44

6750 Kaiserslautern

Telefon: (06 31) 205-24 11/24 13
Telex: 04-5627 unikl d
Telefax: (06 31) 205-3200

Prof. Dr.-Ing. D. Ruppin
Institut für Werkstofftechnik
Forschungszentrum Strangpressen
Technische Universität Berlin
Sekretariat C 9
Straße des 17. Juni 135

1000 Berlin 12

Telefon: (0 30) 3 14-2 28 91
Telex: 184 262 tubln - d -
Telefax: (0 30) 3 14-2 32 22

Prof. Dr.-Ing. Dieter Schmoeckel
Institut für Produktionstechnik
und Umformmaschinen
Technische Hochschule Darmstadt
Petersenstr. 30

6100 Darmstadt

Telefon: (0 61 51) 16 30 56
Telefax: (0 61 51) 16 30 21